普通高等职业教育"十三五"规划教材

U0809305

石油生产及钻采机械概论

（第二版）

主　编　孙庆群

副主编　邹克武　刘庆泰　韩　超

参　编　姚九成　韩光明　黄鹏举

　　　　张洪涛　刘春艳　陈　亮

主　审　董双波

中国石化出版社

内 容 提 要

本书概括介绍了石油工业和石油生产过程基本知识，主要包括地层流体的性质、石油地质、石油物探、石油钻井及开采方法、油气储运及石油炼制等；重点讲述了石油钻机及旋转设备、石油钻井用柴油机、钻机的驱动与传动系统、钻机的起升系统、往复泵和离心泵、压缩机、钻机气控制系统、海洋石油钻井设备、机械采油设备、其他常用钻采工具和设备等。

本书主要作为石油高等院校的石油类和机械类专业的教材，也可作为石油钻采和石油机械行业从业人员的培训教材和工作参考书。

图书在版编目（CIP）数据

石油生产及钻采机械概论／孙庆群主编．—2版．—北京：中国石化出版社，2017.5(2025.3重印)
普通高等职业教育"十三五"规划教材
ISBN 978-7-5114-4417-2

Ⅰ．①石… Ⅱ．①孙… Ⅲ．①石油生产-高等职业教育-教材 ②油气钻井-钻机-高等职业教育-教材 ③油气开采设备-机械设备-高等职业教育-教材 Ⅳ．①TE35 ②TE922

中国版本图书馆CIP数据核字（2017）第082365号

中国石化出版社出版发行
地址：北京市东城区安定门外大街58号
邮编：100011　电话：(010)57512500
发行部电话：(010)57512575
http://www.sinopec-press.com
E-mail:press@sinopec.com
北京艾普海德印刷有限公司印刷
全国各地新华书店经销
*
787×1092毫米 16开本 19.75印张 491千字
2025年3月第2版第4次印刷
定价：40.00元

前　言

随着我国高等教育体制改革的不断深入和《国家中长期教育改革和发展规划纲要(2010—2020年)》、《教育部关于加强高职高专教育人才培养工作的意见》的出台与实施，教育部对高等职业教育提出了更加明确的要求。教材建设是教育教学改革的重要组成部分，为适应教育形势和教学改革的需要，我们于2011年组织编写了本教材。首版教材经过几年的使用和教学实践的检验，得到了广大读者和同行专家的高度认可。2012年该教材被评为中国石油和化学工业出版物奖(教材奖)二等奖。根据近几年来教学经验的积累和当前形势下对本课程的新认识，我们也发现教材的内容仍存在一些不足之处。为了适应“十三五”期间我国高等职业教育的发展及社会对高职人才教育培养的需要，我们又组织团队对本教材进行了认真地修订。

本教材概括介绍了石油工业和石油生产过程基本知识，主要包括地层流体的性质、石油地质、石油物探、石油钻井及开采方法、油气储运及石油炼制等；重点讲述了石油钻机及旋转设备、石油钻井用柴油机、钻机的驱动与传动系统、钻机的起升系统、往复泵和离心泵、压缩机、钻机气控制系统、海洋石油钻井设备、机械采油设备、其他常用钻采工具和设备等。全书共分为11章，每章均有学习目标要求、重点难点、小结和思考题，以便引导和帮助学生更好地学习、复习及巩固所学知识。本教材主要作为石油高等院校的石油类和机械类专业的教材，也可作为石油钻采和石油机械行业从业人员的培训教材和工作参考书。教材的内容本着注重“实用和够用为度”的原则，不讲解高深理论，不涉及工程设计、复杂计算和公式推导，尽量做到深入浅出、通俗易懂、便于施教，使学生在学习后能够了解石油基本生产过程，熟悉石油钻采机械和常用工具的结构、工作原理、选择、使用及维护保养等基本知识，达到科学生产和文明操作之目的。

本教材由孙庆群担任主编，邹克武、刘庆泰和韩超担任副主编。其中绪论、第 1 章由孙庆群和刘春艳共同编写，第 2 章、第 5 章由孙庆群编写，第 3 章、第 4 章由孙庆群和张洪涛共同编写，第 6 章、第 7 章由邹克武、姚九成和黄鹏举共同编写，第 8 章、第 9 章由韩光明和陈亮共同编写，第 10 章、第 11 章由刘庆泰和韩超共同编写。全书由孙庆群设计总体框架并负责统稿，由董双波教授担任主审。

本教材在编写过程中参阅了大量的文献资料和相关标准，李进兴和胡海峰对教材的编写提出了很多宝贵意见并参与了部分内容的编写工作，在此对关心和支持教材编写的所有同仁和所有参考文献的编著者致以衷心的感谢。

由于编者水平有限，教材中缺点和错误在所难免，恳请广大读者和同行不吝赐教。

目　　录

绪论 …………………………………………………………………………（ 1 ）
0.1　石油工业在国民经济中的地位及作用 ………………………………（ 1 ）
0.1.1　什么是石油工业 ……………………………………………………（ 1 ）
0.1.2　石油是重要的战略物资 ……………………………………………（ 1 ）
0.1.3　石油工业是国民经济的基础产业 …………………………………（ 2 ）
0.2　石油工业的发展现状及趋势 …………………………………………（ 2 ）
0.2.1　我国石油工业的简要回顾与发展现状 ……………………………（ 2 ）
0.2.2　我国石油发展面临的问题 …………………………………………（ 3 ）
0.2.3　我国石油工业的发展前景 …………………………………………（ 3 ）
0.3　本课程的性质、内容、学习要求及方法 ……………………………（ 4 ）
0.3.1　本课程的性质 ………………………………………………………（ 4 ）
0.3.2　本课程的学习内容 …………………………………………………（ 4 ）
0.3.3　本课程的学习要求 …………………………………………………（ 5 ）
0.3.4　本课程的学习方法 …………………………………………………（ 5 ）
思考题 ……………………………………………………………………（ 6 ）
第1章　石油生产基本知识 ……………………………………………（ 7 ）
1.1　地层流体的性质 ………………………………………………………（ 7 ）
1.1.1　石油的组成与性质 …………………………………………………（ 7 ）
1.1.2　天然气的组成与性质 ………………………………………………（10）
1.1.3　地层水的化学组成与分类 …………………………………………（11）
1.2　石油地质 ………………………………………………………………（12）
1.2.1　地球内部结构及地壳的组成 ………………………………………（12）
1.2.2　矿物与岩石 …………………………………………………………（13）
1.2.3　地层及地质作用 ……………………………………………………（17）
1.2.4　石油与天然气的生成 ………………………………………………（19）
1.2.5　油气运移及油气藏的形成 …………………………………………（20）
1.3　石油物探 ………………………………………………………………（23）
1.3.1　油气田勘探方法 ……………………………………………………（23）
1.3.2　地球物理测井 ………………………………………………………（25）
1.4　石油钻井 ………………………………………………………………（27）
1.4.1　钻井方法 ……………………………………………………………（27）
1.4.2　固井与完井 …………………………………………………………（29）
1.5　石油开采 ………………………………………………………………（32）
1.5.1　油田开发方式 ………………………………………………………（32）
1.5.2　采油方法 ……………………………………………………………（34）

1.6 油气储运 …… (35)
1.6.1 矿场油气集输的主要任务 …… (36)
1.6.2 油气的收集与输送方式 …… (36)
1.6.3 油气分离 …… (37)
1.7 石油炼制 …… (37)
1.7.1 石油炼制概述 …… (37)
1.7.2 原油的分类方法 …… (38)
1.7.3 石油的蒸馏 …… (39)
思考题 …… (40)
第2章 石油钻机总论及旋转设备 …… (42)
2.1 石油钻机 …… (42)
2.1.1 石油钻机的组成 …… (42)
2.1.2 钻机的类型及特点 …… (45)
2.1.3 钻机的基本参数 …… (47)
2.1.4 我国石油钻机标准 …… (48)
2.2 地面旋转设备 …… (50)
2.2.1 转盘 …… (50)
2.2.2 水龙头 …… (53)
2.3 顶部驱动钻井系统 …… (57)
2.3.1 顶驱钻井系统的特点 …… (57)
2.3.2 顶驱钻井系统的结构组成 …… (58)
2.3.3 国产顶驱钻井系统 …… (62)
2.3.4 顶驱钻井装置的操作 …… (64)
思考题 …… (65)
第3章 柴油机 …… (66)
3.1 柴油机的工作原理与基本结构 …… (66)
3.1.1 柴油机的工作原理 …… (66)
3.1.2 柴油机的基本结构 …… (71)
3.2 柴油机的特点及型号编制 …… (77)
3.2.1 柴油机的特点 …… (77)
3.2.2 柴油机的型号编制 …… (78)
3.3 柴油机拆卸及装配 …… (78)
3.3.1 拆装时必要的专用工具和量具 …… (78)
3.3.2 柴油机的拆卸 …… (82)
3.3.3 柴油机的装配技术要求 …… (84)
3.3.4 柴油机的装配 …… (85)
3.4 柴油机装配精度的保证措施及柴油机试验 …… (90)
3.4.1 柴油机装配精度的保证措施 …… (90)
3.4.2 柴油机的试验 …… (90)
3.5 柴油机的使用、维护及保养 …… (91)

3.5.1 柴油机使用注意事项 …………………………………………………………… (91)
3.5.2 柴油机的日常维护保养 ……………………………………………………… (92)
思考题 ……………………………………………………………………………… (93)
第 4 章 钻机的驱动与传动 ……………………………………………………… (94)
4.1 钻机运行基础 ……………………………………………………………… (94)
4.1.1 工作机组对驱动与传动系统的要求 ……………………………………… (94)
4.1.2 典型驱动方案 ………………………………………………………………… (95)
4.1.3 钻机驱动与传动类型 ……………………………………………………… (96)
4.2 柴油机驱动-机械传动 …………………………………………………… (97)
4.2.1 柴油机驱动的特点 ………………………………………………………… (97)
4.2.2 国产 Z190 系列钻井柴油机 ……………………………………………… (98)
4.2.3 电驱钻机用柴油机 ………………………………………………………… (98)
4.2.4 机械驱动钻机 ……………………………………………………………… (99)
4.3 电驱动钻机 ………………………………………………………………… (103)
4.3.1 电驱动钻机的发展历程 …………………………………………………… (103)
4.3.2 国产电驱动钻机 …………………………………………………………… (104)
4.4 柴油机驱动-液力传动 ……………………………………………………… (108)
4.4.1 液力传动基本工作原理 …………………………………………………… (108)
4.4.2 液力传动特点 ……………………………………………………………… (108)
4.4.3 液力传动基本元件 ………………………………………………………… (108)
思考题 ……………………………………………………………………………… (114)
第 5 章 钻机的起升系统 ………………………………………………………… (115)
5.1 起升系统工作原理 ………………………………………………………… (115)
5.1.1 起下钻操作 ………………………………………………………………… (115)
5.1.2 游动系统中钢丝绳与滑轮的运动分析 …………………………………… (116)
5.1.3 游动系统中钢丝绳的拉力 ………………………………………………… (117)
5.2 钻井绞车 …………………………………………………………………… (117)
5.2.1 绞车的功用与结构组成 …………………………………………………… (117)
5.2.2 绞车的工作计算 …………………………………………………………… (120)
5.2.3 绞车选用时应考虑的因素 ………………………………………………… (123)
5.2.4 绞车的常见故障及排除方法 ……………………………………………… (123)
5.3 刹车机构 …………………………………………………………………… (124)
5.3.1 机械刹车的功用与使用要求 ……………………………………………… (124)
5.3.2 带式刹车 …………………………………………………………………… (124)
5.3.3 盘式刹车 …………………………………………………………………… (126)
5.3.4 辅助刹车 …………………………………………………………………… (129)
5.4 井架 ………………………………………………………………………… (132)
5.4.1 井架的功用与基本组成 …………………………………………………… (133)
5.4.2 井架的使用要求及维护保养 ……………………………………………… (133)
5.4.3 井架的结构类型及基本参数 ……………………………………………… (134)

5.5 游动系统 …………………………………………………………………………………………（137）
5.5.1 天车 …………………………………………………………………………………………（137）
5.5.2 游车 …………………………………………………………………………………………（140）
5.5.3 大钩 …………………………………………………………………………………………（141）
5.5.4 钢丝绳 ………………………………………………………………………………………（144）
思考题 ……………………………………………………………………………………………（146）
第6章 往复泵与离心泵 ……………………………………………………………………（147）
6.1 往复泵工作特点 ……………………………………………………………………………（147）
6.1.1 往复泵的工作原理及分类 …………………………………………………………（147）
6.1.2 活塞运动规律 ……………………………………………………………………………（148）
6.1.3 往复泵的流量 ……………………………………………………………………………（149）
6.2 往复泵工作参数 ……………………………………………………………………………（151）
6.2.1 往复泵的有效压头 ………………………………………………………………………（151）
6.2.2 往复泵的功率 ……………………………………………………………………………（152）
6.2.3 往复泵的效率 ……………………………………………………………………………（152）
6.3 常用往复泵的典型结构 …………………………………………………………………（153）
6.3.1 双缸双作用活塞泵 ………………………………………………………………………（153）
6.3.2 三缸双作用活塞泵 ………………………………………………………………………（155）
6.3.3 三缸单作用活塞泵 ………………………………………………………………………（155）
6.3.4 柱塞泵 ……………………………………………………………………………………（157）
6.4 往复泵的易损件及配件 …………………………………………………………………（157）
6.4.1 活塞-缸套总成 …………………………………………………………………………（157）
6.4.2 柱塞-密封总成 …………………………………………………………………………（158）
6.4.3 介杆-密封总成 …………………………………………………………………………（159）
6.4.4 泵阀结构 …………………………………………………………………………………（160）
6.4.5 空气包 ……………………………………………………………………………………（162）
6.4.6 安全阀 ……………………………………………………………………………………（162）
6.5 钻井液净化设备 ……………………………………………………………………………（164）
6.5.1 钻井液净化系统 …………………………………………………………………………（164）
6.5.2 钻井液振动筛 ……………………………………………………………………………（164）
6.5.3 水力旋流器 ………………………………………………………………………………（167）
6.5.4 离心分离机 ………………………………………………………………………………（168）
6.6 离心泵 ………………………………………………………………………………………（169）
6.6.1 离心泵的工作原理及类型 …………………………………………………………（169）
6.6.2 离心泵的整体结构及主要零部件 ………………………………………………（172）
6.6.3 离心泵的密封 ……………………………………………………………………………（174）
思考题 ……………………………………………………………………………………………（175）
第7章 压缩机 ………………………………………………………………………………（176）
7.1 压缩机的类型及应用 ……………………………………………………………………（176）
7.1.1 压缩机的型号及分类 …………………………………………………………………（176）

7.1.2 压缩机在油田中的应用 …… (179)
7.2 活塞式压缩机 …… (180)
7.2.1 活塞式压缩机的构造及工作原理 …… (180)
7.2.2 活塞式压缩机的功率与效率 …… (182)
7.2.3 活塞式压缩机的操作与调节 …… (183)
7.3 透平式压缩机 …… (184)
7.3.1 径流式压缩机 …… (184)
7.3.2 轴流式压缩机 …… (185)
7.3.3 透平式压缩机的主要性能参数 …… (186)
7.3.4 透平式压缩机的调节 …… (187)
7.4 回转式压缩机 …… (187)
7.4.1 螺杆式压缩机 …… (187)
7.4.2 滑片压缩机 …… (189)
7.5 压缩机的选择 …… (190)
7.5.1 选择原则 …… (190)
7.5.2 活塞式压缩机的选择方法和步骤 …… (191)
思考题 …… (191)
第8章 钻机气控制系统 …… (192)
8.1 概述 …… (192)
8.1.1 钻井工艺对控制系统的要求 …… (192)
8.1.2 钻机控制系统的作用 …… (192)
8.1.3 钻机气控制系统的特点 …… (192)
8.1.4 气控制系统的组成 …… (193)
8.2 气源装置 …… (193)
8.2.1 空气压缩机 …… (193)
8.2.2 空气处理装置 …… (195)
8.2.3 储气罐 …… (195)
8.3 执行元件 …… (195)
8.3.1 气缸 …… (195)
8.3.2 气动马达 …… (196)
8.3.3 离合器 …… (197)
8.4 气控制元件 …… (199)
8.4.1 压力控制阀 …… (199)
8.4.2 流量控制阀 …… (201)
8.4.3 方向控制阀 …… (202)
8.5 辅助元件 …… (206)
8.5.1 导气龙头 …… (206)
8.5.2 酒精防凝器 …… (207)
8.5.3 甘油防凝器 …… (207)
8.5.4 辅助元件的故障及排除方法 …… (208)

8.6 钻机气控制系统的维护保养 …… (208)
8.6.1 钻机气控制系统的常规维护保养 …… (208)
8.6.2 钻机高、低速气路的检查及处理措施 …… (209)
8.6.3 转盘离合器气路故障的判断及排除 …… (211)
8.6.4 液气大钳气路系统常见故障的判断及排除 …… (212)
思考题 …… (214)
第9章 海洋石油钻井设备 …… (215)
9.1 海洋石油钻井平台 …… (215)
9.1.1 海洋石油钻井平台的组成 …… (215)
9.1.2 海洋石油钻井的特殊问题 …… (216)
9.1.3 海洋钻井平台分类 …… (217)
9.1.4 海洋钻井平台的结构及特点 …… (217)
9.1.5 海洋钻井平台意外事故与应急部署 …… (220)
9.2 海上钻井井口装置与升沉补偿 …… (221)
9.2.1 海上钻井井口装置 …… (221)
9.2.2 升沉补偿 …… (224)
思考题 …… (230)
第10章 机械采油设备 …… (231)
10.1 机械采油设备及分类 …… (231)
10.1.1 机械采油设备的分类 …… (231)
10.1.2 抽油泵采油装置 …… (232)
10.2 游梁式抽油机 …… (233)
10.2.1 游梁式抽油机的结构形式 …… (233)
10.2.2 游梁式抽油机的结构组成 …… (236)
10.2.3 游梁式抽油机的基本参数与系列 …… (240)
10.2.4 游梁式抽油机驴头的悬点载荷 …… (242)
10.2.5 游梁式抽油机的维护保养 …… (243)
10.3 无游梁式抽油机 …… (243)
10.3.1 链条式抽油机 …… (244)
10.3.2 宽带型滚筒抽油机 …… (244)
10.3.3 曲柄连杆式抽油机 …… (245)
10.3.4 液压无游梁抽油机 …… (246)
10.3.5 新型无游梁式抽油机 …… (247)
10.4 抽油泵 …… (249)
10.4.1 有杆抽油泵的用途及种类 …… (249)
10.4.2 其他类型的抽油泵 …… (252)
10.4.3 抽油泵的结构形式及表达方法 …… (254)
10.4.4 抽油泵的选择与使用 …… (255)
10.4.5 抽油泵的排量 …… (256)
10.4.6 抽油泵的常见故障及其检修 …… (257)

10.5 抽油杆及辅助抽油装置 …… (258)
10.5.1 抽油杆柱 …… (258)
10.5.2 抽油机悬绳器 …… (262)
10.5.3 抽油井光杆密封器 …… (262)
10.5.4 抽油井井口装置 …… (263)
10.5.5 其他抽油辅助设备及工具 …… (263)
10.6 无杆泵采油设备 …… (264)
10.6.1 水力活塞泵 …… (264)
10.6.2 潜油电动离心泵 …… (269)
10.6.3 其他无杆泵采油设备 …… (273)
思考题 …… (274)
第11章 其他常用钻采工具 …… (275)
11.1 钻具与石油管材 …… (275)
11.1.1 钻具 …… (275)
11.1.2 套管 …… (282)
11.2 井口及井下工具 …… (284)
11.2.1 井口工具 …… (284)
11.2.2 井口机械化设备 …… (287)
11.2.3 井下打捞工具 …… (290)
11.3 井控设备 …… (294)
11.3.1 井控设备的用途和组成 …… (294)
11.3.2 防喷器 …… (295)
11.3.3 泥浆气体分离器 …… (302)
思考题 …… (303)
参考文献 …… (304)

绪　论

石油(Petroleum)又称原油，它是古代海洋或湖泊中的生物，经过漫长的演化形成储藏在地下岩石空隙内的不可再生的天然矿产资源。它主要是以气相、液相烃类(各种烷烃、环烷烃、芳香烃)为主并含有少量非烃类物质的混合物，具有可燃性。在石油行业中，一般把从地下直接采出来、没有经过加工提炼的黏稠液体或半固体石油称为原油(Crude Oil)；而主要以气体形式存在的石油一般称为天然气(Natural Gas)。石油主要被用来作为燃料，它也是生产许多化工产品(如溶剂、化肥、杀虫剂和塑料等)的原料。

0.1　石油工业在国民经济中的地位及作用

0.1.1　什么是石油工业

石油工业分为上游、中游和下游，上、中、下游产业链的关系非常密切，其中，上游从事的业务包括石油、天然气的勘探、开发，中游主要是油气的存储与运输，下游则涵盖炼油、化工、天然气加工等流程型业务及加油站零售等产品配送、销售型业务。通常以石油和天然气等为对象，进行地质勘探、钻井、开采、存储、运输、炼制等以提供动力燃料、润滑油类、化工原料等的工业生产和加工单位统称为石油工业。

石油是深藏于地下的流体矿藏，这就决定了油气勘探、生产过程必然是一个越来越难、越来越复杂的过程，必须不断地采用新技术、新工艺、新装备，才能提高石油资源的探明率和油气采收率。油气勘探风险大、周期长，在一个有油气前景的地区，从普查勘探到发现油田并形成一定生产规模，大约需要9年的时间。石油工业涉及200多种专业学科，就石油科学本身来说就有10大学科：油气地质勘探、应用地球物理、地球物理测井、钻井工程、油气田开发及开采、石油加工、海洋石油、油气集输与储运工程、石油钻采机械与设备、油田化学。后来又增设了资源勘探工程、探查技术与工程、石油工程、油气储运工程、化学工程与工艺、油田应用化学、机械设计制造及其自动化等专业。所有这些专业的特点都使得石油工业成为高风险、高投入和技术密集的行业。

0.1.2　石油是重要的战略物资

1859年8月27日，美国人埃德温·德雷克(Edwin L. Drake，1819~1880年)在美国宾夕法尼亚洲的泰特斯维尔小镇(Titus-ville)，用打盐井的冲击钻机钻出了第一口石油井——德雷克井(Drake Well)。这是世界上第一口具有商业性质的油井，从此便发现和开发了第一个油田，这也被认为是现代石油工业的开端，从那以后经过了如同“淘金热”的疯狂时代，石油工业迅速在美国东部兴起，并最终把石油变成了一门巨大的工业。从德雷克油井标志着世界石油工业的诞生至今已有150多年的历史，在这150多年跌宕起伏的发展历程中，石油一直是与国家战略、全球政治和实力紧密地联系在一起的。

1914年8月14日，第一次世界大战爆发，法国将以石油作为动力的出租汽车满载着士兵冲向即将崩溃的前线，阻挡住了德国人的进攻，成为世界上第一支摩托化部队的雏形；以石油为能源的英国海军战胜了以煤作为燃料的德国公海舰队。从此，石油便开始为战争服务了。

在第二次世界大战期间(1939年9月1日~1945年9月2日)，对石油供应线的攻击成了战争双方军事进攻的首要目标。日本偷袭珍珠港是为了掠取东印度的石油资源而保护其侧翼；德国进攻前苏联有一个重要因素，就是要夺取高加索地区丰富的石油。战争后期，德国和日本的燃料库都已耗尽，而美国在石油方面的优势是保证盟国取得胜利的重要因素。

1990年，伊拉克入侵科威特。以美国为首的西方国家大兵压境，发起“沙漠风暴”打败了伊拉克，以保护工业化世界赖以生存的石油资源。石油与政治密不可分得到了充分证明。

现代化社会的经济基础已深深地建立在石油之上。百年回眸，从来没有一种商品能像石油这样在人类社会生活中打下如此深刻的烙印；从来没有一种能源，能像石油这样成为人类社会安全、繁荣的关键和文明的基础。已经过去的20世纪，是石油影响世界局势的世纪。

0.1.3 石油工业是国民经济的基础产业

在20世纪以前漫长的岁月里，由于我国石油勘探、开发和加工技术等多方面的原因，石油仅仅用于照明、医药、建筑等。随着科学技术的飞速发展，石油的用途已经非常广泛，包括机械、电力、石化、汽车和建筑5大部门。石油可以加工成汽油、柴油、煤油、润滑油、石蜡、沥青、合成纤维、合成橡胶、合成塑料、合成氨等产品。目前石油、天然气经过深加工，可以生产5000多种化工产品或化工原料，在工业、农业、交通运输、国防和人们日常生活中的衣、食、住、行等方面，石油几乎已经达到了无所不在、无所不能、无所不用的程度。在财政上缴方面，石油、石化与烟草、电力一道成为四大金刚。毫无疑问，石油工业不仅是国民经济的基础产业，而且还是国民经济发展的支柱产业。

0.2 石油工业的发展现状及趋势

0.2.1 我国石油工业的简要回顾与发展现状

我国石油工业的发展经历了四个阶段，一是探索成长阶段(20世纪50年代)；二是快速发展阶段(20世纪60~70年代)；三是稳步发展阶段(20世纪80年代)；四是战略转移阶段(20世纪90年代至今)。

新中国成立时全国油气产量远不能满足需要(原油年产量仅12万吨，天然气年产量0.1亿立方米)，仍依赖于“洋油”，能否尽快实现石油自给，是保障新中国能源安全和经济稳定发展的紧迫问题。1953年，“一五”计划(中国发展国民经济第一个五年计划)即将开始实施时，毛泽东、周恩来和邓小平等国家领导人就清醒地认识到了石油是“工业血液”，并用“没有石油都转不动”来表述石油在国民经济中的重要地位。

自“一五”计划开始，石油工业便进入了一个崭新的阶段，1955年国家决定成立了石油工业部，并在几年内就取得了两次重大突破。第一次突破是1958年克拉玛依油田的发现，表明在陆相沉积地层中找油是有前景的；第二次突破是1959年大庆油田的发现，占地面积5479平方公里的大庆油田是中国第一大油田和世界第五大油田，大庆油田创造了一个连续27年(1976~2003年)保持年产原油5000万吨以上的纪录。最近几年产量稍有下降，2005年产量为4495万吨，2009年产量为4000万吨，2015年原油产量为3838.6万吨(天然气产量为35.3亿立方米)。50多年来，大庆油田累计生产原油20亿吨，上缴利税超过1.7万亿元，为国民经济作出了巨大贡献。几代石油人经过半个多世纪的不懈奋斗，继大庆油田之后，胜利、辽河、新疆、四川、长庆、渤海和南海等一个又一个大油田陆续被发现并开发。

全国的石油总产量1978年突破1亿吨大关，2009年达到1.894亿吨，成为世界第四大石油生产国(当年俄罗斯排名第一，沙特阿拉伯排名第二，美国排名第三，中国排名第四)，2010年突破2亿吨大关，2015年原油产量为2.15亿吨(天然气产量为1271亿立方米)，中国原油产量已连续六年保持在2亿吨以上，仍居于世界第四大石油生产国位置(2015年石油产量排名前十的国家是：俄罗斯第一，沙特阿拉伯第二，美国第三，中国第四，加拿大第五，伊拉克第六，科威特第七，伊朗第八，阿联酋第九，委内瑞拉第十)。正是由于我国手中握有大约2亿吨的石油，所以，在历次世界石油危机和海湾战争中，中国才能够从容自若，积极主动，在国际上保持灵活独立的政治地位，国内经济也未受世界石油动荡的影响，这在很大程度上与中国位居世界第四大产油国是有一定的关系的。

经过半个多世纪不平凡的发展历程，我国的石油工业在油气资源开发、管道建设、炼油化工及油气田对外合作、国际化经营等方面取得了一定成绩。但是，我们一定要清醒地认识到，尽管我国的石油产量已进入世界第四，但总产量仅占世界石油总产量的5%，而我国又是世界第二大石油需求国(年石油需求量约为5.34亿吨)，所以我国的石油仍然存在较大缺口，这就需要中国石油人必须加快石油生产的步伐，为全面建成小康社会和实现两个一百年的奋斗目标作出更大的贡献。

0.2.2 我国石油发展面临的问题

近年来，中国能源对外依存度上升较快，特别是石油对外依存度从本世纪初的32%上升至目前的65%。中国石油海上运输安全风险越来越大，跨境油气管道安全运行问题不容忽视。国际能源市场价格的波动使得保障国内能源供应的难度增加。中国能源储备规模较小，应急能力相对较弱，能源安全形势仍然十分严峻。目前中国能源发展面临以下几大问题。

1. 资源约束矛盾突出

中国人均能源资源拥有量在世界上处于较低水平，煤炭、石油和天然气的人均占有量仅为世界平均水平的67%、5.4%和7.5%。虽然近几年中国能源消费增长较快，但人均能源消费水平还远远低于发达国家平均水平。随着经济社会发展和人民生活水平的提高，未来能源消费还将大幅度增长。

2. 能源效率有待提高

中国单位国内生产总值能耗不仅远高于发达国家，也高于一些新兴工业化国家。能源密集型产业技术落后，第二产业特别是高耗能工业能源消耗比重过高，钢铁、有色金属、化工、建材四大高耗能行业对能源的消耗占到全社会能耗的40%左右。

3. 环境压力不断增大

化石能源特别是煤炭的大规模开发利用，对中国生态环境造成了严重影响。未来相当长时间内，化石能源在能源结构中仍占主体地位，中国保护生态环境，应对气候变化的压力日益增大，迫切需要能源绿色转型。

4. 体制机制亟待改革

中国能源体制机制深层次矛盾不断积累，价格机制尚不够完善，行业管理仍较薄弱，能源方面普遍的服务水平亟待提高，体制机制约束已成为促进能源科学发展的严重障碍。

0.2.3 我国石油工业的发展前景

中国油气资源相对丰富，根据国土资源部2015年5月发布的最新全国油气资源动态评价结果：我国常规石油地质资源量为1085亿吨，可采资源量为268亿吨，与2007年评价结果相比，分别增加了320亿吨和56亿吨，增长42%和26%。常规天然气地质资源量为68万亿立方米，可采资源量为40万亿立方米，与2007年评价结果相比，分别增加了33万亿立方米和18万亿立方米，增长了94%和82%。从整体上看，目前中国石油可采资源探明率约为40%，处于勘探中期阶段，仍然具有较大的发展潜力；天然气可采资源探明率约为20%，尚处于勘探早期阶段，属于快速增长期。预测未来10~15年内，随着勘探投入的增加，中国天然气储量将进入高基值稳定增长阶段，年均增长量为1500亿~2000亿立方米，储量的增长将为天然气产量的提高奠定资源基础。石油资源勘探难度虽不断加大，但从石油资源总量和平均探明程度方面分析，中国石油资源还有较大的潜力，通过加大勘探力度、提高采收率、增加资金投入、提高科技创新技术水平等手段，可以有效弥补产能递减的状况，从而实现稳产增产的目标，并有可能发现大型油田。据新华社记者2015年5月从中国石油天然气集团公司了解到，长庆油田日前在陕北姬塬发现我国第一个亿吨级大型致密油田——新安边油田，提交致密油探明地质储量1亿吨。上述诸多信息均可表明，我国石油工业具有广阔的发展前景。

0.3 本课程的性质、内容、学习要求及方法

0.3.1 本课程的性质

石油工业包括石油勘探、石油开采和石油提炼三大板块。其中石油开采技术是推动石油工业发展的重要方面，而石油钻采设备在石油开采过程中又起着决定性的作用。本课程主要研究石油钻采设备，并对石油生产过程作概括性讲解。本课程是由《石油钻井机械》、《采油机械》和《石油工程概论》等多门石油工程专业的课程经整合而成的综合性专业课程，是石油院校高职高专层次石油及机械类专业必修的一门实践性较强的专业课。

本课程为石油院校石油及机械类专业学生在学习完《高等数学》等所有的公共基础课和《工程制图》、《材料与成型工艺》、《几何精度测量技术》、《电工电子技术》、《机械设计基础》等技术基础课的基础上开设，同时，与本课同步开设的《液压与气动技术》、《机床电气控制技术》和《机械制造技术》等相关专业课也为本课的顺利学习起到了相辅相成的帮助作用。本课程的开设为培养高素质技能型人才提供必要的专业基本知识和操作技能，为今后进入石油行业从事石油机械设备的运行、安装、操作、调试和维护保养等实际工作奠定了一定的理论和实践基础。本课程融理论知识与技能培养为一体，通过学习，让学生了解石油工程基本常识，熟悉石油钻井机械、采油机械、石油流体机械的基本构造和工作原理，初步掌握石油钻采设备的运行、安装与操作技能，学会对这些设备进行正确地调试和维护保养，同时，使相关专业的学生，形成良好的重实践、重技能、重工程应用的理念和脚踏实地、一丝不苟、科学分析的职业素养。本课程的后续课程是顶岗实习和毕业前的实践性教学环节。

0.3.2 本课程的学习内容

本课程共包括十二个单元(章)的学习内容。第一单元即绪论：简要介绍石油工业在国民经济中的地位及作用、石油工业的发展现状及趋势以及本课程的性质、内容、学习要求及方法等。第二单元是石油生产基本知识：概括介绍地层流体的性质、石油地质、石油物探、石油钻井、石油开采、油气储运和石油炼制等方面的常识。第三单元是石油钻机总论及旋转设备：较系统地介绍石油钻机、地面旋转设备和顶部驱动钻井系统。第

四单元是柴油机：简要介绍钻井用柴油机的工作原理和基本结构、柴油机的特点及型号编制、柴油机拆卸及装配、柴油机装配精度的保证措施及柴油机试验、柴油机的使用、维护及保养等。第五单元是钻机的驱动与传动：介绍钻机运行基础、柴油机驱动-机械传动、电驱动钻机和柴油机驱动-液力传动。第六单元是钻机的起升系统：介绍钻机起升系统的工作原理、钻井绞车、刹车机构、井架和游动系统。第七单元是往复泵与离心泵：介绍往复泵工作特点、往复泵工作参数、常用往复泵的典型结构、往复泵的易损件及配件、钻井液净化设备和离心泵。第八单元是压缩机：介绍压缩机的类型及应用、活塞式压缩机、透平式压缩机、回转式压缩机以及压缩机的选择。第九单元是钻机气控制系统：介绍钻井工艺对气控制系统的要求、钻机气控制系统的作用、特点及组成、气源装置、执行元件、气控制元件、辅助元件和钻机气控制系统的维护保养。第十单元是海洋石油钻井设备：介绍海洋石油钻井平台、海洋钻井井口装置与升沉补偿。第十一单元是机械采油设备：介绍机械采油设备及分类、游梁式抽油机、无游梁式抽油机、抽油泵、抽油杆及辅助抽油装置和无杆泵采油设备。第十二单元是其他常用钻采工具：简要介绍钻具与石油管材、井口和井下工具以及井控设备等。

0.3.3　本课程的学习要求

本课程的学习要求应该包括理论教学内容和实验实训内容两大部分。

理论教学内容是在课堂上通过教师讲授和学生听课的教学方式完成，使学生按照教学大纲的要求掌握上述本课程各个单元的学习内容。以便使石油及机械类专业的毕业生进入石油行业能够从事钻采机械设备的运行、安装、操作、调试、维护、保养等工作，并初步具有综合运用所学知识分析和解决钻采设备中的实际问题的能力。

实验实训内容可以借助于校内实验室和实训基地的条件穿插于理论教学中相应的讲授内容之间进行，也可以单独安排时间在校内外实习、实训和下厂顶岗操作等实践性教学环节中完成。通过实践教学使学生理论联系实际，进一步加深对石油钻采设备的了解，更好地掌握石油钻采设备的使用和操作技能以及正确的维护保养方法，培养学生的工程意识和严谨的工作作风，培养应用理论知识解决实际问题的能力和创新意识，强化学生的实践能力、创新能力和综合素质培养，使学生在各类实践活动过程中加深对专业知识、技能的理解和应用，培养学生的综合职业能力，满足学生职业生涯发展的需要。

0.3.4　本课程的学习方法

《石油生产及钻采机械概论》是一门综合性和实践性很强的学科，涉及内容多、知识面广，而且需要《工程制图》、《机械基础》等先导课作基础。它源于生产实践，又服务和指导于生产实践，具有很强的实践性，没有足够的实践基础就很难准确地把握与理解。因此本课程对初学者来说，会感到有一定的难度，要求学生在思想认识上要充分重视，在学习行动上要刻苦努力。

学习本课程时不但要注意系统地学好本课程的基础理论知识，而且必须要密切联系生产实践，应当重视金工实习、生产实习、课程实验、课程设计、电化教学、现场教学、实训及工厂调研等实践性教学环节，通过实践来帮助学生更好地体会和加深理解所学的内容，将知识转化为技术并强化应用能力。另外，还要注意沟通与基础学科和相关学科知识间的联系，培养综合运用各相关学科知识分析问题和解决问题的能力，善于发现生产实际中提高加工质量、提高生产效率和降低加工成本的有效工艺措施和客观规律，为毕业后参加社会实践、投身国家的现代化建设打下坚实的基础。

思　考　题

1. 什么是石油？什么是天然气？

2. 什么是石油工业？石油工业的上、中、下游所从事的业务范围包括什么？

3. 目前公认的世界上第一口具有商业价值的石油井是谁打出的？油井的位置在哪个国家的什么地方？

4. 我国在石油工业方面的第一次突破和第二次突破指的是哪两个油田的发现？

5. 大庆油田是哪年发现的？前二十多年的石油年产量是多少？50 多年来为国家作出了怎样的贡献(上缴利税)？

6. 目前世界石油四强(或石油十强)有哪几个国家？目前中国年石油总产量是多少？

第1章　石油生产基本知识

【学习目标和要求】

石油从原油到成品油需要经过勘探、开采、提炼三个过程。本章概要介绍油气的物探、钻井、采油、集输、炼制等开发过程的基本常识。通过对本章的学习，要求学员熟悉石油生产的基础知识，了解油气勘探、开发、油气集输、石油炼制等一系列的流程及方法。

【重点和难点】

重点是沉积岩的特征、石油钻井技术、油田开发方式和油气的集输；难点是勘探、开发、油气集输、石油炼制等一系列的方法和技术。

石油是以碳氢化合物为主混合而成的、具有特殊气味的、有色的可燃性油质液体。天然气是以气态的碳氢化合物为主的各种气体组成的、具有特殊气味的、无色的易燃性混合气体。在整个的石油系统中分工明确：物探——专门负责利用各种物探设备并结合地质资料在可能含油气的区域内确定油气层的位置；钻井——利用钻井的机械设备在含油气的区域钻探出一口石油井并录取该地区的地质资料；采油——在石油井的正常生产过程中录取石油井的各项生产资料并对石油井的生产设备进行日常维护；集输——负责原油的收集和对外输送工作；炼制——负责将原油提炼生产成汽油、喷气燃料、煤油、柴油、润滑油、石蜡、沥青、石油焦等产品及化工原料。

1.1　地层流体的性质

石油和天然气是储藏在岩石孔隙中的可燃有机矿产。它们在地球上分布很广泛，但很不均匀。在岩石中相对富集、有开采价值的油气常称为油气藏。目前，世界上已发现的油气藏，几乎都是水与油气共存。为了更好地开发油气藏，必须了解油、气、水的化学组成和物理性质。

1.1.1　石油的组成与性质

石油是以液态形式存在于地下岩石孔隙中的可燃有机矿产。在地下油气藏中石油无论在成分上还是在相态上都是极其复杂的混合物。在成分上以烃类为主，含有数量不等的非烃化合物及多种微量元素；在相态上以液态为主，溶有大量烃气及少量非烃气，并溶有数量不等的烃类和非烃类的固态物质。

1. 石油的化学组成

1）石油的元素组成

石油的元素组成主要有碳和氢，其次是硫、氮、氧。不同地区或不同时代的石油，化学组成千差万别，不过其元素组成却局限在一定变化范围之内。石油中含碳约为83%～87%，含氢约为11%～14%，两者合计占95%～99%。硫、氮、氧及微量元素总含量一般只占1%～4%，在个别情况下，硫分可高达7%。

除上述五种主要元素外，石油中还含有几十种微量元素，这些元素构成了石油的灰分，即石油燃烧后的残渣，其含量变化从十万分之几到万分之几，其中钒和镍两种微量元素分布最普遍并具有成因意义，是用来确定生油岩相、进行油源对比并作为有机成因的证据。

2）石油的化合物组成

石油中的C、H不是呈分散状态存在，而是以不同类型的C、H化合物的形式存在的。按其化合物元素的成分可分为两大类：一类为C和H元素形成的化合物，称为烃类化合物，在石油中占80%以上，是石油的主要组成部分；另一类为除C、H元素以外，还含有O、S、N元素的化合物，称为非烃化合物，石油中一般含量为10%~20%，是石油的杂质部分。

石油中除上述烃类和非烃类化合物之外，还有一部分含氮、硫、氧的高分子化合物，它们构成石油的重质部分，其结构极为复杂，目前尚不太清楚，通常把这类化合物叫做胶质和沥青质。部分国家油田原油的元素组成见表1-1。

表1-1　部分国家油田原油的元素组成

石油产地		元素组成/%				
		C	H	S	N	O
中国	大庆	85.74	13.31	0.11	0.15	0.69
	胜利	86.26	12.20	0.80	0.41	—
	大港	85.67	13.40	0.12	0.23	—
	江汉	83.00	12.81	2.09	0.47	1.63
	克拉玛依	86.13	13.30	0.04	0.25	0.28
原苏联	乌克兰	84.60	14.00	0.14	1.25	1.25
	巴拉汗	87.01	12.15	0.40	0.44	0.44
	老格罗兹尼	86.42	12.62	0.32	—	0.68
	雅雷克苏	80.61	10.36	1.05	—	8.97
美国	堪萨斯	84.20	13.00	1.90	0.45	0.45
	科林加	86.40	11.7	0.60	—	—
	文图拉	84.00	12.70	0.40	1.70	1.20

2. 石油的物理性质

认识石油的物理性质，对了解石油及进行石油地质研究、评价石油的工业品质、勘探开发油气藏都是必不可少的。

1）颜色

石油的颜色变化很大，从白色、淡黄色、黄褐色、淡红色、黑绿色到黑色都有，石油中胶质-沥青质含量越高，则颜色越深；反之则颜色越浅。

2）密度和相对密度

石油的密度为单位体积石油的质量，单位g/cm^3或t/m^3。通常情况下是用相对密度表示，它是指标准状况下原油密度与4℃纯水密度之比（d_4^{20}）。原油的相对密度一般介于0.75~1.0之间。若原油的$d_4^{20}>0.9$，则称为重质原油；若原油$d_4^{20}<0.9$，则称为轻质原油。我国大庆、大港、克拉玛依油田生产的原油均为轻质原油，胜利油田为重质原油。

原油的密度越小，颜色越浅，油质含量越高；反之，原油密度越高，颜色越深，胶质-沥青质含量越高。

3）黏度

黏度是指液体本身发生相对位移时所受的内摩擦阻力，是对流体流动性能的量度。流体黏度越大，越不容易流动。石油黏度变化决定于温度、压力和化学成分。温度增高石油的黏度会降低，而压力增高则黏度增大。石油中轻质油组分增加，黏度也随着降低。原油黏度是非常重要的参数，黏度的单位以“mPa · s”表示。根据原油黏度的这些影响因素，在原油开采和集输过程中，人们采取各种方法提高高黏度原油的采收率和石油的输送能力，如蒸汽驱油法、火烧油层法、气体驱油法、加热输油法等。

4）凝点

将液体石油冷却到失去流动性时的温度，称为凝点。石油的凝点高低与石油中含蜡量（蜡是石油中高碳数烷烃）有关。含蜡量高的石油，凝点高。从井底到井口，温度逐渐降低。当温度降低到原油凝点时，油井开始结蜡，影响采油。结蜡严重时，油井不出油。因此，在油井开采过程中，经常需要清蜡和防蜡。

5）导电性

原油是非导体，电阻率高达 $10^9 \sim 10^{16}$欧姆 · 米（Ω · m）。利用原油这一特性，人们用电阻率测井曲线来判断油水层。

6）溶解性

石油难溶于水，易溶于有机溶剂（如氯仿）。低分子量烃类气体在水中的溶解度高于高分子量烃类。

7）荧光性

石油在紫外线照射下，发出荧光。石油的荧光性是由多环芳香烃和非烃引起的，饱和烃无荧光。石油的荧光性极灵敏，只要溶剂中有十万分之一的石油或沥青物质就可发出荧光。钻井过程中，人们常利用荧光来鉴定油砂。

8）旋光性

能使偏振光面旋转一定角度的物质，即具有旋光性。旋光性是由具有不对称性碳原子结构的有机化合物引起的。石油中胆甾醇和甾醇分子为不对称结构。胆甾醇来自于动物的胆汁、鱼肝油和蛋黄中。

9）热值

每千克可燃矿产燃烧时所产生的热量，称为热值。石油的热值可达（10000~11000）×4.1868 J/kg，是优质燃料。

我国主要原油的一般性质见表 1-2，国外部分原油的一般性质见表 1-3，国内外几种轻质原油的一般性质见表 1-4。

表 1-2　我国主要原油的一般性质

原油名称	大庆	胜利	孤岛	辽河	华北	中原	新疆吐哈
密度（20℃）/（g/cm^3）	0.86	0.90	0.95	0.92	0.88	0.85	0.82
运动黏度（50℃）/（mm^2/s）	20.19	83.36	333.7	109.0	57.1	10.32	2.72
凝点/℃	30	28	2	17（倾点）	36	33	16.5
蜡含量（质量分数）/%	26.2	14.6	4.9	9.5	22.8	19.7	18.6
庚烷沥青质（质量分数）/%	0	<1	2.9	0	<0.1	0	0
残炭（质量分数）/%	2.9	6.4	7.4	6.8	6.7	3.8	0.90
灰分（质量分数）/%	0.0027	0.02	0.096	0.01	0.0097	—	0.014
硫含量（质量分数）/%	0.10	0.80	2.09	0.25	0.31	0.52	0.03
氮含量（质量分数）/%	0.16	0.41	0.43	0.40	0.38	0.17	0.05

续表

原油名称	大庆	胜利	孤岛	辽河	华北	中原	新疆吐哈
镍含量/(μg/g)	3.1	26.0	21.1	32.5	15.0	3.3	0.50
钒含量/(μg/g)	0.04	1.6	2.0	0.6	0.7	2.4	0.03

表 1-3　国外部分原油的一般性质

原油名称	沙特(轻质)	沙特(中质)	沙特(轻重混合)	伊朗(轻质)	科威特	阿联酋(穆尔班)	伊拉克	印尼(米纳斯)
密度(20℃)/(g/cm³)	0.8578	0.8680	0.8716	0.8531	0.8650	0.8239	0.8559	0.8456
运动黏度(50℃)/(mm²/s)	5.88	9.04	9.17	4.91	7.31	2.55	6.50 (37.8℃)	13.4
凝点/℃	-24	-7	-25	-11	-20	-7	-15(倾点)	34(倾点)
蜡含量(质量分数)/%	3.36	3.10	4.24	—	2.73	5.16	—	—
庚烷沥青质(质量分数)/%	1.48	1.84	3.15	0.64	1.97	0.36	1.10	0.28
残炭(质量分数)/%	4.45	5.67	5.82	4.28	5.69	1.96	4.2	2.8
硫含量(质量分数)/%	1.91	2.42	2.55	1.40	2.30	0.86	1.95	0.10
氮含量(质量分数)/%	0.09	0.12	0.09	0.12	0.14	—	0.10	0.10

表 1-4　国内外几种轻质原油的一般性质

原油名称	青海(冷湖5号)	新疆(塔南)	新疆(塔中1号)	南海西部(涠州北2#)	也门(麦瑞波)	印尼(巴达)	印尼(波唐米克斯)
密度(20℃)/(g/cm³)	0.8042	0.7864	0.7632	0.7719	0.7986	0.7845	0.7907
运动黏度(50℃)/(mm²/s)	1.46	2.28	—	1.72	1.52	1.00	1.36
凝点/℃	-9	9	-56	17	-24	<-30	<-30
蜡含量(质量分数)/%	—	—	0.22	11.9	3.94	2.50	—
庚烷沥青质(质量分数)/%	0	0	1.89	0.05	0.12	0.02	0.20
残炭(质量分数)/%	0.2	0	0.02	0.3	0.82	0.15	0.29
硫含量(质量分数)/%	0.02	0.04	0.02	—	0.08	0.48	0.05
氮含量(质量分数)/%	—	0.09	<0.3	—	—	—	0.03

1.1.2　天然气的组成与性质

广义而言，自然界一切天然生成的气体都可称为天然气。包括可燃和不可燃气体、生物成因和非生物成因气体。通常我们所说的天然气是狭义的天然气，即以生物成因为主的油田气和气田气，是可燃气。

1. *石油天然气的化学组成*

天然气的化学成分以甲烷为主(称轻烃气)，其次为乙烷、丙烷、丁烷、戊烷、已烷等重烃气，此外，常含有微量 N_2、CO_2、CO、H_2S、H_2、He、Ar 等非烃气体。根据重烃含量的不同又可将天然气分为干气和湿气，一般将气体成分中含有重烃较多者称为湿气，湿气和石油伴生；气体中几乎全为甲烷或只含有微量重烃者，叫干气，干气往往不与石油共生，单独形成纯气藏。

2. 天然气的物理性质

(1) 相对密度　在标准状况下，单位体积天然气的质量与同体积空气的质量之比，称为天然气的相对密度。它为无量纲值，一般为0.6~0.7，随天然气中重烃含量的增大而增大。

(2) 黏度　黏度是指气体内部相对运动时，气体分子间相互摩擦所产生的阻力。天然气黏度与气体相对分子质量、温度和压力有关。在地层条件下(大于3.097MPa时)，天然气黏度随气体相对分子质量的增大而增加，随压力增高而增加，随温度的升高而降低。

(3) 蒸气压力　将气体液化时所需施加的压力，称为“饱和蒸气压力”。蒸气压力随温度升高而增大，随相对分子质量的减小而增大。如在20℃时，甲烷不能液化，而乙烷却可以液化。

(4) 溶解性　天然气可溶于水和油中，且在油中的溶解度比在水中的溶解度要大得多。天然气的溶解度是用溶解系数来表示的，即一定温度下，每增加1个大气压，单位体积原油或水中溶解的气量，单位为$m^3/(m^3 \cdot atm)$。当压力降低时，天然气从油中开始分离出第一个气泡时的压力，称饱和压力。饱和压力与油气藏的形成类型有关，当地层压力大于饱和压力时，形成纯油藏(未饱和油藏)；当地层压力小于饱和压力时，形成带气顶油藏(过饱和油藏)。

(5) 热值　每立方米天然气燃烧时所产生的热量称为热值。天然气的热值变化较大，天然气中湿气热值为$20000\times4.19kJ/m^3$，比煤和石油的热值高。

1.1.3　地层水的化学组成与分类

广义的油田水是指油气田区域内的地下水，包括油层水和非油层水。狭义的油田水是指油田范围内储集油气的地层中的地下水，即与石油、天然气共存的地下水。

1. 油田水的化学组成

油田水成分复杂，含有多种离子和盐类化合物，且含有多种有机成分和微量元素。

(1) 离子及盐类　油田水中含有多种离子，常见的有六组离子：阳离子有K^++Na^+、Ca^{2+}、Mg^{2+}；阴离子有Cl^-、SO_4^{2-}、HCO_3^-+CO_3^{2-}。这些离子组成各种盐类化合物。

(2) 特殊成分　①有机质：油田水中常含有环烷酸、酚和C_1~C_4烃类气体，是找油的直接标志；②微量元素：油田水中常见的微量元素有I、Br、B、Sr和NH_4^+，含量小于10mg/L，它们可以指示环境，是含油的间接标志；③无机气体：油田水中含有多种无机气体，如O_2、CO_2、N_2、H_2S、He、Ar等，其中H_2S、He、Ar等可指示封闭环境。

(3) 油田水的矿化度　水的矿化度是指水中各种离子、分子、化合物的总量。以水加热到105℃，蒸发后所剩残渣质量或离子总量表示，单位为mg/L或g/L。油田水的矿化度与形成时的地层环境条件有关，各油田的油田水矿化度和盐类组成不同，如我国濮阳油田和江汉油田的油田水矿化度高达1.6×10^4g/L；胜利油田的油田水矿化度为20g/L。矿化度高的水，对油田回注水管线腐蚀严重，应处理后再回注。一般天然水的矿化度分为以下几类：①淡水(矿化度<1g/L)；②微咸水(矿度化=1~3g/L)；③咸水(矿化度=3~10g/L)；④盐水(矿化度=10~50g/L)；⑤卤水(矿化度>50g/L)。

2. 油田水的分类

不同环境形成的地下水，含有不同的盐类。因此，一些典型盐类的组合反映该水形成过程中的地质环境和地球化学特征。通过对油田水的化学成分进行分析，我们可以对其进行成因分类。常用的油田水的分类方法是苏林(Sulin，前苏联)分类法。

苏林(Sulin)分类法的分类原则是HCO_3^-、SO_4^{2-}、Cl^-和Ca^{2+}、Na^+、Mg^{2+}等6种阴、阳离

子的相对含量，以 Na/Cl、(Na-Cl)/ SO_4和(Cl-Na)/ Mg 这三个成因系数，把天然水划分成硫酸钠型、重碳酸钠型、氯化镁型、氯化钙型四种基本类型。

苏林认为，裸露的地质构造中的地下水可能属于硫酸钠型，而与地表大气降水隔绝的封闭水则多属于氯化钙型，两者之间的过渡带有氯化镁型。在油田剖面上部地段以重碳酸钠型为主，随着埋深的增加，过渡为氯化镁型，最后成为氯化钙型。苏林认为，油田水的水化学类型以氯化钙型为主，重碳酸钠型次之，硫酸钠型和氯化镁型较为罕见。苏林的油田水成因分类情况见表 1-5。

表 1-5　苏林的油田水成因分类表

水的类型		成因系数(浓度比)		
		Na/Cl	(Na-Cl)/ SO_4	(Cl-Na)/ Mg
大陆水	硫酸钠型	>1	<1	<0
	重碳酸钠型	>1	>1	<0
海水	氯化镁型	<1	<0	<1
深层水	氯化钙型	<1	<0	>1

1.2　石油地质

1.2.1　地球内部结构及地壳的组成

地球自生成至今已有 45~60 亿年，地球的平均半径为 6371km。地球内部结构为一同心状圈层构造，由地心至地表依次分化为地核(Core)、地幔(Mantle)、地壳(Crust)，如图 1-1 所示。地核、地幔和地壳的分界面，主要依据地震波传播速度的急剧变化推测确定。

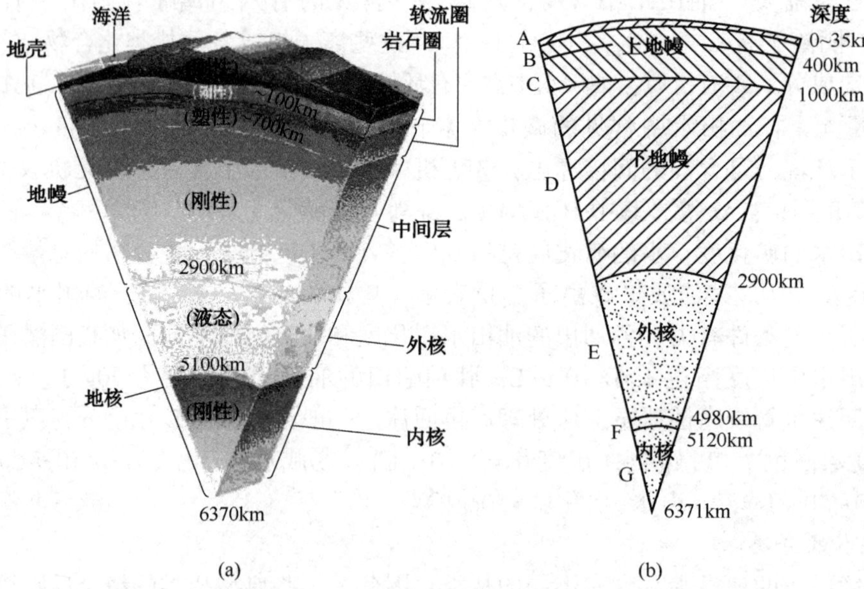

图 1-1　地球的内部结构示意图

当人们在地表用仪器观测地震波向地球中心传播时，发现地震波在大陆底下 33km 左右深处，在海洋底下 10km 左右深处发生了巨大的突变；在地下 2900km 左右深处又发生了巨大的突变。这表明地下有两个明显的界面，界面上下物质的物理性质有很大差异。第一个界面位于33km深处，是奥地利科学家莫霍洛维奇于1909年发现的，简称为“莫霍面”。另一明显界面位于2885km深处，是德国科学家古登堡于1914年发现的，简称为“古登堡面”。据此，科学家们认为，地球内部大致可分为三个组成物质和性质不同的同心圈层，最外面的一层称为地壳，最中心部分称为地核，中间一层称为地幔。如果把地球内部结构作个形象的比喻，它就像一个鸡蛋，地核就相当于蛋黄，地幔就相当于蛋白，地壳就相当于蛋壳，如图1-1(a)所示。

地壳是地球表面以下到莫霍面以上的固体外壳，地壳的厚度是不均匀的，其平均厚度约为17km，大陆部分平均厚度约为33km，高山、平原地区(如青藏高原)地壳厚度可达60~70km；海洋地壳较薄，平均厚度约为6km。地壳厚度的变化规律是：地球大范围固体表面的海拔越高，地壳越厚；海拔越低，地壳越薄。地壳由岩石组成，岩石依成因的不同分为火成岩、变质岩和沉积岩三大类。地球内部各圈层的物理状况参见表1-6。

表1-6　地球内部各圈层物理状况

圈层	深度/km	密度/(g/cm³)	压力/MPa	温度/℃
地壳	33	2.7~2.9	900	15~1000
地幔	2900	3.325.66	136800	1500~2000
地核	6371	9.71~16	360000	72000

1.2.2　矿物与岩石

1. *矿物*

地壳的岩石是由矿物组成的。

矿物是地壳中的化学元素在各种地质作用下形成的自然产物。在自然界中，矿物大部分呈固态，少数呈液态和气态，如石油、天然气等。矿物在地壳中分布甚广，常见的如方解石、石英、云母、长石、黄铁矿等。

矿物具有一定的化学组成和内部结构，如食盐是由Na^+和Cl^-组成的，其内部结构是Na^+和Cl^-相间排列而形成的立方体。

矿物具有一定的物理性质和化学性质。矿物的物理性质主要有矿物的形状、颜色、条痕、透明度、光泽、解理、断口、硬度、密度、放射性和磁性等。矿物的化学性质主要有矿物遇酸反应能力、矿物的染色性等。矿物的物理性质和化学性质主要取决于它的化学组成和内部结构。如食盐是白色、立方体、玻璃光泽、三组完全解理，并有咸味；煤是黑色的且可燃烧；石墨和金刚石虽都是由C原子组成，但由于内部结构不同，石墨是层状结构，金刚石是四面体结构，二者的硬度相差极大；方解石遇冷稀盐酸剧烈反应，而白云石却反应微弱。矿物的物理和化学性质是鉴定矿物的重要依据。

目前已发现的矿物有3000多种，但常见的造岩矿物只有二三十种，如石英、长石、云母、辉石、角闪石、橄榄石、黄铁矿、赤铁矿、褐铁矿、方解石、白云石以及各种黏土矿物(高岭石、蒙脱石、伊利石等)等。它们的不同组合便形成了各种各样的岩石。

2. *岩石*

自然界中的矿物很少孤立地存在，它们常常彼此结合成复杂的集合体。由一种或一种以上的造岩矿物组成的集合体称为岩石。根据成因可将地壳岩石分成三大类：岩浆岩、变质岩和沉积岩。这三类岩石在地壳之中不是孤立存在的，而是密切相关的，由于它们的形成条件、内部组成和结构构造不同，与油气的关系也各不相同。

1）岩浆岩

岩浆岩是岩浆在一定地质作用下，由地壳深处沿着裂隙侵入地壳附近或喷出地表，经过冷凝、结晶而形成的岩石。当岩浆未达到地面，仅上升到地壳上部所形成的岩石叫侵入岩。侵入岩又包括深成岩和浅成岩。而岩浆在地下不太深处冷凝而成的岩石叫浅成岩。若岩浆喷出地表，所形成的岩石叫喷出岩或火山岩。由于岩浆岩是在高温、高压状态下形成的，不含有机质，且岩性致密，因此，不可能生成油气。但由于后期受地壳运动的影响使岩石产生裂缝，它们又可以储藏油气。目前，在一些国家和地区的岩浆岩中陆续发现了油、气田。我国在辽河油田、江汉油田、胜利油田的岩浆岩中也发现了良好的油气显示。事实说明，只要在储集条件、构造条件及其他条件充分具备的时候，岩浆岩就可以储集石油和天然气，并能够形成具有工业价值的油气藏。

2）变质岩

因地球内力作用(如地壳运动和岩浆活动)，使早期形成的岩浆岩、沉积岩或变质岩，未经熔融状态而发生物理化学变化形成新岩石的地质过程，称为变质作用。因变质作用而形成的岩石称为变质岩。由岩浆岩变质而生成的岩石叫正变质岩；由沉积岩变质而生成的岩石称为副变质岩。变质岩与油气的关系不大。

3）沉积岩

沉积岩是在地壳表层的常温常压条件及水、大气、生物、重力等作用下，主要由母岩的风化产物及其他物质(包括火山物质、宇宙物质、有机质和生物遗体等)经搬运、沉积及成岩作用而形成的岩石。

沉积岩在地表分布广泛，大陆表面的70%以上为沉积岩所覆盖，海洋底部几乎100%为沉积岩所覆盖，常形成沉积盆地的盖层。沉积岩在地表分布厚度不一。我国华北盆地沉积岩最厚可达上万米。

沉积圈中蕴藏着丰富的矿产能量资源，如可燃性有机岩(石油、天然气、煤、油页岩)、盐类、放射性原料、黑色金属(铁、锰)、有色金属(铜、铅、锌)、稀有和分散元素、矿物肥料(磷、钾)和非金属矿产(重晶石、萤石)。据统计，世界上99%的油气都分布在沉积岩中。

(1) 沉积岩的形成

沉积岩的形成经历了母岩的风化、剥蚀、搬运、沉积和成岩等多种作用。

① 风化作用　所谓风化作用，就是地表或接近地表的岩石在大气、水溶液、温度变化和生物作用的影响下发生的破坏作用。风化作用可以分为物理风化作用、化学风化作用和生物风化作用三种类型。

使岩石发生机械破碎的作用称为物理风化作用。引起物理风化的因素是温度的变化、风的作用、水的作用、海洋以及冰川的作用等。

化学风化作用是指岩石或矿物在水、氧气、水溶液及二氧化碳等作用下发生的化学变化。岩石经过化学风化作用，不仅原来成分要发生改变，而且会产生新的矿物。化学风化作用表现最突出的是氧化作用、水及溶解于水中的 CO_2 的作用。

由于生物作用而使岩石发生变化的作用叫生物风化作用。如动物、植物对岩石的机械破坏作用。这种破坏作用既有物理的风化作用，也有化学的风化作用。

② 剥蚀作用　剥蚀作用是指各种地质应力(流水、冰川、风等)对地表岩石的破坏，并

将其破坏产物搬离原地的作用。

流水(包括河流水、湖浪、海浪和潮汐、地下水)对地表岩石可以产生溶蚀、磨蚀作用;风对地表岩石产生吹蚀和磨蚀作用;冰川是固体运动,对岩石产生刨蚀和磨蚀作用。它们使地表形成了千姿百态的地形地貌,如弯曲的河流、陡峭的山崖、百孔千疮的海岸、形态逼真的石蘑菇、宏伟壮观的瀑布、广袤无垠的沙漠,还有婀娜多姿的“喀斯特”地貌。

③ 搬运和沉积作用　母岩风化剥蚀的产物,除少部分残留在原地外,大部分物质在水、风、冰川等外力的作用下被搬运到合适的地方沉积下来。不同的物质其搬运和沉积作用的方式及在搬运和沉积过程中所遵循的物理、化学规律也不同。

碎屑物质及大部分黏土物质都是以机械方式搬运的,其搬运和沉积作用受流体力学的定律所支配。溶解物质(真溶液、胶体溶液)是通过化学方式进行搬运的,其搬运和沉积作用受化学、物理化学定律所支配。

④ 成岩和后生作用　成岩作用是沉积物埋藏之后,到固结为坚硬岩石之前所发生的作用。其埋藏厚度为1~100m;延续时间为1000年~100万年。成岩作用是封闭环境,有机质特别是厌氧细菌作用和分解硫酸盐细菌作用,产生 NH_3 和 H_2S,形成碱性还原环境。

后生作用是指沉积物固结为坚硬岩石以后到变质作用以前在埋藏较深处所发生的变化。作用下界可达10000m;延续时间为1~1000万年至 10^7~10^8 万年。后生作用是在潜水面以下,碱性(至弱碱性)及弱还原,或近于中性的氧化-还原条件,高温、高压(上覆载荷力、构造运动力),有外来物质(上升水)加入,易发生交代作用,后生作用形成的矿物晶体粗大,可切穿层理和层面。

在沉积物(或沉积岩)发生成岩作用和后生作用期间,主要的变化有:

a. 压实作用　沉积物在上覆沉积重荷作用下,水分不断排出,孔隙度不断降低,体积不断缩小而成为固结的岩石。这种作用主要对细粒的黏土物质成岩起作用。

b. 胶结作用　是指充填于碎屑颗粒孔隙之间的化学物质在成岩作用和后生作用期间发生沉淀而将其黏结起来,形成岩石的作用。

c. 重结晶作用　是指沉积下来的矿物质在温度、压力的影响下所进行的结晶作用。重结晶作用是化学岩或生物化学岩成岩的主要作用方式。

成岩作用和后生作用的结果是使岩石的物性(孔隙性和渗透性)发生变化,从而影响地下油气运移和聚集。如胶结作用可使岩石物性变差;压实作用使岩石致密,又可使岩石中的新生油气随孔隙水运移到储集层。

(2) 沉积岩的特征

沉积岩的特征主要包括沉积岩的颜色和构造。沉积岩的特征是鉴定沉积岩的主要依据,它反映了沉积岩的形成环境和岩石物性。

沉积岩的颜色是重要的直观标志。它取决于沉积岩的颗粒和胶结物的成分、物源和沉积环境。暗色矿物多的颜色深,铁质矿物含量多的颜色呈红色或红褐色;钙质、硅质、石膏质胶结的沉积岩呈白色或灰色。黏土岩的颜色反映其形成环境,黑色、深灰色的黏土岩中有机质含量高,是在还原环境中形成的;而红色、紫红色的黏土岩中有机质含量少,三价铁离子含量高,是在氧化环境中形成的;灰色、灰绿色是在弱氧化-弱还原条件下形成的产物。

沉积岩的构造是指组成沉积岩的组分的空间分布及其相互间的位置关系,主要包括层理、层面构造。沉积岩的形成环境不同,常具有不同的构造。

层理是由岩石的成分、颜色、结构等在垂直于沉积层方向上的变化所形成的一种构造现象。层理是沉积岩所具有的重要特征，是区别于岩浆岩的主要标志。根据层理可以确定岩层产状即正确判断地质构造。

层理由细层、层系、层系组(层组)等要素组成。常见的层理类型有水平层理、波状层理、交错层理、递变层理、透镜状层理、韵律层理(见图 1-2)，它们形成于不同的水动力条件下和不同的沉积环境中。

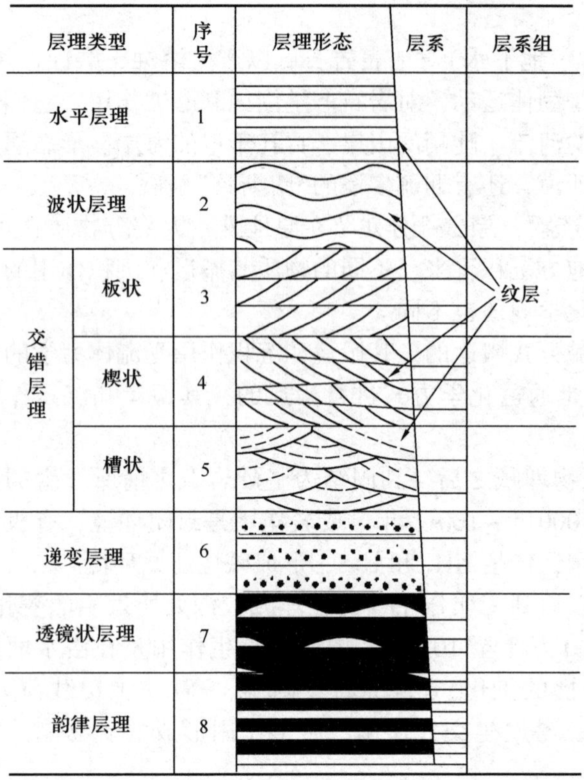

图 1-2　层理的基本类型

层面构造是指保存在岩层的顶、底面上的沉积构造的痕迹。常见的层面构造有波痕、泥裂、冲刷痕迹、侵蚀下切现象、雨痕、冰雹痕、生物痕迹等。这些构造特征对于确定沉积岩的地层层序有一定意义。

(3) 沉积岩的类型

沉积岩的类型有碎屑岩、黏土岩、碳酸盐岩、蒸发岩、生物沉积岩(油页岩和煤)以及各种硅质、铝质、锰质岩等。这里只介绍与油气关系密切的碎屑岩、黏土岩和碳酸盐岩。

① 碎屑岩

由母岩经机械风化破碎而成的碎屑物质(含量>50%)所组成的岩石称为碎屑岩。碎屑岩具有孔隙性和渗透性，常常作为油气储集岩。

a. 碎屑岩的组成　碎屑岩由碎屑颗粒和胶结物两部分组成。碎屑物质包括岩石碎屑和矿物碎屑两种。岩石碎屑是由母岩(岩浆岩、变质岩和古老的沉积岩)经机械破碎而成的多矿物成分组成的岩石碎屑。其成分直接反映了母岩的性质，是确定沉积物源的直接标志，多存在于颗粒较粗的砾岩、砂岩中，粉砂岩中极少。矿物碎屑是母岩风化后形成的单组分矿物碎屑，其种类不多，主要是石英和长石，其次是白云母和黏土矿物；还有少量(含量少于1%)的重矿物；主要存在于砂岩和粉砂岩中。

b. 碎屑岩的类型　根据碎屑粒直径的大小(简称“粒度”)可将碎屑岩分为砾岩、砂岩和粉砂岩。

砾岩是指主要由粒度大于 1mm 的碎屑(砾石)所组成的岩石。砾石以岩屑为主。杂基为细砂、粉砂和黏土物质，与砾石同时沉积形成。胶结物常为硅质、钙质、铁质。由圆状、次圆状的砾石所组成的岩石称为“砾岩”，砾石呈棱角、次棱角状的砾岩称为“角砾岩”。砾岩具有一定的孔隙，可以储存油气。如我国克拉玛依油田就是砾岩油气藏。

砂岩是指由砂级(1~0.1mm)的碎屑所组成的岩石。砂级颗粒含量大于 50%，以石英为主，其次是长石和岩屑，含有少量的白云母和绿泥石，重矿物含量一般小于 1%。胶结物以硅质、黏土质为主。砂岩常具有斜层理、交错层理。砂岩是良好的油气储集层。据统计，在世界上已发现的油气田中，有一半以上是砂岩储集层，我国也是如此。一般来说，中、细砂岩较粗砂岩的储集物性好，石英砂岩较长石、岩屑砂岩的物性好，它们有利于油气储存和渗滤，是良好的油气储集岩。

粉砂岩是指主要由粒度为0.1~0.01mm的碎屑(大于50%)所组成的岩石。碎屑物质成分单一，主要为石英，长石较少，岩屑极少，白云母较多，重矿物在2%~3%。胶结物多为钙质，铁质和硅质较少，具有薄的水平层理、波状层理。常形成于海湖水体较深的底部和河漫滩、三角洲、泻湖、沼泽等水动力条件较稳定的、由砂岩向黏土岩过渡的地带。粗粉砂岩(粒度为0.1~0.05mm)物性较砂岩差，但可以储集油气。

② 黏土岩

黏土岩是指由粒度小于0.01mm颗粒组成，并含有大量黏土矿物(50%)的岩石。主要由黏土矿物、碎屑矿物、化学成因矿物和有机质组成。

a. 黏土矿物　它是黏土岩中最主要的矿物成分，其中最主要的黏土矿物有高岭土、蒙脱石、水云母等，它们是成分和结构都很复杂的硅酸盐矿物，一般色浅，无光泽，集合体常呈土块状或致密细粒状，也有的呈鳞片状或薄片状，黏土矿物中如高岭石、蒙脱石、伊利石和绿泥石，它们不仅是黏土岩的主要成分，而且还是配置钻井液的主要材料，并极大地影响着油层物性。

b. 碎屑物质　它指的是陆源石英、长石、白云母和少量重矿物。

c. 化学成因矿物(也称自生矿物)　自生矿物主要有Fe_2O_3、MnO_2、$CaCO_3$、$CaMg(CO_3)_2$、$FeCO_3$、SiO_2(自生)、$CaSO_4$、FeS_2、NaCl等。

d. 有机质　有机质包括煤、腐泥质、沥青、生物遗体等。

③ 碳酸盐岩

碳酸盐岩是主要由方解石和白云石等碳酸盐矿物组成的岩石，岩石中方解石含量大于50%，称为石灰岩；岩石中白云石含量大于50%称为白云岩。石灰岩遇冷稀盐酸(5%HCl)会发生剧烈反应，白云岩则反应微弱，但粉末遇冷稀盐酸会发生反应。这是鉴别碳酸盐岩并区分石灰岩和白云岩的重要方法之一。碳酸盐岩分布广泛，仅次于黏土岩和碎屑岩，是重要的油源岩和储集岩。

1.2.3　地层及地质作用

1. 地层

地层就是具有一定层位(地层位置)或形成时间的岩层。地层是地壳发展历史的物质记录，也是研究地壳发展历史，了解矿产形成规律，从而进一步指导油气矿产资源勘探的基础资料。地层具有时间性和空间性。地层的时间性是指某一地层是在一定的地质时期内形成；地层的空间性是指地层特征的纵横向变化即表明其形成时的古地理条件的变迁。

1）地层层序律

在正常情况下(即地层未经过强烈构造运动而发生倒转)，先形成的地层在下，后形成的地层在上，这一规律称为“地层叠覆律”或“地层层序律”。根据地层层序律，人们可以确定地层的相对新老关系。

2）化石层序律

化石是指保存在地层中的古代生物的遗体或遗迹。由于生物的演化具有从低级向高级、从简单向复杂进化的方向性，以及不可逆性和阶段性的特点，因此，在同一地区不同的地层中应含有不同的生物化石，而在不同地区含有相同的生物化石的地层则应属同一时代形成的地层，这就是化石层序律。

3）地层的接触关系

（1）整合接触　它是指上、下两套地层产状一致，连续（或基本连续）沉积，其间无（或短暂）沉积间断，不缺失地层的接触关系。所有连续整合接触的地层，代表该地区在相应的地质历史时期内，地壳长期稳定下沉而接受沉积，或虽有上升，但沉积表面始终未露出水面。

（2）不整合接触　若上、下两套地层之间不连续沉积，其间有明显的、较长时间的沉积间断，缺失地层，则称为不整合接触。不整合上、下两套地层之间的接触面，称为不整合面。不整合面与地面的交线称为不整合线。不整合面上、下两套地层间古生物和岩性特征有突变。

根据不整合面上、下两套地层间的产状，可将不整合接触进一步划分为以下两种类型：

① 平行不整合　当不整合面上、下两套地层产状平行时，称为平行不整合，也称假整合。平行不整合是地壳单纯上升、下降运动（即垂向运动）而形成的，如图1-3（a）所示。

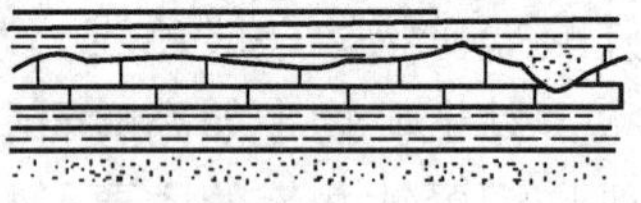

(a) 平行不整合

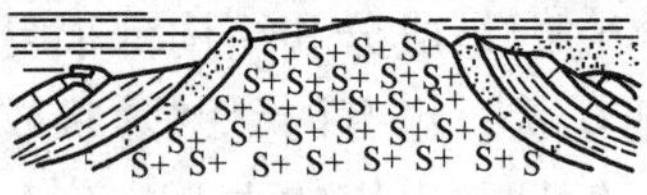

(b) 角度不整合

图1-3　地层接触关系示意图

② 角度不整合　角度不整合是指不整合面上、下两套地层不平行，而是角度相交。角度不整合接触是在地壳上升、褶皱、剥蚀作用后，再下降接受沉积形成的，如图1-3（b）所示。地壳运动是区域性的，因此，地层不整合接触也是区域分布的。

4）地层系统与地层单位

地球上所有的地层据其新老关系分为三个宇：显生宇（PH）、元古宇（PT）、太古宇（AR）。宇内分界，界内分系，系内分统，统内分阶，阶内分带。与地层单位宇、界、系、统相对应的地质年代单位称为宙、代、纪、世。“世”可进一步分为“期”和“时”。地层系统单位是地质年代分期的物质表现，它具有空间性，而地质年代单位是时间性单位。

宙、代、纪、世、期都是相对地质时代单位。地层确切的形成时间是通过其放射性同位素半衰期的测定来确定的，常以“百万年”为单位，这是绝对地质年龄。

2. 地质作用

地质学把自然界引起地壳岩石圈的物质组成内部结构、构造、地表形态变化和发展的各种作用过程，称为地质作用。根据地质作用的动力来源，将地质作用分为内力地质作用和外力地质作用两大类型，如图1-4所示。

1）内力地质作用

内力地质作用是由地球内部的能量（高温、高压）和地球自转的动能所引起的。内力地质作用可使岩石圈的某部分（板块）发生缓慢的水平位移和垂直方向的升降，使地壳发生分裂和碰撞，还可导致地震、火山作用及各种构造变动等。

2）外力地质作用

外力地质作用由地球以外的能量（主要包括太阳辐射能、日月引力能等）引起的。这些能量引起温度、空气、风、雨水、河流、地下水、生物的活动和变化，从而改变地表的面貌，使地壳表层化学元素发生迁移、分散和富集，如风化、剥蚀、沉积、搬运等作用。

内力地质作用与外力地质作用的关系非常密切，它们是互相联系又互相矛盾的。内力与外力始终处在对立统一的发展过程中，它们相互依存和相互斗争，这种长期反复进行的结

- 内力地质作用
  - 1. 地壳运动
    - 垂直（升降或振荡）运动
    - 水平运动
  - 2. 岩浆活动
  - 3. 变质作用
  - 4. 地震

(a) 内力地质作用

- 外力地质作用
  - 1. 风化作用
    - 物理（机械）风化作用
    - 化学风化作用
    - 生物（生物化学）风化作用
  - 2. 剥蚀作用
    - 地面流水的侵蚀作用
    - 地下水的潜蚀作用
    - 冰川的刨蚀作用
    - 湖水、海水的冲蚀作用
    - 风的吹蚀作用
  - 3. 搬运作用
    - 机械搬运作用
    - 溶解（化学）搬运作用
  - 4. 沉积作用
    - 大陆沉积作用
      - 机械沉积作用
      - 化学沉积作用
      - 生物（化学）沉积作用
    - 海洋沉积作用
      - 机械沉积作用
      - 化学沉积作用
      - 生物（化学）沉积作用
  - 5. 成岩作用

(b) 外力地质作用

图 1-4　地质作用分类

果，推动了地球的变化和发展。内力地质作用引起地壳的升降，形成高山、深谷，改变海陆的分布，同时导致气候、环境、生物的改变，影响到外力地质作用。而外力地质作用则将高山夷为平地，把深谷填平，一方面高山上的矿物和岩石受到风化剥蚀而破坏，另一方面被破坏的物质搬运到低地堆积起来又形成新的矿物和岩石。各种地质作用既有破坏性，又有建设性，它们在破坏中建设，同时在建设中又有破坏。一般地说，内力地质作用对地壳的发展起着主导作用，但在一定条件下，外力地质作用又可以反过来影响内力地质作用。

1.2.4　石油与天然气的生成

石油和天然气的成因问题，是石油地质学界主要研究和长期争论的重大课题之一，至今还存在着争论。其原因在于石油和天然气成分十分复杂，对于油气成因的认识基本上分为无机成油说和有机成油说两大学派。有机成油说根据油气形成时间又分为早期成油说和晚期成油说。随着油气勘探的不断深入，现在人们普遍认为石油和天然气是由沉积有机质在成岩作用期间经热解作用而形成的。

石油和天然气来源于有机物质。早在古生代以前，地球上就出现了生物，随着历史的进展，生物广泛地发育起来。地球上的动植物种类繁多，数量很大，化学成分又异常复杂。但是，就生成油气的主要原始物质而言，仍是以沉积岩中分散着的有机质为主。生成油气的有机物质组分有三大类：

(1) 类脂化合物　常见的是脂肪。脂肪水解后生成脂肪酸。在还原条件下，脂肪酸发生去羧基和加氢作用，可以生成类似石油的液态烃类。

(2) 蛋白质　它是生物体的基本组分之一。蛋白质的性质不稳定，与酸、碱共热或遇酶水解可生成氨基酸的混合物。经研究表明，氨基酸去羧基和氨基可生成不同的低分子碳氢化合物。

(3) 碳水化合物　即糖类，是高等植物的主要组分。目前对碳水化合物生成烃类的过程尚不十分清楚。由于它易被水解、氧化及生物化学作用所分解，有人认为它不易保存，其较稳定部分，如几丁质、纤维素等可以降解形成腐植类物质；也有人认为，碳水化合物在碱性介质中发生醣化作用生成脂肪酸，之后再向烃类转化。

1.2.5　油气运移及油气藏的形成

1. 油气运移

石油和天然气生成后呈分散状态存在于生油层之中，必须经过由分散向集中的运移过程，才能使油、气在储集层中聚集而成油、气藏。在各种地质因素的作用下，石油和天然气在地壳内的任何移动都称为油、气的运移。油、气之所以能够运移，除油、气本身是流体，具有流动性质这一内在因素外，还必须有造成油、气运移的外部条件，即促使油、气运移的外部力量，包括压力、构造运动力、水动力、浮力、毛细管力以及其他作用力。这些动力因素在油、气运移的两个阶段——初次运移和二次运移所起的作用有主次之分，即不是同时一起发挥同样的作用。油、气运移是使油气由分散向集中转化的过程，是油气从生成到油气藏形成的一个必要条件和重要环节。

油、气在地下岩层中往往以液态、气态和分子或分子团状态进行运移，它们既可通过岩石通道流动，也可以透过其他物质进行分子运动。它们的运动方式主要有渗滤和扩散两种。

1）油气运移的方式

(1) 渗滤　储集在岩层孔隙中的油、气、水由于压力差的作用而由高压区向低压区发生流动，称为渗滤。石油、天然气和地下水的渗滤作用是沿着岩石中各种互相连通的孔隙和裂缝进行的。除原生孔隙和裂缝以外，还有各种因素形成的次生孔隙、洞穴、构造裂缝等，这些都利于油气渗滤作用的进行。

(2) 扩散　物质分子运动时，由于浓度差的作用，物质分子将从高浓度向低浓度处移动，使其各方面浓度趋于平衡的现象称为扩散。石油和天然气与其他物质一体同样具有扩散的特性。当油气生成后，从油气浓度大的生油层中向四周油气浓度小的地方扩散，扩散作用不断进行，结果将会使大部分或相当部分的气态烃和轻质液态烃从生油层进入储集层，直至受到扩散系数非常小的盖层阻挡之后，扩散才基本上停止，油气才逐渐聚集而形成油气藏。

尽管石油和天然气都是流体，它们在运移过程中都以渗滤和扩散方式同时进行，只不过在不同条件下有主次而已。在有浓度差时以扩散为主，在有压力差时以渗滤为主。

2）油气运移的动力

在外力的作用下，油气既可随生油层紧结成岩过程而发生油气从生油层向储集层的初次运移，也可以在生油层成岩后，油气沿着储集层的孔隙、裂隙或其他通道发生二次运移(后期运移)；既可沿着地层层理方向作侧向运移(横向运移)，也可沿断裂、裂隙穿过地层层面作垂直运移；既可在一个油区内局部运移，也可在沉积盆地范围内进行区域性运移。总之，油气运移的过程是很复杂的，但最本质的条件是地壳运动引发的油、气运移。在此仅介绍几种促使油气运移的主要动力。

（1）地静压力　上覆沉积物重量所造成的负荷，称为地静压力。在一个沉积盆地中，同一时期盆地中心沉积厚度大，多为细粒泥质沉积物，盆地边缘厚度变薄，岩性变粗，为砂质或砾状沉积物。由于厚度的差异，形成地静压差，驱使油气从较易压缩的高压区向不易压缩的低压区运移，即从盆地的中央向盆地边缘运移，从泥质岩运移至砂质岩，从生油层运移至储集层。初期以垂直运移为主，后期以侧向运移为主。

（2）水动力　水可以带动油气一起运移。地层渗透性越好，地层水带动油、气运移的速度就越大。反之，高度差越小，流速也愈小。水带动油、气运移时，油、气可呈分散的片状和球状等。

（3）浮力　浮力是促使油、气、水发生重力分异并使油、气向地层上倾方向移动的力。由于油、气、水的密度差造成它们的重力分异。一般天然气密度为 0.00073～0.000933g/cm^3，石油密度为0.7～1.0g/cm^3，地下水密度为 1.0～1.2g/cm^3。当油、气、水共存于同一构造中时，它们就会按密度不同进行分异，一般天然气在上，水在下，油居中。当地层倾斜时，浮力能促使油、气沿地层上倾方向发生运移。地层倾角越大，油气运移速度越快。

2. 油气藏的形成

油气藏是油气聚集的基本单位，是油气勘探的对象。石油和天然气在形成初期呈分散状态存在于生油气地层中，它们必须经过迁移、聚集才能形成可供开采的工业油气藏。这就需要具备一定的条件，形成油气藏必须具备的两个条件是油气和圈闭。而油气在由分散到集中形成油气藏的过程中，受到各种因素的作用，要形成储量丰富的油气藏，而且保存下来，主要取决于生油层、储集层、盖层、运移、圈闭和保存六个条件。归纳起来，油气藏形成的基本条件有以下几个方面：

1）油气源条件

盆地中油气源是油气藏形成的首要条件，油气源的丰富程度从根本上控制着油气资源的规模，决定着油气藏的数量和大小；油气源的性质决定着烃类资源的种类以及油藏与气藏的比例；油气源形成的中心区控制着油气藏的分布。因此，油气源条件是油气藏形成的前提。

（1）烃源岩的数量　成烃坳陷是指地质历史时期曾经是广阔的有利于有机质大量繁殖和保存的封闭或半封闭的沉积区；成熟烃源岩有机质丰度高，体积大，并能提供充足的油气源，形成具有工业价值的油气聚集。烃源岩的数量取决于烃源岩的面积（分布范围）和厚度。

（2）烃源岩的质量　并非所有的沉积盆地都有成烃坳陷，当盆地内坳陷区一直处于补偿或过补偿状态时，难以形成有利的成烃环境，或油气潜量极低，属于非成烃坳陷。因此，一个坳陷是否具备成烃条件，还要对烃源岩有机质的丰度、类型、成熟度、排烃效率等进行评价。通过定量计算成烃潜量和产烃率来确定盆地的总资源量，从而评价油气源的充足程度。只有具备丰富油气资源的盆地，才能形成大型油气藏。

2）生、储、盖组合和传输条件

油气生成后，只有及时地排出，聚集起来形成油气藏，才能成为可以利用的资源，否则，只能成为油浸泥岩。而储集层是容纳油气的介质，只有孔渗性良好、厚度较大的储集层，才能容纳大量的油气，形成巨大的油气藏。盖层是指位于储集之上，能够封隔储集层使其中的油气免于向上逸散的保护层。而有利的生、储、盖组合，也是形成大型油气藏不可缺少的基本条件。

生储盖组合：是指烃源层、储集层和盖层三者的组合形式。

有利的生储盖组合：是指三者在时空上配置恰当，有良好的输导层，使烃源层生成的油气能及时地运移到储集层聚集，盖层的质量和厚度能确保油气不致于散失。

（1）生储盖组合类型　沟通烃源层和储集层的通道有三种基本形式：孔隙-裂缝系统、不整合面系统和断裂系统。根据生、储层在时间和空间上的分布与接触关系，可将生储盖组合分为两大类：连续的或相邻的生储盖组合，不连续的或间断的生储盖组合。

① 连续的或相邻的生储盖组合　这种组合是指三者存在于连续沉积的地层单位中，生储层直接接触，以孔隙或孔隙-裂缝作为输导油气的通道。根据接触方式可进一步分为面接触、带接触和体接触。

② 不连续的生储盖组合　这种组合的生储层在时间上是不连续的，在空间上可以直接接触，也可以是分隔的，但两者的连接通道为不整合面或断层面。可分为不整合型生储盖组合和断裂型生储盖组合。

在实际情况下，单一形式的生储盖组合往往有局限性，输导油气的能力也有限，而更多的是多种形式联合形成复合的输导网络，因此，复合型的生储盖组合对大型油气藏的形成更为有利。我国酒西盆地前山背斜带油气藏的形成即为复合型输导油气的结果。

（2）生储盖组合的评价

输导层的形式及其性能对输导能力起着重要作用。一般来说，烃源层和储集层直接接触面积越大，通道畅通，输导能力就越大，反之，输导能力越差。

生储盖组合是否有利，主要是看是否具有最佳的排烃效率，它与组合形式、烃源层的单层厚度和砂岩百分率有关。单层厚度在30~50m的烃源层排烃效率较高，而砂岩百分率适当的区带则有利于油气由烃源层排入储集层进入二次运移。

3）圈闭条件

圈闭是油气运移的“归宿”，圈闭的规模决定了油气藏的规模和数量，其所处的空间位置和形成时间决定了其捕捉油气的几率，而圈闭的密封程度和水动力条件决定了油气的聚集条件，这些都决定了圈闭是否为有效圈闭。

有效圈闭是指在具有油气来源的前提下，能聚集并保存油气的圈闭。它必须具备圈闭容积大、圈闭距源区近、圈闭形成时间早、圈闭的闭合度高、圈闭的封闭条件好等特征。

（1）圈闭容积大　圈闭容积大小是决定能否形成大型油气藏的前提。圈闭容积大小，由闭合面积、闭合高度、储集层有效厚度和有效孔隙度等参数决定。它与圈闭的类型、储层特性等有关。通常具有较大的闭合面积、较厚的储集层及较高的孔隙度的圈闭，是一个大容积的圈闭，但闭合度往往变化较大。要成为大油气藏（田），必须拥有巨大的圈闭容积，这是一个先决条件。

（2）圈闭距源区近　从空间位置上距源区较近，与烃源层之间有良好的输导通道，圈闭位于油气运移的路线上。

（3）圈闭形成时间早　所谓圈闭形成时间早是指圈闭形成时间不晚于大规模生、排烃期。这是一个动态条件，不仅要研究圈闭的形成时期，而且要了解区域性大规模成烃、排烃期。只有在大规模成烃、排烃期之前或同时形成的圈闭，才有利于油气的聚集。

（4）圈闭的闭合度高　当在储集层中有水动力作用时，油水界面将发生倾斜，其倾斜度与水压梯度和流体密度差有关。相同水压条件下，气水界面倾角小于油水界面的倾角，当油（气）水界面的高差大于圈闭的闭合高度时，原来存在的圈闭将无法封闭住油气；另外，若闭合高度小于油水过渡带，则圈闭不能产出纯油，完全被油水过渡带充满。因此，圈闭闭合高度要大于油水界面两端高差或油水过渡带的厚度，是有效圈闭的条件之一。

(5) 圈闭的封闭条件好　储层上方盖层的封闭条件是圈闭是否存在的关键，若盖层的封闭条件差，则很难聚集保存大油气藏，尤其是气藏。盖层的封闭性往往由盖层的排替压力来确定，通常用盖层可封闭的最大油柱高度来衡量，它代表了盖层的最大封闭能力。

4) 保存条件

已经聚集形成的油气藏，是否能够完整地保存下来，是油气藏存在与否的重要前提，在漫长的地质历史中，油气藏将遭受不同程度的破坏，使油气散失、氧化或产生再分布，形成新的油气藏。因此，必要的保存条件是油气藏形成后得以保存下来的关键。

从以上四方面分析可见，要形成大型的油气藏并保存下来，必须具备的基本条件是充足的油气源、良好的储集层、有利的生储盖组合条件、有效的圈闭及必要的保存条件。

1.3 石油物探

根据地下岩层物理性质的差异，通过物理量测量，对地质构造或岩层性质进行研究，以寻找石油和天然气的地球物理勘探，简称石油物探。

1.3.1 油气田勘探方法

石油和天然气主要生成并聚集于地下沉积岩层中，因此，要寻找和发现油气田，必须运用各种勘探方法在沉积盆地中进行勘探，研究地下岩层的生油气条件，寻找可能的储油气构造，确定含油气层。

目前，勘探油气田的方法有地质法、地球物理勘探法、地球化学勘探法和钻探法四类。

1. 地质法

地质法是油气田勘探工作中贯彻始终的基本工作方法。主要包括通过观察、研究出露在地面的地层、岩石及油气显示的地质调查，获取地质资料并进行分析、解释，判断一个地区有无生成油气和储存油气的条件，对该地区的含油气远景进行评价，确定有利的含油气区。在岩石出露的地区，该方法有可能直接发现油气藏。该方法还包括通过钻井获取地下岩芯、岩屑等资料进行的地质录井工作以及实验室分析工作等。另外，还包括对地球化学、地球物理等各种方法提供的大量间接资料进行地质解释。

地质法除了要研究岩石、地层、构造及发展史等基础地质问题外，还着重研究区域和局部的油气藏形成条件，如生油及储油条件、运移条件、圈闭及保存条件等，以确定油气藏是否存在及远景评价。

2. 地球物理勘探法

地球物理勘探法是根据地质学和物理学的原理，利用电子学和信息论等领域的新技术建立起来的一种间接找油、气的方法。它利用各种物理仪器在地面或空中观测地壳上的各种物理现象，根据物理现象的变化推断地下的地质构造特点，寻找可能的储油、气构造。

地球物理勘探法主要用于近代沉积发育的覆盖地区、海湖地区，这些地区没有地层和岩石出露，若使用地质法会受到很大限制，因为用大量钻井取岩芯的办法了解地下地质情况，不仅成本高，效率也低。

地球物理勘探法主要包括重力勘探、电法勘探、磁法勘探和地震勘探等方法。目前应用最广泛、最有效的是地震勘探方法。

(1) 地震勘探法　在地下或水下浅层安置炸药，炸药爆炸引起的冲击会产生巨大的震动，在震动压力作用下，地下岩石发生压缩和膨胀，从而产生岩石质点的震动，形成地震波。因为地震波是借助于岩石的弹性震动而产生的，当地震波遇到不同密度和不同传播速度岩层的分界面时，就会产生三种现象：第一种是部分地震波从分界面反射回来，反射回来的波叫反射波；第二种是部分地震波透过界面向下传播，这部分波叫透射波，透射波再遇到分界面时，还会发生反射；第三种是部分地震波透过界面并沿着岩层分界面滑行一段再折射回来，折射回来的波叫折射波。根据接收和研究波的类型不同，地震勘探又可分为反射法和折射法。目前，反射法应用得最为广泛。

地震波的传播速度快慢与岩石性质有关，一般来说，致密坚硬的岩石地震波传播速度快，疏松的岩石地震波传播速度慢一些。

（2）重力勘探法　以地下岩石的密度差异为依据，在地面测量由它引起的重力变化，进而推断地下地质构造和矿藏的方法称为重力勘探法。它通过野外测量、室内数据整理获得资料，可以研究地壳深部地层和区域地质情况。有条件的地区可以研究局部地质构造。

（3）电法勘探法　由于地下岩石存在着导电性、导磁性、介电性的差异，在地面测量由它们引起的电场的变化，进而推断地下地质构造和矿藏的方法称为电法勘探。按场的成因，电法勘探可以分为天然场法和人工场法两类。天然场法包括大地电磁法、声频电磁法；人工场法包括电阻率法、人工电磁法、激发激化法。

电法勘探在金属勘探领域应用最为广泛，其次在工程地质和水文地质勘探方面也有较多的应用。对石油勘探来说，主要用电阻率法、大地电磁法、人工电磁法来测量界面深度，它可以研究区域地质情况和局部地质构造。

（4）磁法勘探　由于地下岩石存在着磁性的差异，在地面测量由它们引起的磁场的变化，进而推断地下地质构造和矿藏的方法称为磁法勘探。它可以研究大地构造单元、基底构造和沉积盖层等。该方法可以在地面和空中进行。

3. 地球化学勘探法

地球化学勘探法是利用化学分析方法对岩石、土壤、气体和水中的各种成分进行分析，测定地下油、气的扩散所引起的各种化学、物理化学和生物化学的变化，分析地下油、气的存在与分布情况。地球化学勘探法主要包括气测法、沥青法、水化学法等。

（1）气测法　气测法是利用灵敏的气体分析仪测定土壤、表层岩石或水中的碳氢化合物气体的含量。其原理是：当地下油气藏存在时，油、气就会向地表扩散使其上部的地表出现气体异常——碳氢化合物气体含量较其他地区高。

目前，气测法还处于发展阶段，无论在理论上还是实践上都还不够完善，效果也还不理想。但地球物理测井的气测法却是在钻井中判断油气层位的一种有效方法。

（2）沥青法　沥青法包括测定发光沥青、氯仿沥青“A”以及发光沥青测井等方法。各种方法在地面和井下测得异常时，说明本地区有油气生成、运移、扩散和氧化的过程存在，用来评价该区、该层的含油、气远景。

（3）水化学法　水化学法主要是研究水中所含盐类、微量元素、其他成分的含量、水型以及它们在地表的分布情况，用以进行含油、气可能性的判断。

（4）细菌法　细菌法是一种间接的地球化学法。由地下运移、扩散至地表的某些烃类（如甲烷、乙烷、丙烷）在油藏上方形成相对富集带，而某些细菌对某种烃类有特殊嗜好，则在这些地区常大量繁殖。通过采样进行细菌培养，可反映烃类异常区，用作寻找油气藏及评价含油气远景的重要指标。

总之，目前看来各种地球化学勘探方法影响因素复杂、分析技术困难、准确性差，有待进一步研究和发展。

4. 钻探法

钻探是油、气田勘探工作中不可缺少的手段。无论是地面地质法、地球物理勘探法还是地球化学勘探法，对确定地下有利的含油、气构造或油、气藏都属间接方法。只有通过钻探手段才能最后确定油、气藏是否存在以及是否具有工业油、气流。但钻探法与其他方法比较却是速度最慢、投资最多的一种方法。因而，它必须在地质、地球物理、地球化学等方法综合勘探的基础上进行。

以上是我国油、气田勘探中常见的几类方法。但目前勘探历程较长、成功率尚不够理想，这是由于从勘探理论到勘探手段都不够先进，因而国内外都在加快研究新的勘探方法。

1.3.2 地球物理测井

运用物理学的原理和方法，使用专门的仪器设备，沿钻井(钻孔)剖面测量岩石的物性参数，了解井下地质情况，从而发现油(气)层、煤层、金属、非金属、放射性等矿藏以及地热、地下水等资源。这是油(气)田勘探与开发中一种极为重要的方法，也是煤田、水文勘测以及勘探其他矿藏不可缺少的手段。

岩石和矿物有不同的物理特性，如导电特性、声波特性、放射性等。这些特性统称为岩石和矿物的物理性质。在地球物理勘探中相应地建立了许多种测井方法，如电法测井、声波测井、放射性测井和气测井等。

1. 分类

一般按所探测的岩石物理性质或探测目的可分为电法测井、声波测井、放射性测井、地层倾角测井、气测井、地层测试测井、钻气测井等。

1) 电法测井

根据油(气)层、煤层或其他探测目标与周围介质在电性上的差异，采用井下装置沿钻孔剖面记录岩层的电阻率、电导率、介电常数及自然电位的变化。电法测井包括以下几种：

(1) 电阻率测井　使用简单的井下装置(电极系)探测岩层电阻率，以研究岩层的电性特征。由于影响因素较多，其测量结果称为视电阻率。电阻率测井按其电极系的组合及排列方式不同，又分为梯度电极系测井及电位电极系测井。

(2) 微电极测井　在电阻率测井的基础上发展了微电极测井，它用于测量靠近井壁附近很小一部分泥饼和冲洗带地层的电阻率，能较准确地指示泥饼的存在及划分渗透性地层，能区分储集层中的薄夹层(非渗透层)以及准确地确定地层厚度。

(3) 侧向测井　这是一种聚焦电阻率测井方法，主要用于高电阻、薄地层及盐水泥浆测井。根据同性电相斥的原理，在供电电极(又称主电极)的上方和下方装有聚焦电极，用聚焦电流控制主电流路径，使它只沿侧向(垂直井轴方向)流入地层。由于侧向测井电极系结构不同(如双侧向电极系的浅侧向电极系和深侧向电极系)，聚焦电流对主电流的屏蔽作用大小不同，因而它们具有不同的径向探测深度。

(4) 感应测井　这是一种探测地层电导率的测井方法。该方法根据电磁感应原理，测量地层中涡流的次生电磁场在接收线圈中产生的感应电动势，以确定地层的电导率。它是淡水泥浆井和油基泥浆井一种有效的测井方法。同时它特别适用于低电阻率岩层的探测，包括离子导电的含高矿化度地层水的油(气)、水层和电子导电的金属矿层。

(5) 介电测井　这是探测岩石介电常数的一种测井方法。由于水的介电常数远远大于油

(气)和造岩矿物的介电常数，所以它可用于判断油田开发中出现的水淹层，并提供估计油层残余油饱和度及含水量多少的可能性。

(6) 自然电位测井　这种方法是沿钻孔剖面测量移动电极与地面地极之间的自然电场。自然电位通常是由于地层水和泥浆滤液之间的离子扩散作用及岩层对离子的吸附作用而产生的。因此，自然电位曲线可用来指示渗透层，确定地层界面、地层水矿化度以及泥质含量。在油(气)井中，它与电阻率测井组合，可以划分油(气)、水层并进行地层对比等。

2) 声波测井

利用岩石的声波传播特性研究钻孔剖面岩层地质特征和井下工程情况。声波测井按其探测目的不同，可分为声速测井和声幅测井两类。常用的声波测井方法有：声速测井(纵波速度和横波速度)、声幅测井、声波变密度测井(或称微地震测井)、声波电视测井等。

(1) 声速测井　记录声波沿井壁各地层滑行时经过某一长度所需要的时间，主要用于确定岩性、孔隙度和指示气层。它与密度测井进行综合解释，可以确定地层声阻抗和灰层的灰分，同时还可以合成垂直地震剖面。

(2) 声幅测井　测量声波初至波前半周幅度的衰减。分为裸眼声幅测井及固井声幅测井。裸眼声幅测井主要用来寻找钻孔剖面上的裂缝带；固井声幅测井主要用于检查固井质量及确定水泥返回高度。

(3) 声波变密度测井　这是一种全波波形测井。在套管井中，它能检查套管与水泥环和水泥环与地层胶结程度的好坏，也是检查固井质量的有效方法之一。在裸眼中，它用于确定岩石的横波速度，计算岩石弹性参数(泊松比、杨氏模量、切变模量等)，对于评价煤层的岩石强度特别有用。

(4) 声波电视测井　利用超声波的传播与反射来反映井壁物体形象的测井方法。主要用途是：拍摄井下套管的照片，以检查套管射孔后的质量及套管的工程问题；在裸眼井内拍摄井下碳酸盐岩层和煤层的井壁照片，以确定岩层裂缝及溶洞的形状。

3) 放射性测井

测量井剖面岩石的天然放射性射线强度，或测量经过放射性源照射后，岩石所产生的次生放射性射线强度，用以发现放射性矿藏，确定岩石成分，计算岩石物性参数，判断气层等。

4) 地层倾角测井

测量地层的倾角与方位角，能够确定真实的地层倾角和方位的变化。可用于研究构造变化，确定断层、不整合、交错层、砂坝、岩礁以及研究地质沉积环境等。此外，地层倾角测井还可以探测井壁附近地层裂缝带，确定裂缝走向和方位，通常又称为裂缝识别测井。

5) 地层测试测井

使用电缆式地层测试器，在裸眼井进行地层流体取样(油、气、水)，测定地层流体的恢复压力。通过计算获得原始地层压力及有效渗透率。它可用于探井中途测试，是一种直接找油、找气的探测方法。

6) 气测井

测定钻开岩层后进入泥浆中的烃类气体(甲烷、乙烷、丙烷、丁烷、戊烷等)和非烃类气体的含量及其化学组分，用以发现探井中油(气)层，提供测试层位。它是石油勘探中一种直接找油、找气的测井方法。

7) 随钻测井

将电阻率、自然伽马、井斜等传感器装在钻铤内，边钻进边测量，脉冲信号通过泥浆传输到地面记录系统，可以消除泥浆对油(气)层侵入的影响，能反映油(气)层的负电阻率，提高地层评价精度。井斜信息能及时确定井眼斜角和方位角，控制钻井质量。这种方法目前已在世界海洋钻井工作中使用。

8）生产测井

测量套管井内流体的流量、含水率、压力、温度等参数。它是在射孔作业以后进行的油井生产动态测井。此外，在水文地质勘探中也有广泛用途。生产测井可以分为流量测井、含水率测井、压力测井及温度测井等。

2. 解释

根据处理后所得到的数据或地质参数曲线，对钻孔的目的层作出定性、定量评价。对于石油勘探与开发则包括判断岩性、判断油、气、水层及计算油气储量等；对于煤田勘探则主要是划分煤层，并对煤层的品位作出评价。

3. 应用范围

地球物理测井的应用范围如下：确定井剖面的岩石性质，评价油(气)、水层，发现煤、金属、放射性等矿藏，并确定其埋藏深度及有效厚度；测量计算储量所需要的各种地质参数，如岩性成分、孔隙度、饱和度、渗透率、煤田储量计算参数等；确定地层倾角、岩层走向和方位，以及钻孔倾角和方位角，研究沉积环境等；检查井下技术情况，如检查固井质量和套管破裂情况等；发现和研究地下水源(淡地层水)。

1.4 石油钻井

要了解地下地质情况，证实已探明的构造是否有油(气)、含油(气)面积和油(气)储量，并把石油天然气从地下开采出来，就需要钻井。因此，钻井是寻找和开发石油的主要手段。

钻井就是利用一定的机械设备将地层钻开一个井眼的过程。

1.4.1 钻井方法

钻井是地质勘探和矿藏开发的一个重要环节。钻好的井对石油、天然气来说是沟通油、气层至地面形成油气生产的唯一通道，也是人们对油、气藏进行观察和施加影响的唯一通道。根据岩石破碎方式和所用工具的类型，有以下几种钻井方法。

1. 顿钻钻井法

用钢丝绳把顿钻钻头送到井底，由动力机驱动游梁机构，使游梁一端上下运动，并带动钢丝绳和钻头产生向下的冲击作用，从而破碎岩石。顿钻又称冲击钻，如图 1-5 所示，是一种古老的钻井方法。顿钻钻机的天车台有 3 个滑轮，各通过一根钢丝绳，用来下套管、捞砂和起、下钻具。用顿钻钻井，钻进和捞砂必须相间进行。顿钻钻速慢，效率低，不能适应井深日益增加和复杂地层的钻探要求，逐渐被旋转钻代替。但它有设备简单、成本低、不污染油层等优点，可用于一些浅的低压油、气井及漏失井等。所以在美国等国家仍有一定数量的油、气井用顿钻法钻井，中国陕北延安地区的油井和四川自贡地区的盐井，绝大多数是用顿钻法打成的。

2. 旋转钻井法

利用钻头旋转时产生的切削或研磨作用破碎岩石，它是当前最通用的钻井方法，如图 1-6 所示。1901 年美国首先使用旋转钻井法钻井。中国于 20 世纪 30 年代中期才开始使用，它比顿钻钻速快，并能处理井塌、井喷等复杂情况；按动力传递方式不同，分为转盘旋转钻井法和井下动力钻井法两种。

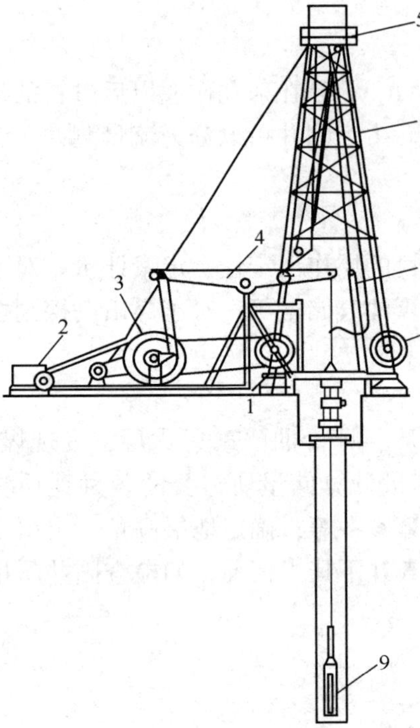

图 1-5　顿钻示意图

1—吊升滚筒；2—动力机；3—大皮带轮；4—游梁；5—开车；6—井架；7—捞砂筒；8—钻井绳滚筒；9—钻头

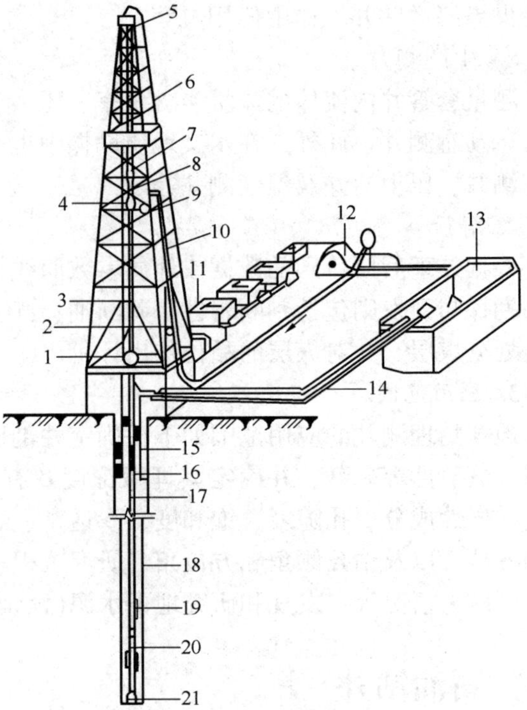

图 1-6　旋转钻示意图

1—转盘；2—绞车；3—方钻杆；4—水龙头；5—天车；6—井架；7—游动滑车；8—大钩；9—水龙带；10—立管；11—动力机；12—泥浆泵；13—泥浆池；14—泥浆槽；15—水泥环；16—套管；17—钻杆；18—井眼；19—泥浆流；20—钻铤；21—钻头

(1) 转盘旋转钻井法　在钻台的井口处装有转盘，转盘中心旋转部分有方孔，钻柱最上端的方钻杆穿过该方孔，方钻杆下接钻柱和钻头。动力机驱动转盘时带动钻柱和钻头一起旋转并破碎岩石，井眼随钻柱不断加长而加深，岩屑随循环泥浆返至地面。

(2) 井下动力钻井法　利用井下动力钻具带动钻头破碎岩石。特点是钻进时钻柱不转动，磨损小、使用寿命长，特别适于打定向井。井下动力钻有涡轮钻具、螺杆钻具、电动钻具等。前两种靠高压泥浆驱动，后一种是用电驱动。20 世纪 30 年代初前苏联首先使用涡轮钻钻井，中国从 50 年代起先后使用涡轮钻和螺杆钻，主要用于钻定向井。由于电动钻需要特殊的带电缆的钻柱，所以目前尚未大量使用。

3. 新钻井方法

20 世纪 50 年代以来，有的国家研究了一些新的钻井方法，其中激光法、爆炸法、电弧法、电子束法、电火花法等都处于试验研究阶段，投入工业试验的有下列三种：

(1) 冲旋钻井法　把冲旋钻具接在钻头上，利用循环的液体或气体推动冲旋钻具的心轴，使钻头同时以冲击和旋转两种动作破碎岩石。冲旋钻井法适用于中硬地层。

(2) 柔杆钻井法　用钢丝橡胶结构的柔杆代替钻杆，并接以井下动力钻具，用具有大直径滚筒的特殊地面装置起下柔杆，可缩短起下钻时间，并可于起下钻时不停地循环泥浆。柔杆钻井法的工业试验井深已达 2330m。

(3) 冲蚀钻井法　利用高压驱动带磨料的洗井液，使洗井液通过钻头的耐磨喷嘴时达到 200m/s 左右的高速，用高速、高压洗井液的冲蚀作用破碎岩石。

1.4.2　固井与完井

1. 固井

固井是油气井建井过程中的一个重要环节。简单来说就是在已钻出的井眼中下入一定尺寸的套管，并在套管与井壁或套管与套管之间的环形空间内注入水泥的工艺过程。注入的水泥将套管柱与井壁岩石牢固地固结在一起，可以将油、气、水层及复杂层位封固起来，以利于进一步钻进或开采。固井质量好坏直接影响油气产量和生产管理。

1) 井身结构及套管规范

(1) 井身结构　井身结构包括以下几方面的内容：所下套管的层次、直径、各层套管下入的深度、井眼尺寸(钻头尺寸)、各层套管的水泥返高等。合理的井身结构是钻井工程设计的重要内容，其主要根据是地层孔隙压力和地层破裂压力剖面。

正常压力系统的井通常仅下三层套管：导管、表层套管和生产套管。异常压力系统的井，至少多下一层技术套管。尾管则是一种不延伸到井口的套管柱，如图 1-7 所示。

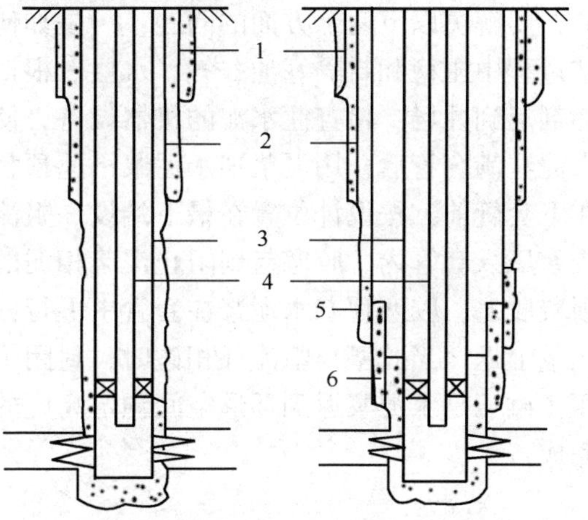

(a)正常压力系统的井 (b)异常压力系统的井

图 1-7　套管的基本类型

1—导管；2—表层套管；3—生产套管；4—油管；5—技术套管；6—尾管

① 导管　导管的作用是在钻地表井眼时把钻井液从地表引导到钻井装置平面上。其长度变化较大，在坚硬的岩层中约为 10~20m，在松软易塌地层中可能达上百米。

② 表层套管　表层套管下入深度约为 30~1500m。通常，泥浆返至地面，用它来防止浅水层污染，封隔浅层流砂、砾石层及浅层气。同时也用来安装井口防喷器，它也是井口设备(套管头和采油树)的唯一支撑部件，并且承受依次下入的各层套管(包括采油管柱)的载荷。

③ 技术套管　用来封隔坍塌地层及高压水层，防止井径扩大，以便继续钻进。技术套管还用来分割不同的压力层系，以便能够建立正常的钻井液循环。它也为井控设备的安装、防喷、防漏、悬挂尾管提供了条件。

④ 生产套管(多数是指油层套管)　油层套管的主要作用是把储集层中的油气从套管中采出来，并用来保护井壁，隔开各层的流体，达到油气井分层测试、分层开采、分层改造的目的。通常，水泥返高至产层顶部 200m 以上。

⑤ 尾管　尾管分为钻井尾管和采油尾管，其实就是一段短套管。它的优点是下入长度短、费用低、节约成本。

(2) 套管和套管柱　油井套管是优质钢材制成的无缝管或焊接管，两端均加工有锥形螺纹。大多数的套管是用套管接箍连接组成套管柱，套管柱用于封固井壁的裸露岩石。常用的标准套管外径从 114.3mm 到 502mm，共有 14 种。套管的壁厚范围为 5.21~16.13mm。套管钢级目前 API 标准有 10 种，即 H、J、K、M、N、C、L、T、P、Q。常用钢级为 P110、N80、J55。

套管柱(套管串)通常是由同一外径、相同或不同钢级及不同壁厚的套管用接箍连接组成的，套管柱应符合强度及生产的要求。

2）固井工艺过程

固井工艺过程主要有下套管和注水泥两个步骤。

(1) 下套管　下套管前根据井身设计，将要下入井内的套管运到平台，对套管逐根进行检查是否有暗伤、变形，然后丈量长度，编好顺序排放好，清洗螺纹，以待下井；对机器设备及辅助工具认真检查，保证下套管时不出故障，调节好泥浆性能，起出井中钻具；逐根将套管下入井中，下完后以循环泥浆洗井，然后接注水泥管汇(水泥头)准备注水泥。

(2) 注水泥　注水泥的主要目的在于封隔油、气、水层，保护生产层。为实现这一目的，要解决以下两个方面的问题：一是如何使环形空间充满水泥浆；二是如何使水泥浆在凝结过程中压稳和封隔好油、气、水层。根据固井设计，将所需固井用的水泥、淡水、化学添加剂运到井场；检查注水泥的机器设备，使之处于良好的工作状态；配制水泥、注水泥；当水泥注满套管后，用泥浆把水泥浆迅速顶替到井筒环形空间的预定高度，此过程叫替泥浆。在下套管前，按设计位置在最下端设一阻流环，用于替泥浆时承受胶塞碰压，替泥浆前先把胶塞压入套管内，胶塞起到阻止泥浆相泥的隔离作用，同时又像一个活塞，替泥浆时，泥浆顶着胶塞，胶塞顶着水泥浆在套管中下行，水泥浆被顶入环形空间，在环形空间水泥浆顶着泥浆上返。当胶塞与阻流环相碰时，封闭了环形通道，此时替泥浆的泵压突然升高，叫做碰压。碰压是水泥浆返到环形空间预定高度的信号。至此替泥浆结束，待水泥凝固后固井工作完成。

2. 完井

完井是指从打开生产层到把井交付给采油生产期间的全部生产过程。完井主要包括钻开油气生产层，确定完井方法，安装井底和井口装置，建立油气流通道。

1）钻开油气生产层

油气生产层多是具有孔隙的碎屑岩或碳酸盐岩。在钻开生产层的过程中，若井内液柱压力小于油气层的压力时，会发生井喷；但若井内液柱压力比油气层的压力大时，钻井液(实称“完井液”)中的水和黏土便进入到油气层，形成“水侵”和“泥侵”，堵塞油流通道，使油层渗透率下降，严重时会使油井丧失生产能力。因此，在钻开生产层时，保护油气层和防止井喷是两项重要的工作。要做到这两点，选择合适的钻井液是关键。

对低压低渗透性油气层，最好选用油基钻井液和油包水乳化钻井液。它们可以从根本上避免水侵和泥侵的危害。但它们成本高、易燃，配置和使用不如水基钻井液方便。

对高压高渗透率油气层，可以采用低固相水基钻井液。这类钻井液常加有高黏度特性的高分子化合物提高黏度，加有盐类物质(如 $CaCl_2$、$ZnCl_2$ 等)增加其密度，加有表面活性剂提高地层渗透率的恢复率。

2）完井方法

完井方法是指油、气层与井底的连通方式，以及井底结构和完井工艺。为了满足各种油、气层的开采需要，有很多种完井方法。

(1) 裸眼完井法　裸眼完井法是不下套管柱支撑井壁，油气直接从地层经过井壁流入井内。裸眼完井法可分为先期裸眼和后期裸眼，如图 1-8 所示。先期裸眼完井法是先钻头钻至油、气层顶界附近后，下套管注水泥固井，当水泥浆上返至预定的设计高度后，再从套管中下入直径较小的钻头钻穿水泥塞，钻开油、气层至设计井深完井，如图 1-8(a)所示；后期裸眼完井法是在钻穿油、气层后，将油层套管下至油、气层顶部固井，如图 1-8（b）所示。

裸眼完井法虽然保证了油层和井底具有良好的连通性，但不能克服井壁坍塌和油层出砂对油井生产的影响，不能防止油、气、水层互相窜扰。因此，它只适用于岩性坚固而稳定，又无气、水夹层的单一油层或一些油层性质相同的多油层。

（2）射孔完井法　射孔完井法属于非裸露式完井法。其实质是钻穿油层后，将套管下至油层底部固井，然后用射孔枪将套管和水泥石射穿，使油气沿孔道流至井底。射孔完井法分为套管射孔完井和尾管射孔完井两种，如图 1-9 所示。套管射孔完井法是钻穿油层直到设计井深，然后下油层套管至油层底部注水泥固井，最后射孔，射孔弹射穿油层套管、水泥环并穿透油层某一深度，建立起油流的通道，如图 1-9(a)所示；尾管射孔完井法是在钻头钻至油层顶界后，下技术套管注水泥固井，然后用小一级的钻头钻穿油层至设计井深，用钻具将尾管送下并悬挂在技术套管上(尾管和技术套管的重合段一般不小于 50m)，再对尾管注水泥固井，然后射孔，如图 1-9(b)所示。

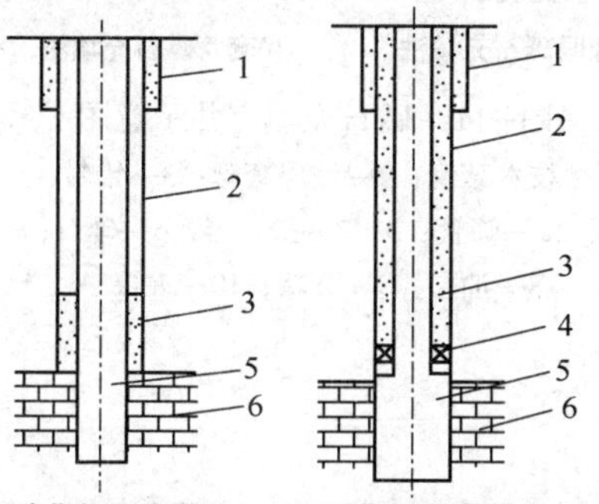

(a)先期裸眼完井法　(b)后期裸眼完井法

图 1-8　裸眼完井示意图

1—表层套管；2—技术套管；3—水泥环；
4—套管外封闭器；5—井眼；6—油层

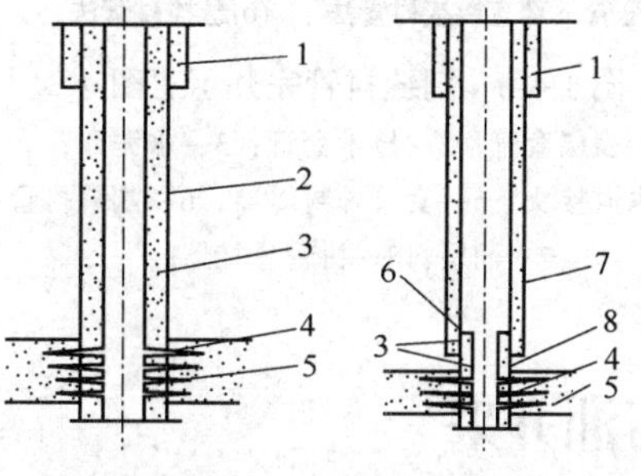

(a)套管射孔完井法　(b)尾管射孔完井法

图 1-9　射孔完井示意图

1—表层套管；2—油层套管；3—水泥环；4—射孔孔眼；
5—油层；6—悬挂器；7—技术套管；8—尾管

射孔完井法的优点是能够封隔油、气、水层，防止互相窜通，能消除井壁坍塌对油井生产的影响。因此这种完井方法特别适用于井壁严重坍塌的疏松生产层、含有水层的生产层、油层压力和原油性质均不相同而需要分层试采的多油层。射孔完井法的缺点是油气层被钻井液和水泥浆侵害较严重，油流面积小，孔眼处油流密度大，油流阻力大。

（3）割缝衬管完井法　割缝衬管完井是在裸眼完井的基础上，在裸眼井内下入割缝衬管完井。割缝衬管完井法在直井、定向井、水平井中都可采用。割缝衬管完井法分为套管下部直接接衬管和悬挂衬管两种方法，如图 1-10 所示。套管下部直接接衬管法是用同一尺寸钻头钻穿油层后，套管柱下端连接衬管下入油层部位，通过套管外封隔器和注水泥接头固井，封隔油层顶界以上的环形空间，如图 1-10(a)所示；悬挂衬管法是钻头钻至油层顶界后，先下套管注水泥固井，再从套管中下入直径小一级的钻头钻穿油层至设计井深，然后在油层部位下入预先割缝的衬管完井，如图 1-10(b)所示。

（4）砾石充填完井法　对于胶结疏松出砂严重的地层，一般应采用砾石充填完井方法。它是先将绕丝筛管下入井内油层部位，然后通过泵用充填液将在地面上预先选好的砾石(砾石可以是石英砂、玻璃珠、树脂涂层砂或陶粒)送至绕丝筛管与井眼或绕丝筛管与套管之间的环形空间内，构成一个砾石充填层，以阻挡油层砂流入井筒，达到保护井壁、防止砂流入井内之目的。砾石充填完井法分为裸眼砾石充填和套管砾石充填两种方法，如图 1-11 所示。砾石充填完井法在直井、定向井中都可使用。但在水平井中应慎重，因为搞不好易发生砂卡，从而使砾石充填失败，达不到有效防砂的目的。

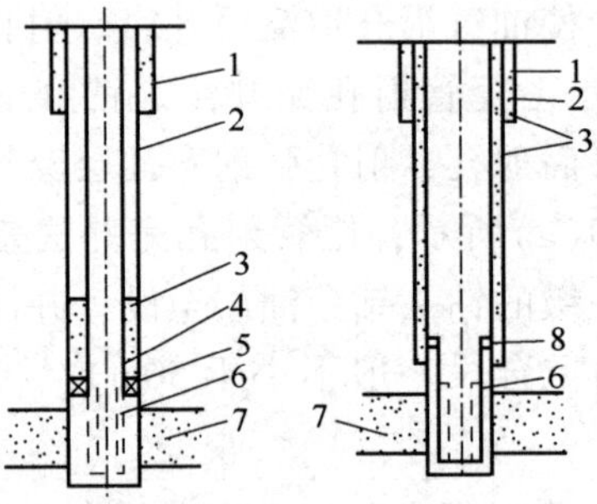

(a)套管下部直接接衬管法　(b)悬挂衬管法

图 1-10　割缝衬管完井示意图

1—表层套管；2—技术套管；3—水泥环；
4—注水泥接头；5—套管外封隔器；6—割缝衬管；
7—油层；8—衬管悬挂器

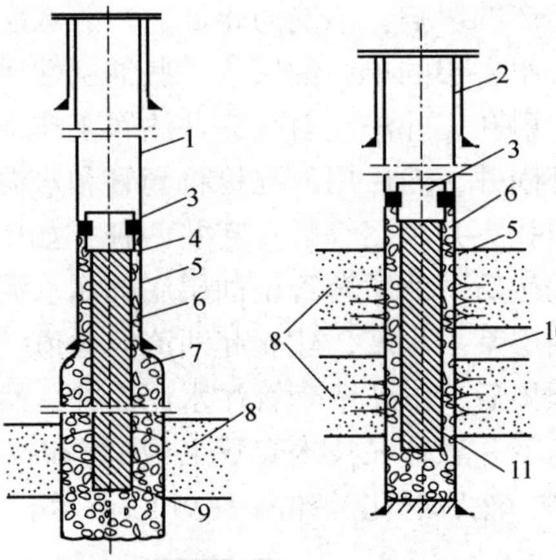

(a)裸眼砾石充填法　(b)套管砾石充填法

图 1-11　砾石充填完井示意图

1—技术套管；2—油层套管；3—铅封；
4，11—筛管；5，7—扶正器；6—砾石；
8—油层；9—管堵；10—夹层

1.5　石油开采

1.5.1　油田开发方式

由于油藏的多样性，决定了油田开发方式的多样性。人们通过长期的实践和科学的探索，目前对油田实行有效开发的方式、方法有很多种。

归纳起来大体有下列四个方面的开发方式：一是保持和改善油层驱油条件的开发方式；二是优化井网有效应用采油技术的开发方式；三是特殊油藏的特殊开发方式；四是提高采收率的强化开发方式。具体可分为以下几种。

1. 利用天然油层能量的开发方式

油气需要有一定的能量，驱使它从油层流到井内，并上升到地面。这种能量在各个油藏中的存在条件是不一样的。一般来说，一个油气藏中，由于地层压力的作用，油气和岩石都具有一定的弹性能量；油中含有较多的天然气，当压力下降到一定程度后，这些溶解在油中的天然气就会逸出，而产生气驱油的能量；还有油藏中的水(边水或底水)随着采油过程会发生流动，产生水驱油的能量。这些在油藏中自然具备的能量，在油藏开发初期，它们都能很好地发挥作用，在油田开发中都应该充分地加以利用。但是实践又告诉人们，一个油藏中这种天然能量是有限的，它能发挥作用的时间是很短的，尤其是油中的溶解气，随油一起被采出以后，地下原油就会收缩，黏度增大，这样就会直接加大采油的难度，最终降低了原油的采收率。因此，现在油田开发中，对天然能量只利用弹性驱油能量，对溶解气驱能量是不可利用的，并要给以保护，使得天然气在油层条件下，不从油中分离出来。这样，就产生了保持或改善油层驱油条件的问题。

2. 保持和改善油层能量的开发方式

从油藏中采出了油和气，就会使得地下发生亏空，从而降低地下原有的能量。为保持地下足够的驱油能量，势必就得向油藏中再注入相应体积的东西去弥补采出的亏空。现代油田开发中，一般采用注水或注气的办法来保持油层能量。因为水和气比较容易注入油层，来源又比较丰富，一般都可以就地取得，自然也就比较经济，以水换油或以气换油是很值得的。注气，一般就是用油藏中采出的天然气，通过专门的注气井再回注到油层的高部位中去。往地下注水又可分为：边部注永、底部注水和内部注水三种。边部注水和底部注水，即分别从油藏的边水里和底水里注入，来弥补地下亏空，使注入水与原来的边水和底水一起来驱油到采油井里去；油田内部注水是因为边水(或底水)离采油井太远，在边部和底部里注入难以发挥作用的情况下，则采取在油层内部注水，以水挤油，驱油向采油井流动。无论是注气或注水，都要根据不同油藏的具体地质条件，以及实际的需要和可能来进行，而且在油藏的什么部位注入，注入的水或气的具体要求及处理，以及注入技术工艺、注入量多大为适宜等等，都需要经过专门的研究和设计，并通过现场试验后，方可逐步实施完成。

3. 自喷井采油开发方式

凡是油井能够自喷采油的油田(或油藏)，其油层压力比较大，驱油能量比较足，油层的渗透率比较高。这是油田开发中最为理想的一种开采方式。因为自喷采油易于管理，采油成本比较低。所以，这样的油田(或油藏)，更应该及时地实行注水，以保持油层内的足够驱油能量，使油井能延长自喷期。但是，一个油田的自喷期毕竟也是有限的，之后总是要转到用机械采油的方式来继续开采。

4. 机械采油开发方式

机械采油有两种情况，一种情况是有的油藏能量低，渗透性差，油井从一开始即不能自喷；另一种情况是起初自喷开采的油藏，在油井含水达到一定程度后就不再自喷了。在这两种情况下只能采用机械开采的方式。机械采油的方法和技术又有很多种，本书后面章节还要专门谈到。

5. 热力采油开发方式

这主要是针对稠油油藏(在油层温度条件下，地下原油黏度大于100mPa·s)的开发而采用的一种方式。其基本原理主要是通过向油层注入热水或蒸汽提高油藏温度而降低原油的黏度，提高原油的流动性，然后把它开采出来。热力采油又可分为：

(1) 蒸汽吞吐法　先向生产井内注入半个月左右的水蒸气(每天注150m^3)，然后关井几天，使注入的热量在井筒周围的油层中扩散，再开井生产。此为一个蒸汽吞吐周期，以此循环往复进行，但随着周期次数的增加，注汽量也应逐渐增加，而产油量下降，且周期也越来越短。

(2) 蒸汽驱油法(含热水驱)　由注入井向油层内注入若干倍于油层孔隙体积的蒸汽(或热水)，使它逐渐向外扩散，蒸汽随着压力和温度在地层中不断下降，也就冷凝成为热水。由蒸汽和热水驱动而达到顺利采油的目的。

(3) 火烧油层　从注入井向油层连续注入助燃剂(空气)，同时用井下点火器将油层点燃(加热到原油能自燃的温度)而发生燃烧，使附近的原油蒸发和焦化。轻质油蒸汽随燃烧前缘逐渐向外流动，直至生产井而被采出。焦化的重烃则可继续燃烧提供热量。

由于油层燃烧温度可达250~500℃，使稠油、重质油可以降黏，且在油气热膨胀及轻油稀释汽的驱替作用下被开采出来。使用此法可达最高的采收率50%~80%。实施热采开发的油藏，除因其原油性质特殊所决定外，对其地质条件也有一定的要求，即油层厚度要大些，埋藏深度要浅些(<1500m)，且孔隙度要大于25%，这样的油藏才能获得较好的热采效果和经济效益。

热采仅是开发稠油油藏的一种方式，除此之外，还有降黏开采法、稠化水开采法等，另外，特殊油藏(如凝析油藏)还有其他类型的开发方式，这里不再一一列举。

6. 强化开发方式

这主要是当油田进入开发后期时，为进一步提高油田采收率，针对不同情况所采取的各种开采方式。现在一般把强化开发方式列为三次采油的开采方法，这里不再详述这一方法，需要时请查阅相关资料。

以上所述的开发方式种类繁多，但是，一个油田的开发方式总是由具体的油藏条件所决定的，并且是随着这个油藏开发进程的需要而变化的，同时还随着科学技术发展而不断发展。

最后还要谈及的是天然气藏的地质类型，大体与油藏一样，同样需要补充能量来开发。但气的组分再有变化，也不致于影响开采，因此，对天然气藏开采，既没有机械采气之谈，也没有热力采气之说，其开发方式与油田(或油藏)相比，要简单得多。

1.5.2 采油方法

采油方法通常是指将流到井底的原油采到地面上所用的方法。分为自喷采油法和人工举升采油法两类，后者有气举采油法和泵抽采油法(又称深井泵采油法)两种。

1. 自喷采油法

依靠油层本身能量，将石油从油层驱入井底，并由井底举升到地面，这样的生产方式称自喷采油。依靠自喷方法生产的油井称为自喷井。自喷井地面设备简单、操作方便、产量较高、采油速度快，经济效益好。

自喷采油的基本设备包括：

1）井口设备

(1) 套管头　套管头装在整套井口装置的下端，其作用是连接井内各层套管并密封套管间的环形空间。

(2) 油管头　油管头装在套管头的上面，它包括油管悬挂器和套管四通。油管悬挂器的作用是悬挂油管管柱、密封油管与油层套管间的环形空间；套管四通的作用是正反循环洗井，观察套管压力以及通过油套环形空间进行各项作业。

(3) 采油树　采油树是指油管头以上的部分。从井口整体设备外观来看，是指总闸门以上的部分，包括总闸门、生产闸门、清蜡闸门、节流装置，如图1-12所示。其作用是控制和调节自喷井的生产，引导从井中喷出的油气进入出油管线。

自喷井的井口设备是其他各类采油井的基础设备，其他采油方式的井口装置都是以此为基础。

2）地面流程主要设备

一般来说，自喷井的井口地面流程是一套能控制、调节油气产量的采油树；还有对油井产物和井口设备加热保温的一套装置，以及计量油、气产量的装置。主要包括加热炉、油气分离器、高压离心泵以及地面管线等。这一系列流程设备对其他采油方式也具有通用性。

2. 人工升举

人工升举是人为地给井底的油流补充能量，将油采到地面的方法。气举采油是依靠来自井口受压缩气体的膨胀能量举油上升。油流在油管中的流动机理和能量的消耗等，都与自喷采油完全相同，只是在能量来源及工艺措施上有所不同。

当油气能量不足以维持油井自喷时，为使油井继续出油，人为地将气体(天然气或空气)压入井底，使原油喷到地面，这种采油方法称为气举采油法。

气举采油法的井口、井下设备比较简单，管理调节与自喷井一样方便。但气举采油需要有足够的气源，故地面设备复杂，投资较大。

1）气举方式

气举方式有两种：

(1) 环形空间进气方式　该气举方式也称反举。它是指压缩气体从油套环形空间注入，原油从油管孔中举出。

(2) 中心进气方式　它与环形空间进气方式正好相反，即从油管中心注气，原油从油套环形空间返出。该气举方式也称正举。

当油中含蜡、含砂时，如采用中心进气，因油流在环形空间流速低，砂子易沉降下来，同时在管子外壁的蜡也难以清除，所以在实际工作中，多采用环形空间进气方式。

2）泵抽采油法

在油田开发过程中，如果油层本身压力很低，或由于开发一段时间后油层压力下降，使得油井不能自喷或不能保持自喷，或虽能自喷但产量很低时，则必须借助人为施加能量进行采油。若不适宜气举采油时，则应采用机械采油法采油。目前，国内外机械采油装置主要分为有杆泵和无杆泵两大类。

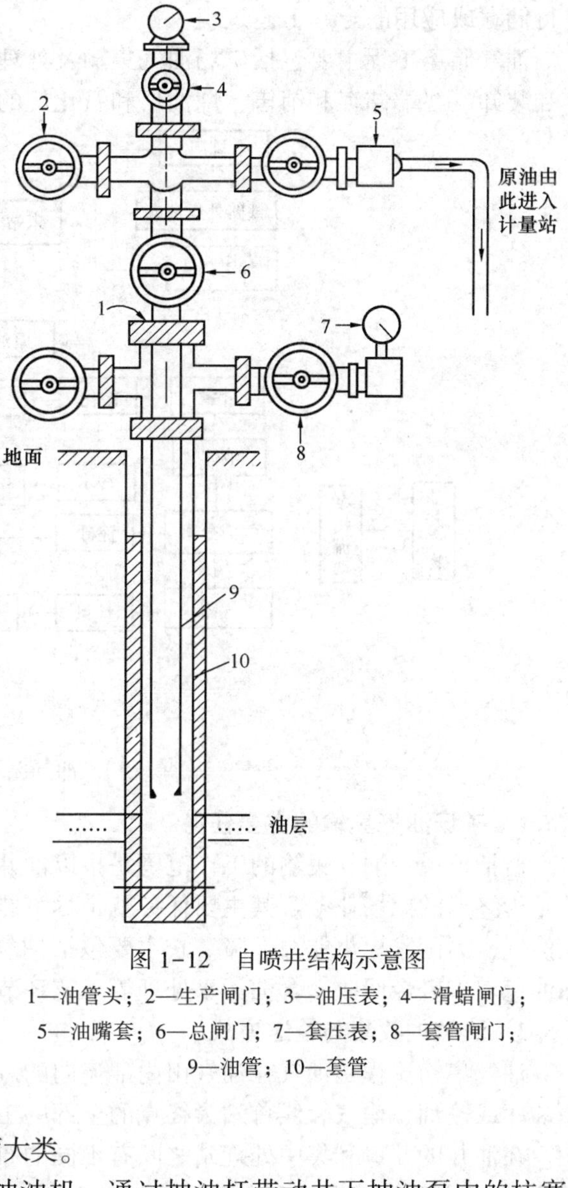

图 1-12　自喷井结构示意图

1—油管头；2—生产闸门；3—油压表；4—滑蜡闸门；5—油嘴套；6—总闸门；7—套压表；8—套管闸门；9—油管；10—套管

(1) 有杆泵抽油设备　它是指由地面的抽油机，通过抽油杆带动井下抽油泵中的柱塞，作上下往复运动，将井内液体抽至地面。目前油田上采用的有游梁式抽油机和无游梁式抽油机(链条式抽油机和塔架式抽油机)。应用最广泛的是游梁式抽油机-抽油泵装置。使用抽油装置的油井通常称为“抽油井”。

(2) 无杆泵抽油设备　它是指各种不借助抽油杆来传递动力的抽油设备的总称。目前无杆泵的种类很多，具有代表性的有电动潜油离心泵、水力活塞泵、射流泵等。

1.6　油气储运

油气储运，简单地讲就是油气的储存和运输。其主要任务是采用先进的工艺措施，将各分散油井所生产的石油及其产品收集起来，经过必要的初加工处理，生产出合格的原油和天然气，并按要求安全经济地输送到长距离输油管线的首站(或矿场原油库)或输气管线首站进行储存或应用的全部工艺过程。

油气储运工程主要包括矿场油气集输及处理、油气的长距离管道输送、各转运环节的储存和装卸、终端储存和销售、炼油厂和石化厂的储运等环节，如图 1-13 所示。

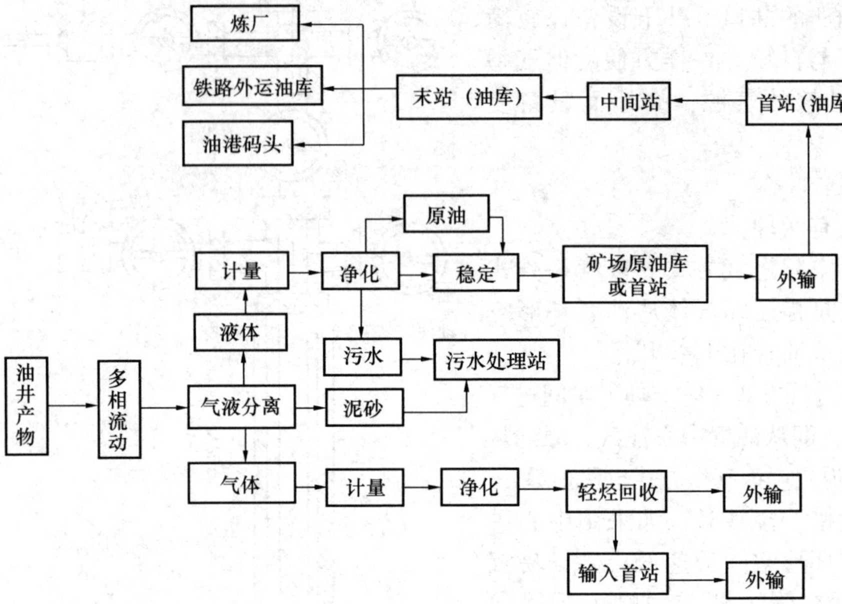

图 1-13 油气储运工程示意图

1.6.1 矿场油气集输的主要任务

概括地说，油气集输的工作范围是指以油井井口为起点，矿场原油库或拖油、输气管线首站为终点的矿场业务。其主要任务就是尽可能多地生产出符合国家质量指标要求的原油和天然气，为国家提供能源保障。它主要包括油气分离、油气计量、原油脱水、天然气净化、原油稳定、轻烃回收、含油污水处理等工艺环节。

1.6.2 油气的收集与输送方式

油气集输流程是油气在油气田内部流向的总的说明，它包括以油气井井口为起点到矿场原油库或输油、输气管线首站为终点的全部的工艺过程。

在油井的井口和集中处理站之间有不同的布站级数，按布站级数划分，可命名为一级布站流程(指只有集中处理站的流程)、二级布站流程(有计量站和集中处理站)和三级布站流程(包括计量站、接转站、集中处理站)等。

我国油田生产的原油多数是“三高”原油，一般采用加热方式输送。按加热方式的不同，可分为井口加热集输流程、蒸汽拌热集输流程、热水拌热集输流程、掺蒸汽集输流程、掺热油集输流程、掺热水集输流程、掺活性水集输流程、井口不加热集输流程等。

按通往井口管线的根数可分为单管集输流程、双管集输流程和三管集输流程等。此外，还有环形管网集输流程、枝状管网集输流程、放射状管网集输流程、米字形管网集输流程等。

按油气集输系统密闭程度划分，可分为开式集输流程和密闭集输流程。

目前通用的海上油气生产和集输系统流程主要有半海半陆式集输流程、全海式集输流程两种模式。半海半陆式油气集输模式适用于离海岸近的中型油田和油气产量大的大型油田，它是由海上平台、海底管线和陆上终端构成等部分组成的；全海式集输流程是指油气的生产、集输、处理、储存均是在海上平台进行的，处理后的原油在海上直接装船外运。此流程适用于远离岸边的中小型海上油田。

1.6.3 油气分离

油气分离是油田油气处理的首要环节，它是借助于油气分离器来实现油、气、水的分离。

油气分离器是油气田用得最多、最重要的设备之一，其类型很多。在生产实际过程中，应用较多的是卧式两相油气分离器和卧式三相油气水分离器等。

1. 卧式两相油气分离器

卧式两相油气分离器的结构原理如图 1-14 所示，流体由油气混合物入口进入分离器，经入口分流器后，流体的流向和流速发生突变，使油气得到初步分离。在重力的作用下，分离后的液相进入集液部分，在集液部分停留足够的时间(我国规定：一般原油在分离器内的停留时间为 3min，起泡原油为 5~20min)，使液相中的气泡上升到液面进入气相，集液部分的液相最后经原油出口流出分离器进入后续的处理环节。来自入口分流器的气体则分散在液面上方的重力沉降部分，使气体所携带的粒径较大的油滴(>100μm)靠重力沉降到气、液界面；未沉降下来的油滴则随气体进入除雾器，在除雾器内聚结、合并成大油滴，靠重力沉降到集液部分，脱出油滴的气体经气体出口流出分离器。

2. 卧式三相油气水分离器

两相油气分离器只是简单地将油井产物分成气、液两相。实际上，油井产物是油、水、砂的混合物。由于它们的密度不同，在油、气分离的同时，也可实现水、砂的分离，这就是油气水三相分离。卧式三相油气水分离器的结构原理如图 1-15 所示，流体由油气混合物入口进入分离器，入口分流器把油气水混合物大致分成气、液两相。液相由导管引至油、水界面以下进入集液部分，在集液部分油、水实现分离，上层的原油及其乳状液从挡油板上层进入油池，经出油口流出分离器。水经挡水板进入水室，通过出水口流出分离器。气体水平通过重力沉降部分，经除雾器后由气出口流出。

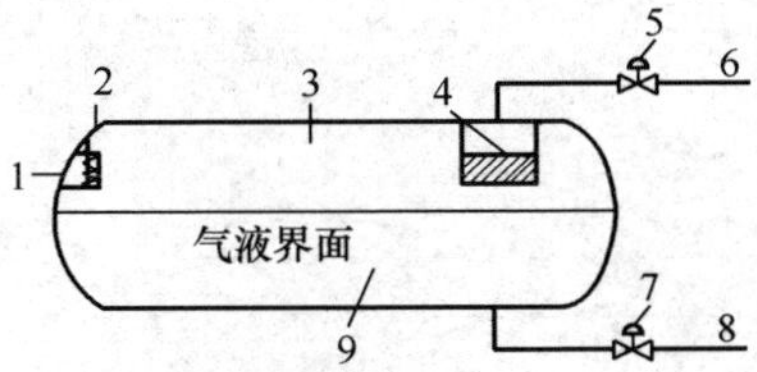

图 1-14 卧式两相油气分离器

1—油气混合物入口；2—入口分流器；3—重力沉降部分；4—除雾器；5—压力控制阀；6—气体出口；7—出油阀；8—原油出口；9—集液部分

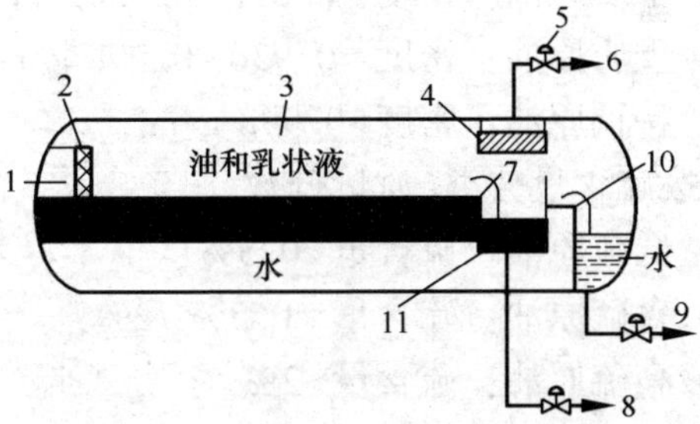

图 1-15 卧式三相油气水分离器

1—油气混合物入口；2—入口分流器；3—重力沉降部分；4—除雾器；5—压力控制阀；6—气体出口；7—挡油板；8—出油口；9—出水口；10—挡水板；11—油池

1.7 石油炼制

1.7.1 石油炼制概述

石油炼制(简称炼油)是以原油为基本原料，通过一系列炼制工艺(或加工过程)，例如常减压蒸馏、催化裂化、催化加氢、催化重整、延迟焦化、炼厂气加工及产品精制等，把原油加工成各种石油产品，如各种牌号的汽油、喷气燃油(即航空煤油)、柴油、润滑油、溶剂油、重油、蜡油、沥青和石油焦，以及生产各种石油化工的基本原料。

本章第一节已经详细介绍了石油的组成和物理性质，实际上尽管都是原油，其性质也不一定都相同，例如不同油田的原油其性质可能会有所不同，同一油田不同深度岩层产出的原油其性质(如稀稠、密度、颜色、凝点等)也可能不同。天然石油通常是黄褐色到黑色(多为黑色)、流动或半流动的黏稠液体，密度一般稍小于水(0.8~0.98g/cm^3)，但所有的原油都是由无数的烃类所组成，这些烃类则是由氢原子和碳原子构成的(碳氢化合物)。石油中各种烃类在化学成分上千差万别，比如有的烃类可能是一个碳原子和四个氢原子组成，而有的烃类可能有十二个碳原子和二十六个氢原子组成。原油中不同的烃类产生不同的物质，即产生不同性质的油品，如汽油、柴油和煤油等。汽油来自最轻的烃类，所以是最轻的油品；煤油来自较重的烃类，因此比汽油重；柴油来自很重的烃类，所以是很重的油品。各种油品各有不同的用途。

尽管原油经过一系列的加工过程可生产出各种石油产品，但是不同的原油适合于市场不同的石油产品，即不同的原油应选择不同的加工方案。原油加工方案除了取决于原油的组成和性质之外，还取决于市场需求这一十分重要的因素。为了选择合理的原油加工方案，预测产品的种类、产率和质量，有必要对各种原油进行分类。

1.7.2 原油的分类方法

通常可以从工业、地质、物理和化学等不同角度对原油进行分类，但应用较广泛的是工业分类法和化学分类法。

1. 工业分类法

1）按密度分类(20℃)

(1) 轻质原油：密度<0.852g/mL；

(2) 中质原油：密度=0.852~0.930g/mL；

(3) 重质原油：密度=0.930~0.998 g/mL；

(4) 特稠原油：密度>0.998 g/mL。

2）按硫含量分类(质量分数)

(1) 低硫原油：硫含量<0.5%；

(2) 含硫原油：硫含量=0.5%~2%；

(3) 高硫原油：硫含量>2%。

2. 化学分类法

1）按特性因数分类

特性因数(K)是反映石油或石油馏分化学组成特性的一种特性数据，定义为：

$$K=1.216T^{1/3}/d_{15.6}^{15.6}$$

式中 T——石油馏分的立方平均沸点，℃；

$d_{15.6}^{15.6}$——15.6℃油品密度与15.6℃水的密度之比。

(1) 石蜡基原油：$K>12.1$，石蜡基原油的特点是烷烃含量一般在50%以上，密度较小，含蜡量较高，凝点高，含硫、含氮、含胶质量较低；

(2) 中间基原油：$11.5<K<12.1$，中间基原油的性质介于上述两者之间；

(3) 环烷基原油：$10.5<K<11.5$，环烷基原油的特点是环烷基和芳香烃的含量较多，密

度较大，凝点较低，一般含硫、含胶质、含沥青较多，所以又叫沥青基原油。

2）按关键馏分分类

把原油放在特定的简易蒸馏设备中，按规定的条件进行蒸馏，取250~275℃和395~425℃两个馏分分别作为第一关键馏分和第二关键馏分，根据密度对这两个馏分进行分类，最终确定原油的类别。关键馏分特性分类见表1-7。

表1-7　关键馏分特性分类

序号	第一关键馏分的类别	第二关键馏分的类别	原油类别
1	石蜡	石蜡	石蜡
2	石蜡	中间	石蜡-中间
3	中间	石蜡	中间-石蜡
4	中间	中间	中间
5	中间	环烷	中间-环烷
6	环烷	中间	环烷-中间
7	环烷	环烷	环烷

1.7.3　石油的蒸馏

石油炼制过程是把原油中许多不同的烃类加以分类，即把原油分解成各种馏分(即不同液体和其他物质)，并且清除杂质等。分离烃类的方法是对原油进行蒸馏，即把原油变成蒸气，然后再把蒸气变成液体。

1. 蒸馏的基本原理

蒸馏的理论很容易明了，大多数液体达到一定温度时都要沸腾，水就是最好的例子。水在100℃时沸腾放出蒸汽，呈云雾状上升，蒸汽一旦遇到某种冷物质(如屋顶或墙壁)经冷凝又变成水。石油也有类似之处，当石油沸腾时，也要放出蒸气，遇到冷物质也会冷却，但原油中的各种烃类的沸点温度都不相同，它们的蒸气形成各种不同的液体。各种烃类沸点不同其冷凝温度也不相同，原油蒸馏就是利用这一特性来分离各种烃类，从而得到不同的油品。

2. 石油蒸馏工艺

石油的蒸馏在分馏塔中进行，其蒸馏工艺流程如图1-16所示。分馏塔一般高30~50m，直径1~3m。分馏塔分为很多室，每一个室都有一个塔盘，盘上有孔，油气通过这些孔即冷凝在塔盘上。各室的高度不同，温度也不同，塔底部温度最高，顶部温度最低，有时一个塔容纳不了那么多室，就分成两座或三座塔。第一座最热，最后一座最冷。有些组分在第一座塔就冷凝了，有些继续向前流动，在第二座或第三座塔里冷凝。

石油的蒸馏通常包括原油预处理、常压蒸馏和减压蒸馏三个工序：

(1) 原油预处理　原油预处理是应用电化学分离或加热沉降方法脱除原油所含水、盐和固体杂质的过程。主要目的是防止盐类(钠、钙、镁的氯化物)离解产生氯化氢而腐蚀设备和盐垢在管式炉炉管内沉积。

(2) 常压蒸馏　常压蒸馏是预处理后的原油经加热后送入常压蒸馏装置的初馏塔，蒸馏出大部分轻汽油。初馏塔底原油经加热至360~370℃，进入常压蒸馏塔(塔板数为36~48)，该塔的塔顶产物为汽油馏分，与初馏塔顶的轻汽油一起可作为催化重整原料，或作为石油化工原料，或作为汽油调合组分。常压塔侧线出料进入汽提塔，用水蒸气汽提，蒸发出轻组分，以控制轻组分含量(用产品闪点表示)。通常，侧一线为喷气燃料(即航空煤油)或煤油

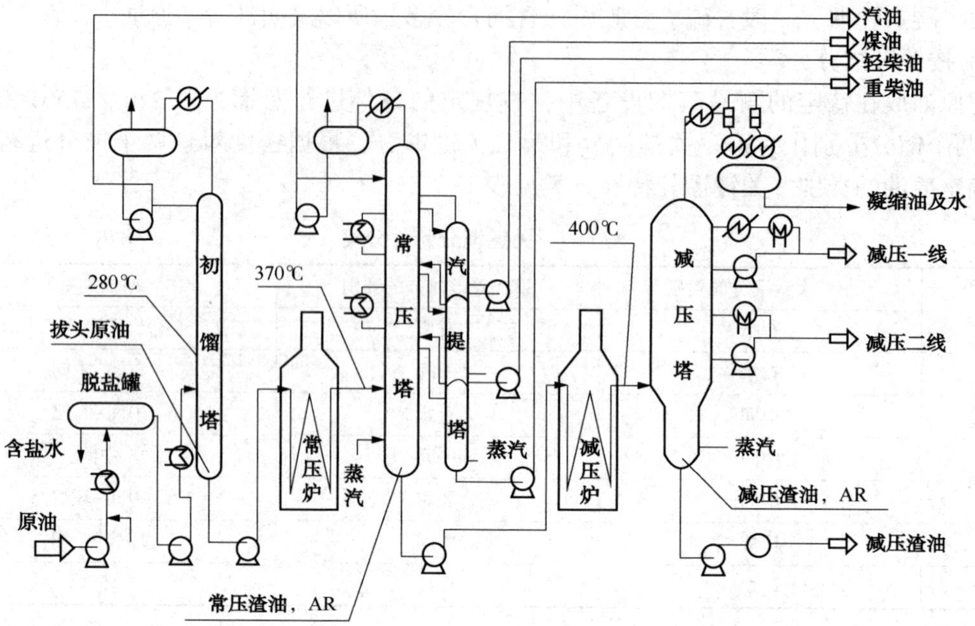

图 1-16　石油的三段汽化常减压蒸馏工艺流程图

馏分，侧二线为轻柴油馏分，侧三线为重柴油或变压器油馏分(属润滑油馏分)，塔底产物即常压渣油(即重油)。

(3) 减压蒸馏　减压蒸馏也称真空蒸馏。原油中重馏分沸点约为 370~535℃，在常压下要蒸馏出这些馏分，需要加热到 420℃以上，在此温度下，重馏分会发生一定程度的裂化。因此，通常在常压蒸馏后再进行减压蒸馏。在约 2~8kPa 的绝对压力下，使其在不发生明显裂化反应的温度下蒸馏出重组分。常压渣油经减压加热炉加热到约 380~400℃后送入减压蒸馏塔。减压蒸馏可分为润滑油型和燃料油型两类。减压塔顶分出的馏分减(压、拔)顶油，一般作为柴油混入常压三线中，减压一线至四线作为裂化原料或润滑油原料，塔底为减压渣油，可作为生产残渣润滑油和石油沥青的原料，或作为石油焦化的原料，或用作燃料油。

经过炼制的石油大部分杂质已被排除，但是油还不是特别干净，它还包含有一些硫及其他成分。因此，加工后的油品还要进行精制。可用不同的精制工艺净化油品，这是最后一个工艺过程。在此以后，油品即可离开炼油厂，被送到市场销售。

【本章小结】

石油是由碳氢化合物为主混合而成的，具有特殊气味的、有色的可燃性油质液体。本章学习了石油物探、石油钻井、石油开采、石油的集输和石油炼制等基本知识。通过本章的学习，要求学员课后要复习并做练习题予以巩固，有条件的可以结合实习、实训加深对所学知识的理解。

思　考　题

1. 石油由哪些化合物组成？
2. 石油具有哪些物理性质？
3. 石油天然气的主要化学组成是什么？

4. 天然气具有哪些物理性质？
5. 沉积岩是如何形成的？
6. 地球内部共分为哪几个同心排列的圈层？
7. 油气藏形成的条件是什么？
8. 油气田的勘探方法有哪些？目前哪种方法应用最广泛？
9. 简述地球物理测井有哪几类方法。
10. 钻井的方法分为哪几类？
11. 简述固井工艺的过程。
12. 描述气举采油法的方式和过程。
13. 简述油气集输的流程。
14. 简述石油的蒸馏过程。
15. 石油通过蒸馏之后，通常得到哪几种馏分？

第2章　石油钻机总论及旋转设备

【学习目标和要求】

石油钻机是用来进行石油与天然气勘探、开发的成套钻井设备，转盘钻机是其中的一种基本形式。整套钻机包括驱动与传动、旋转、起升、循环等系统设备以及辅助设备与测量仪表等。本章将简要介绍石油钻机的基本概念和基本知识，具体阐述地面旋转设备和国产顶驱钻井系统的结构组成及工作原理。要求学生熟悉钻机的结构组成及各部分的功用，了解转盘和水龙头的结构以及钻井工艺对它们的要求，了解顶驱钻井系统的特点和结构原理，掌握这些设备的使用、维护保养及故障排除方法。

【重点和难点】

重点是钻机的结构组成以及转盘、水龙头和顶驱钻井系统的结构特点、工作原理、功用及使用维护；难点是这些设备的结构组成。

2.1　石油钻机

为了寻找石油和天然气的储藏，除了采用地球物理方法进行勘探外，还必须钻各种探井。通过钻井、测井、取心和试油等，可进一步了解地质剖面，确定地层构造中是否含有石油和天然气，掌握油、气层的位置、厚度、岩层性质以及油、气层的面积和储量。投入开发的油田，必须按照开发方案钻一批生产井、注水井、观察井和加密井。

用来进行石油与天然气勘探、开发的成套钻井设备就是石油钻机，它是一套庞大的联合机组，由若干系统和设备组成。钻机的种类很多，转盘钻机是成套钻井设备中的一种基本形式，也称为常规钻机。此外，为适应各种地理环境和地质条件、加快钻井速度、降低钻井成本、提高钻井综合经济效益，其钻井方法和钻井技术也必须随之不断地发展、变化和改善，近年来世界各国在转盘钻机的基础上研制出了各种类型的具有特殊用途的钻机，如沙漠钻机、丛式井钻机、顶驱钻机、小井眼钻机、连续柔管钻机等特种钻机。本章以常规钻机为例，从整体上简要介绍关于钻机的主要概念和基本知识。

2.1.1　石油钻机的组成

1. 石油钻机的组成

目前，世界各国通用的常规钻机是一套大型的综合型机组，整套钻机是由动力系统（为整套钻机提供能量的设备）、传动系统（为工作机组传递、输送、分配能量的设备）、工作系统（按工艺的要求进行工作的设备）、控制系统（控制各系统、设备按工艺要求工作的设备）和辅助系统（协助主系统工作的设备）等若干系统和相应的设备所组成。

根据钻井工艺中钻井、洗井、起下钻具各工序以及处理钻井事故的要求及现代化技术水平的条件，整套石油钻机必须具备下列八大系统设备，如图2-1所示。

（1）旋转系统设备　为了旋转钻具破碎岩石，钻机必须配备转盘、水龙头等地面旋转设备，以及方钻杆、钻杆、钻铤、钻头等井下旋转设备。

（2）循环系统设备　为了随时清除井底已破碎的岩屑和正常连续钻进，钻机必须配备有

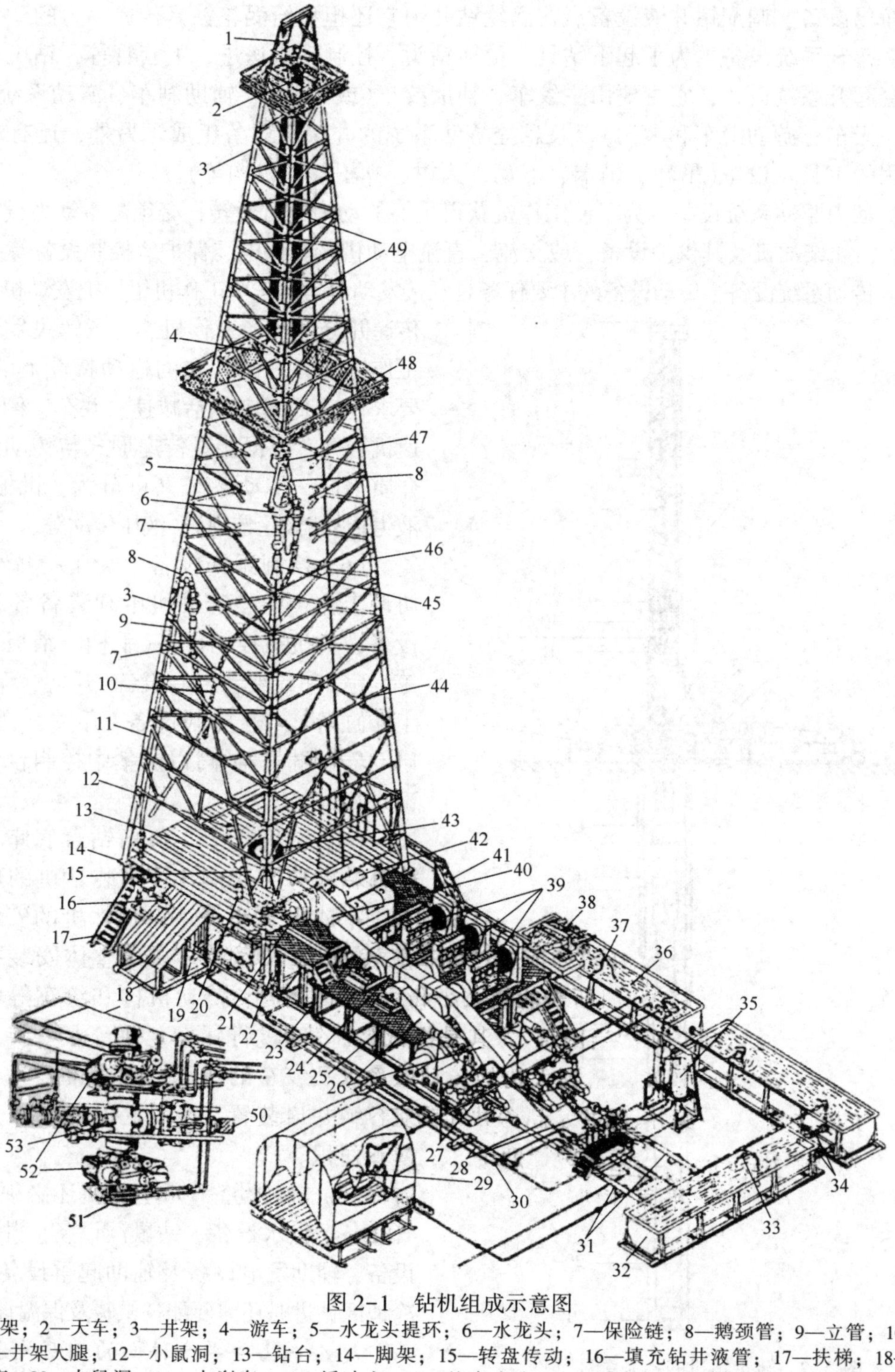

图 2-1　钻机组成示意图

1—人字架；2—天车；3—井架；4—游车；5—水龙头提环；6—水龙头；7—保险链；8—鹅颈管；9—立管；10—水龙带；11—井架大腿；12—小鼠洞；13—钻台；14—脚架；15—转盘传动；16—填充钻井液管；17—扶梯；18—坡板；19—底座；20—大鼠洞；21—水刹车；22—缓冲室；23—绞车底座；24—并车箱；25—发动机平台；26—泵传动；27—钻井泵；28—钻井液管线；29—钻井液配置系统；30—供水管；31—吸入管；32—钻井液池；33—固定钻井液枪；34—连接软管；35—空气包；36—沉沙池；37—钻井液枪；38—振动筛；39—动力机组；40—绞车传动装置；41—钻井液槽；42—钻井绞车；43—转盘；44—井架横梁；45—方钻杆；46—斜撑；47—大钩；48—二层平台；49—游绳；50—钻井液喷出口；51—井口装置；52—防喷器；53—换向闸门

全套洗井液的循环设备。如钻井泵、地面管汇、钻井液池和钻井液槽等，有的钻机还配备有钻井液净化设备、调配钻井液设备。在涡轮钻井中它还担负给涡轮钻具传递动力的任务。

(3) 起升系统设备　为了起下钻具、更换钻头、控制钻头送进、下套管等，钻机还必须配备一套起升系统设备，它主要由主绞车、辅助绞车(或猫头)、辅助刹车、游动系统(包括钢丝绳、天车、游动滑车和大钩)以及悬挂游动系统的井架等设备组成。另外，还有起下钻操作使用的工具及设备(吊环、吊卡、卡瓦、大钳、立根移动机构等)。

(4) 动力驱动系统设备　为了使工作机获得足够的动力进行运转，必须配备动力设备及其辅助设备，如柴油机及其供油设备，或交流、直流电动机及其供电、保护、控制设备等。

(5) 传动系统设备　传动设备的主要任务是联接发动机与前三个工作机组，把发动机的能量传递并分配给各工作机。为了解决发动机与工作机二者之间存在的运动特性上的矛盾，要求传动系统应包括减速、并车、倒车、变速机构等。根据能量传递形式与传动所用的介质不同，传动系统又可分为：机械传动、液力传动(涡轮传动)、液压传动等。

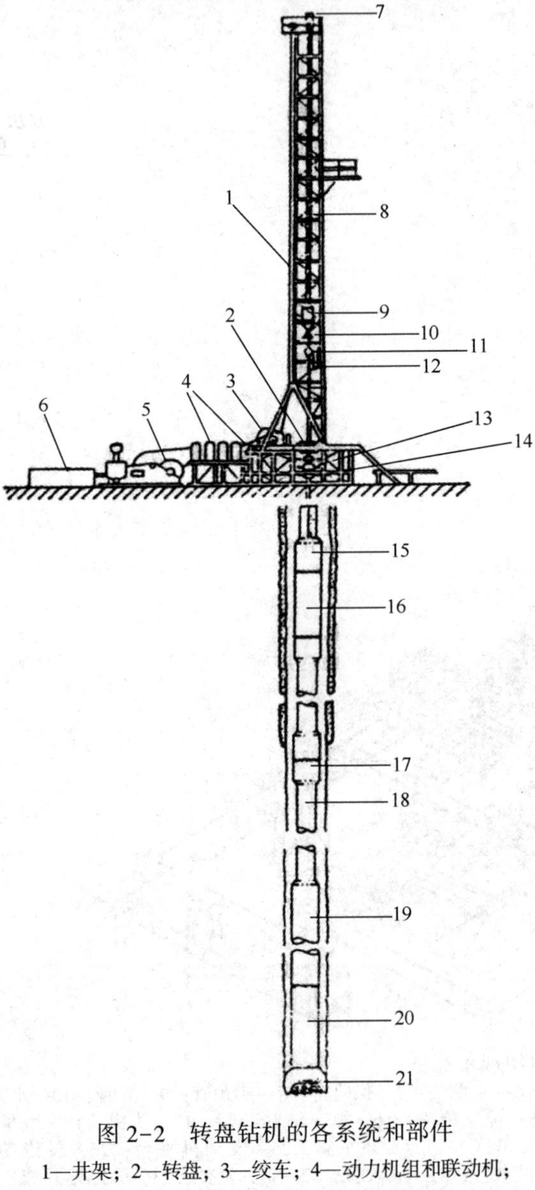

图 2-2　转盘钻机的各系统和部件

1—井架；2—转盘；3—绞车；4—动力机组和联动机；5—钻井泵；6—钻井液池；7—天车；8—钢丝绳；9—游车；10—大钩；11—水龙头；12—旋转水龙带和立管；13—防喷器组；14—底座；15—方钻杆；16—方钻杆保护接头；17—钻杆接头；18—钻杆；19—钻铤；20—钻头短接；21—钻头

(6) 控制系统设备　为了指挥各机组协调工作，在整套钻机中须装备各种控制设备，如机械控制设备(手柄、踏板、杠杆等)、气动或液动控制设备(开关、调压阀、工作缸等)、电控制设备(开关、变阻器、启动器、继电器等)以及集中控制台和观察记录仪表等。

(7) 钻机底座　包括钻台底座、机房底座和钻井泵底座等，车装钻机的底座就是汽车或拖车底盘。为了钻机的安装、运移方便，重型钻机多采用整体安装托运底座，即将动力、传动机构和绞车等设备都安装在一起进行托运。钻台上要装井架和转盘以及绞车的一部分或全部，钻台下要能容纳井口装置，所以底座需要一定的高度和面积。

(8) 辅助设备　成套钻机还必须具备供气设备、供水设备、钻鼠洞设备、井口防喷设备、辅助发电设备及辅助起重设备，在寒冷地区钻进时还需要配备供暖及保温设备。

2. 钻机各主要部件间的相互关系

整套钻机除了地面设备外，还要有很多井下设备和部件，将这些设备部件按工艺要求安装连接，才成为一套完整的钻机。图 2-2 所示是一台转盘旋转钻机各主要部件间的相互关系图。

以上便是适应钻井工艺的要求而形成的钻机各系统和部件，它们有机地结合成一整套钻机，协调地完成钻井生产任务。

2.1.2 钻机的类型及特点

世界各国的各大石油公司、各钻机制造厂家按照各自的特点，对石油钻机的分类不尽相同。一般来说，可按以下几种方法对石油钻机进行分类。

1. 按钻井方法分类

(1) 冲击钻机　如钢绳冲击钻机(也称为顿钻钻机)、地面发动振动钻机、爆炸钻井钻机、电火花钻井钻机。

(2) 地面发动旋转钻机　如转盘旋转钻机(也称为常规钻机，是目前世界各国通用的钻机)、顶部驱动水龙头旋转钻机等。

(3) 井下动力钻机(具)　井下动力钻具是指把钻井液的能量转化为钻井破岩动力的井底钻具，如涡轮钻具、单螺杆钻具、电动钻具等。由于井下动力钻具(井底马达)具有较高的转速，因此可以显著提高机械钻速，特别是与PDC钻头配合使用将大大地提高钻井速度。

2. 按驱动钻头旋转的动力来源分类

(1) 转盘驱动旋转钻机　也就是用转盘驱动钻具旋转的常规钻机。

(2) 井底驱动旋转钻机　即转盘旋转钻机加井底动力钻具所组成的钻机。

(3) 顶部驱动旋转钻机　即转盘旋转钻机加顶部驱动钻井装置所组成的钻机，它可以完成从井架空间上部直接旋转钻柱，并沿井架内专用导轨向下送进等多种钻井操作。

3. 按驱动设备类型分类

(1) 柴油机驱动钻机　以柴油机为动力通过机械传动(柴油机驱动-机械传动)或液力传动(柴油机驱动-液力传动)的钻机。

(2) 电驱动钻机　电驱动钻机又可分为直流电驱动钻机和交流电驱动钻机。

直流电驱动钻机是指工作机用直流电动机驱动。一般用柴油机或燃汽轮机带动发电机供电，或从电力网供电。这种形式的钻机适用于海上钻井。

交流电驱动钻机包括：交流发电机(或工业电网)-交流电动机驱动钻机和正在发展中的交流变频电驱动钻机，即交流发电机-变频调速器交流电动机驱动钻机。

4. 按工作机分组方法分类

(1) 统一驱动钻机　绞车、转盘及钻井泵三个工作机由统一动力机组驱动。统驱钻机的功率利用率高，发动机有故障时可以互济，但其传动复杂，安装调整费事，传动效率低。

(2) 单独驱动钻机　各工作机单独选择大小不同的动力机驱动。单驱钻机多用于电驱动，其传动简单、安装容易，但功率利用率低、设备笨重，动力机组间不能互济。

(3) 分组驱动钻机　动力的组合介于前两者之间，将三个工作机分成两组，绞车、转盘两个工作机由统一动力机驱动，钻井泵由另一动力机组驱动。与单独驱动钻机相比，这种钻机的功率利用率较高，传动较简单，还可将两组工作机安装在不同高度和分散的场地上。

5. 按主传动副类型分类

(1) V带钻机　V带钻机是指采用V形胶带作为钻机主传动副，多台柴油机并车、各工作机组及辅助设备的驱动及钻井泵的传动均采用V带完成。

(2) 链条钻机　链条钻机是指采用链条作为主传动副，2~4台柴油机用链条并车，统一驱动各工作机组，用V带传动驱动钻井泵。

(3) 齿轮钻机　齿轮钻机是指采用齿轮为主传动副，配合万向轴驱动绞车和转盘，或采用圆锥齿轮–万向轴并车驱动绞车、转盘和钻井泵。

6. 按钻井深度分类

（1）地表取样钻机　钻井深度在 50m 以内。

（2）浅井钻机　钻井深度为 50~1500m。

（3）中深井钻机　钻井深度为 1500~3000m。

（4）深井钻机　钻井深度为 3000~5000m。

（5）超深井钻机　钻井深度为 5000~9000m。

（6）特深井钻机　钻井深度在 9000m 以上。

7. 按使用地区和用途分类

（1）陆地钻机　也称为常规钻机，用于正常陆地勘探、钻井。

（2）海洋钻机　用于海上钻井平台的钻机。

（3）浅海钻机　用于 0~5m 水深或沼泽地区钻井。

（4）丛式井钻机　用于在一个井场或平台上钻出若干口井的钻机。

（5）沙漠钻机　用于在沙漠地区勘探、钻井。

（6）直升机吊运钻机　用于将钻机吊运到偏远的山地、丛林、岛屿或沙漠腹地等无地面公路，不适合运输车辆地面行驶的油区钻井。

（7）小井眼钻机　用于钻探井口直径较小的油、气井，井眼直径为 85. 73mm，这种钻机由于井场面积小、井眼小、钻屑少，不需废泥浆池，所需装机功率低，因此，不仅可大幅度降低钻井成本，而且安全、环保。

（8）柔杆钻机　柔杆钻机是一种新型的钻探设备。它包括以环链牵引器为主体的地面设备、柔杆及储存装置、钻探电机三大部分。这种钻机是用电动机作为井底动力直接带动钻头旋转切削岩石和割取岩芯。用连续的柔性钻杆(简称柔杆)代替普通的刚性钻杆，由若干液压夹持器组成的环链牵引器夹持柔杆实现连续起下钻(见图 2–3)。

图 2–3　连续柔杆钻机

8. 石油钻机的特点

相对于其他钻机而言，石油钻机均具有以下明显的特点：

（1）传动效率低，机械化、自动化程度低。其原因是：①大功率、多机种；②动力机组多台、多类型；③驱动特性差异大(循环、旋转、提升系统)；④传动系统与控制复杂。

（2）钻井操作是不连续的，其中辅助生产的起下钻作业耗费的能量较大。

（3）工作地区广阔（平原、山地、沙漠、沼泽、海洋），自然环境恶劣（风、沙、雨、雪），野外流动作业，因此，要求钻机必须具有很强的适应不同地区、不同环境的能力和便捷的运移性能。

2.1.3 钻机的基本参数

钻机的基本参数是反映全套钻机基本工作性能的主要技术指标，也称为特性参数。如名义钻井深度、最大钻柱重量、最大钩载等，它表明钻机的基本工作性能。基本参数是设计、选用和维修钻机以及对钻机进行技术改造的主要技术依据。

钻机的基本参数主要包括：钻机的主参数、起升系统参数、旋转系统参数、循环系统参数、驱动系统参数等。

1. 钻机主参数

钻机的主参数也是钻机的总体参数。主参数直接反映钻机的钻井能力和主要性能，对其他参数起决定作用，可用主参数来标定钻机型号，并作为设计、选用钻机的主要依据。

我国钻机标准采用名义钻井深度 L（名义钻深范围上限）作为主参数。因为钻机的最大钻井深度直接影响和决定着其他参数的大小。俄罗斯和罗马尼亚钻机标准采用最大钩载 Q_{max} 作为主参数，美国钻机没有统一的国家标准，但各大公司生产的钻机基本上都以名义钻深范围作为主参数。

（1）名义钻井深度 L　名义钻井深度是指钻机在标准规定的钻井绳数下，使用规定的114.3mm（4½in）钻杆柱所能钻进的井深。名义井深与最大井深不同，最大井深指的是在规定的钻井绳数下，使用114.3mm对焊钻杆，用一般的钻井工艺所钻达的名义井深的上限值。

（2）名义钻深范围 L_{min}~L_{max}　名义钻深范围是指钻机在规定的钻井绳数下，使用规定的钻柱时钻机可经济利用的最小钻井深度 L_{min} 与最大钻井深度 L_{max} 之间的范围。名义钻井深度范围下限 L_{min} 与前一级的上限 L_{max} 有重叠，其上限即该级钻机所谓名义钻井深度（$L_{max}=L$）。

2. 起升系统参数

（1）最大钩载 Q_{hmax}　最大钩载是指钻机在标准规定的最大绳数下，起下套管、处理事故或进行解卡等特殊作业时，大钩上不允许超过的最大载荷。

最大钩载决定了钻机下套管和处理事故的能力，是核算起升系统零部件静强度及计算转盘、水龙头主轴承静载荷的主要技术依据。

（2）起升系统钻井绳数 Z　起升系统钻井绳数是指用于正常起下钻柱及钻进时游动系统所采用的有效提升绳数。

（3）游动系统最多绳数 Z_{max}　游动系统最多绳数是指钻机配备的游动系统轮系所能提供的最大有效绳数，用于下套管或解卡等重载作业。

另外，起升系统参数还包括：绞车各挡起升速度 v_1，v_2，…，v_k；绞车挡数 K；绞车最大快绳拉力 P_e；钢丝绳直径 D_w；绞车额定输入功率 N_{de}；井架有效高度 H_m；钻台高度 H_{df} 等。

3. 旋转系统参数

（1）转盘开口直径 D_r　转盘的开口直径是转盘的主要几何参数，它决定着转盘的尺寸和承载能力。转盘的开口直径至少要比最大钻头直径大10mm，以保证钻头能够顺利通过转盘中心通孔。

（2）转盘各挡转速 n_1，n_2，…，n_k　转盘的转速与钻头破碎岩石的能力密切相关，选择合适的转盘转速，目的是在可能的条件下获得较快的钻井进尺。根据钻井经验：在一定转速范围内（$n=350$~400r/min），钻井速度与转盘转速的平方根成正比。一般在开钻时为中软地层，多用大尺寸钻头，转速也较高，$n_{始}=150\sim300\text{r/min}$；接近完钻时多为硬地层，为了防止钻头损坏和磨损过快，一般取 $n_{终}=60\sim105\text{r/min}$；在处理事故时需要更低的转速，一般取 $n_{事故}=25\sim30\text{r/min}$。

（3）转盘挡数 K_r　当通过绞车传动转盘时，绞车的挡数可满足转盘的要求；当采用变矩器或直流电机驱动转盘时，挡数可少些，一般有 2~3 个挡就足够了。

（4）转盘额定输入功率 N_{re}　在钻井过程中，动力机传给转盘的动力主要消耗于以下几个方面：旋转钻头破碎岩石、旋转钻杆柱和地面设备（包括转盘本身、方钻杆和水龙头）。因此，转盘的额定输入功率应为上述几个方面消耗功率之总和。

4. 循环系统参数

（1）钻井泵额定压力 P_e　钻井泵压主要消耗于循环管路的压力降和钻头喷嘴的压力降两个方面。而循环管路的压力降又等于钻杆（包括接头）内的压力降、钻铤内的压力降、环形空间的压力降和地面管汇（包括地面管线、立管、水龙带、水龙头及方钻杆）的压力降之和。

（2）钻井泵额定流量 Q_e　在刚开钻时井筒最大，且需要洗井和排出岩屑，此时所需要的钻井泵流量最大。泵组流量（m^3/s）可按下式估算：

$$Q_e \geqslant \frac{\pi}{4}(D_{头\max}^2 - d^2)V_{返} \times 10^{-6}$$

式中　$D_{头\max}$——开钻时井筒直径，即为最大钻头直径，mm；

d——钻杆柱直径，mm；

$V_{返}$——井内环形空间中钻井液的返回速度，mm/s。

为了保证足够的排量，一般：

$$V_{返} = \frac{A}{D_{头\max}\gamma}$$

式中　A——泵组排量系数，一般 $A=182\sim280$，当泵组排量为最大时，取 $A=280$；

γ——钻井循环液（泥浆）的密度，g/cm^3。

由上式可见，开钻时应采用较小的钻井液返回速度（如 $D_{头\max}=590\text{mm}$、$\gamma=1.2\text{g/cm}^3$ 时，则 $V_{返}\approx0.4\text{m/s}$），在最大井筒中所求得的泵组最大流量 $Q_{\max}$ 才不至于过大（一般 $Q_{\max}=0.1\sim0.15\text{m}^3/\text{s}$）。

由于受安装运输等条件的限制，单泵的尺寸和重量不能过大，对于双缸双作用泵，其单泵流量 $Q_{单}=0.05\sim0.06\text{m}^3/\text{s}$；对于三缸单作用泵，$Q_{单}=0.04\sim0.05\text{m}^3/\text{s}$。所以泵组中泵的台数应为：$Q_{\max}/Q_{单}=2\sim3$。即对所有钻机都至少配备 2 台泵，超重型钻机应配备 3 台泵，特殊情况如对特复杂地层或超深、海上钻机，有的配备 4~5 台泵，其泵组的最大流量常高于常规许多，即多配一台机动泵和服务泵（调配或倒换钻井液），以适应事故情况下特大流量的需要。

（3）钻井泵额定输入功率 N_{pe}　在最大井深时虽出现最大泵压 $P_{\max}$，但此时流量很低，所以最大井深时的泵组水功率不是最大值，往往在较浅井段的较大井筒中由于流量较大，且泵压较高（或最高），此时会出现最高泵组水功率，所以应选择两到三个可能出现最大水功率的情况，分别计算其水功率，最后选其最高者，由这个功率来确定钻井泵额定输入功率 N_{pe}。

5. 驱动系统参数

驱动系统参数包括：单机额定功率 N；总装机功率 N_t 等。

2.1.4　我国石油钻机标准

为了对钻机的设计、制造与设备供应予以规范，以达到生产、使用的经济合理，并有利于开展国际技术交流与合作，根据油气钻井的实际需要，选定主参数并将其系列化，也就是将钻机进行分级，再据此拟定其他基本参数，形成钻机标准系列。石油钻机基本参数见表2-1。

表 2-1　石油钻机基本参数

基本参数 \ 钻机级别		15	20	32	45	60	80
名义钻探范围(127mm 钻杆)/m		900~1500	1300~2000	1900~3200	3000~4500	3000~6000	5000~8000
最大钩载/kN(tf)		900(90)	1350(135)	2250(225)	3150(315)	4500(450)	5850(585)
最大钻柱重量/kN(tf)		500(50)	700(70)	1150(115)	1600(160)	2200(220)	2800(280)
绞车最大输入功率/kW(hp)		260~330 (350~450)	400~510 (550~750)	740 (1000)	1100 (1500)	1470 (2000)	2210 (3000)
提升系统绳数	钻井绳数	8	8	8	10	10	12
	最大绳数	8	8	10	12	12	14
钢丝绳直径/mm		26	28.5	32.5	34.5	38	41.5
可配置每台钻井泵功率/kW(hp)		260~590 (350~800)		590、740、960 (800、1000、1300)		960、1180 (1300、1600)	1180 (1600)
转盘开口直径/mm		445		520	520、700	700、950	950、1260
钻台高度/m		1.5、3		6、7.5		6、7.5、9	7.5、9
井　架		各级钻机均采用可提升 28m 立柱的井架，对 15、20 两级钻机也可采用提升 19m 的可伸缩式井架					

1. 钻机的驱动形式

（1）机械驱动钻机　以柴油机为动力，通过液力变矩器、链条、齿轮、三角胶带等不同组合的传动方式所驱动的钻机。

（2）电驱动钻机　用电动机驱动的钻机。

机械驱动钻机和电驱动钻机的具体类型将在第 4 章作专门介绍，这里不再详述。

2. 钻机的型号

我国钻机型号的含义如下：

ZJ □/□ □□-□

- 改型序号：改型序号用阿拉伯数字表示，原型不变
- 运移方式：块装式表示符号省略
  Z— 自行车装式钻机；T— 半拖挂车装式钻机
- 钻机特征：L— 链条并车钻机；J—V 带并车钻机；
  C— 齿轮传动钻机；Y— 液压钻机；
  DJ— 交流电驱动钻机；DZ— 直流电驱动钻机；
  DB— 交流变频电驱动钻机
- 钻机级别：分子表示用 114mm 钻杆标定，以 100m 为单位计的名义钻井深度范围上限，分母表示以 1kN 为单位计的最大钩载
- 钻机代号

例如 ZJ70LDB：表示名义钻井深度为 7000m，L 代表链条并车，DB 代表交流变频电驱动钻机。

《石油钻机形式与基本参数》(SY/T 5609—1999) 中根据名义钻井深度和最大钩载两项基本参数把钻机的型号分为 9 级 (见表 2-2)，名义钻井深度和钻深范围按 114.3mm ($4^1/_2$in) 钻杆柱 (q_{st}=30kg/m) 确定。钻机级别代号用双参数表示，如 10/600，前者乘以 100 为钻机名义钻深范围上限数值，后者是以 kN 为单位计的最大钩载。在驱动传动特点的表示方法上，增加了 Y—液压钻机；DJ—交流电驱动钻机；DZ—直流电驱动钻机；DB—交流变频电驱动钻机。

表 2-2　钻机修订标准的部分基本参数

钻机型号级别	10/600	15/900	20/1350	30/1700	40/2250	50/3150	70/4500	90/6750	120/9000
名义钻深范围/m	500~1000	800~1500	1200~2000	1600~3000	2500~4000	3500~5000	4500~7000	6000~9000	7500~12000
最大钩载/tf	60	90	135	170	225	315	450	675	900

注：1tf = 9.80665×10^3N。

2.2　地面旋转设备

地面旋转设备是旋转钻机的重要组成部分，其主要功用是旋转钻柱、钻头、破碎岩石、形成井眼。它主要包括转盘、水龙头和顶驱钻井系统三大部分。

2.2.1　转盘

转盘是旋转钻机的关键设备，也是钻机的三大工作机之一。转盘实质上是一个大功率的圆锥齿轮减速器。在钻进过程中，转盘的作用是把发动机的动力通过方瓦传给方钻杆、钻杆、钻铤和钻头，驱动钻头旋转，从而实现进尺，钻出井眼。在起下钻和下套管过程中，需要把管柱卡在转盘上进行卸扣。因此，始终保持转盘处于良好的工作状态，是快速优质钻井的必备条件之一。

1. 钻井工艺对转盘的要求

(1) 具有足够大的扭矩和多挡的转速。扭矩用于转动钻柱带动钻头破碎岩石；高挡转速用于快速钻进，低挡转速是为了满足打捞、对扣、倒扣、造扣或磨铣落于井底的刮刀片、牙轮或其他物件等特殊作业的要求。

(2) 具有足够抗震、抗冲击和抗钻井液腐蚀的能力，尤其是主轴承应有足够的强度和寿命，并要求其承载能力不小于钻机的最大钩载。

(3) 能正、反转，且具有可靠的制动机构。

(4) 转盘中心孔的直径应能满足通过最大号钻头。但也不能过大，否则会造成钻盘体积过大和井口操作不便，一般在 525~600mm 之间。

(5) 转台面直径应根据中心孔直径、操作是否方便及吊卡尺寸等因素确定，一般以 ϕ1000mm 左右为宜。

(6) 在结构上应具有良好的密封、润滑和散热性能，以防止外界的泥浆、污物进入转盘内部损坏主、辅轴承。

2. 转盘的代号

ZP □ □ □

- 第三个□——更新设计标号：用阿拉伯数字表示
- 第二个□——驱动形式：机械驱动省略，Y— 液力驱动，D— 电驱动
- 第一个□——型号级别：转盘通孔直径，in × 10
- ZP——转盘代号

3. 转盘的主要技术参数

我国油田钻机所用转盘主要有下列几种类型。其主要技术参数如表 2-3 所示。

表 2-3　转盘的技术参数

钻机代号	ZJ20K	ZJ50/3150L ZJ40/2250CJD	ZJ45J	ZJ70/4500DZ ZJ50/3150DB-1	ZJ90/6750
转盘代号	ZP175	ZP275	ZP205	ZP375	ZP475
通孔直径/mm	444.5	698.5	520.7	952.5	1206.5
最大静负荷/kN	2250	4500	441.3	5850	—
最高转速/(r/min)	300	250	350	300	300
齿轮传动比	3.58	3.667	3.22	3.56	—
主轴承 （长×宽×高）/ mm×mm×mm	53×710×109	800×1060×155 800×950×120	800×1060×155	1050×1270×220	—
辅助轴承 （长×宽×高）/ mm×mm×mm	500×600×60	600×710×67	800×950×120	800×950×120	
质量/kg	3888	6163	6182	8026	

4. 转盘的结构组成

图 2-4 所示是我国深井钻机中广泛使用的 ZP-275(in)转盘，也称为 ZP-700 型转盘，它主要由水平轴总成、转台体总成、主辅轴承、密封及壳体等部分组成。

（1）水平轴总成　水平轴总成主要由链条驱动的动力输入链轮或万向轴驱动的连接法兰、水平轴、小锥齿轮、轴承套和底座上的小油池组成。水平轴由两副轴承支承，靠近小锥齿轮的轴承是向心短圆柱轴承，它只承受径向力。靠近动力输入端的轴承是双列调心球面滚子轴承，它主要承受径向力和不大的轴向力。在水平轴的另一端装有双排链轮或连接法兰。小锥齿轮与水平轴装好后，与两个轴承一起装入轴承套中，再将轴承套连同套内的各件一起装入壳体。大、小锥齿轮之间的间隙可通过轴承套与壳体之间的调整垫片予以调节。

（2）转台总成　转台总成主要由转台迷宫圈、转台、固定在转台上的螺旋齿大锥齿轮、主轴承、辅轴承、下座圈、大方瓦和方补心等组成。转台体如同一根又粗又短的空心立轴，借助于主轴承座将螺旋齿大锥齿轮安装在壳体上。转台迷宫圈(两道环槽)装在转台外缘上，与壳体上的两道环槽形成动密封，防止钻井液及污物进入转台并损坏主轴承。转台是一个铸钢件，其内孔上部为方形，以安装方瓦，下部为圆形。

（3）主、辅轴承　主轴承起承载和承转作用。静止时，承受最重管柱重量；旋转工作时，承受主要由方钻杆下滑造成的轴向载荷及圆锥齿轮传动所形成的径向载荷。辅助轴承起

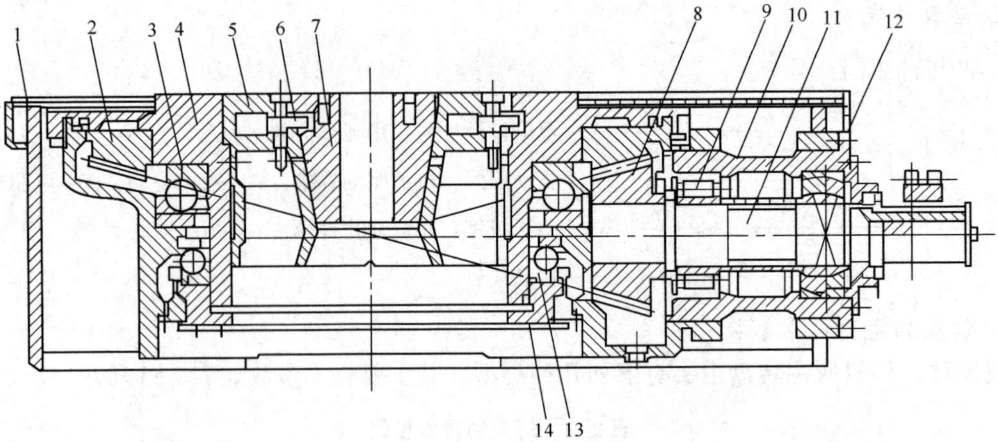

图 2-4　ZP-700 转盘

1—壳体；2—大圆锥齿轮；3—主轴承；4—转台；5—大方瓦；6—大方瓦与方补心锁紧机构；7—方补心；8—小圆锥齿轮；9—圆柱滚动轴承；10—套筒；11—快速轴（水平轴）；12—双列向心球面滚子轴承；13—辅助轴承；14—调节螺母

径向扶正和轴向防跳的作用。

(4) 转盘的制动机构　在转盘的上部装有制动装置，以控制转台的转动方向。制动装置由两个操纵杆、左右掣子和转台外缘上的 26 个燕尾槽组成。当需要制动转台时，扳动操纵杆，将左右掣子之一插入转台 26 个燕尾槽的任意一个槽中，即实现转盘制动。当掣子脱离燕尾槽时，转台即可自由转动。

(5) 壳体　壳体相当于转盘的底座，它由铸钢件和板材焊接而成。壳体主要是作为主辅轴承及输入轴总成的支撑，同时，也是润滑锥齿轮和轴承的油池。壳体内腔对着小锥齿轮下方的壳体上形成半圆形大油池，用以润滑主轴承，在水平轴下方的壳体上形成小油池，用以润滑支撑水平轴的两个轴承。

5. 转盘的使用、维护及保养

(1) 使用前的准备与检查　转盘在使用前应做如下准备工作：①对于新转盘应先在油池内加足工业齿轮润滑油，油面应达到油标尺最高位置；②对锁紧装置上的销轴注入润滑脂；③在转盘开动前，锁紧装置上的操纵杆或手柄应在不锁紧位置，以防止转盘启动时损坏转盘内的零部件，制动块和销子转动应灵活，制动应可靠；④检查转台与方瓦、方瓦与补心是否锁紧；⑤检查快速轴上的弹簧密封圈是否可靠；⑥检查转盘油池和轴承温度是否正常；⑦检查链轮是否有轴向位移，如果有，则用螺栓固紧轴端压板，然后装上转盘链条护罩或万向轴护罩，未装上护罩前不得使其运转；⑧使转盘平稳启动，慢慢合上气阀手柄或转盘离合器，检查转台是否跳动，并检查圆锥齿轮的啮合情况，检查声音是否正常，应无咬卡和撞击噪声。

(2) 工作中的检查　工作中需进行如下检查：①每班应检查转盘的固定情况，检查是否平、正、稳和牢固；②检查运转的声音足否正常，动力输入轴端的弹簧密封圈密封是否可靠；③每班检查油池内油面是否符合要求，必须以停车 5min 后检查的油位为准，检查油的清洁情况，如油脏要及时换油，检查油池和轴承温度是否正常；④严禁使用转盘崩扣，防止损坏齿轮牙齿；⑤钻进和起下钻过程中应避免猛憋、猛顿，以防因此而损坏零件；⑥钻台和转盘面要保持清洁，油标尺和黄油嘴要上紧；⑦方补心不能高于大方瓦面 3mm，大方瓦与转台面要齐平；⑧当转盘承受较大冲击载荷后(如卡钻、顿钻)应注意检查运转声音有无异常；⑨定期检查输入轴端的万向轴连接法兰(或链轮)是否有轴向窜动，如有，应拧紧轴端压板螺钉；⑩定期检查下座圈的连接螺栓是否松动。

(3) 润滑的检查 ①锥齿轮副和所有轴承均采用飞溅润滑，润滑油每2个月更换1次，每周检查1次油的清洁情况，油脏应随时更换，换油时应使用轻质油彻底清洗油池，然后注入工业齿轮油润滑；②防跳轴承和锁紧装置销轴应每周润滑1次，用油枪注入锂基润滑脂。

6. 转盘的常见故障及排除方法

转盘的常见故障及排除方法如表2-4所示。

表2-4 转盘常见故障及排除方法

故障现象	可能的原因	排除方法
转盘壳体发热(超过70℃)	1. 大小油池缺油(漏油) 2. 油池进钻井液、油脏	加油，堵漏 清洗，换油
转盘局部壳体发热	1. 转盘不平、不正、不对中 2. 转台迷宫圈偏磨	调整，校正 调整，送修
转台体轴向移动，圆锥齿轮剧响	1. 防跳轴承、主轴承间隙大 2. 圆锥齿轮严重磨损或断齿 3. 转台迷宫圈故障 4. 快速轴轴承损坏	调整间隙 换齿轮 检查，消除 换轴承
大小油池严重漏油	1. 转台迷宫圈失效，进入钻井液挤出机油 2. 快速轴油封及轴颈磨损 3. 挡油圈损坏 4. 转盘不平油倒出 5. 制动轴孔磨损	送修 送修，换油封 送修 调平 送修
卡瓦黏方瓦	1. 大方瓦变形 2. 卡瓦背磨损	换方瓦 换卡瓦

2.2.2 水龙头

水龙头是钻机的旋转系统设备，又起着循环钻井液的作用。它悬挂在大钩上，通过上部的鹅颈管与水龙带相连，下部与方钻杆连接。它一方面要导输来自钻井泵的高压钻井液，将其引入旋转钻井柱内注入井底洗井，另一方面还要承受井内钻具的全部重量，悬挂钻柱并保证钻具自由旋转。因此，水龙头是旋转钻机中提升、旋转、循环三大工作机中相交汇的关键设备，是连接旋转系统、起升系统和循环系统的纽带。

1. 钻井工艺对水龙头的要求

(1) 水龙头的各承载件(如中心管、主轴承、提环、提环销等)要有足够的强度、刚度和寿命，并且要求连接可靠，其承载力应不小于钻机的最大钩载。

(2) 鹅颈管、冲管(钻井液管)、中心管内径应使水力损失达到最低程度，并具有耐高压、耐磨、防腐蚀的特性。管内钻井液流速不应超过5~6m/s。

(3) 水龙头的外型应圆滑无尖角，尺寸大小适中，易于在井架内部空间通过。

(4) 水龙头上端与水龙带连接处能适合水龙带在钻进过程中的伸缩弯曲。水龙头下端有反扣的钻具丝扣以便与方钻杆上端反扣连接，并且要求连接可靠，能承受高压，上、卸扣方便。

(5) 有可靠的高压钻井液密封系统，且耐压、耐磨、耐腐蚀和拆卸迅速、方便。能够自动补偿工作中密封件的磨损。

(6) 水龙头的易损件如冲管、冲管盘根、机油盘根等应耐磨，寿命长，且易于检查、维修并便于更换。

2. 水龙头的代号

水龙头的代号标识如下：

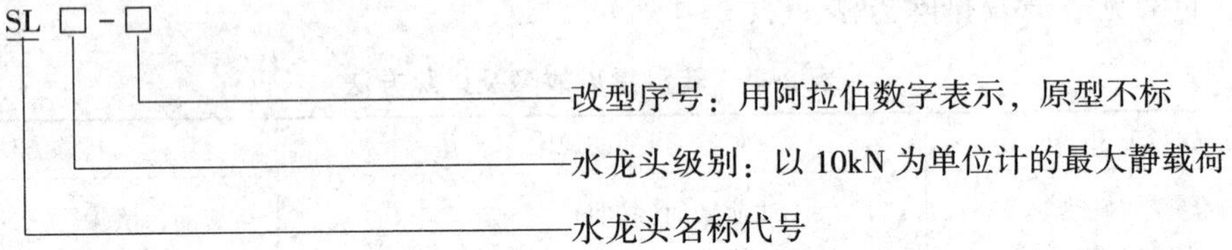

3. 水龙头的技术参数

水龙头的技术参数如表 2-5 所示。

表 2-5 水龙头的技术参数

序号	基本参数	型号					
		SL90	SL135	SL225	SL315	SL450	SL505
1	最大静载荷/kN	9800	1350	2250	3150	4500	5050
2	主轴承额定负荷大于或等于/kN	600	900	1600	2000	3000	3900
3	鹅颈管中心线与垂线夹角/(°)	15					
4	接头下端螺纹	$4\frac{1}{2}$FH 左旋或 $4\frac{1}{2}$REG 左旋		$6\frac{5}{8}$REG 左旋			
5	中心管通孔直径 D/mm	64		75			
6	泥浆管通孔直径 d/mm	57	64	75			
7	提环弯曲半径 F_{2min}/mm	102	115				
8	提环弯曲处断面半径 E_{2max}/cm	51	57	64	70	83	83
9	最大工作压力/MPa	25	35				

4. 水龙头的结构组成

普通水龙头的结构主要由“三管”、“三(或四)轴承”、“四密封”组成。“三管”即鹅颈管、冲管、中心管；“三轴承”即主轴承、上扶正轴承、下扶正轴承，所谓四轴承结构，即除上述三轴承外，还有一个防跳轴承；“四密封”即上、下钻井液密封和上、下机油密封。下面以较典型的 SL-450 水龙头为例，介绍水龙头的结构组成及特点。

SL-450 水龙头的结构如图 2-5 所示。该水龙头包括固定部分、旋转部分和密封部分。固定部分由外壳、上盖、下盖、鹅颈管、提环等组成；旋转部分由中心管、接头、主轴承、上扶正(防跳)轴承和下扶正轴承组成；密封部分由上、下钻井液密封总成和上、下机油密封盘根装置组成。

(1) 固定部分 ①提环是由合金钢经锻造再热处理后加工而成，通过提环销与外壳相连。②外壳是一个中空的铸钢件，用螺栓分别与上、下盖连接，构成润滑和冷却水龙头主轴承和扶正轴承的密闭壳体和油池。外侧面装有 3 个防止吊环撞击外壳的橡胶缓冲器。③上盖是铸钢件。其上部加工成法兰，用于安装鹅颈管。其下部是圆形，用螺栓与壳体上部连接，构成壳体上盖，在圆盖中心孔处装有扶正(防跳)轴承和两个反向安装的自封式 U 形上机油弹簧密封圈，以防壳体内部油液外漏和外界泥浆及其他脏物侵入壳体内部。圆盖上有一个螺纹孔，用来添加油液和固定油标尺，油标尺的丝堵(呼吸器)上有一个折角通孔，用以排除壳体内热气，降低润滑油温度。④鹅颈管是一个中空的合金钢铸件，在其下部的异型法兰上加工有左螺纹，通过上钻井液盘根压盖与冲管总成连接。⑤下盖是一个圆形铸钢件，用螺栓与壳体连接，在其中心孔处安装下扶正轴承和3个自封式U形弹簧密封圈。下盖上有两个排油孔，用于更换壳体内的油液，排油孔的丝堵带有磁性，用以吸附壳体内的金属屑。

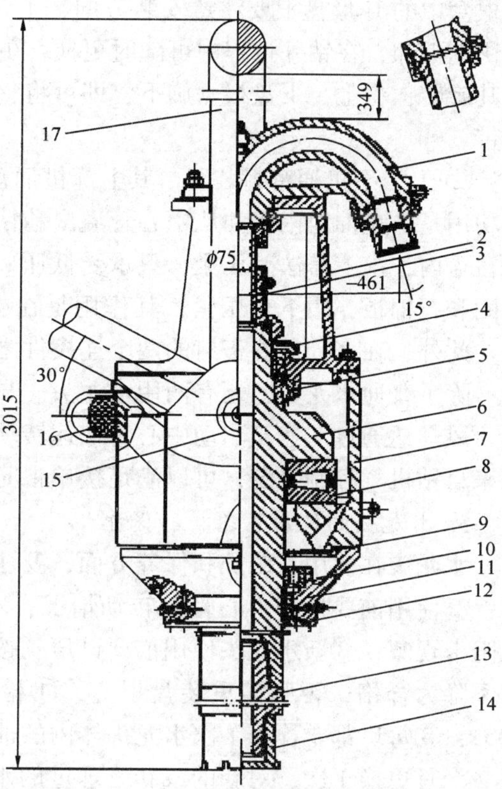

图 2-5　SL-450 型水龙头

1—鹅颈管；2—上盖；3—浮动冲管总成；4—泥浆伞；5—上辅助轴承；6—中心管；7—壳体；8—主轴承；9—密封垫圈；10—下辅助轴承；11—下盖；12—压盖；13—方钻杆接头；14—护丝；15—提环销；16—缓冲器；17—提环

（2）旋转部分　①中心管是用合金钢锻造并经热处理后加工而成，它是水龙头旋转部分的重要承载部件。它不仅要在旋转的情况下承受全部钻柱的重量，而且其内孔还要承受高压钻井液压力。中心管上端连接冲管总成，下端母扣与保护接头连接，保护接头再与方钻杆上端连接。中心管上、下端螺纹均为左旋，以防止钻进时松扣。②主、辅轴承中的主轴承为圆锥滚子轴承，承载能力大，寿命长。下扶正轴承为短圆柱滚子抽承。上扶正(防跳)轴承是圆锥滚子轴承，它能同时承受较大的轴向力和径向力，并兼有扶正和防跳双重作用。上、下扶正轴承的作用是承受中心管转动时的径向摆动力，使中心管居中，保证密封效果。因此，上、下扶正轴承距离较远时扶正效果较好。上扶正轴承在上机油盘根下，下扶正轴承在下机油盘根上，分别由上盖和下盖用螺栓压紧。

（3）密封部分　密封部分由上、下钻井液冲管盘根盒组件和上、下机油盘根盒组件四部分组成。

① 上、下钻井液冲管盘根盒组件　该水龙头采用浮动式冲管结构和快速拆装的U形液压自封式冲管盘根盒总成。浮动式冲管盘根是将上、下冲管盘根装于盘根盒中，构成上、下盘根盒组件。盘根分别套在冲管上、下端面处的外径上，通过密封盒压盖分别与鹅颈管和中心管组装为一体。上钻井液密封盒组件由上密封盒压盖、上密封盒、上密封金属压套、U形自封式盘根、金属衬垫、弹簧圈和O形密封圈组成。金属压套上有花键与冲管上部的花键相匹配，保证冲管不能转动，但能够上、下窜动。弹簧圈用于将压套、盘根及衬垫固定在冲管上及上盘根盒内。上盘根盒组件通过上盘根盒压盖上的左旋螺纹与鹅颈管上的异型法兰连接。下钻井液盘根盒组件由下钻井液盘根盒压盖、盘根盒、4个U形自封式盘根、4个金属隔环、1个下O形密封压套、O形密封圈和在盘根盒上的1个黄油嘴组成。下密封盘根盒组件通过下盘根盒压盖上的左旋螺纹安装在中心管上，因此下钻井液盘根盒组件是旋转的，而冲管不转，为了减少盘根与冲管间的磨损，必须定期通过下盘根盒上的黄油嘴注入润滑脂。

盘根盒中的U形盘根要注意安装方向，上盘根朝向鹅颈管，下盘根朝向中心管。盘根装置可快速拆卸，在钻井过程中可随时更换，更换时只需用161b铁锤敲击盘根盒压盖上的凸台，使其旋转，将上、下盘根盒旋下，即可将整个装置从上盖一侧取出，不需要拆卸鹅颈管和水龙带。

② 上、下机油密封装置　其上部机油盘根组件包括2个U形橡胶密封圈和橡胶伞；它的功用是防止油池内机油从中心管溢出和钻井液及脏物进入壳体内部。机油盘根和橡胶伞都装在盖内，由上盖法兰压紧，只承受低压。下部机油盘根组件包括3个U形自封式橡胶密封圈和石棉板，用下盖压紧，其作用是在中心管旋转时密封油池下端防止漏油，只承受低压。此外，在多处需要密封的两个连接件之间均装有O形密封圈，以保证密封。

除了普通水龙头，还有两用水龙头。与普通水龙头相比，两用水龙头只是多了一个风马达。风马达通过变速箱驱动中心管快速转动，完成在接单根作业时快速上扣动作。风马达气源来自钻机气控制系统，可以满足接单根时上扣的需要。

5. 水龙头的使用、维护和保养

水龙头在使用、维护和保养方面，要注意以下几点：①水龙头在搬运过程中必须带上护丝；②使用前要检查中心管的转动情况，一个人用914mm链钳转动中心管，应转动自如，无阻卡现象；③新水龙头使用前要试压，按高于钻进最大工作压力1~2MPa试压15min，压力不降为合格，否则需重装盘根盒；④检查水龙头壳体是否有温度过高，油温不得超过70℃；⑤每班都要检查1次水龙头体内的油位，油位不得低于油标尺尺杆最低刻度，润滑油每2个月更换1次，对新的或新修理过的水龙头，在使用满200h后应更换润滑油，换油时应将脏油排净，用清洗油洗掉全部沉淀物，再注入清洁的工业齿轮油；⑥提环销、盘根装置、上部和下部弹簧密封圈以及风动马达和传动系统采用锂基润滑脂1#(冬季)、2#(夏季)润滑，每班润滑1次，应在没有泵压的情况下润滑钻井液盘根，以便使润滑脂能挤入盘根装置的各个部位，更好地润滑钻井液管和各个钻井液盘根；⑦定期检查油雾器油面高度。油雾器应加注L-AN15号机械油。

6. 水龙头的常见故障及排除方法

水龙头的常见故障及排除方法如表2-6所示。

表2-6　水龙头常见故障及排除方法

故障现象	可能的原因	排除方法
壳体发热	1. 油池缺油，未加满或漏掉 2. 油脏，进入钻井液或杂质	消除原因，加足油 清洗油池，换油
油池进钻井液	1. 上部机油盘根损坏 2. 橡胶伞损坏	换机油盘根 换橡胶伞
下部机油盘根机油漏油	1. 下部机油盘根损坏 2. 中心管偏磨	换机油盘根 换水龙头，送修
鹅颈管法兰盘刺钻井液	1. 法兰盘石棉板损坏 2. 法兰盘螺栓未上紧或折断	换石棉板 上紧或换螺栓
冲管盘根盒刺钻井液	1. 盘根压帽未上紧 2. 冲管盘根磨损 3. 冲管外径磨小或管壁刺裂	上紧盘根压帽 换盘根 换冲管

续表

故障现象	可能的原因	排除方法
中心管下部丝扣处漏钻井液	1. 下部接头丝扣未上紧 2. 接头丝扣损坏	紧扣 换中心管，送修
中心管转动不灵活或转不动	1. 轴承损坏 2. 冲管盘根及机油盘根过紧 3. 防跳轴承间隙小	检查，更换轴承 调整盘根松紧 调整防跳轴承间隙
中心管径向摆差大	1. 扶正轴承磨损 2. 方钻杆弯曲	送修，换轴承 换方钻杆
提环转动不灵	1. 提环销孔有脏物堵塞 2. 提环销润滑不良	清洁销孔 注油润滑

2.3 顶部驱动钻井系统

顶部驱动钻井系统是取代转盘钻进的新型石油钻井系统，英文缩写为TDS(Top Drilling System)。顶驱钻井系统自20世纪80年代问世以来发展迅速，尤其在深井钻机和海洋钻机中获得了广泛应用。顶驱钻井系统现在已发展到最先进的一体化顶部驱动钻井系统，该系统显著提高了钻井作业的能力和效率，并已成为钻井行业的标准产品。通常，人们把配备了顶驱钻井系统的钻机称为顶驱钻机，考虑到顶驱钻井系统的主要功用是钻井水龙头和钻井马达功用的组合，故将其列为钻机的旋转系统设备。

2.3.1 顶驱钻井系统的特点

顶驱钻井系统是一套安装于井架内部空间，由游车悬持的顶部驱动钻井装置。常规水龙头与钻井马达相结合，并配备一种结构新颖的钻杆上卸扣装置，从井架空间上部直接旋转钻柱，并沿井架内专用导轨向下送进，可完成旋转钻进、倒划眼、循环钻井液、接钻杆(单根、立根)、下套管和上卸管柱丝扣等各种钻井操作。与转盘-方钻杆旋转钻井法相比较，顶驱钻井系统具有以下主要特点：

（1）节省接单根时间　顶部驱动钻井装置不使用方钻杆，直接采用立根(28m)钻进而不受方钻杆长度限制，避免了每钻进9m左右就得接单根的麻烦，节省了近2/3的接单根时间，从而提高了钻井效率。

（2）减少钻井事故　起、下钻时，顶部驱动钻井装置具有使用28m立柱倒划眼的能力，可在不增加起钻时间的前提下，顺利地循环和旋转将钻具提出井眼。在定向钻井过程中，可以大幅度地减少起钻总时间。使用顶部驱动钻井装置下钻时，可在数秒内接好钻柱，立刻划眼，从而减少了卡钻的危险。该系统具有遥控内部防喷器，钻进或起钻中如有井涌迹象，可在数秒内完成旋扣和紧扣，恢复循环，并安全可靠地控制钻柱内压力。

（3）提高钻定向井速度　顶驱系统以28m立根钻水平井、丛式井、斜井时，不仅节省钻柱连接时间，而且减少了测量次数，容易控制井底马达的造斜方位，明显提高了钻井效率。

（4）减轻劳动强度　顶驱系统配备了钻杆上卸扣装置，实现了钻杆上卸扣操作机械化，接单根时只需要打背钳，减少了接单根钻井的频繁常规操作，既节省时间，又大大减轻了操作工人的劳动强度，钻杆上卸扣装置总成上的倾斜装置可以使吊环、吊卡向下摆至鼠洞，大大降低了人身事故的发生机率。

（5）设备安全　顶部驱动钻井装置采用马达旋转上扣，上扣平稳，并可从扭矩表上观察上扣扭矩，避免上扣扭矩过盈或不足。钻井最大扭矩的设定，使钻井中出现蹩钻扭矩超过设定范围时马达会自动停止旋转，待调整钻井参数后再正常钻进，避免设备长时间超负荷运转。

（6）提高取芯质量　系统以 28m 立根进行取芯钻进，改善了取芯条件，提高了取芯收获率，减少了岩芯污染，提高了岩芯质量。

2.3.2　顶驱钻井系统的结构组成

顶驱钻井系统主要包括：钻井马达-水龙头总成、钻杆上卸扣装置、导轨-导向滑车总成、平衡系统、冷却系统、控制系统和附属设备等，如图 2-6 所示。

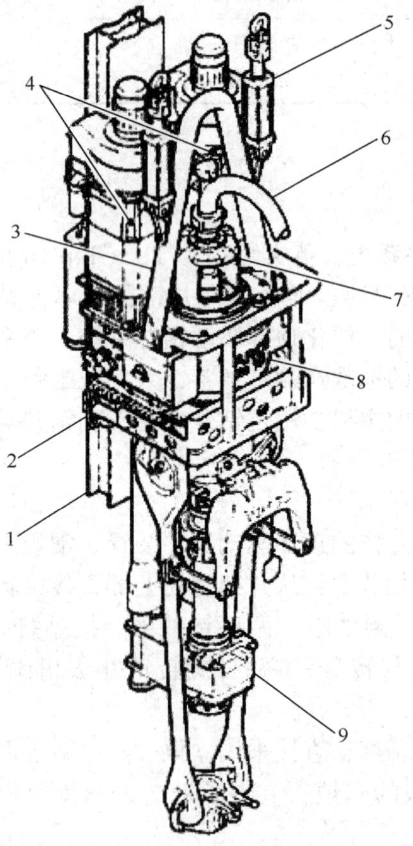

图 2-6　TDS-11SA 型顶部驱动钻井系统

1—分段式导轨；2—滑动架总成；3—系统提环；4—交流钻进电动机；5—平衡系统；6—鹅颈管（S 形管）；7—罩体/上轴承止报装置；8—传动/马达和水龙头总成；9—pH-50 管子处理装置

1. 钻井马达-水龙头总成

（1）钻井马达　钻井马达是顶驱钻井系统的动力源，根据马达的类型可将顶驱分为液马达顶驱、AC-SCR-DC 顶驱和 AC-VF-AC 变频顶驱。图 2-6 所示为 Varco 公司生产的 TDS-11SA 型顶驱系统（AC-SCR-DC 驱动），马达上装有双头电枢轴和垂直止推轴承。气刹车用于马达的惯性刹车，承受钻柱扭矩，并有利于定向钻井的定向工作。气刹车由一个远控电磁阀控制，其气源来自于钻机气控制系统。

（2）齿轮箱总成　TDS-11SA 型顶部驱动钻井装置的单速变速箱主要由大齿齿轮、小齿齿轮、箱体、主轴和钻井马达等部件组成。变速箱是一个单速齿轮减速装置，水龙头主止推轴承装在齿轮箱内，主轴由主止推轴承支撑，主轴通过一个锥形衬套连接大齿轮，并支撑钻杆上卸扣装置。

通过 3~4hp 的马达驱动润滑油泵，润滑油通过主止推轴承、上轴承，再经齿轮间隙、水冷或风冷的热交换器连续循环，并对齿轮进行强制润滑。油泵、油热交换器和油滤清器安装在传动箱外壳上。

（3）整体水龙头　水龙头主止推轴承位于大齿圈上方的变速箱内部。主轴的上部台阶座落在主止推轴承上，用以支承钻柱的负荷。水龙头密封总成装在钻井马达上方，由标准冲管、组合盘根、联管螺母组成。联管螺母使密封总成作为一个整体运动，使水龙头密封总成能够承受 42MPa 的工作压力。盘根盒为快速装卸式，与普通水龙头相同，只要松开上、下压紧盘根帽，即可快速拆装、更换冲管和盘根。

（4）钻井马达冷却系统　钻井马达冷却系统为风冷，马达的冷却是借助于鼓风机和空气进气管道来实现的，鼓风机由一台 20hp、3450r/min 的防爆交流电动机驱动。

2. 钻杆上卸扣装置

顶驱钻井系统将钻井马达和钻井水龙头组合在一起，除了具有转盘和常规水龙头的功能以外，更重要的是它配备了一套结构新颖的钻杆上卸扣装置，从而实现了钻柱连接、上卸扣操作的机械化及自动化，使钻机旋转系统设备焕然一新。

钻杆上卸扣装置由扭矩扳手、内防喷器和启动器、吊环连接器、吊环倾斜机构、旋转头总成等组成，典型的钻杆上卸扣装置的结构如图2-7所示。

（1）扭矩扳手　扭矩扳手作为卸扣之用，通过吊架将其悬挂于旋转头上。扭矩扳手位于内防喷器下部的保护接头一侧，两个液缸连接在扭矩管和下钳头之间，下钳头延伸至保护接头外螺纹下方。

钳头的夹紧活塞用来夹持与保护接头相连接的钻杆内螺纹。扭矩管内的母花键同上部内防喷器下方的公花键相啮合，为液缸提供反扭矩。卸扣时，启动扭矩扳手，便使其自动上升并与内防喷器上的花键相啮合，在得到程序控制压力后，夹紧液缸开始动作，夹紧活塞的夹持爪夹住钻杆的母接头。当液缸中的液体压力上升至夹紧压力时，另一程序阀自动开启，并将压力传给和扭矩臂相连的两个扭矩液缸（冲扣液缸）使保护接头及上轴旋转25°，完成冲扣动作。再启动钻井马达旋扣，完成卸扣操作，钻杆上卸扣装置另有两个缓冲液缸，类似大钩弹簧，可提供螺纹补偿行程125mm。整个作业由司钻按动控制台上的电按钮便可自动完成。

扭矩管升降机构有两挡，使用一挡，夹紧装置可以升起，直到能夹住保护接头为止，从而可根据需要上紧和卸开保护接头。换用二挡，则可以卸开下防喷器或调节接头。用手动阀控制上卸扣旋转方向。

（2）内防喷器和启动器　如图2-8所示，内防喷器由带花键的远控上部内防喷器和手动下部内防喷器组成，属于全尺寸、内开口、球形安全阀式的井控内防喷系统。上、下内防喷器形式相同，接在钻柱中，可随时将顶部驱动钻井装置同钻柱相连起来使用。内防喷器还有一个功用：即当上卸扣时，扭矩扳手同远控上部内防喷器的花键相啮合即可传递扭矩。在井控作业时，可以将下部内防喷器卸开留在钻柱当中。顶部驱动钻井装置还可以用一个中间转换接头，将钻柱和下部内防喷器连接起来。

在扭矩扳手架上安装有两个双作用液缸，液缸的动作由司钻通过控制台上的电开关和电磁阀来控制。液缸推动位于上部内防喷器一侧的圆环。同液缸相连接的启动手柄与圆环相啮合，可以远控开启或关闭上部内防喷器。

（3）吊环连接器、吊环和钻杆吊卡　吊环连接器通过吊环将下部吊卡与主轴相连，主轴穿过齿轮箱壳体，齿轮箱壳体又同整体水龙头相接。吊环连接器额定负荷650t，可配350~650t提升能力的标准吊环。一般钻井配用3.35m、350t的吊环和中开钻杆吊卡，留出一定的空隙装固井水泥头，固井时要用4.57m长吊环。吊环配对使用，以保持最佳平衡效果。

提升负荷通过吊环连接器、承载箍和吊环传给主轴。在没有提升负荷的条件下，主轴可在吊环连接器内转动。吊环连接器可根据起下钻作业的需要随旋转头转动。与常规吊卡相比，该吊卡在连接吊环处较宽，且吊环长，这样可避免钻进时同其他设备相碰。

（4）吊环倾斜器　吊环倾斜装置上的吊环倾斜臂位于吊环连接器的前部，由空气弹簧启动，钻杆上卸扣装置上的2.7m长吊环在吊环倾斜装置启动器的作用下可轻松摆动，提放小鼠洞内的钻杆。启动器由电磁阀控制。该装置的中停机构便于井架工排放钻具作业。吊环倾斜装置的主要功用是：①吊鼠洞中的单根；②接立根时，不需井架工在二层台上将大钩拉靠到二层台上。

若行程为1.3m的吊环倾斜装置不能满足使用要求，则可使用行程为2.9m的长行程吊环倾斜装置。有些国产吊环倾斜器通过液缸控制操作，吊环可前倾30°，后摆60°。

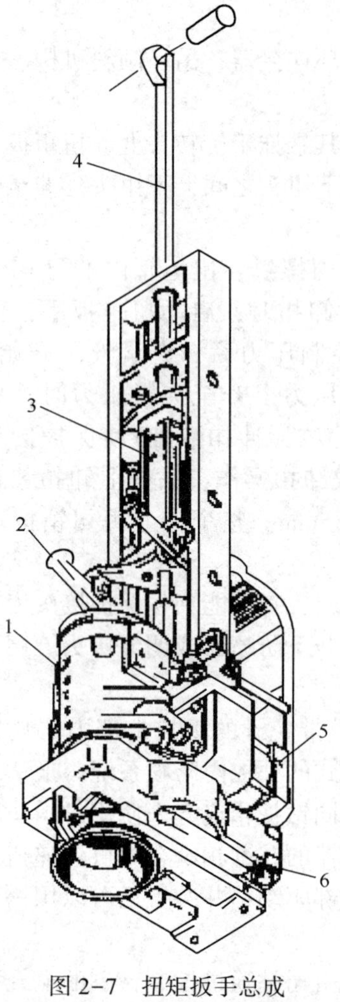

图 2-7 扭矩扳手总成

1—扭矩管；2—上部内防喷器启动手柄；3—升降液缸；4—吊杆；5—扭矩液缸；6—夹紧活塞

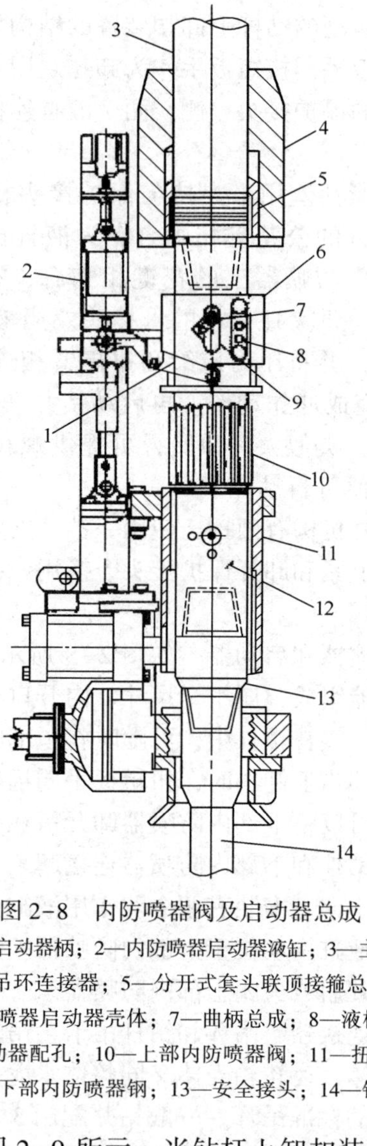

图 2-8 内防喷器阀及启动器总成

1—内防喷器启动器柄；2—内防喷器启动器液缸；3—主轴/驱动杆；4—吊环连接器；5—分开式套头联顶接箍总成；6—内防喷器启动器壳体；7—曲柄总成；8—液柱总成；9—启动器配孔；10—上部内防喷器阀；11—扭矩管；12—下部内防喷器钢；13—安全接头；14—钻杆

（5）旋转头总成 顶驱钻井装置旋转头如图 2-9 所示。当钻杆上卸扣装置在起钻中随钻柱部件旋转时，能始终保持液路、气路的连通。在固定法兰体内部钻有许多油气通道，一端接软管口，另一端通往法兰，向下延伸到圆柱部分的下表面。在旋转滑块的表面部分有许多密封槽，槽内也有许多流道，密封槽与接口靠这些流道相通。当旋转滑块位于固定法兰的支承面上，密封槽与孔眼相对接时，滑块和法兰不论是旋转还是在任意固定位置，都始终会有油气通过。旋转头可自由旋转和定位，当旋转头锁定在 24 个刻度中任意刻度位置上时，则通过凸轮顶杆和自动返回液缸对凸轮的作用，使旋转头自动返回到预定位置。

3. 导轨-导向滑车总成

导轨-导向滑车总成由导轨和导向滑车框架组成。导轨装在井架内部，通过导向滑车或滑架对顶驱钻井装置起导向作用，钻井时承受反扭矩。20 世纪 80 年代顶驱系统多为双导轨，90 年代改为单异轨，单异轨顶驱系统结构更加轻便。导向滑车上装有导向轮，可沿导轨上、下运动，游车固定在其中。当钻井马达处于排放立根位置上时，导向滑车则可作为马达的支撑梁。

4. 平衡系统

平衡系统又称为液气弹簧式平衡装置，平衡系统总成如图 2-10 所示。平衡系统有两个作用：一是防止上卸接头时损坏螺纹；二是在卸扣时，可帮助外螺纹接头从内螺纹接头中弹出。这就为顶驱钻井装置提供了一个类似于大钩的 152mm 的减震冲程。因顶驱系统太重，大钩弹簧的弹性力对顶驱钻井系统起不了缓冲作用，所以，顶驱钻井系统不安装大钩。

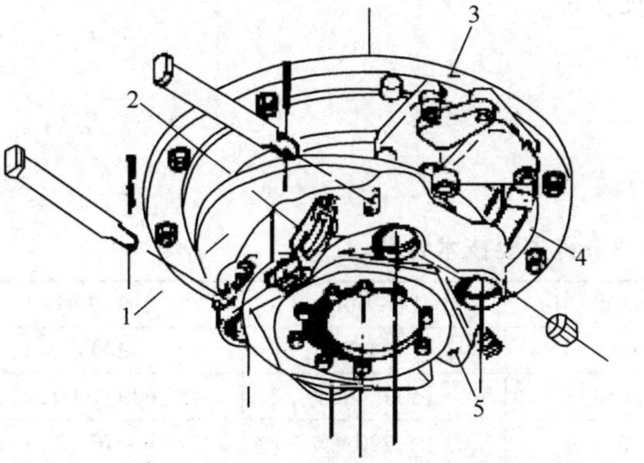

图 2-9　650t 旋转头总成

1—凸轮装置；2—锁紧杆；3—固定法兰；4—自动返回液缸；5—旋转滑块

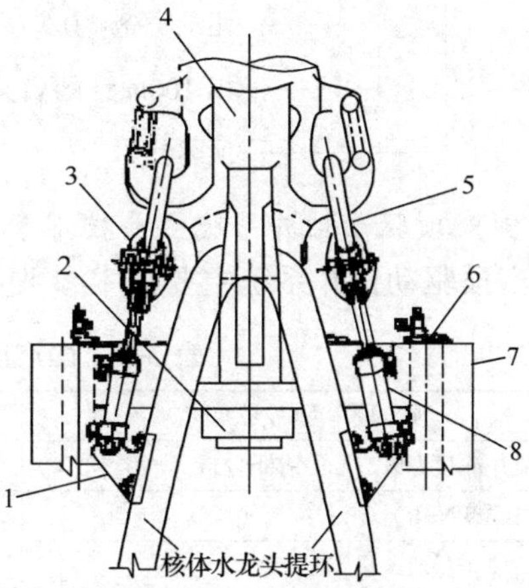

图 2-10　平衡系统总成

1—平衡器耳座(螺栓连接于提环上)；2—平衡总管汇(在导向滑车上)；3—连接环；4—大钩；5—梨形环；6—液压储能器(在马达支架内)；7—马达支架及导向滑车总成；8—平衡液缸总成

平衡系统包括两个相同油缸及其附件，以及两个液压储能器和一个管汇及相关管线。油缸一端与整体水龙头相连，另一端或与大钩耳环连接，或直接连到游车上。这两个液缸还与导向滑车总成马达支架内的液压储能器相通。储能器通过液压油补充能量并保持一个预设的压力，其压力值由液压控制系统主管汇中的平衡回路预先设定。

平衡系统的活塞杆上端与游车连接，油缸下端与水龙头连接。油缸上腔始终通高压油，下腔油缸产生的向上拉力作用在水龙头上，一直提着水龙头。两个相同的油缸产生的向上拉力的合力要比顶驱钻井装置和立根的自重大一些，当上、卸螺纹完成时，蓄能器排放出压力油供给油缸工作。随着蓄能器内的油液逐渐放出，油压会逐渐降低，油缸的拉力也就逐渐减少。当油缸的拉力小于顶驱钻井装置和立根本身重量(忽略导轨的摩擦力)时，上提过程由加速变为减速，最后停止上移。当提起整个钻柱时，钻柱和顶驱钻井装置的重量大于油缸向上的拉力，油缸被拉下来，缸内油液被排出，大部分返回蓄能器储存。

5. 控制系统

顶驱钻井装置的控制系统主要由司钻仪表控制台、控制面板、动力回流等组成。控制系统相当于为司钻提供了一个控制台，通过这个控制台实现对顶驱钻井装置自身的控制。司钻仪表控制台由扭矩表、转速表、各种开关和指示灯组成。顶驱钻井装置可实现的基本控制功能为：吊环倾斜、远控内防喷器、马达控制、马达旋扣扭矩控制、紧扣扭矩控制、转换开关等。

钻井时的转速、扭矩和旋转方向由可控硅控制台控制。可控硅控制台装有马达控制指示灯、远控内防喷器指示灯和马达鼓风机指示灯。

2.3.3 国产顶驱钻井系统

1. 代号

国产顶驱钻井系统代号表示如下：

DQ-□□□

- □（第三位）——更新设计标号：用阿拉伯数字表示
- □（第二位）——驱动类型：DZ— 直流电驱动；DB— 交流变频电驱动；Y— 液压马达驱动
- □（第一位）——以 100m 计的名义钻井深度，m
- DQ——顶驱代号

2. 国产顶驱动钻井系统主要技术参数

国产顶驱动钻井系统主要技术参数见表 2-7。

表 2-7 国产顶驱动钻井系统主要技术参数

顶驱型号	DQ-60D	DQ-60P	DQ-20H
名义钻井深度(ϕ127mm 钻杆)/m	6000	6000	2000
最大构载/kN(tf)	4500(450)	1500(450)	1600(1600)
最大钻柱质量/t	220	220	70
动力水龙头最大连续扭矩/kN·m	45	48	
动力水龙头最大间隙扭矩/kN·m	55	68	23
动力水龙头转速范围/(r/min)	0~146	0~163	0~180
最大卸扣扭矩/kN·m	75	75	48
背钳夹持钻杆尺寸/min(in)	89~216($3\frac{1}{2}$~$8\frac{1}{2}$)	168	73~127($2\frac{7}{8}$~5)
回转头速度/(r/min)	12	12	12
倾斜臂倾斜角度	前 30°后 60°	前 30°后 60°	前 30°后 60°
水龙头中心管内径/mm	75	75	64
液压系统工作压力/MPa	16	16	30
直流电动机型号	ZLA90/390	Y10(GE752)	液马达 A6VM/65-250
直流电动机额定功率/kW	670	800	液马达，365
直流电动机额定转速/(r/min)	1100	1100	
SCR 传动柜输入电压/V	600，AC	600，AC	
SCR 传动柜输出电压/V	0~750，DC	0~750，DC	
主体部分质量/t	18	13	5.5

3. 国产典型顶驱钻井系统

1）DQ-60D

如图 2-11 所示，DQ-60D 顶驱钻井系统的主要结构特点如下：

（1）采用直流电驱动(中空电动机结构)，成本低，可靠性强。

（2）采用单导轨支撑结构，大大降低了井架变形。

（3）立足国内，选用国外先进、成熟的关键元件，整机国产化率达到 90%。

（4）采用液压驱动的回转头和双向倾斜臂。

（5）采用具有互锁、报警功能的机、电、液一体化控制技术。

其主要技术参数见表 2-7。

2）DQ-60P

DQ-60P 是轻便顶驱钻井系统，其结构组成如图 2-12 所示。采用 AC-SCR-DC 驱动，侧置直流驱动电机，单级双圆弧齿轮减速器($i=7.53$)驱动水龙头中心管(主轴)结构形式。专门设计了过渡提环，可将顶驱系统挂在钻机的游车上。其总体结构与 DQ-60D 基本相同，只是比 DQ-60D 长度短、质量轻，更便于安装拆卸。采用全套进口智能化传动控制系统加 PLC 诊断系统，对主电机进行全面控制，是集电、气、液为一体的全数字、全信息控制系统，其性能好、安全性高。

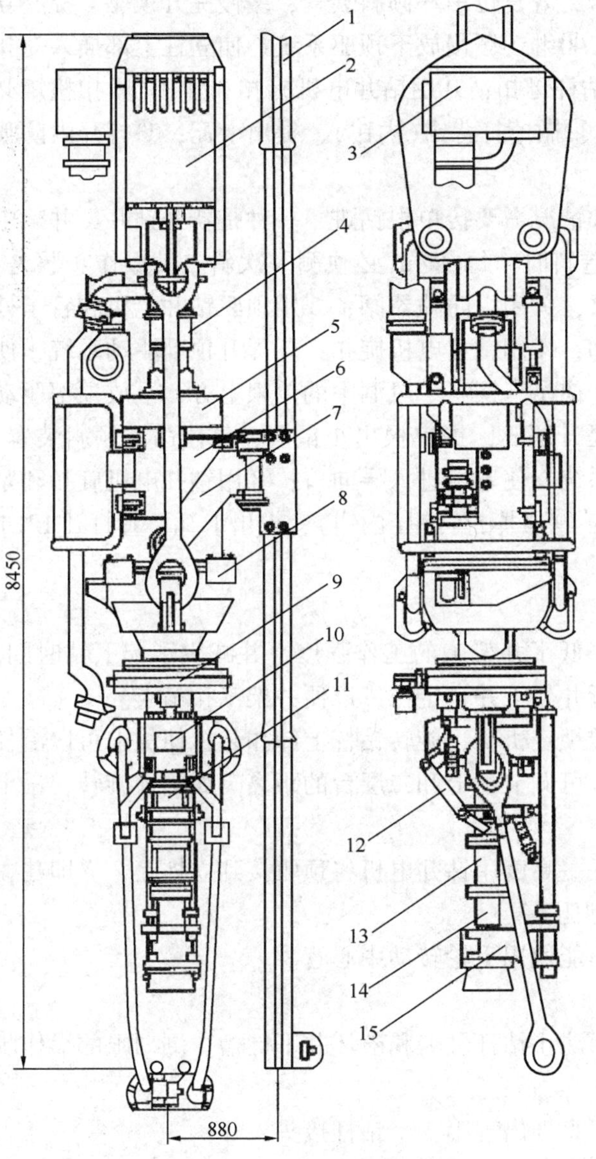

图 2-11　DQ-60D 结构组成

1—单导轨；2—游车；3—电机风冷装置；4—水龙头冲管总成；5—刹车装置；6—空心轴式直流电动机；7—滑车架；8—行星减速器；9—连接装置；10—回转头总成；11—自动内防喷器阀 IBOP；12—倾斜机构；13—手动内防喷器阀 IBOP；14—保护接头；15—背钳

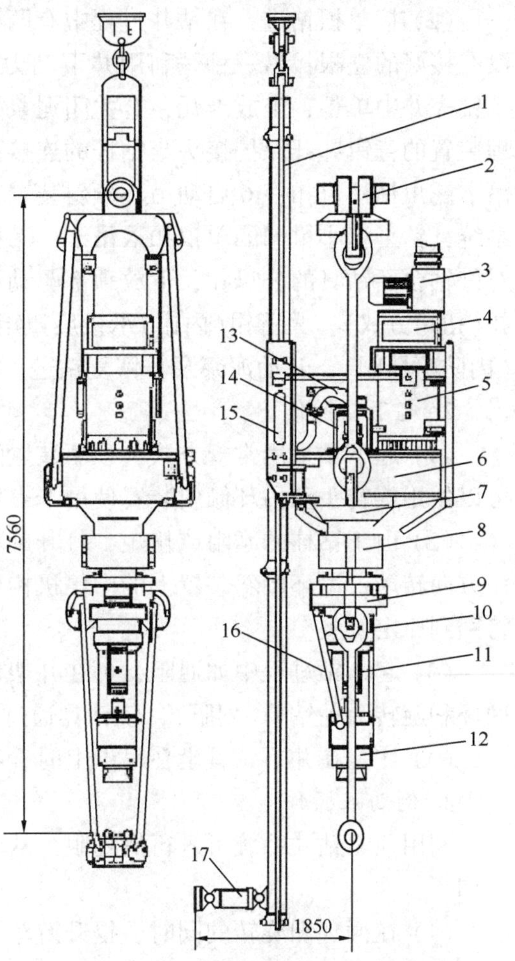

图 2-12　DQ-60P 轻便顶驱钻井系统结构组成

1—单导轨总成；2—过渡环总成；3—风冷装置；4—刹车装置；5—直流驱动电动机；6—齿轮减速器；7—动力水龙头体；8—夹紧连接器；9—回转头总成；10—自动内防喷器阀(上 IBOP)；11—下 IBOP(手动)；12—环形背钳；13—鹅颈管；14—水龙头冲管总成；15—小车滑车；16—倾斜机构；17—导轨承担架

2.3.4 顶驱钻井装置的操作

1. 钻进

(1) 采用立根钻进　这是顶驱钻井系统的独特钻进方式，但必须提前在井架内配好立根。采用立根钻进的操作步骤是：①钻完井中立柱，坐放卡瓦；②关闭泥浆泵，关闭内防喷器阀；③用顶驱钻井电机和管子处理装置的背钳卸开保护接头与钻杆的连接扣(冲扣)；④用钻井电机旋开连接扣(冲扣)；⑤提升顶驱系统；⑥操作顶驱旋转头和吊环倾斜装置，将吊卡移至井架工；⑦井架工将立柱扣入吊卡；⑧复位吊环倾斜装置，缓慢提升顶驱，提起立柱；⑨下降顶驱钻工将立柱插入钻柱母扣；⑩继续缓慢放下顶驱系统，使立柱上部插入对扣导向口(喇叭口)，直到保护接头公扣进入钻杆母扣；⑪用钻井电机旋扣和紧扣(紧扣扭矩必须预先设定)，打背钳(内钳)承受反扭矩；⑫撤掉打背钳(内钳)，提出卡瓦；⑬打开内防喷器阀，开动泥浆泵，恢复钻进。

(2) 接单根钻进　在钻井过程中有两种情况需要接单根钻进，一种是新开钻井，井架中没有接好的立根；另一种是利用井下动力造斜时，每 9.4m 必须测一次斜。其操作步骤是：①钻完井中单根，坐放卡瓦；②关闭泥浆泵，关闭内防喷器阀；③用顶驱钻井电机和管子处理装置的背钳卸开保护接头与钻杆的连接扣；④用钻井电机旋扣；⑤提升顶部驱动系统，使吊卡露出钻柱母扣；⑥启动吊环倾斜装置，使吊卡摆至小鼠洞中的单根上方，下放顶部驱动系统，钻工将小鼠洞的单根扣入吊卡；⑦提升顶驱，提单根出小鼠洞，复位吊环倾斜装置，对好钻台面钻具的公母扣，下放顶部驱动系统，使单根进入导向口；⑧用钻井电机旋扣和紧扣(扭矩方式)，大背钳(内钳)承接反扭矩；⑨撤掉打背钳(内钳)，提出卡瓦；⑩打开 IBOP (内防喷器阀)，开动泥浆泵，恢复钻进。

2. 起下钻操作

(1) 起下钻采用常规方式，顶驱装置降低了井架工的工作强度，并减少了起下钻时间。可以使用旋转头和吊环倾斜装置使吊卡靠近井架工并且定位，以便井架工扣吊卡。

(2) 由于钻柱的摩阻或扭矩，打开旋转锁定机构，旋转钻杆上卸扣装置使吊卡可以沿任一方向转动；吊环倾斜装置上的中停机构，可调节吊卡和二层台的距离。如钻柱旋转，吊卡将回到原定位置。

(3) 起下钻过程中如遇阻，可在井架任一高度用钻井电机将顶驱接到立柱上，立即建立循环和旋转活动钻具(划眼)，使钻具通过遇阻点。

(4) 注意在井下钻具坐在吊卡上时，不能使用手轮转动中心管。

3. 倒划眼操作

利用顶驱钻井系统可进行倒划眼，从而防止钻杆黏卡和破坏井下键槽。倒划眼的操作步骤如下：

(1) 在循环和旋转的同时，提升游车，直到出现第 3 个钻杆接头。

(2) 停止循环和旋转，坐放卡瓦，关闭内防喷器阀。

(3) 用顶驱钻井电机和背钳卸开立柱与顶驱的连接扣，然后用钻井电机旋扣。

(4) 用液气大钳卸开钻台面的连接扣。

(5) 用钻杆吊卡提起立柱。

(6) 将立柱重新排放好。

(7) 放顶驱至钻台。

(8) 将钻井电机主轴的公接头插入钻杆母扣，用钻井电机旋扣和紧扣，稍微下放游车，顶部驱动装置和背钳就可用于紧扣。

(9) 恢复循环，继续倒划眼。

4. 井控操作程序

顶驱钻井装置可使井架在任意高度同钻柱相接，可在数秒内在井架任意高度将内防喷器接入钻柱中。起下钻井控程序的步骤是：

(1) 一旦发现钻杆内井涌，立即坐放卡瓦，将顶部驱动装置与钻柱对好扣。

(2) 进行旋扣和紧扣。

(3) 关闭远控内防喷器。上内防喷阀可承受的管内压强高达 15000lbf/in^2。

如果需要使用止回阀或其他钻井设备继续下钻，可借用下部内防喷器将止回阀接入钻柱。

【本章小结】

石油钻机是进行石油与天然气勘探、开发的关键设备，地面旋转设备和国产顶驱钻井系统是钻机中的重要部件。通过对本章的学习，要求学生熟悉钻机的组成及各组成部分的功用，了解转盘和水龙头的结构以及钻井工艺对它们的要求，了解顶驱钻井系统的特点和结构原理，掌握这些设备的使用、维护保养及故障排除方法。有条件的尽量到石油钻井现场通过实地观察钻井过程和相关设备以加深对所学知识的理解。

思 考 题

1. 整套石油钻机由哪几大系统组成？各自的功用是什么？

2. 整套石油钻机必须具备哪八大系统设备？在钻井过程中各系统设备的作用是什么？

3. 简答钻机中各主要部件(如天车、大钩、游车、水龙头、方钻杆、钢丝绳、钻杆、钻铤、钻头等)的上下相互连接关系(即连接顺序)。

4. 石油钻机按照不同的标准可划分为哪些类型？各种类型的钻机有何特点？

5. 钻机的主参数有哪些？钻机的起升系统、旋转系统、循环系统、驱动系统各有哪些参数？

6. 石油钻机共有哪几种驱动形式？

7. 地面旋转设备包括哪几大部分？

8. 钻井工艺对转盘的要求是什么？

9. 了解转盘常见的故障及排除方法。

10. 钻井工艺对水龙头的要求是什么？

11. 顶驱钻机系统的主要特点有哪些？

12. 简述顶驱钻井装置的操作(钻进、起下钻、倒划眼)步骤。

第3章 柴 油 机

【学习目标和要求】

柴油机是石油钻机的重要驱动设备，因此，对于石油钻采技术人员而言，学习和了解柴油机的构造和工作原理，了解柴油机的拆装工艺和要求，以及熟悉柴油机的使用、维护和保养常识等都是非常重要的。通过本章的学习，让学生熟悉柴油机的总体构造、两冲程和四冲程柴油机的工作循环过程；熟悉并掌握柴油机的拆卸过程及拆卸中的注意事项；熟悉并掌握柴油机的装配步骤、工艺要求以及装配中的注意事项；了解柴油机的使用、维护和保养常识。

【重点和难点】

本章的重点是柴油机的总体构造、拆装工艺、拆装步骤及注意事项，柴油机的使用、维护和保养常识；难点是柴油机的装配以及维护、保养。

自然界蕴藏着各种丰富的能源，诸如风能、水能、太阳能、原子能、各种燃料的热能等。人类在利用自然和改造自然的过程中，逐渐认识和掌握了各种能源的特性，创造出各种各样的原动机，如水轮机、风车、蒸汽机、内燃机、燃气轮机及原子能动力装置等。

发动机是各种车辆和工作机的动力源，它是将一种能量转变为机械能的机器，而把燃料燃烧所产生的热能变为机械能的发动机称为热机。根据燃料在燃烧时所处的位置不同，热机可分为外燃机和内燃机两大类。燃料在发动机外部燃烧将热能变为机械能的热机称为外燃机，如蒸汽机和蒸汽轮机；而燃料在发动机内部燃烧将热能变为机械能的热机称为内燃机，如柴油机、汽油机、煤油机、天然气机等。本章主要介绍柴油机的基本结构和工作原理，柴油机的拆卸过程及装配工艺、装配步骤以及注意事项，柴油机的使用、维护和保养常识。

3.1 柴油机的工作原理与基本结构

柴油机是一部由许多机构和系统组成的复杂机器，在现代各种工作机器中所使用的柴油机有多种结构形式，各有自己的特点，但它们的结构和工作原理是大致相同的，本节介绍柴油机的工作原理与基本结构。

3.1.1 柴油机的工作原理

1. 柴油机的名词术语

柴油机研究中经常提到一些名词术语，为了学习方便，这里先介绍一些柴油机常用的基本术语，如图3-1所示。

（1）上止点　活塞在气缸内作往复直线运动的两个极限位置称为止点，当活塞运动到其顶部距离曲轴旋转中心最远的极限位置时，称为上止点。

（2）下止点　活塞在气缸内作往复直线运动，当活塞运动到其顶部距离曲轴旋转中心最近的极限位置时，称为下止点。

（3）气缸直径(简称缸径)　缸径是指柴油机的内径，用 D 表示，单位是 mm。

（4）活塞行程(也叫冲程)　活塞从一个止点到另一个止点移动的距离，即上、下止点之间的距离称为活塞行程，常用 S 表示。一般柴油机的活塞运动一个行程，曲轴转动半圈，即180°。

（5）曲轴半径　曲轴回转中心到曲柄销中心之间的距离称为曲轴半径，常用 R 表示。

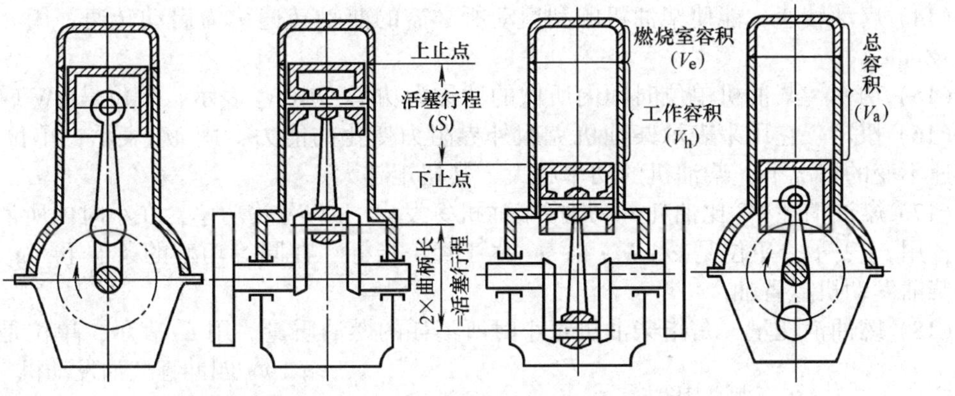

图 3-1　发动机研究基本术语示意图

活塞行程等于曲轴半径的两倍，即 $S = 2R$。

(6) 气缸工作容积　活塞从下止点到上止点所扫过的气缸容积称为气缸工作容积，用 V_h 表示，单位 mm^3。

$$V_h = \frac{\pi}{4}D^2S \tag{3-1}$$

式中　D——气缸直径，mm；

S——活塞行程，mm。

(7) 燃烧室容积　活塞位于上止点时，其活塞顶部与气缸盖之间的密闭空间称为燃烧室，此密闭空间的容积称为燃烧室容积，一般用 V_e 表示，单位 mm^3。

(8) 气缸总容积　活塞位于下止点时，其顶部与气缸盖之间的容积称为气缸总容积，一般用 V_a 表示，单位 mm^3。

可见气缸总容积等于气缸工作容积与燃烧室容积之和，即 $V_a = V_h + V_e$。

(9) 柴油机排量　柴油机的气缸工作容积称为柴油机排量，一般柴油发动机有多个工作缸，多缸柴油机各气缸工作容积的总和称为柴油机排量，用符号 V_L 表示。

$$V_L = iV_h \tag{3-2}$$

式中　i——气缸数量。

(10) 压缩比　压缩比表示气缸内气体的压缩程度，是各种发动机的一个主要参数。压缩比是气体压缩前的容积与气体压缩后的容积之比值，即气缸总容积与燃烧室容积之比，一般用 ε 表示。

$$\varepsilon = \frac{V_a}{V_e} = \frac{V_h + V_e}{V_e} = 1 + \frac{V_h}{V_e} \tag{3-3}$$

压缩比 ε 表示气缸中的气体被压缩后体积缩小的倍数，它对柴油机的性能有重要影响。压缩比越高，压缩终了时的压力和温度就愈高，燃烧速度也愈快，因此柴油机的功率就愈大，经济性也就愈高。但压缩比过高时，将使柴油机工作粗暴，曲柄连杆机构会受到极大的冲击载荷而加速损坏。所以压缩比只宜提高到一顶范围。通常汽油机的压缩比为 6~10，而柴油机的压缩比较大，可达 16~22。

(11) 工作循环　即柴油机完成进气、压缩、做功和排气四个过程称为一个工作循环。

(12) 工况　柴油机在某一时刻的运行状况简称工况，以该时刻柴油机输出的有效功率和曲轴转速(发动机转速)来表示。

(13) 转速　柴油机曲轴每分钟旋转的圈数称为转速，用 n 表示，单位是 r/min。

（14）启动转速　能使柴油机顺利启动所必需的曲轴转速称为启动转速，用 n 表示，单位是 r/min。

（15）功率　柴油机单位时间内所做的功称为功率，用 N_e 表示，单位是 kW 或 hp。

（16）扭矩　它用来表示柴油机克服外界阻力变化的能力，用 M_e 表示，单位是 N·m。在转速不变的情况下，柴油机的功率越大，其扭矩越大。

（17）燃油消耗率（比油耗）　是指柴油机每发出 1kW 有效功率，在小时内所消耗的燃料质量，用 g_e 表示，单位是 g/kW·h。g_e 属于经济指标，在同等功率的条件下，g_e 越小就标志着柴油发动机越省油。

（18）燃油消耗量　是指柴油机每小时所消耗的燃油质量，用 G_f 表示，单位是 kg/h。

（19）四冲程柴油发动机　在柴油机完成一个工作循环中曲轴运转两周（即角位移为 720°），活塞上下往复运动四次，这种柴油机称作四冲程柴油机。

（20）二冲程柴油发动机　在柴油机完成一个工作循环中曲轴运转一周（即角位移为 360°），活塞上下往复运动两次，这种柴油机称作二冲程柴油机。

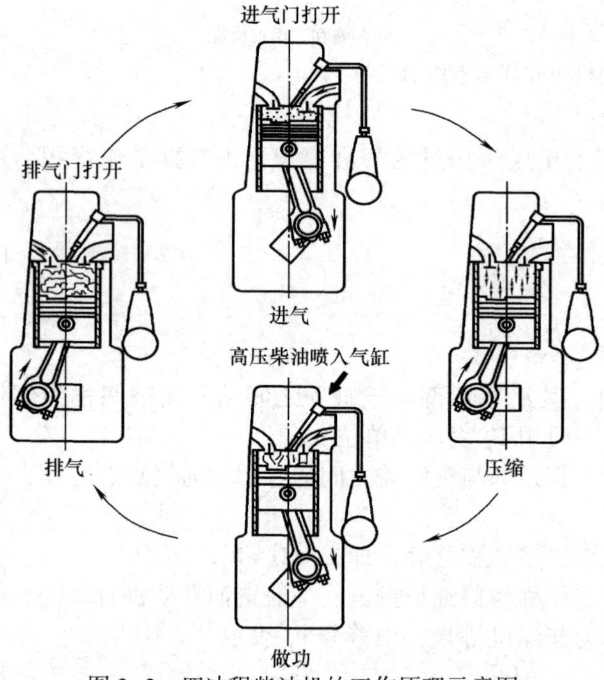

图 3-2　四冲程柴油机的工作原理示意图

2. 四冲程柴油机的工作原理

往复式柴油机的每一工作循环是由进气、压缩、燃烧做功和排气等过程组成。所谓四冲程，即进气冲程、压缩冲程、做功冲程和排气冲程，图 3-2 所示为四冲程柴油机的工作原理示意图。

（1）进气冲程　为使柴油机得到充足的进气量，由配气机构控制的进气门在活塞到达上止点前就预先被顶开，当活塞自上止点向下止点移动时，排气门关闭，活塞扫过的气缸容积不断增大，活塞上方（燃烧室）将产生一定的真空度，经过滤的新鲜纯净空气在气缸内、外压力差的作用下被吸入气缸，随着活塞的下行，越来越多的空气进入气缸，直到进气门关闭，完成进气过程。为获得充足的进气量，进气门往往在活塞到达下止点以后延时关闭。

由于空气滤清器、进气管道、进气门等的进气阻力损失，以及残留在气缸中的废气及高温机件的加热，使气缸内压力低于大气压，而温度略高于大气温度。因此，实际进入气缸的新鲜充量低于应进入气缸的理论新鲜充量。新鲜空气充满气缸的程度一般用充气系数 η_v 来表示：

$$\eta_v = \frac{\text{实际进入气缸的新鲜充量}}{\text{进气状态下应进入气缸的理论新鲜充量}} \tag{3-4}$$

柴油机的充气系数一般为 0.78～0.92。η_v 愈大，吸入气缸的新鲜空气量就愈多，参与燃烧的燃料量也愈多，则柴油机发出的功率也就愈大。

（2）压缩冲程　压缩冲程的任务是将吸入气缸的新鲜气体压缩，使其温度升高，为喷入柴油的自燃创造条件。在完成进气工作后，活塞在连杆带动下开始由下止点向上止点移动，此时进气门和排气门都关闭，气缸容积逐渐减小，气缸内的空气逐渐被压缩，气缸中的气体温度和气体压力也随之逐渐升高，直至活塞到达上止点。活塞到达上止点时被压缩的空气压力可达 3.5～4.5MPa，温度可达 600～730℃，这就为柴油喷入气缸后的着火燃烧和充分膨胀创造了必要的条件(柴油的自燃温度约为300℃)。由于压缩终点的温度已高出柴油自然温度一倍左右，所以，喷入气缸后的柴油便及时迅速地燃烧，从而实现冷启动。

(3)做功冲程　做功冲程的任务是完成燃料的燃烧、膨胀并对外做功。在压缩冲程接近终了时，由喷油泵送至喷油器的柴油在高压作用下以极细的雾状喷入被压缩的空气中并发生自行燃烧，且此后一段时间喷油和燃烧同时进行，并以急剧的燃烧速度传播至整个燃烧室。由于此时进、排气门均是关闭的，所以高温高压(最高压力可达6~9MPa，最高温度可达1730~2230℃)气体体积迅速膨胀而推动活塞由上止点向下止点移动，并通过连杆使曲轴转动同时将动力输出，这样，热能便转变成了机械功。气缸中的燃气不断地膨胀，燃气压力和温度也相应地不断地降低。冲程终了时，气缸内压力为200~400kPa，温度为930~1230℃，待活塞移到下止点时，做功冲程即告结束。

(4)排气冲程　做功冲程终了，曲轴靠飞轮的转动惯性继续旋转。为了使废气尽可能地排除干净，在膨胀做功接近终了时排气门便提前开启(此时进气门仍然关闭)，由于膨胀后的废气压力高于外界大气压力。所以废气在此压差以及受活塞的排挤作用下，迅速从排气门排出。并在活塞越过上止点后一定距离时(此时为下一个工作循环的进气冲程)排气门才关闭。

由于燃烧室占有一定的容积，以及排气阻力的影响，因此废气不可能完全排净，留下的残余废气在下一工作循环进气时与新鲜空气混合而成为工作混合气，残余废气越多，对下一工作循环的不良影响越大，因此希望废气排得越干净越好。

曲轴依靠飞轮的转动惯性又继续转动，当活塞从上止点向下止点移动时，又开始下一个新的工作循环。重复上述过程，如此周而复始地进行一个又一个的工作循环，于是柴油机便连续不断地运转起来。

综上可知，四冲程柴油机完成一个工作循环曲轴转两圈，活塞经历了进气、压缩、做功、排气四个冲程，而将热能转变为机械能。虽然四个冲程作用各不相同，但彼此之间却是相互依存的。进气、压缩、排气三个冲程需要消耗能量，但它们为做功冲程做好了准备。而做功冲程又依赖于上述准备过程才能使燃料的热能转变为机械能而对外做功，并为三个辅助过程提供必要的能量。

3. 多缸四冲程柴油机各缸的工作顺序

对于四冲程柴油机而言，一个工作循环曲轴转两转(720°)，每个气缸完成一个工作循环，同样经历进气、压缩、做功、排气四个冲程，即每个气缸都轮流做功一次。但各个缸的做功以相同间隔相互交替进行，以曲轴转角 ϕ 表示的各缸发火间隔时间应力求均匀。设柴油机有 i 个气缸，则发火间隔的曲轴转角为：

$$\phi = \frac{720°}{i} \qquad (3-5)$$

如表3-1所示为四缸四冲程柴油机各缸工作顺序，因为 $i=4$，所以各缸做功冲程的间隔角度为 $\phi=720°/4=180°$，其做功顺序为1—3—4—2。曲轴转两圈(720°)，各缸以相同的时间间隔轮流做功一次。多缸柴油机虽然结构复杂，但运转平稳。可以用同一气缸直径采用不同气缸数目，产品可以系列化，使制造和维修比较方便。同时由于多缸柴油机功率可以提高，单位功率的质量可以下降，消耗材料可以减少。因此，多缸柴油机得到了广泛应用。

表3-1　四缸四冲程柴油机各缸工作顺序

曲轴转角	一缸	二缸	三缸	四缸
0~180°	做功	排气	压缩	进气
180°~360°	排气	进气	做功	压缩
360°~540°	进气	压缩	排气	做功
540°~720°	压缩	做功	进气	排气

六缸柴油机点火间隔角应为 $\phi=720°/6=120°$，因此，曲轴的六个连杆轴颈分别位于三个平面内，各平面错开 120°，这个角度就是各连杆轴颈间的最佳夹角，目的是既保证做功间隔相等，又能使惯性力得到较好地平衡。六缸柴油机的工作顺序为 1—5—3—6—2—4，这一工作顺序由柴油机曲轴形状、配气机构、燃料供给系统来保证，直列四冲程六缸柴油机工作循环情况如表 3-2 所示。

表 3-2　工作顺序为 1—5—3—6—2—4 的六缸机的工作循环

<table>
<tr><th colspan="2">曲轴转角</th><th>第一缸</th><th>第二缸</th><th>第三缸</th><th>第四缸</th><th>第五缸</th><th>第六缸</th></tr>
<tr><td rowspan="3">0~180°</td><td>60°</td><td rowspan="3">做功</td><td rowspan="2">排气</td><td>进气</td><td>做功</td><td rowspan="2">压缩</td><td rowspan="3">进气</td></tr>
<tr><td>120°</td><td rowspan="3">压缩</td><td rowspan="3">排气</td></tr>
<tr><td>180°</td><td rowspan="3">进气</td><td rowspan="3">做功</td></tr>
<tr><td rowspan="3">180°~360°</td><td>240°</td><td rowspan="3">排气</td><td rowspan="3">压缩</td></tr>
<tr><td>300°</td><td rowspan="3">做功</td><td rowspan="3">进气</td></tr>
<tr><td>360°</td><td rowspan="3">压缩</td><td rowspan="3">排气</td></tr>
<tr><td rowspan="3">360°~540°</td><td>420°</td><td rowspan="3">进气</td><td rowspan="3">做功</td></tr>
<tr><td>480°</td><td rowspan="3">排气</td><td rowspan="3">压缩</td></tr>
<tr><td>540°</td><td rowspan="3">做功</td><td rowspan="3">进气</td></tr>
<tr><td rowspan="3">540°~720°</td><td>600°</td><td rowspan="3">压缩</td><td rowspan="3">排气</td></tr>
<tr><td>660°</td><td rowspan="2">进气</td><td rowspan="2">做功</td></tr>
<tr><td>720°</td><td>排气</td><td>压缩</td></tr>
</table>

不同的柴油机工作顺序有不同的曲轴形状，在选择柴油机工作顺序时，须遵循下列基本要求：①为避免主轴承超负荷，必须使相邻两缸不做相同的工作；②应保证新鲜空气或可燃混合气在各个气缸中得到均匀的分配；③当气缸排列为 V 形时，应当使左右两边气缸交替着火工作。12V150 型(12 缸四冲程)柴油机的工作顺序如图 3-3 所示；Z12V190 型(12 缸四冲程)柴油机的工作顺序如图 3-4 所示。

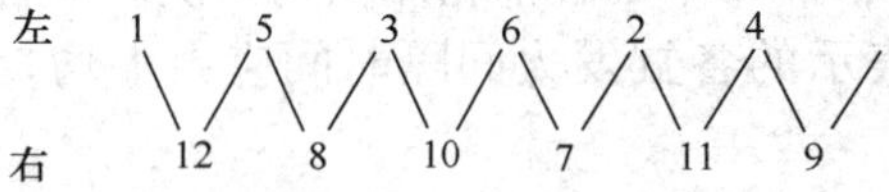

图 3-3　12V150 型柴油机的工作顺序

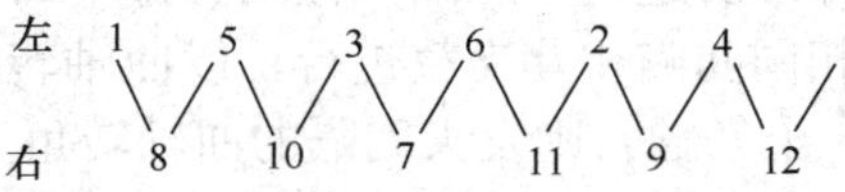

图 3-4　Z12V190 型柴油机的工作顺序

4. 二冲程柴油机的工作原理简介

图 3-5 所示为带有增压器(也称扫气泵)的二冲程柴油机工作循环示意图。经由增压器提高压力后的新鲜空气进入气缸外部的空气室，再通过气缸壁上的进气孔进入气缸内，而废气则经排气门排出。其工作循环如下：

(1) 第一冲程　活塞自下止点向上止点运动。冲程开始时，进气孔和排气门均已打开，通过增压器而提高压力的新鲜空气进入气缸，这样的空气可起到驱逐废气的作用，这一过程称为二冲程柴油机的换气过程[见图 3-5(a)]。当活塞继续上移至一定位置时，进气孔被关闭，排气门也被关闭，此时便开始压缩气体[见图 3-5(b)]。当活塞接近上止点时，喷油器向气缸内喷入雾状柴油，柴油立刻发生自燃[见图 3-5(c)]。

(2) 第二冲程　活塞到达上止点后，着火燃烧的高温高压气体推动活塞向下运动而做功。当活塞下行至约 2/3 行程时，排气门被打开，废气靠自身的压力自由排出气缸[图 3-5(d)]。此后进气孔开启，再次进行换气过程。换气一直持续到活塞向上移动 1/3 活塞行程的距离，进气孔完全被遮盖为止。

这种形式的发动机称为气门-窗孔直流扫气柴油机，与四冲程柴油机相比，其特点是运转较为平稳，配气机构也较简单(只有排气门)。而且，完成一个工作循环它的曲轴只转一周。因此，当发动机的工作容积、压缩比和转速相同时，理论上二冲程柴油机的功率是四冲程柴油机功率的 2 倍(实际约为 1.7 倍)。虽然二冲程柴油机的换气过程中会不可避免地有一部分新鲜气体随着废气而排出，但由于排出的是纯空气，没有浪费燃油，其经济性并未受到影响。

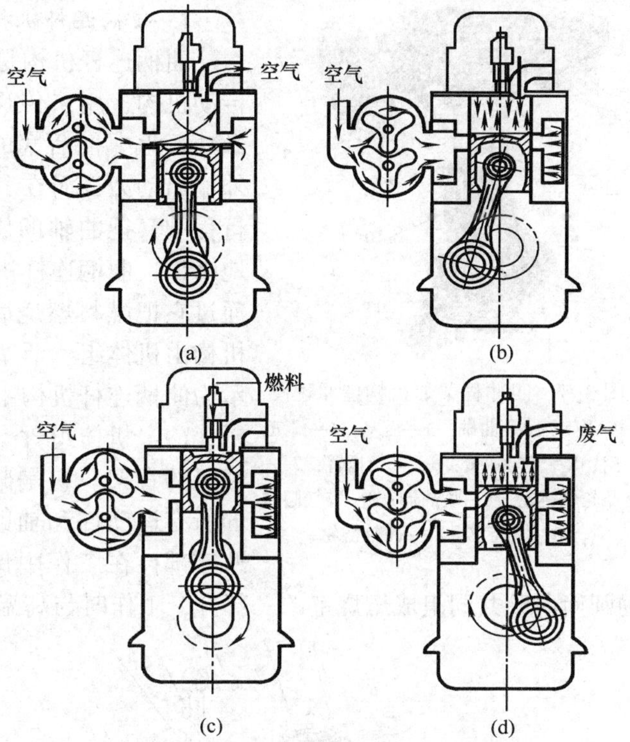

图 3-5　二冲程柴油机的工作原理示意图

3.1.2　柴油机的基本结构

如图 3-6 所示是柴油机的剖面结构图，其中图(a)是横剖面图，图(b)是纵剖面图。图 3-7 是四冲程柴油机的构造原理图。柴油机通常由两大机构(曲柄连杆机构和配气机构)和五大系统(燃油供给系统、冷却系统、润滑系统、进排气系统和启动系统)组成。此外由于油田常用的柴油机很多为非自然进气的增压柴油机，这里还介绍了柴油机的废气涡轮增压系统。

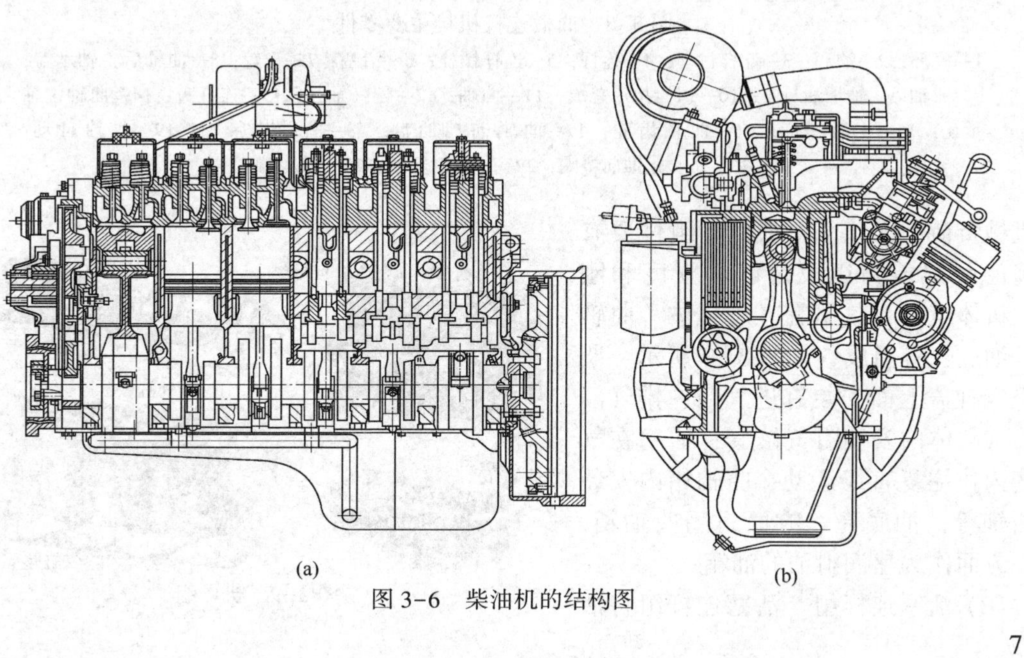

图 3-6　柴油机的结构图

图 3-7　四冲程柴油机构造原理图

1—连杆；2—曲轴；3—活塞；4—排气门；5—气门弹簧；6—气门摇臂；7—凸轮轴链轮；8—喷油器；9—进气门；10—燃烧室；11—曲轴链轮

1. 曲柄连杆机构

曲柄连杆机构是发动机实现工作循环、完成能量转换的传动机构，用来传递力和改变运动方式。曲柄连杆机构在做功行程中把活塞的往复运动转变成曲轴的旋转运动，对外输出动力，而在其他三个行程中，即进气、压缩、排气行程中又把曲轴的旋转运动变成活塞的往复直线运动。总地来说，曲柄连杆机构是发动机借以产生传递动力的机构，通过它把燃料燃烧后放出的热能转变为机械能。曲柄连杆机构由机体组、活塞连杆组和曲轴飞轮组组成，图 3-8 所示为曲柄连杆机构主要零件。

（1）机体组件　机体组是柴油机的固定部分，亦即柴油机的骨架。它是柴油机所有零部件的安装基础。柴油机的所有运动件和辅助件都支撑和安装在它上面，以确保这些零部件在工作中保持准确的相对位置。气缸盖和气缸体的圆筒内壁共同组成燃烧室的一部分，工作时与高温、高压燃气相接触，承受很大的热负荷

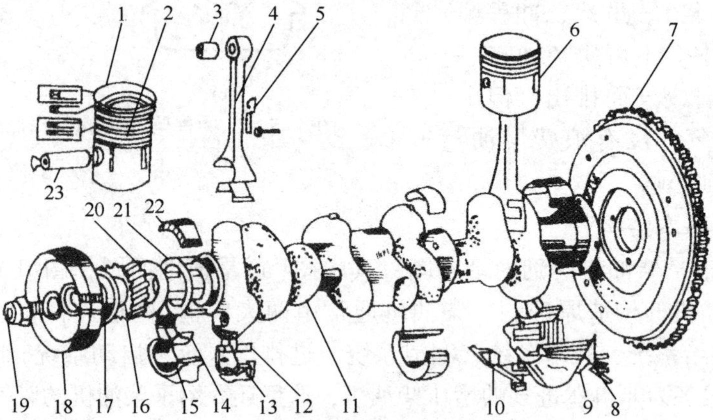

图 3-8　曲柄连杆机构主要零件

1—气环；2—油环；3—连杆衬套；4—连杆；5—连杆螺栓；6—活塞；7—飞轮；8—曲轴后主轴承盖；9—曲轴后主轴承油封座；10—螺栓扣片总成；11—曲轴；12—连杆轴瓦；13—连杆盖；14—曲轴主轴承瓦；15—主轴承盖；16—曲轴齿轮；17—曲轴前挡油盘；18—曲轴皮带轮；19—曲轴启动；20、21—止推前垫圈；22—止推后垫圈；23—活塞销

和机械负荷，因此，要求机体组件要有较高的耐热能力以及足够的强度和刚度。机体组件由气缸盖、气缸体、曲轴箱、油底壳等组成，如图 3-9 所示。柴油机气缸盖上面安装有进气门、排气门等；气缸体内安装有气缸套，活塞在气缸套内作往复直线运动；曲轴箱内安装有曲轴等；油底壳一方面封闭曲轴箱，另一方面作为盛润滑油的油箱。

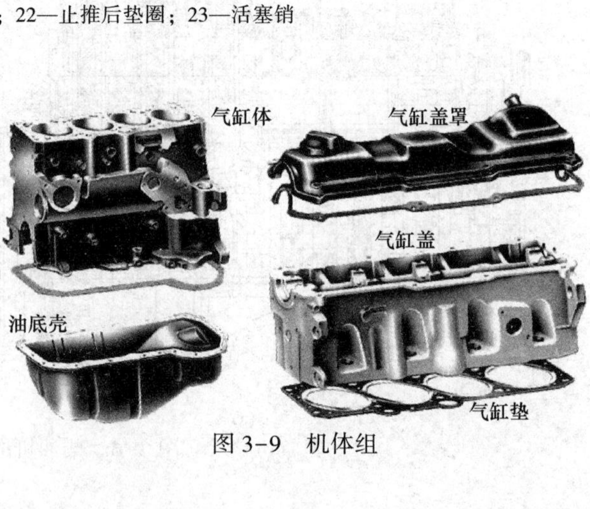

图 3-9　机体组

（2）活塞连杆组　活塞连杆组将活

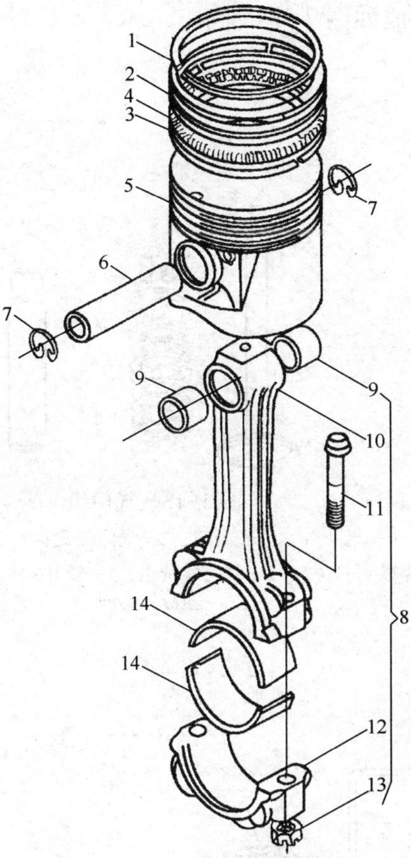

图 3-10　活塞连杆组

1，2—气环；3—油环刮片；4—油环衬簧；5—活塞；6—活塞销；7—活塞销卡环；8—连杆组；9—连杆衬套；10—连杆；11—连杆螺栓；12—连杆盖；13—连杆螺母；14—连杆轴瓦

塞的往复运动转变为曲轴的旋转运动，同时将作用于活塞上的力矩转变为曲轴对外输出的转矩，以驱动工作机转动。活塞连杆组由活塞、活塞环、活塞销、连杆、连杆轴瓦等组成，如图 3-10 所示。

（3）曲轴飞轮组　曲轴飞轮组主要由曲轴、飞轮和一些附件组成，如图 3-11 所示。曲轴是柴油机最重要的零件之一，它与连杆配合将作用在活塞上的气体压力变为旋转的动力，同时驱动配气机构和其他辅助装置，如风扇、水泵、发电机等运转。飞轮的主要作用是储存做功行程的能量，用于克服进气、压缩和排气行程的阻力和其他阻力，使曲轴能均匀地旋转。飞轮外缘的齿圈与启动电机的驱动齿轮啮合，供启动柴油机用；离合器也装在飞轮上，利用飞轮后端面作为驱动件的摩擦面，对外传递动力。

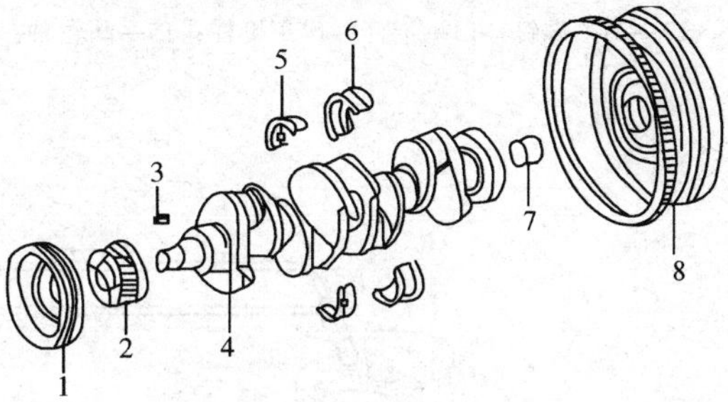

图 3-11　曲轴飞轮组

1—带轮；2—正时齿轮；3—键；4—曲轴；5—轴承；6—组合止推轴承；7—滚针轴承；8—飞轮

2. 配气机构

配气机构的作用是按柴油机工作循环的要求定时地打开或关闭进、排气孔道，以便让新鲜充量能进入气缸，让燃烧后的废气排出气缸，保证柴油机能连续不断地正常工作。配气机构可以分为气门组和气门驱动组，包括进气门、排气门、挺柱、推杆、摇臂、凸轮轴、主凸轮轴正时齿轮（由曲轴正时齿轮驱动）等零件，如图 3-12所示为气门顶置式配气机构。

（1）气门组　气门组的作用是实现汽缸的密封。气门组的组成如图 3-13 所示。

（2）气门驱动组　气门驱动组的作用是使气门按发动机配气相位规定的时刻及时开、闭，并保证规定的开启时间和开启高度，包括凸轮轴、气门挺柱、推杆、摇臂等。

3. 燃油供给系统

燃油供给系统主要包括燃油箱、输油泵、喷油泵、喷油器、进排气管、滤清器及高低压油管等。柴油机要完成一个接一个的工作循环，必须要向气缸内供应纯净空气并在规定的时刻向气缸内喷入雾化的柴油，从而形成良好的可燃混合气，并将燃烧后的废气按规定的管路导出，这就是柴油机的燃料供给系统所担负的任务。常见的有直列柱塞式喷油泵供油系统和分配式喷油泵供油系统两种类型。柱塞式喷油泵供油系统一般由油箱、输油泵、柴油滤清器、直列柱塞式喷油泵、喷油器等组成，另外还包括调速器、油水分离器和供油提前角调节装置等，如图 3-14 所示。分配式喷油泵燃油供给系统组成如图 3-15 所示。

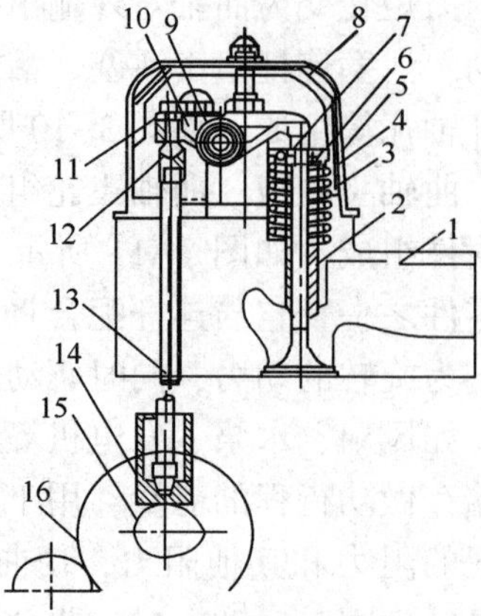

图 3-12　气门顶置式配气机构

1—气缸盖；2—气门导管；3—气门；4—气门主弹簧；5—气门副弹簧；6—气门弹簧座；7—锁片；8—气门室罩；9—摇臂轴；10—摇臂；11—锁紧螺母；12—调整螺钉；13—推杆；14—挺柱；15—凸轮轴；16—正时齿轮

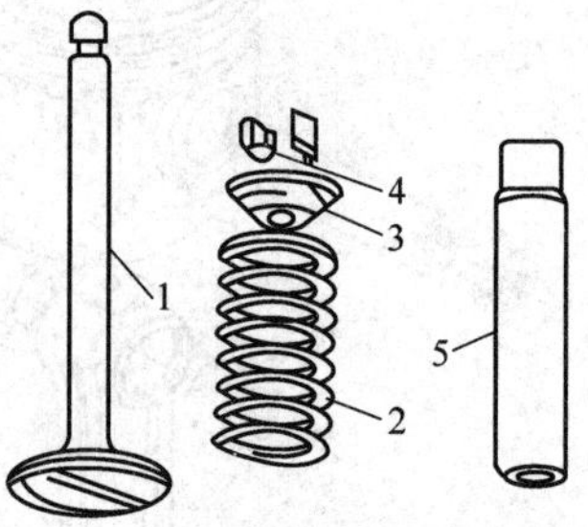

图 3-13　气门组

1—气门；2—气门弹簧；3—气门弹簧座；4—锁片；5—气门导管

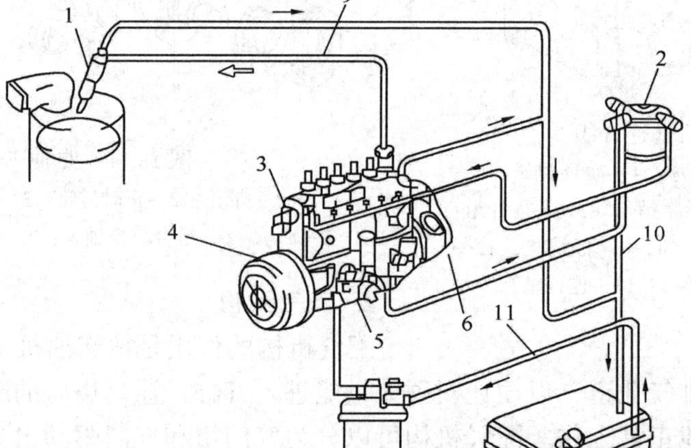

图 3-14　柱塞式喷油泵燃油供给系统

1—喷油器；2—燃油滤清器；3—直列柱塞式喷油泵；4—喷油提前器；5—输油泵；6—调速器；7—油水分离器；8—油箱；9—高压油管；10—回油管；11—低压油管

4. 润滑系统

柴油机内部有很多高速运动的摩擦面，有摩擦就有磨损，同时摩擦还要产生热量，使零件的温度升高，配合间隙发生变化，从而使零件磨损加剧。为了减小摩擦阻力和减缓磨损，需要向这些摩擦表面之间提供一定压力和流量的润滑油。即用湿摩擦代替零件之间的干摩擦，同时也有对运动表面间进行清洗和冷却的作用。为此，柴油机设有润滑系统，它主要由油底壳、机油泵、油道、滤清器及机油散热器等组成。

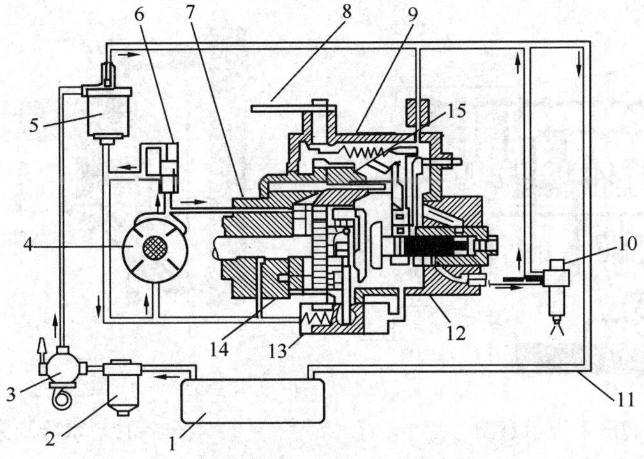

图 3-15　分配式喷油泵燃油供给系统

1—油箱；2—油水分离器；3—一级输油泵；4—二级输油泵；5—燃油滤清器；
6—调压阀；7—分级式喷油泵传动轴；8—调速手柄；9—分配式喷油泵体；
10—喷油器；11—回油管；12—分配式喷油泵；13—喷油器提前器；
14—调速器传动齿轮；15—调速器

根据柴油机中各运动副不同的工作条件，可采用以下三种不同的润滑方式：

(1) 压力润滑　它是在机油泵的作用下以一定的压力将润滑油不断地输送到摩擦表面的润滑方式。曲轴主轴承、连杆轴承及凸轮轴轴承等承受负荷较大的摩擦表面采用压力润滑。

(2) 飞溅润滑　它是利用发动机工作时运动零件击溅起来的油滴或油雾来润滑摩擦表面的润滑方式。这种润滑方式主要用来润滑负荷较小的气缸壁面和配气机构的凸轮、挺柱、气门杆以及摇臂等零件的工作表面。

(3) 润滑脂润滑　它是通过润滑脂嘴定期加注润滑脂来润滑零件工作表面的润滑方式。主要用于负荷小、摩擦力不大，露于发动机体外的一些附件的润滑面上，如水泵、发电机、启动机等部件轴承的润滑。

某六缸柴油机润滑系统如图 3-16 所示。发动机曲轴的主轴颈、连杆轴颈、凸轮轴轴颈、摇臂轴等采用压力润滑；活塞、活塞环、活塞销、汽缸壁、气门、挺柱、推杆等采用飞溅润滑。

5. 冷却系统

由于柴油机是将燃料产生的热能转变为机械能的发动机，柴油机在工作中所产生的热能一部分转化为机械能，还有一部分热传给零部件(如气缸盖、活塞、气缸体等)，使零部件升温，高温会改变零部件的配合间隙，使机器的使用寿命下降。为了将受热零件吸收的热量和多余热量及时带走，并传导出去，防止接触燃气的零件烧坏，使零件的配合间隙变化不大，保证柴油机能正常工作，因此柴油机设置了冷却系统。常见的有水冷式和风冷式两类。水冷式主要由散热器、风扇、水泵等组成，如图 3-17 所示；风冷式主要由风扇、散热片、导流板等组成。

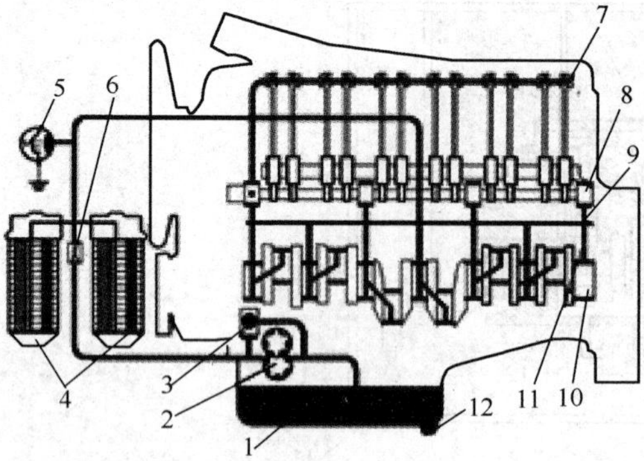

图 3-16　润滑系统示意图

1—油底壳；2—机油泵；3—溢流阀；4—机油滤清器；5—润滑油压力开关；6—旁通阀；7—摇臂轴；8—凸轮轴；9—主油道；10—主轴颈；11—分油道；12—磁性放油螺塞

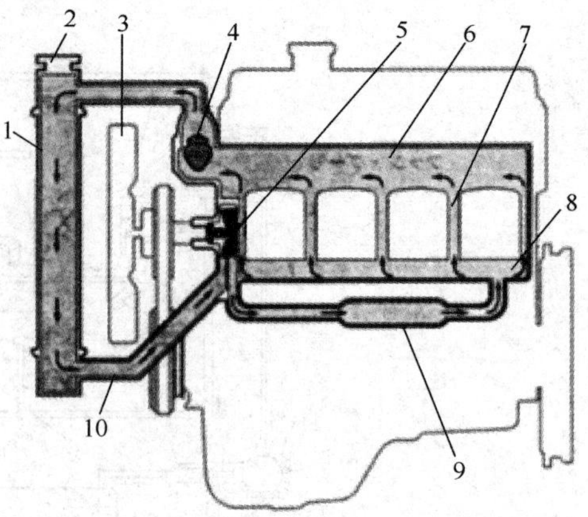

图 3-17　水冷却系统示意图

1—散热器；2—散热器盖；3—风扇；4—节温器；5—水泵；6—气缸盖水套；7—机体水套；8—分水管；9—机油冷却器；10—散热器出水软管

6. *启动系统*

柴油机由静止状态进入运动状态，必须借助于外力的作用才能使曲轴旋转起来，并达到一定的启动转速，这个工作由启动系统来完成。因此，起动系统的作用是借助于外力使柴油机由静止状态转入运动状态，使气缸内形成可燃混合气，实现第一次着火燃烧，进而转变成柴油机自行运转。以前的启动方法有人力启动、电动机启动和压缩空气启动。现代油田钻机用柴油机主要采用压缩空气启动，电动机启动已被淘汰，尤其是重型、超重型钻机。

7. *废气涡轮增压系统*

增压就是将空气预先压缩然后再供入气缸，以期提高空气密度、增加进气量的一项技术。发动机通过增压提高了新鲜空气或混合气的压力及密度，因此可以提高功率及转矩，降低比油耗。一般增压功率可以提高 20%~30%，如果采用中冷及较高的增压压力，则提高的幅度会更大。由于废气涡轮增压可以明显地提高发动机的动力性能，降低比油耗及排放，利用排气能量推动涡轮，带动压气机向发动机提供压力高、密度大的新鲜充量，从而提高发动机的功率及转矩。废气涡轮增压系统如图 3-18 所示。

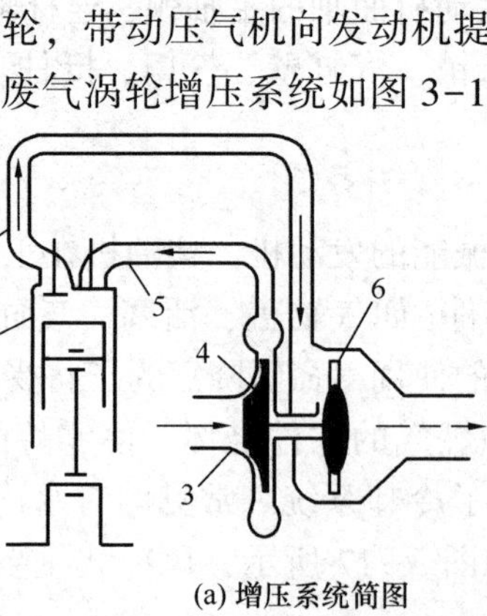

(a) 增压系统简图

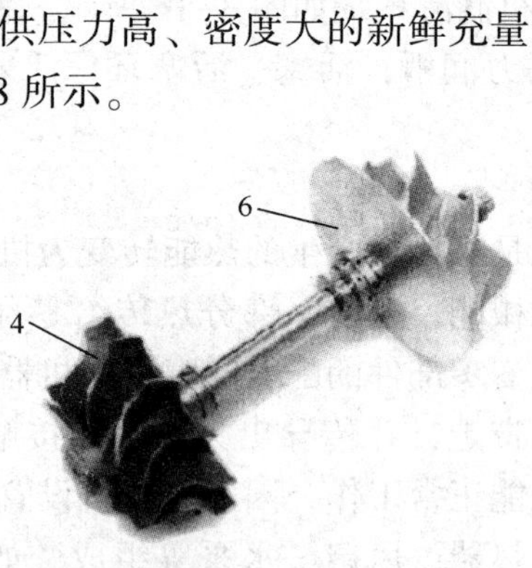

(b) 涡轮轴

图 3-18　废气涡轮增压系统

1—排气管；2—柴油机气缸；3—压气机；4—进气增压涡轮；5—进气管；6—废气涡轮

涡轮增压器由离心式压气机和径流式涡轮机及中间体三部分组成，如图 3-19 所示。增压器轴 5 通过两个浮动轴承 9 支承在中间体 14 内。中间体内有润滑和冷却轴承的油道，还有防止润滑油漏入压气机或涡轮机中的密封装置等。

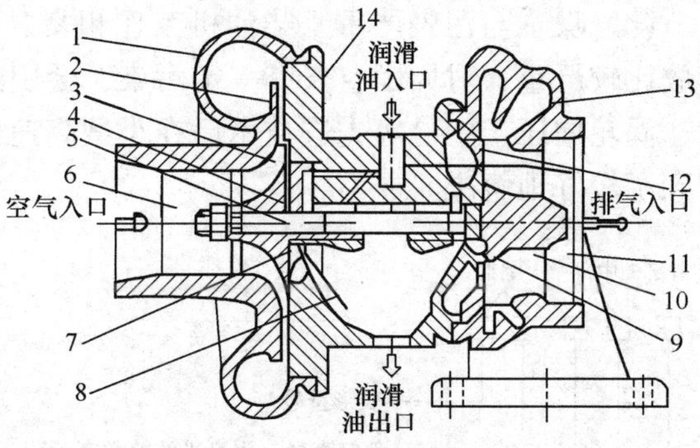

图 3-19　涡轮增压器结构

1—压气机壳体；2—无叶式扩压管；3—压气机叶轮；4—密封套；5—增压器轴；6—进气道；7—推力轴承；8—挡油板；9—浮动轴承；10—涡轮机叶轮；11—出气道；12—隔热板；13—涡轮机涡壳；14—中间体

3.2　柴油机的特点及型号编制

3.2.1　柴油机的特点

与其他热机相比，柴油机具有如下特点。

1. 优点

与蒸汽机等外燃机相比，柴油机具有以下优点：

（1）热效率高、经济性好　因燃烧过程在发动机内部进行，因而热损失少。现代柴油机的最高热效率可达46%，而蒸汽机热效率一般只有9%~16%。由于柴油机热效率高，这就意味着燃料消耗低、经济性好。

（2）功率范围广、适应性好　单机功率最小的不到1kW，最大的可达上万千瓦，可供选择的功率范围极为宽广，所以具有广阔的适应性。

（3）结构紧凑、尺寸小、质量轻　由于柴油机具有结构紧凑、尺寸小、质量轻的特点，所以，特别适用于运输式、移动式动力装置。

（4）启动快、扭矩大　当活塞将进入气缸的空气压缩到终点（接近上止点）时，缸内温度可达500~700℃，压力可达40~50个大气压，此时喷油嘴以极高的压力向气缸燃烧室喷入雾状燃油，被雾化的燃油与高压高温空气迅速形成可燃混合气而自行燃烧并猛烈膨胀产生爆发力，推动活塞下行做功。正常情况下，柴油机在几秒钟内即可起启动，并能迅速达到全负荷运行，而蒸汽机启动要花费几个小时时间。柴油机活塞做功时缸内温度可达1900~2000℃，压力可达60~100个大气压，产生的扭矩很大，最大功率时的转速低，所以被广泛应用于大型柴油设备上。

（5）使用操作方便、运行安全、可靠　由于柴油机是在向缸内喷入柴油、雾化柴油和空气混合的同时自己点火燃烧，无需另设点火系统，所以，柴油机的供油系统相对简单，可靠性要比汽油机的好。

2. 缺点

当然，柴油机也有以下一些缺点：

（1）对燃料要求高　高速柴油机一般使用轻柴油作燃料，并且对燃料的清洁度要求严格，难以使用固体燃料或劣质燃料。

（2）结构较复杂、加工精度要求较高　由于柴油机工作压力大，结构非常复杂，要求各有关零件具有较高的结构强度和刚度，所以柴油机比较笨重，体积较大，而且零部件的加工精度要求较高。

（3）冬季冷车时启动困难　由于柴油不易蒸发，冬季冷车时启动较困难。

(4) 噪音与污染严重　柴油机工作粗暴，振动噪音较大，且排出的废气(炭烟与颗粒)排放比较严重，对周围空气有一定污染，会引起公害，目前正在努力克服(如电控直喷、共轨、涡轮增压、中冷等先进技术已在小型高速柴油机上得以应用，使原来柴油机存在的缺点得到了较好地解决)。

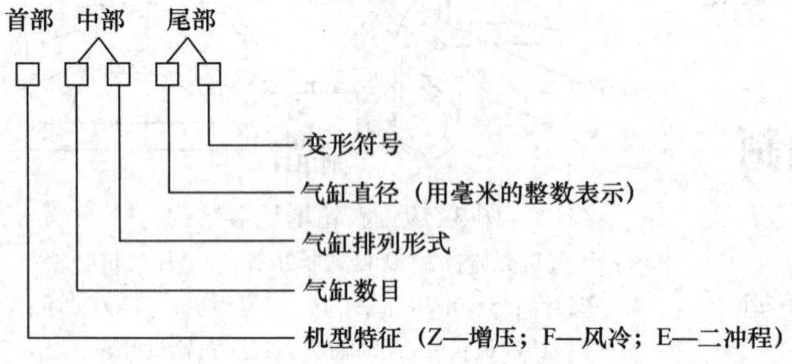

图 3-20　柴油发动机的型号排列顺序及符号含义

3.2.2　柴油机的型号编制

柴油机型号由国家统一编制，由数字和汉字拼音文字的首位字母组成，如图 3-20 所示。柴油机型号应能反映它的主要结构及性能，由气缸数、机型系列、变形符号以及用途和结构特点组成。现按上述规定举例如下：

1. 195 型柴油机

它为单缸、卧式、水冷、四冲程柴油机，气缸直径为 95mm。

2. 6135G 型柴油机

它为 6 缸、立式、水冷、四冲程高速柴油机，气缸直径为 135mm，为第七代产品。

3. Z12V190B 柴油机

它为 12 缸，V 形排列、水冷、四冲程高速柴油机，气缸直径 190mm，为第二代产品。目前我国石油钻井队常用它作为动力机。

3.3　柴油机拆卸及装配

为了保证整套工作机的正常运转，柴油机作为动力设备，既不能带病工作，又要延长使用寿命，提高工作效率，所以使用一段时间就应该进行大修。柴油机大修就需要拆卸和装配，因此，必须了解柴油机的结构组成和拆装工艺。柴油机是一部十分复杂的机械设备，由许多零件和部件所组成。按照规定的技术要求，将若干个零件组合成组件，再由若干个组件和零件组合成部件，最后由所有的部件和零件组合成整台柴油机的过程分别称为部装和总装，统称为装配。

3.3.1　拆装时必要的专用工具和量具

工欲善其事，必先利其器。熟悉掌握柴油机维修常用工具、仪表和量具的使用方法，对于拆卸和装配来说是非常重要的。常用的工具主要分为手工具、专用工具等，这里仅对部分手工具、专用工具和几种常用的仪表、量具以及各种简单工具的使用方法作简要介绍。

1. 手工具

装配和维修中常用的手工具有开口扳手、梅花扳手、套筒扳手、起子、手锤、活动扳手、火花塞套筒、油盆、毛刷等。

(1) 活动扳手　活动扳手适应性大，能拆装一定尺寸范围之内的螺母或螺栓，如图 3-21(a) 所示。待拆装螺栓拆装尺寸不一、数量少时可采用活动扳手。当螺母或螺栓的棱角不规则或边长稍有差异时，可用活动扳手拆装。使用时，应注意将活动扳手的活动扳口调整合适，工作时应让扳手可动部分承受推力，固定部分承受拉力，用力必须均匀，如图

3-21(b)所示。

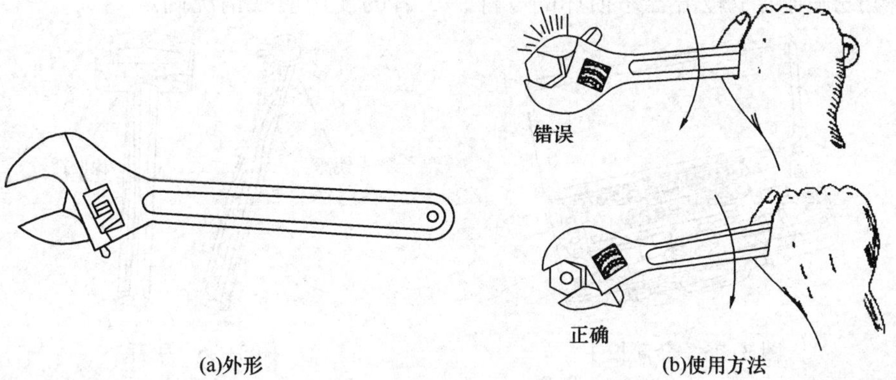

图 3-21　活动扳手

（2）开口扳手　在维修中螺栓、螺母的拆装作业都要用到开口扳手，如图 3-22 所示。

（3）梅花扳手　如图 3-23 所示，梅花扳手的工作部分是封闭的环状，使用时对螺栓或螺母的棱角损害程度小，操作也比较安全。但由于梅花扳手比较容易用上力，使用时应注意，切勿用大力操作，以防扭断螺栓。梅花扳手分高桩和矮桩两种，使用时因人因场合而异。

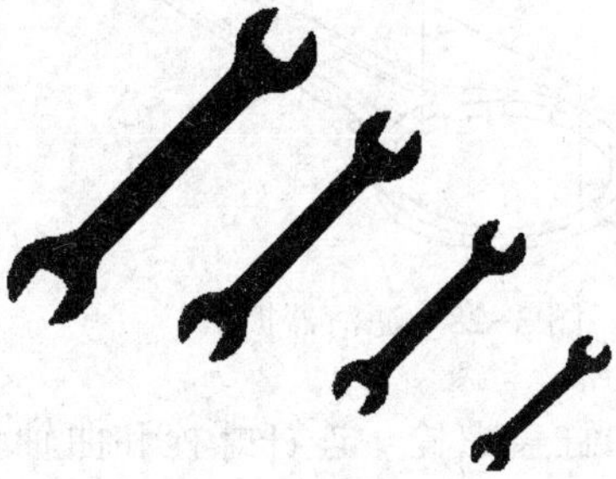

图 3-22　开口扳手

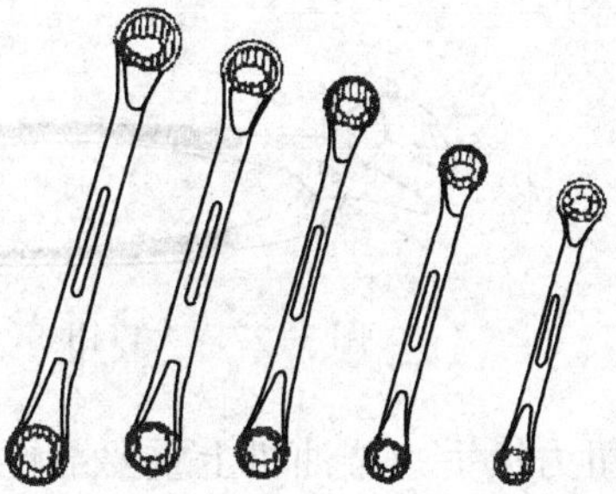

图 3-23　梅花扳手

（4）手钳　手钳有尖嘴钳、钢丝钳、可变口钳等多种，如图 3-24 所示。在准备手钳时应选择稍大一点的较好。使用手钳时，应将零件夹紧后再用力，不能用手钳代替扳手来拧动螺栓、螺母，更不能用手钳代替手锤敲击。

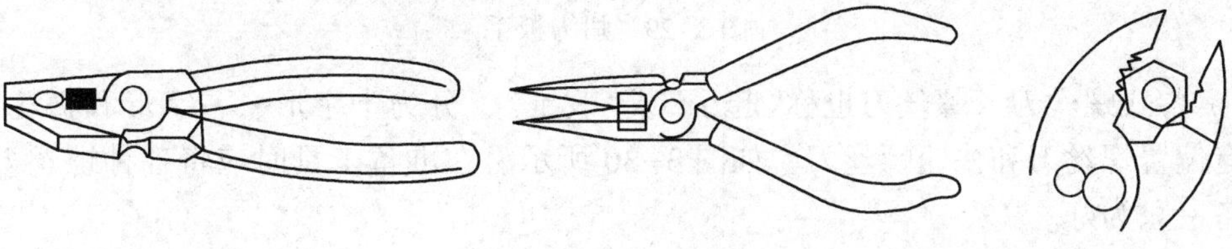

图 3-24　手钳

（5）套筒扳手　如图 3-25 所示，套筒扳手使用方便、灵活，而且安全，使用中螺母的棱角不易被损坏。套筒扳手可以任意组合使用，特别是在使用空间较小的地方，只有用套筒扳手才能方便操作，套筒扳手常用的尺寸为 6~24mm。

(6) 手锤　手锤有铁锤和橡胶锤两种，如图 3-26 所示。铁锤用于粗重零件和需要重击的地方，橡胶锤则用于轻击容易损坏的零件，二者的使用应视情况确定。

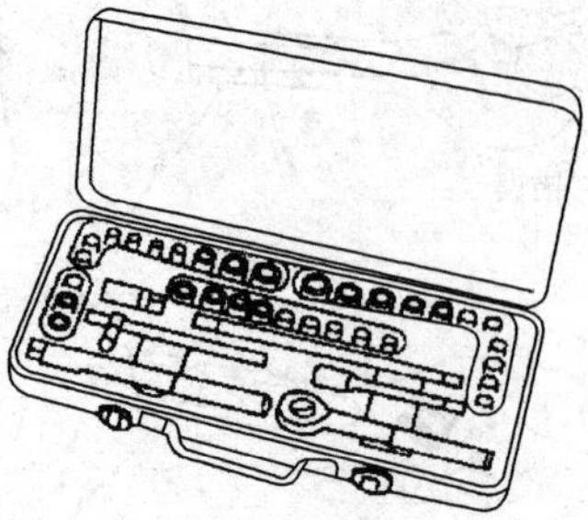

图 3-25　套筒扳手

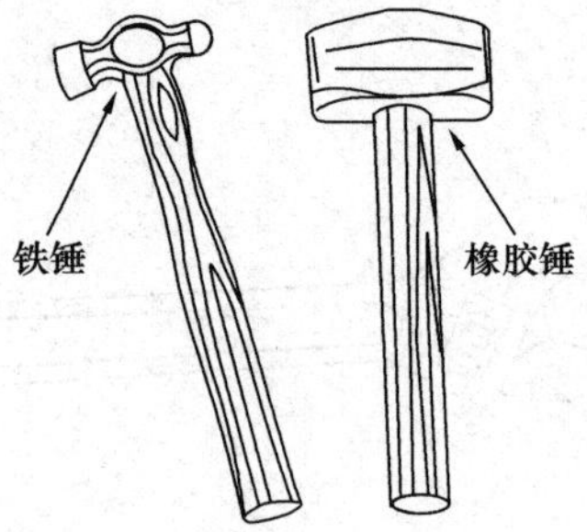

图 3-26　手锤

(7) 大口钳　大口钳的开口尺寸在一定范围内可以任意调整，特别适用于圆形零件的夹持，在许多情况下，可代替其他工具，如图 3-27 所示。

(8) 滤清器扳手　这是一种拆装滤清器的专用工具，如图 3-28 所示。在更换机油滤清器、柴油滤清器等作业时，没有这种工具，很难开展工作。

(9) 钢丝刷　钢丝刷可以用来清除零件外表的污迹，特别是蓄电池桩头的氧化物。但使用时应注意不要用它碰比较精密的配合面。

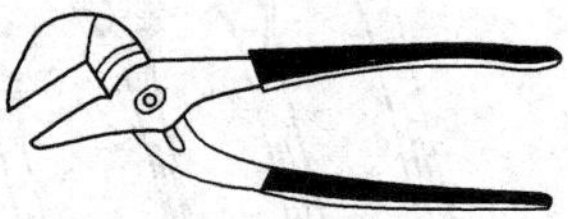

图 3-27　大口钳

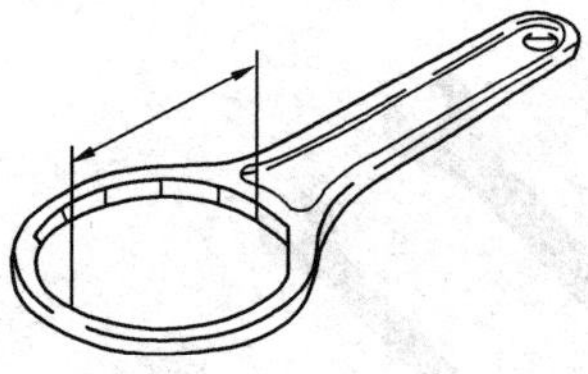

图 3-28　滤清器扳手

(10) 扭力扳手　柴油机上重要部位的螺栓，如缸盖螺栓、连杆螺栓和曲轴轴承座螺栓等，其紧固扭矩有具体要求，因此，必须用扭力扳手按力矩要求紧固，如图 3-29 所示。

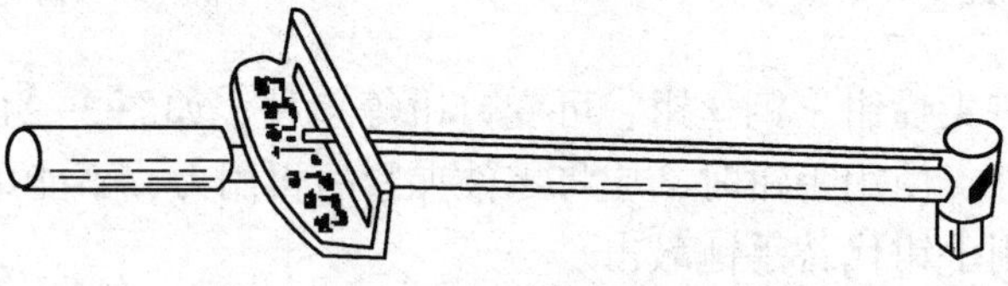

图 3-29　扭力扳手

(11) 各式螺丝刀　螺丝刀也称“起子”或“改锥”，分为十字形、一字形和梅花形三种，另外还有偏置螺丝刀和快速螺丝刀，如图 3-30 所示。在准备工具时应将各种螺丝刀大小尺寸各准备一只为好。

2. 常用量具

在柴油机的拆装过程中需要对机件尺寸和精度进行必要的测量。正确地使用量具，确保测量精度，是达到技术标准、保证拆装质量的重要条件。

(1) 游标卡尺　游标卡尺是一种精密量具，如图 3-31 所示。游标卡尺常用来测量零件的内外径、长度、宽度以及深度。测量时要注意到它的精度等级。

(2) 千分尺　千分尺又称分厘卡、测微器，如图 3-32 所示。按其用途分为内、外径千

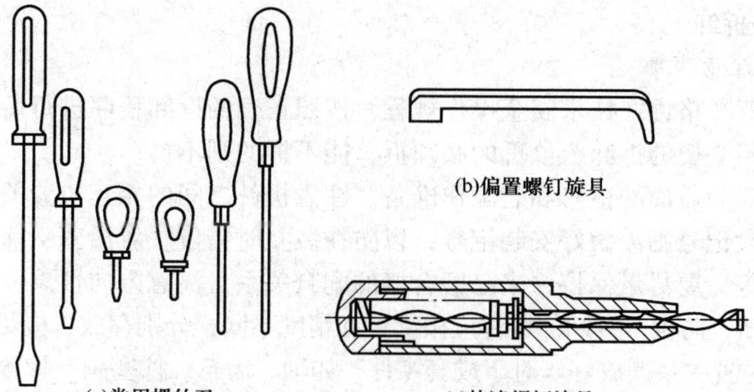

(a)常用螺丝刀 (b)偏置螺钉旋具 (c)快速螺钉旋具

图 3-30 各式螺丝刀

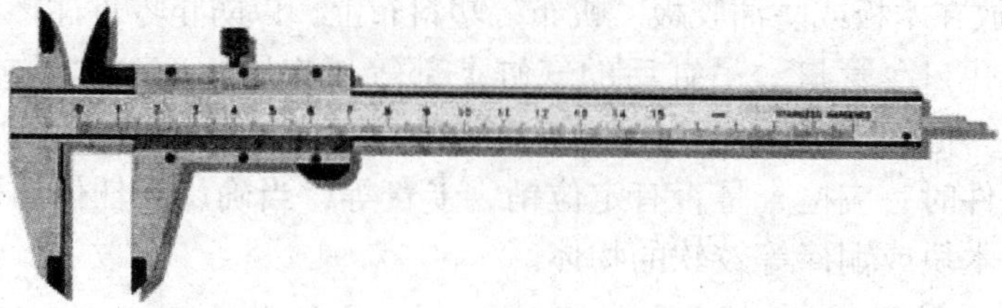

图 3-31 游标卡尺

分尺和深度千分尺，柴油机装拆中经常使用外径千分尺。

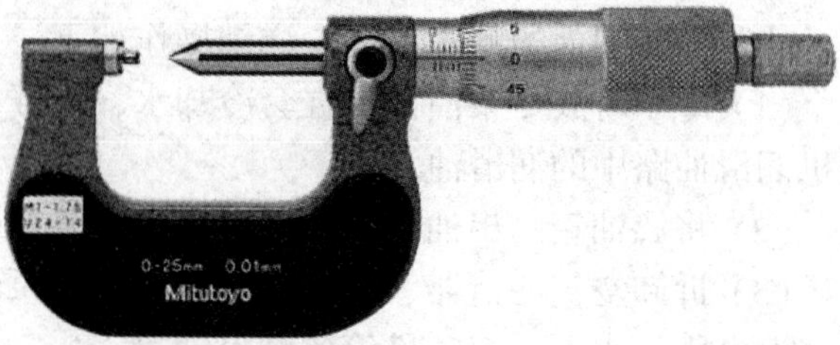

图 3-32 千分尺

（3）百分表 百分表是一种相对指示量具，如图 3-33 所示。该表使用迅速、简单，常用来检验轴颈的圆度误差，轴、杆类零件的变形，零件装配及啮合间隙等。

（4）厚薄规 厚薄规是一种测量两零件装配间隙的定尺寸测量工具，由不同厚度的钢片组合在一起。常用的测量尺寸范围是 0.05~1.2mm，如图 3-34 所示。使用厚薄规时要小心操作，向被测的零件间隙中插入时切忌硬塞，应选择合适的测量片。当某片插入间隙后拉动厚薄规感到略有摩擦力时，该片厚度即为被测间隙的尺寸。使用中还应注意保持厚薄规表面清洁，不可任意弯曲和摔打。

图 3-33 百分表

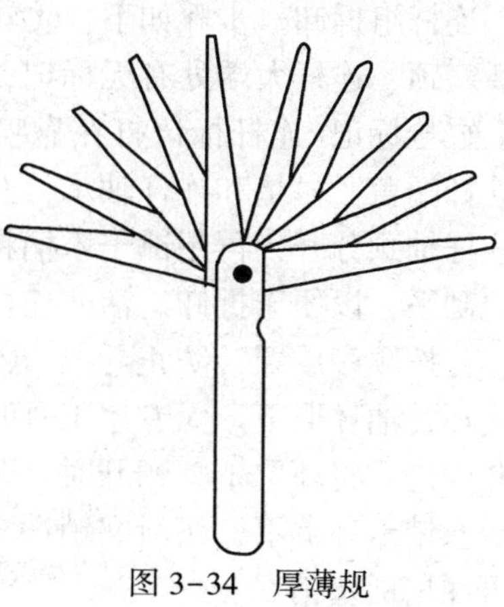

图 3-34 厚薄规

3.3.2 柴油机的拆卸

1. 拆卸时的注意事项

(1) 拆卸中要严格遵守技术安全操作规程，按照正确的拆卸程序进行。要正确地使用工具。同时要避免不必要的拆卸，该拆的必须拆，能不拆的则不拆。

(2) 拆卸时应为后面的检修和装配作准备。注意机件之间的相互位置关系，检查一下有无配合记号，如没记号则需做好安装记号，以防在装复时错位。对活塞、活塞环、连杆、连杆轴承、主轴承等，要尽量保持原来已磨合好的配合关系，注意方向性。

(3) 注意清洁、防尘。拆卸的零件应按部件和精度不同，分别存放，应尽可能按零件的拆装次序和原配的位置关系摆放好。对于成套零件，如轴、齿轮、柱塞副、螺栓、螺母、键、垫片、定位销等应尽可能地按原来的结构套在一起或用铅丝穿起来，以防散失。切勿将零件直接放置在地面上，应放在木板或防油胶板、帆布、塑料布上，以防止零件碰擦和因潮湿而生锈。

(4) 对拆开的孔口、管口、吊缸后的气缸上部等，应用木塞、木板或硬纸板封住或盖住，以防异物进入。但切不可用棉纱或破布堵盖。

(5) 拆卸紧固件时，应检查是否有定位销、卡簧等，当确认无任何妨碍时再拆。零件需敲打时，必须垫着木块或铜棒等较软的物体。

2. 拆卸的方法和步骤

柴油机具体结构虽有不同，但其拆卸的方法和步骤基本相同。一般应先拆除机体各附件，按照由外到内的顺序进行，详细操作如下：

(1) 冷车时放尽柴油机内缸套冷却水，旋开机油盘及滤清器的放油口，放出机油盘及发动机润滑油路中的润滑油。

(2) 将燃油箱的出油开关关紧，拆下油管接头。

(3) 拆卸空气滤清器、进气通道管、喷油泵、输油泵、柴油滤清器、空气压缩机、增压器、发电机、水泵、起动机等各种附件。

(4) 进、排气歧管、气缸盖及衬垫的拆卸。拆卸时，先拧下缸盖螺母，其顺序应从两端向中间交叉均匀进行；随后用锤子木柄或木质锤轻击气缸盖四周，使其松动，然后将气缸盖拆卸专用工具将喷油器平稳地从气缸盖拆下。

对于顶置式气门柴油机，应先拆气门摇臂室罩盖、摇臂机构总成，再拧下气缸盖螺栓或螺母，然后按上述方法拆卸气缸盖。

(5) 拆下机油盘及其衬垫，以及机油集滤器，同时拆下机油泵。

(6) 活塞、连杆组拆卸。步骤如下：①转动曲轴，使要拆卸的活塞、连杆组的活塞位于下止点，检查活塞顶、连杆大端处有无标记，如没有标记，应按次序在活塞顶、连杆大端上用钢字号码打上缸号标记(连杆标记打在靠喷油孔一侧的基准面上)。②拆下连杆螺母或连杆螺栓，取下连杆端盖、衬垫和连杆轴承，并按顺序分开安放，以免混淆。③用手将连杆向上推，使其与连杆轴颈分开，再用锤子木柄将活塞连杆组推出气缸。如果气缸口磨成了台肩或有积炭，应先刮平，以便于拆卸。活塞连杆组取出后，应将连杆盖、螺栓和螺母以及衬垫重新装回原位，并按顺序放置，防止弄混。④活塞环的拆卸，可采用活塞环专用装卸钳，依次从活塞上将气环、油环取下。无专用工具时，可用两手的中指保护着活塞环的外围，两手拇指将环口扳开少许，将环取下。顿开时，开口不应扳得过大，以免折断。⑤先检查活塞销顶部标记，将活塞销卡环拆下，用活塞销冲头将活塞销冲出。对于铝活塞，应先在水中加热到 75~85℃后再冲出活塞销。

（7）气门组拆卸。用专用气门拆装钳压下气门弹簧，取下气门锁片，然后松开气门拆装钳，取出弹簧座、气门弹簧及气门，各气门应按顺序摆放，不得错乱。

（8）拆下起动爪和曲轴带轮，用专用工具将曲轴带轮毂拉出，不允许用锤子或其他类似工具敲击带轮的边缘，以免产生变形或损坏。

（9）拆下正时齿轮盖及衬垫，检查正时齿轮上的正时标记。如无标记，则应做出相应标记。此时应是第一缸处于压缩行程上止点位置。然后拆下曲轮轴上止推凸缘固定螺栓，平稳地抽出凸轮轴，取出气门挺杆、气门推杆，并拆下喷油管及齿轮底板。

（10）将发动机倒置，拆下曲轴。先撬开曲轴螺栓上的锁片或拆下锁丝，检查轴承盖上有无标记。如果无标记，应按顺序做好标记。拆下固定螺栓，取下轴承盖及衬垫，并按顺序放好。然后拆下曲轴，同时将轴承盖及衬垫装回原处，并将固定螺栓拧紧少许。

（11）将飞轮固定螺栓拧下，然后从曲轴凸缘上拆下飞轮、曲轴后端密封圈及飞轮壳。

至此，柴油机拆卸完工，清理收拾各种工具。

3. 螺栓连接件的拆卸方法

（1）锈死螺母的拆卸　在柴油机解体过程中，经常会碰到一些难拆卸的螺纹连接件。对于这些一时难以拆下的零件，不应轻易采用不适当的方法，如用气焊、扁铲等进行简单的强行拆除，而应仔细观察分析有无防松装置，螺纹有无损坏或锈死，以及是否采用了焊死、铆死等不适当的方法而导致拆卸困难等。

对于因氧化而锈死的螺母，可采用以下步骤拆卸：①将螺母（或螺栓）缓慢拧进 1/4 圈左右，然后再退出，这样反复几次，即可逐渐拧松。对于锈蚀零件，通过反复松紧，可改变其锈层受力状况。由于锈蚀零件可承受压力而不能承受拉力，反复紧松结果会使锈层受交变的拉压应力，从而使其与基体金属脱离。②将螺纹锈蚀部位浸入煤油、汽油、润滑油中 20~30min 后，再用扳手拧出，这是因为煤油等具有很强的渗透力，渗透到锈层中可使锈层变松。③用锤子轻击螺母四周，再慢慢用扳手将螺母拧下。

（2）断头螺栓的拆卸　在柴油机解体拆卸中，经常发生螺栓被拧断而留在机体螺孔中，其拆卸方法通常有以下几种：①在断头螺栓上加焊一螺母，将其拧出；②在断头螺栓上钻光孔，再攻反螺纹，然后用反扣螺钉或丝锥将其拧出；③在断头螺栓上钻孔，然后打入多角钢杆（淬火）将其拧出；④利用电火花加工方法，在断头螺栓上打出方孔，再用方形扳手将其拧出；⑤如果断头螺栓为非淬火钢，而且螺纹孔允许扩大时，可把整个螺栓钻除，然后再重新钻孔攻螺纹。

（3）螺栓（钉）组连接件的拆卸　在进行柴油机解体时，如果遇见需拆卸由若干个螺栓（螺钉）连接的部件时，除按单个螺栓（钉）拆卸的方法外，还必须注意以下几点：①先将螺钉或螺母按规定顺序拧出 1~2 圈，然后按顺序分别匀称地拆卸下来，以防零件变形、损坏或者力量集中在最后一个螺钉或螺母上，从而产生拆卸因难；②拆卸时，应先将处于难拆部位的螺母（螺钉）首先拧松或拆下，例如油底壳后面的螺钉；③拆卸悬臂部件环形周边的螺钉时，最上部的螺钉应最后取出，以免损坏零件或造成安全事故；④仔细观察不易觉察部位的螺栓（螺钉）是否全部拆除，全部拆除后，再用一字螺钉旋具、撬棍等工具将连接件分开。

4. 过盈配合零件的拆卸

拆卸过盈配合零件时，一定要采用专用拆卸工具，禁止使用锤子、铁棒敲打强行拆卸。拆卸带轮、齿轮时，应使用拉器。拆卸销、轴、衬套时，要使用专用冲头或铜冲，不能直接敲击。

5. 柴油机零部件的清洗和检验分类

柴油机拆卸完工后，应用清洗剂对零件进行清洗，去除其表面的油污、积炭、水垢及锈迹等，为零件的检验分类做好准备。

零件清洗后，采用检视法、测量法和探伤法等方法，按照维修技术标准要求，将零件分为可用零件、返修零件和报废零件三类。然后把具有修复价值的返修零件修理好，备好需用新零件，为柴油发动机的总装做好准备。

3.3.3 柴油机的装配技术要求

柴油机的装配技术要求主要有以下几个方面。

1. 零件质量要求

(1) 零件尺寸及精度符合技术要求，无缺陷；

(2) 待装零件表面必须干净，零件内部无油腻、积炭和其他脏物。

2. 安装时运动件间的间隙必须符合技术要求

(1) 缸壁与活塞之间的间隙；

(2) 活塞环的开口间隙、端隙、侧隙；

(3) 活塞销与连杆衬套之间的间隙；

(4) 连杆轴承，曲轴主轴承与曲轴之间的间隙；

(5) 曲轴的轴向间隙；

(6) 凸轮轴与轴承之间的间隙；

(7) 正时齿轮之间的间隙；

(8) 气门间隙。

3. 连接螺栓紧固力矩必须符合制造厂家的要求

(1) 曲轴主轴承螺栓，连杆螺栓；

(2) 缸盖螺栓；

(3) 飞轮紧固螺栓。

4. 安装顺序和方向的要求(不能互换)

(1) 活塞连杆组的顺序和方向；

(2) 曲轴主轴承盖；

(3) 高压油管；

(4) 气门与气门座圈。

5. 安装正时(同步)的要求

(1) 配气正时；

(2) 喷油正时。

6. 安装密封性的要求

(1) 活塞、活塞环与气缸的密封性；

(2) 气门与气门座圈的密封性；

(3) 进、排气歧管的密封性；

(4) 燃料供给系高、低压油路的密封性；

(5) 润滑系的密封性；

(6) 冷却系的密封性。

柴油机工作一定时间后需要进行修理，必须经过拆卸才能对失效的零部件进行修复和更换。柴油机的拆卸和装配工作必须按照规定的工艺顺序来进行，拆装时需用到大量手动工具、专用工具和仪表、量具，各种工具的使用方法必须熟练。

3.3.4 柴油机的装配

无论是新组装一台柴油机，还是柴油机大修后组装，都必须按照严格的装配工艺顺序来进行，以下从装前准备、工艺原则、装配过程几个方面作详细叙述。

部件(总成)装配和整机装配虽然是两个装配阶段，但在实际操作中却往往是相互连续、相互交叉的，不能截然分开，有时还需重复进行，如曲轴轴承和连杆轴颈的修理与装配等。

柴油发动机的结构形式很多，整机装配程序也不完全一致，但装配时必须遵循一定的工艺原则。

1. 柴油机总装前的准备

柴油机的装配精度要求很高，装配前必须认真清洗零件，不得有毛刺、擦伤、积炭和污垢。必须认真清洗所用的工具，保持人员、设备、工作场地的清洁，特别应仔细检查和彻底清洁气缸体、曲轴上的油道，并用压缩空气吹干。准备必要的专用工具、量具，所有配件、通用件(如紧固件、锁止件、密封件)、摩擦面涂用的新机油、密封胶等用料一次配齐，且规格相符。

2. 柴油机组装的工艺原则

柴油机的总装分为部件的组装和发动机的总装两部分。柴油机总装的原则是：以气缸体为装配的基础，由内向外、按系分段、平行交叉进行作业。

(1) 待装件经检验，总成经试验，所有零部件必须符合技术标准。

(2) 所有零件、工具、设备必须进行彻底清洗。

(3) 对气缸垫、衬垫、开口销、锁片、金属丝等密封件、锁止件必须全部换新。

(4) 不可互换件(如曲轴轴承、凸轮轴轴承、活塞连杆组及配气机构等零件)、配对件(如气缸与活塞、气门与座圈、气缸体与飞轮壳等)、偶件(如柱塞副、喷油器)、配重件等应核对记号，原位装复，不得错乱。

(5) 对重要的螺栓、螺母(如主轴承螺栓、连杆螺栓和气缸盖螺栓等)必须按规定的力矩和方法分 2~3 遍拧紧。

(6) 正确使用工具(工具适合、规格相符)，尽量使用专用工具，以减少零件的损伤。

(7) 各部分螺栓、螺母所有的锁止件应按规定装配齐全、完整、贴切、可靠。

(8) 关键部位的配合间隙(如配缸间隙、曲轴轴承间隙、凸轮轴承间隙与轴向间隙、气门间隙和气门座与轴承孔过盈量等)必须符合装配技术标准的规定。

(9) 各相对运动表面装合时，必须涂新鲜清洁的润滑油。

(10) 各连接和密封部位工作可靠，不松弛，不漏油、水、气、电。

3. 柴油机的装配与调整

柴油机的装配调整质量对柴油机的寿命影响极大，装配步骤随柴油机结构不同也有所异。以上置凸轮轴顶置气门式柴油发动机为例，其一般装配步骤如下：

1) 安装曲轴

缸体置于发动机翻转架上并倒置，曲轴止推片装于缸体的定位肩台处，将主轴承上片装于各轴承孔内，涂新鲜润滑油。经动平衡的曲轴，装上飞轮(也有一些发动机，必须在安装曲轴后才能装飞轮)，放入缸体内。在各轴承盖内装好下轴承，分 2~3 遍按规定力矩均匀由中间向两端交叉拧紧各主轴承螺栓。每拧一遍主轴承紧固螺栓，应转动曲轴检查转动阻力。装合后，曲轴的轴向间隙和转动力矩应符合原设计规定。注意各个主轴承盖的顺序和安装方向，图 3-8 所示为曲柄连杆展开结构图。

2) 安装活塞连杆组

活塞连杆组是柴油机的最主要的运动部分，各个缸的活塞、连杆总成均要按顺序和安装要求进行安装，活塞连杆组展开图如图 3-10 所示。

（1）偏缸检验　安装活塞连杆组前，应进行偏缸检验。方法是：将不装活塞环的活塞连杆组按规定装入气缸和曲轴上。转动曲轴，分别在上、下止点和气缸中部，检查活塞顶部与气缸壁在前后方向的间隙，其差值不得大于 0.1mm。

若所有气缸的活塞在上、中、下位置均偏于同一侧，是由于镗缸定位不当使气缸垂直度超过规定所致；若个别缸活塞在上、中、下位置均偏于同一侧，是由于连杆弯曲或活塞销座与轴线的垂直度误差过大所引起；若活塞在上下位置偏向改变，是连杆轴颈圆柱度误差过大所造成；若活塞中部偏向变化，是由于连杆扭曲或连杆轴颈轴线与主轴颈轴线平行度误差过大所致。若所有缸在上、中、下位置偏向变化，这是由于曲轴止推片厚度不均；若个别缸在上、中、下位置，销座与连杆小端间隙小于 1mm，是因为该气缸轴线位置度误差或连杆轴颈的对称平面偏移过大。

（2）安装活塞环　活塞环装入环槽时，应检查各环在气缸内的开口端隙，活塞环在活塞环槽上的背隙及侧隙，检查活塞环的断面形状及安装方向。镀铬环一般装在第一道活塞环槽上，桶形环一般装于上部。作刮油的扭曲环，其内缺口或倒角朝上，外缺口或倒角朝下；具体要求应按原厂规定，不得随意改变。锥形环的小端朝上(即环的装配标记向上)。

将活塞装入气缸时，应将环的开口错开。第一环的开口不得在侧压力大的右侧。其他环的开口，应分别间隔 90°~180°。组合油环的下刮片与上刮片，若是两片的间隔 180°，若是三片的分别间隔 120°。

（3）活塞连杆组装入气缸内　装入时，先对运动件表面涂油，注意组件的安装方向。用专用工具箍紧活塞环部位，将组件从上部推入气缸直至连杆轴颈上，按规定标记和方向装好下盖，按规定方法和力矩拧紧。每装好一个组件，应转动曲轴，力矩均匀无阻滞。全部组件装入后，转动力矩应符合原设计规定，检查活塞顶部在上止点时与气缸体上平面的距离应符合规定。

3）安装凸轮轴

如图 3-35 所示，先将隔圈、止推凸缘和正时齿轮装到凸轮轴上，在轴颈和轴承上涂新鲜机油，再将凸轮轴推入凸轮轴轴承孔中，拧紧止推凸缘的固定螺钉。最后检查凸轮轴的轴向间隙，轴向间隙不符合要求时可用调整止推凸缘与隔圈的厚度差来达到。

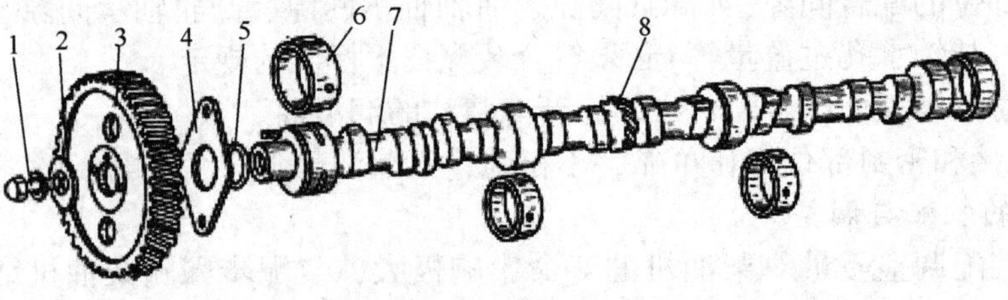

图 3-35　凸轮轴的结构

1—螺栓；2—正时齿轮垫圈；3—正时齿轮；4—止推凸缘；5—止推座；
6—凸轮轴衬套；7—凸轮轴；8—驱动齿轮

4）安装正时齿轮组

如图 3-36 所示，将喷油泵驱动齿轮装入发动机前端齿轮室内，分别转动曲轴正时齿轮、凸轮轴正时齿轮和喷油泵驱动齿轮，使以上三个齿轮上的正时标记分别与中间转动齿轮上的三个标记对准后固定中间转动齿轮，从而确定发动机的配气正时及喷油正时(对顶置凸轮轴式的柴油发动机、转动曲轴、凸轮轴及喷油泵驱动齿轮，使正时齿轮上的标记与机体的标记或刻线分别对准后，安装正时齿形胶带，从而确定发动机的配气正时及喷油正时)。

5）安装气门组

如图 3-12 和图 3-13 所示，将气门、气门弹簧和锁夹等装在缸盖上，锁夹应高出气门

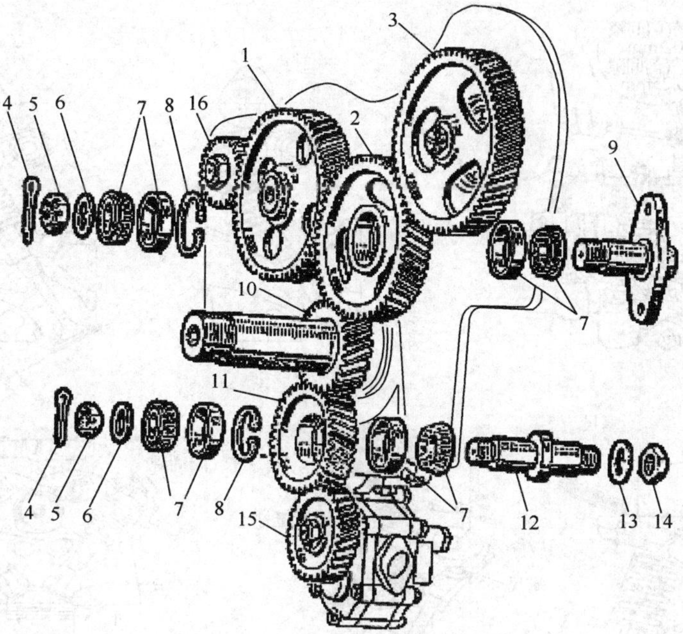

图 3-36　柴油机正时传动齿轮组

1—凸轮轴正时齿轮；2—凸轮轴惰齿轮；3—喷油泵驱动齿轮；4—开口销；5—六角螺母；6—止退垫圈；7—圆锥滚子轴承；8—挡圈；9—惰齿轮；10—曲轴正时齿轮；11—机油泵惰齿轮；12—机油泵惰齿轮轴；13—止退垫圈；14—六角薄螺母；15—机油泵传动齿轮；16—备用齿轮

弹簧座平面 0.5mm，两锁夹的接合处应有一定的间隙。

6）安装气缸盖

如图 3-9 所示，将气缸垫光滑的一面向着缸体(缸盖为铸铁件)或缸盖(缸盖为铸铝件)，然后装上缸盖。按规定的顺序和力矩分 2~3 遍均匀拧紧缸盖螺栓。湿式缸套的发动机缸套上平面应高出发动机机体上平面 0.3~0.5mm。否则，若太高，紧固缸盖螺栓时，易将缸套压裂；若太低，气缸垫的密封性能下降，发动机易“冲缸床”。

7）安装气门传动件和调整气门间隙

按顺序先将摇臂轴、摇臂和摇臂座组装成组件，装入挺杆和推杆，再将组件装到缸盖上，最后调整气门间隙，如图 3-37 所示。调整气门间隙一般采用“双排不进”法。方法是：记下发动机的工作顺序，找出与一号缸同时处于上止点的气缸，转动曲轴至与一号缸同处上止点气缸的排气门开启后又逐渐关闭至进气门动作瞬间，为一号缸在压缩冲程的上止点。这时，可调整间隙的气门是：一号缸的两个气门，一号缸与对应气缸之间气缸的排气门，对应气缸与一号缸之间气缸的进气门，对应气缸的气门均不可调。调整时，用厚度与间隙值相同的厚薄规，插入气门杆端与摇臂头之间，以感到有阻力而不过紧为宜。不符合要求时，通过调整摇臂上的调节螺钉来实现。最后，装好气门室盖。

8）安装喷油泵及供油正时

按图 3-38 和图 3-39 所示安装和调节供油正时，其步骤如下：

①转动曲轴，使第一缸活塞处于压缩冲程的上止点；②转动喷油泵凸轮轴使第一缸分油泵处于刚刚开始供油的位置；③向前推入喷油泵(保持曲轴及喷油泵凸轮轴不转动)，固定喷油泵连接联轴器。

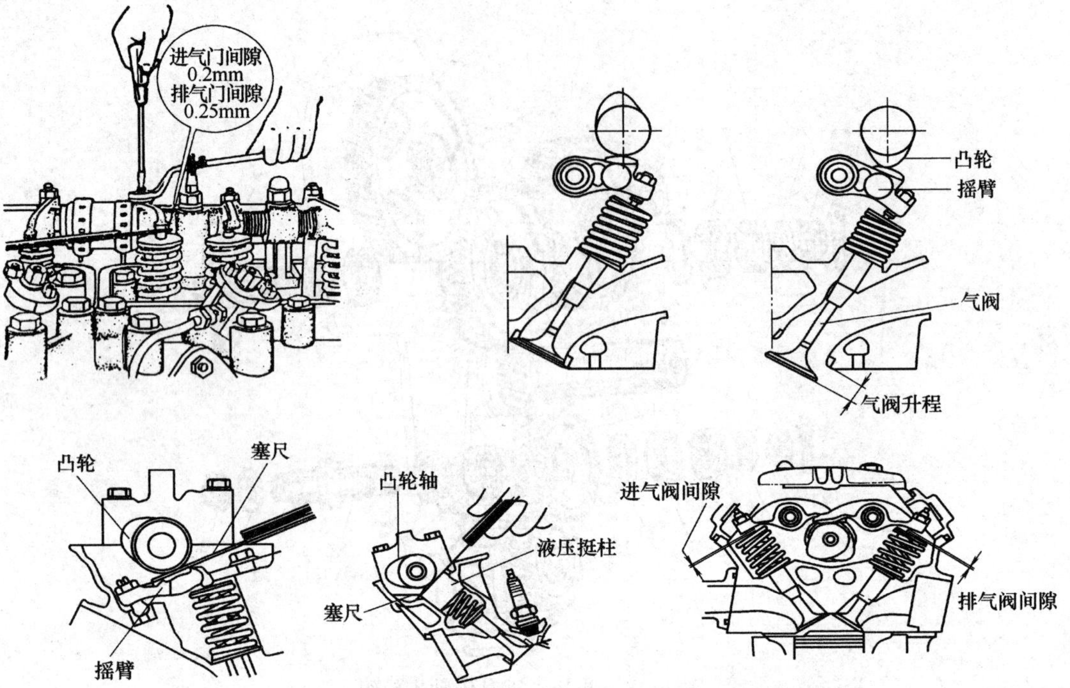

图 3-37　气门间隙的调整

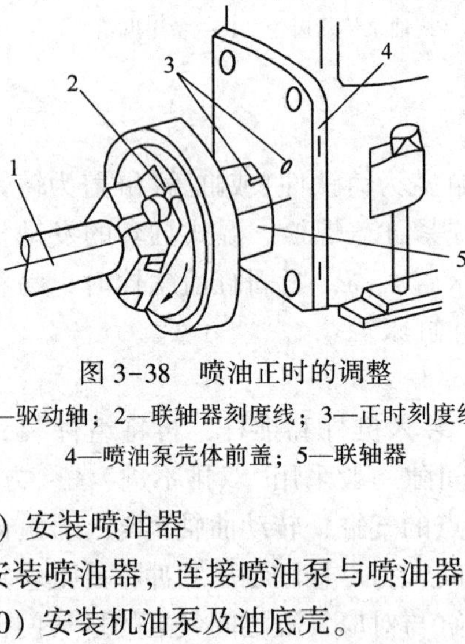

图 3-38　喷油正时的调整

1—驱动轴；2—联轴器刻度线；3—正时刻度线；
4—喷油泵壳体前盖；5—联轴器

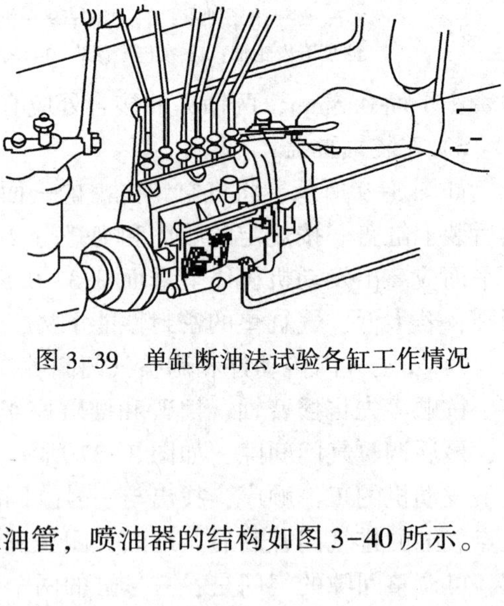

图 3-39　单缸断油法试验各缸工作情况

9）安装喷油器

安装喷油器，连接喷油泵与喷油器之间的高压油管，喷油器的结构如图 3-40 所示。

10）安装机油泵及油底壳。

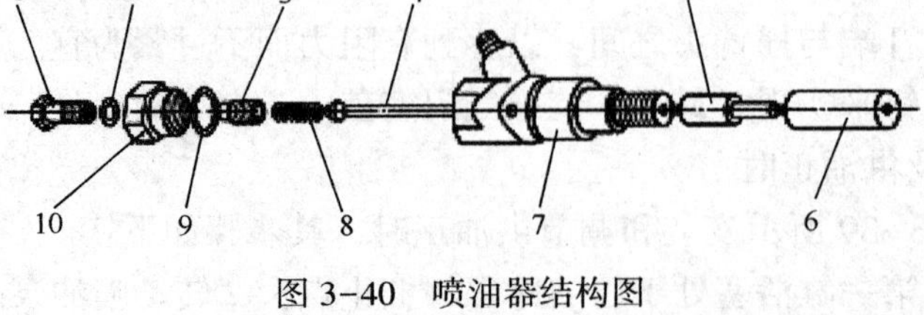

图 3-40　喷油器结构图

1—回油管接头；2，9—垫圈；3—调压螺钉；4—顶杆；5—针阀偶件；6—压帽；
7—喷油器壳体；8—弹簧；10—锁紧螺母

把机油泵安装到正确位置后，安装油底壳。

11）安装进排气歧管

安装进排气歧管前，应认真清除管内的积炭、油垢和其他污物。装上密封用的进排气歧管垫片，垫片的光面应朝向缸体。拧紧固定螺栓时，应从中间向两端依次拧紧，以保证垫片均匀展平。

12）安装飞轮壳及离合器

装飞轮壳前，应将主油道堵头涂以密封胶并拧紧。装入飞轮壳后，检查壳体后端的变速器(轴承孔及其后端面的径向跳动和端面跳动)，其数值应不大于原设计规定。

13）安装柴油机附件

柴油机附件主要包括发电机、起动机、柴油箱、空气压缩机、水泵、机油粗细滤清器、机油冷却器和空气滤清器等，一般是独立的小部件。安装时应找正其工作位置，用连接件固定，螺栓和螺母的安装力矩必须符合规定，锁止可靠。最后连接好各种电线、油管、气管和水管。图3-41所示是常见柴油机的燃料供给系统，图 3-42 所示是6140 型柴油机的润滑油路示意图。

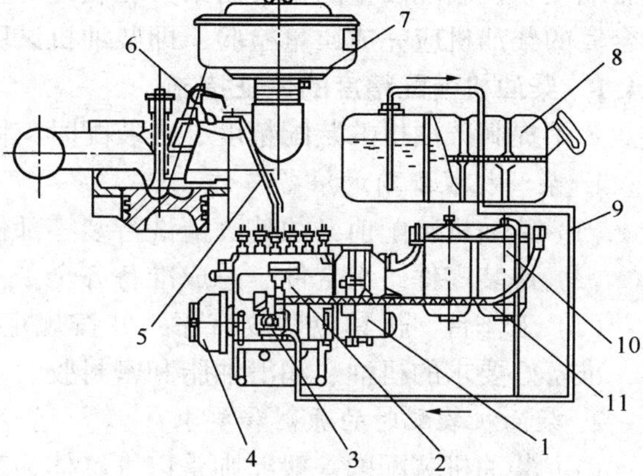

图 3-41　常见柴油机的燃料供给系统

1—调速器；2—喷油泵；3—输油泵；4—喷油提前调节器；5—高压油管；6—喷油器；7—空气滤清器；8—柴油箱；9—输油管；10—柴油滤清器；11—低压油管

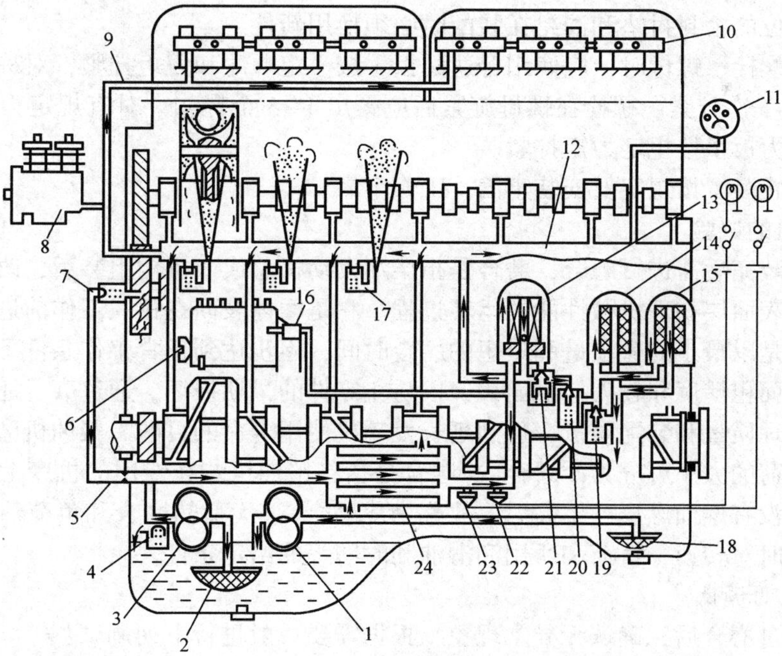

图 3-42　6140 型柴油机润滑油路示意图

1—副油泵；2—前集滤器；3—主油泵；4—限油阀；5—流量限制孔；6—喷油泵；7—传动齿轮喷管；8—空气压缩机；9—体外油管；10—摇臂轴；11—机油压力表；12—主油道；13—粗滤器；14、15—细滤器；16—机油滤清器；17—冷却活塞；18—后集滤器；19—旁通阀；20—限压阀；21—旁通阀；22—机油温度过高传感器；23—机油压力过低警告灯传感器；24—机油散热器

3.4 柴油机装配精度的保证措施及柴油机试验

柴油机的装配是把合格的零件、组合件、总成按一定的技术要求和工艺顺序组装成完整的发动机。待装零部件的质量、装配技术精度的高低、组装后柴油机的空载磨合等，都是直接影响发动机装配质量的重要因素，在装配的整个过程中务必认真做好。组装后按要求进行磨合完的柴油机应完成质量检验，即柴油机试验。

3.4.1 柴油机装配精度的保证措施

为了提高柴油机的装配精度，在装配时应做好下列工作。

1. 柴油机装配前的准备工作

（1）柴油机装配前必须认真清洗待装零部件和装配用工具，保持装配场所的清洁。

（2）待装零件、组合件、总成准备齐全。

（3）工作台、机具应摆放有序，并按规定配齐衬垫、螺栓、螺母、垫圈、开口销和锁环，准备好要求的机油、润滑油脂和密封胶。

2. 柴油机装配时的原则和要求

（1）柴油机装配的一般原则是以气缸体为基础，由内到外、先上后下分别进行。

（2）装配过程中，应尽量使用专用工具。

（3）有装配记号的零件必须按记号装配，不可互换的零件不要互换。

（4）间隙配合的零件表面，在装配时必须涂上润滑油。

（5）过盈配合零件装配时，应使用压床或专用的压入工具。如需在零件表面施以压力或锤击时，必须垫以软金属块或使用铜手锤、橡胶锤。

（6）各部位的密封衬垫和油封在装配时必须换用新件。

（7）拧紧螺栓、螺母时，应使用合适的扳手按一定顺序和力矩拧紧，对称的螺栓在旋紧时应交错分 2~3 次拧紧。螺栓在螺母旋紧后应露出 1~3 个螺扣。对有规定力矩的螺栓、螺母，应使用扭力扳手按规定力矩拧紧。

（8）各锁止装置按规定要安装牢固，工作牢靠。

3.4.2 柴油机的试验

柴油机组装完后需进行磨合，磨合是指柴油发动机总成或机构组装后，改善零件摩擦表面几何形状和表面层物理机械性能的运转过程。它是摩擦表面在正式工作前进行的一次受控性磨损，主要是以最小的磨损量和最短的磨合时间，逐步达到正常工作条件下要求的配合表面，即较小表面粗糙度和较大接触面积，以防止零件的早期损坏。通过磨合还可检查发动机零件的加工修理质量和装配质量，达到延长发动机使用寿命的目的。柴油机磨合，根据其转速的高低和负荷的大小可分为冷磨合(冷磨合是指将柴油机装在专用的机床上，用电动机带动磨合，因为没有燃油燃烧产生高温，故称为冷磨合)、无荷热磨合和负荷热磨合。磨合规范是指在磨合时对转速、负荷和所用润滑油和时间等的给定条件。

1. 柴油机的调试

柴油机经过磨合后，确认无异常现象，根据需要一般进行下列调试：

（1）柴油机怠速(柴油机在没有负荷且完全放松油门踏板状态下的转速)的调试；

（2）柴油机供油正时的调试；

（3）柴油机气门间隙的调试；

（4）柴油机机油压力的调试。

2. 柴油机的质量验收

调试完后应进行质量验收，包括拆检主要机件和整机验收：

(1) 拆检活塞，接触面是否正常，有无拉毛、起槽等现象；

(2) 拆检气缸，查看有无拉毛、起槽等现象；

(3) 活塞环接触面不小于90%，开口间隙不大于原间隙的125%；

(4) 主轴承和连杆轴承接触面会比磨合前有所增加，但无起槽和烧结等现象；

(5) 气缸衬垫无漏水、漏气现象；

(6) 气缸压力和机油压力符合规定；

(7) 能以一个人的力量摇动启动手柄来启动柴油机；

(8) 柴油机在任何转速下均能稳定动转，无过热现象；

(9) 柴油机怠速转速符合规定并运转稳定；

(10) 柴油机最大功率和最大转矩不低于设计标准的90%，油耗不得高于设计规定值；

(11) 柴油机在各种转速下运转，当转速改变时过渡圆滑，突然加、减速不得有回火、放炮现象；

(12) 整机无漏水、漏气、漏油、漏电现象，排放符合国家标准。

试验后达到上述检验要求的，说明该柴油机已装配完好，基本可以投入使用。

3.5 柴油机的使用、维护及保养

3.5.1 柴油机使用注意事项

钻机用柴油机其工作环境比较特殊，对它的使用有很多要求，尤其在北方冬季气温很低，其工作条件就更加恶劣，因此，在柴油机的使用中应该注意如下事项：

(1) 切勿放水过早或不放冷却水　熄火前以怠速运转，待冷却水温度降至60℃以下，水不烫手，再熄火放水。若过早放掉冷却水，机体在温度较高时突然受冷空气侵袭会产生骤缩，出现裂纹。放水时应将机体内残存的水彻底排出，以免其结冰膨胀，使机体胀裂。

(2) 不要随便选用燃油　冬季低温使柴油的流动性变差，黏度增大，不易喷散，造成雾化不良，燃烧恶化，导致柴油机的动力性和经济性能下降。故冬季应选用凝点低和发火性能好的轻柴油。一般要求柴油机的凝点应低于本地当前季节最低气温7~10℃。

(3) 禁止用明火助燃启动　不能把空气滤清器取下，用棉纱蘸上柴油点燃后做成引火物置于进气管内实行助燃启动。这样在启动过程中，外界的含尘空气就会不经过滤而直接吸入气缸内，造成活塞、气缸等零件的异常磨损，还会造成柴油机工作粗暴，损害机器。

(4) 不要用明火烘烤油底壳　若用明火烘烤油底壳，会使油底壳内的机油变质，甚至烧焦，润滑性能降低或完全丧失，从而加剧机器磨损。冬季应选用低凝点的机油，启动时可采用机外水浴加温的方法来提高机油温度。

(5) 用正确的方法启动柴油机　冬季，有的操作人员为能够快速启动柴油机，常采用无水启动(先启动，后加冷却水)的非正常启动方法，这种做法会对机器造成严重损害，应禁止使用。正确的预热方法是：先将保温棉被罩在水箱上，打开放水阀，向水箱内连续注入60~70℃的清洁软水，用手触摸放水阀流出的水有烫手感觉时，再关闭放水阀，并摇转曲轴，使各运动件得到适当预先润滑，然后再行启动。

(6) 切忌低温负荷作业　柴油机启动着火后，有些操作人员迫不及待地立即投入负荷作业。着火不久的柴油机，由于机体温度低，机油黏度大，机油不易充入运动副的摩擦表面，会引起机器严重磨损。另外，柱塞弹簧、气门弹簧和喷油器弹簧由于“冷脆”也容易断裂。故冬季柴油机启动着火后，应以低中速空转几分钟，等冷却水温度达到60℃时，再投入负荷作业。

(7) 注意机体保温　冬季气温低，容易使柴油机工作时冷却过度，故保温是冬季用好柴油机的关键。在北方地区，冬天使用的柴油机都应配备保温套和保温帘等防寒设备。

(8) 忌柴油机长期不用不保养　柴油机长期不用时，应拆下油嘴，向气缸内注入适量机油，再将油嘴装上，然后摇转曲轴几圈，使活塞在气缸内往复几次，注入的机油就会涂在气缸表面，防止气缸锈蚀。同时进排气门应处在关闭状态防止灰尘进入气缸，气门弹簧应处在自由位置防止长期受压失去弹性。

另外，节温器对柴油机工作时的升温起着重要作用，故入冬前应检查节温器的工作是否正常，失效的节温器应及时更换。

3.5.2 柴油机的日常维护保养

柴油机作为石油钻机的动力源，其工作性能的好坏，直接影响到钻机运行的经济性能和动力性能，日常维护也是非常重要的。

1. 检查柴油机各部分连接的紧固情况

经常检查柴油机机架螺丝及各部分连接的紧固情况，当发现柴油机有摆振不稳时，要特别注意柴油机安装垫及固定螺栓的紧固情况，发现松动及时紧固。

2. 检查冷却系统

(1) 随时检查冷却水量，不足时添加清洁的雨水和河水。柴油机热车时不能直接打开水箱盖以免热气冲出烫伤人；冷却水不能用井水和泉水；冷却水烧干过热时应待柴油机降温后再加入冷却水。

(2) 检查风扇皮带的松紧度(以大姆指按压皮带10~15mm挠度为宜)。

(3) 查看水箱、水泵、水管等处是否有漏水现象。

(4) 清除散热器外表泥巴及杂物。

3. 检查机油平面及机油质量

(1) 检查机油平面，要将柴油机的机座安装成水平位置，待柴油机熄火后等待5min再检查。油平面一般要保持在中刻线与上刻线之间(即1/2以上)，当油平面低于下刻线时严禁启动柴油机。不足时要添加同牌号机油；对变质的机油要及时更换。

(2) 查看油底壳、罩盖等处有无机油渗漏。

(3) 热车时应查验机油质量(方法是用油尺滴在手指上看胶质成分、擦捏黏度情况、是否水样)。

4. 运转后的检查

(1) 观察烟色是否正常。正常的排气烟色应为无色或淡灰色；冒蓝烟是烧机油引起的，冒黑烟是柴油燃烧不完全引起的，冒淡白烟是水参与燃烧引起的，冒浓白烟是柴油未经燃烧排出而引起的。

(2) 听声响。柴油机必须运转平稳，不得有异响。柴油机中低速时有轻柔的气门脚响是正常的，当听到尖锐的“嗒嗒”的气门脚响说明间隙过大，应及时调整；不得有沉闷的主轴瓦响和较清脆的连杆瓦响；热车时在中、低速有轻微的敲缸声是正常的，没有敲缸声说明供油过迟，敲缸声过大或者在高速时仍明显，可能是供油过早或活塞与缸套间隙过大；排气管不得有“突突”的放炮声。

(3) 柴油机必须运转平顺，当柴油机发抖、转速异常均要及时排除故障。

(4) 试油门以判定柴油机的工作情况。慢加速时柴油机转速应能均匀上升，不得有迟钝及柴油机发抖的感觉；急加速时，柴油机转速应能迅速上升且伴有轻微的敲缸声且排气管声音正常。

(5) 注意柴油机的工作温度，过热和过冷都不利于柴油机的正常工作。

(6) 查看柴油机是否有漏水、漏油等情况。

(7) 要注意各仪表指示是否正常，特别是机油表。

5. 检查空气滤清器

应定时检查空气滤清器并及时清洁。

【本章小结】

柴油机是石油钻机的重要驱动设备，它是将燃料的化学能转变成热能，再转变成机械能的机器。本章主要介绍了柴油机的基本结构和工作原理，柴油机的拆装工艺和要求，柴油机装配精度的保证措施和柴油机试验，柴油机的使用、维护和保养常识等。通过学习能够对柴油机的基本知识有所了解，以便正确地使用、维护和保养。

思考题

1. 简要阐述单缸四冲程柴油机的工作原理。

2. 柴油机由哪些机构及系统组成？各机构和系统的功用是什么？

3. 柴油机各组成机构都包括哪些主要零件？它们的装配关系如何？

4. 了解多缸四冲程柴油机的工作循环，会熟练填写如表 3-3 所示的各缸工作循环顺序表。

表 3-3 工作顺序为 1—3—4—2 的四缸柴油机的工作循环

曲轴转角/(°)	一缸	二缸	三缸	四缸
0~180	进气			
180~360	压缩			
360~540	做功			
540~720	排气			

5. 与其他热机相比，柴油机的主要特点是什么？

6. 柴油机拆装时为什么要用专用的工具和量具？

7. 柴油机拆卸时应注意哪些事项？

8. 柴油机的装配有哪些技术要求？

9. 如何保证柴油机的装配精度？

10. 柴油机装配完成后要进行哪些试验？

11. 柴油机在冬季使用应注意哪些事项？

12. 柴油机日常维护应注意哪些问题？

第4章　钻机的驱动与传动

【学习目标和要求】

现代石油钻机具有绞车、转盘和钻井泵三大工作机组，它们的运行需要动力驱动以及运动的传递和合理分配。本章将介绍钻机运行基础、柴油机驱动-机械传动、电驱动钻机、柴油机驱动-液力传动等基本知识。要求学员熟悉工作机组对驱动与传动系统的要求，了解钻机的驱动与传动、柴油机驱动-液力传动以及液力传动基本元件的类型和特点。

【重点和难点】

重点是柴油机驱动-机械传动、电驱动钻机、柴油机驱动-液力传动的特点；难点是对典型驱动方案和传动系统的理解。

4.1　钻机运行基础

石油钻机运行需要驱动设备提供动力，也需要运动的传递及合理分配。驱动设备和传动系统是钻机八大系统设备中的两大重要部分，它们服务于绞车、转盘和钻井泵等三大工作机组。使用者希望的钻机是动力传动性能好、结构先进、安全而简单。所谓动力传动性能好，就是指能较好地满足钻井工艺的要求，配备有足够的功率，并能够充分发挥功率的效能；要满足起下钻操作快和快速钻进的要求；要能提供合适的钻井泵排量和高泵压，满足洗井以及喷射钻井的要求。复杂的钻井条件经常要求工作机组变速度、变转矩，所以足够大的功率、较高的效率、能够变速和变转矩是对动力和传动系统的基本要求。此外，钻机驱动与传动系统还必须使用可靠、维修简单、操作灵敏、质量轻、移运方便，并具有良好的经济性。

4.1.1　工作机组对驱动与传动系统的要求

1. 绞车

图4-1为大钩提升载荷 Q_h 与提升速度 V 的关系曲线。钻井绞车的工作特点是载荷大且载荷的变化也大。在同一挡中载荷随立根变化而变化，每起一个立根，载荷就变化一次。因而要求驱动传动系统中大钩的提升速度能够随大钩载荷的不断变化而随之调节。重载时提升速度慢一些，轻载时提升速度快一些。最理想的情况是大钩提升速度能随载荷的变化而相应地改变，即沿图4-1中曲线1工作，这样功率利用最充分。$Q_hV=C$ 是理想功率曲线。

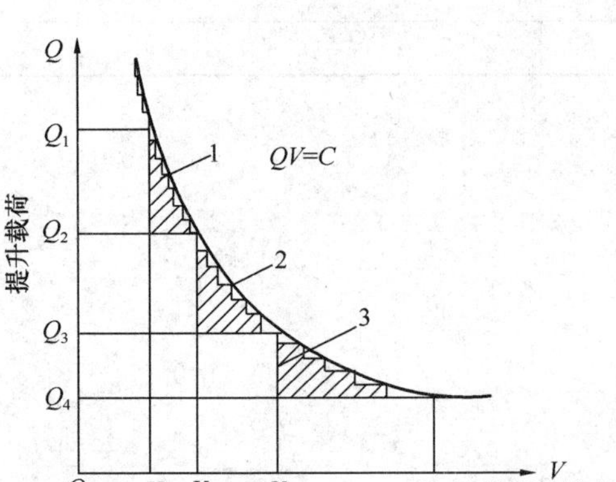

图4-1　大钩提升载荷与提升速度的关系曲线

1—理想功率曲线；2—有限挡功率曲线；3—分级变速功率曲线

绞车载荷是随起钻过程中立根数目的逐一减少而呈阶梯状下降的。若提升速度 V 也能随立根数的每一次减少而相应地增加，即沿曲线2工作，则功率利用率虽不是最理想的，但也很充分。但在机械变速有限挡的情况下，这是不可能做到的。曲线 3 是分级变速时的曲线，可见功率利用是不够充分的，带阴影的三角形面积部分是未被利用的功率。

按照绞车的工作特点，对动力机组提出如下要求：

（1）能无级变速，以充分利用功率，速度调节范围：$R=\frac{V_{\max}}{V_{\min}}=5\sim10$。

（2）具有能够承受短期过载的能力，以克服启动动载、振动冲击和轻度卡钻。

（3）绞车启动、停车操作频繁，要求动力传动系统有良好的启动性能和灵敏、可靠的控制离合装置。

综上所述，绞车需要的是具有恒功率调节、能无级变速并具有良好启动性能的柔性驱动。

2. 转盘

在钻井过程中，随着钻井深度的变化和所破碎岩层性质的变化，转盘所承受的载荷也在不断地变化，这就需要及时地改变钻压和转速。因此，钻井工作对转盘提出如下要求：

（1）转速调节范围 $R=5\sim10$。

（2）能够倒转和微调转速，能满足处理事故的要求。

（3）有限制扭矩的装置，防止出现过载时扭断钻杆。

转盘配备的功率是一定的，应具有恒功率调节、无级变速的柔性驱动、能充分利用功率的特性，但钻井工艺有时又要求恒转矩调节。

3. 钻井泵

钻井泵的泵压是随钻井深度的增加而增加的。对于一定缸套直径的钻井泵，当其泵压达到允许的最大泵压后，若继续增加钻井深度，必须采用降低泵速（冲数）的方法来调节泵的排量，以保待泵压不超过规定极限。钻井泵一般都在额定冲次附近工作，负载的波动幅度也不大，因此对驱动系统的要求比绞车、转盘低。主要的要求是：①速度调节范围 $R=1.3\sim1.5$，以充分利用功率；②允许短期过载，以克服可能出现的憋泵。

4.1.2 典型驱动方案

钻机的驱动方案大致可以分为单独驱动、统一驱动和分组驱动三种。

1. 单独驱动方案

单独驱动方案是指转盘、绞车、钻井泵三大工作机组，各由不同的动力机一对一或二对一地驱动，电驱动钻机大都采用如图 4-2 所示的单独驱动方案。单独驱动的传动系统简单、效率高、安装方便，工作机之间无机械形式的联系，总体布置灵活性大，但装机功率利用率低、设备笨重，动力机组间的动力不能互济。

2. 统一驱动方案

这种方案是转盘、绞车、钻井泵三大工作机由 2~4 台动力机并车统一驱动。

统一驱动的优点是：①装机功率利用率高，无论是起下钻，还是钻进，整个动力机组都可以同时工作；②安全可靠性强，其中任一台动力机的动力可通过并车机构传递给每一台工作机组，若某一台动力机出现故障时，各动力机之间的动力可以互济。

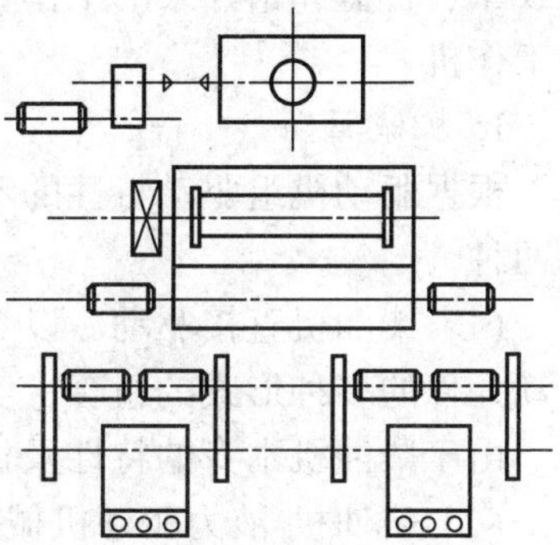

图 4-2　单独驱动示意图

统一驱动的缺点是：①传动系统复杂、路线长、传动效率低；②工作机组间的干扰大，安装找正困难。

柴油机直接驱动和柴油机加变矩器驱动广泛采用统一驱动方案。图4-3(a)所示为三台柴油机由V带并车统一驱动，国产V带钻机，如ZJ32J、ZJ45J均属此类型。图4-3(b)所示为三台柴油机加变矩器由链条并车统一驱动，如国产ZJ40L钻机、罗马F320-3DH属此类型。

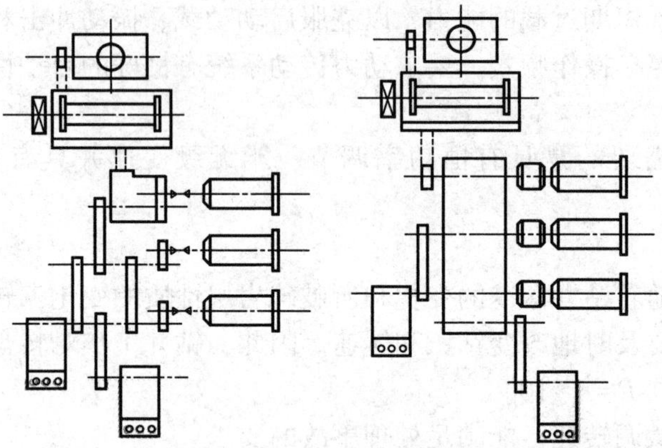

(a) 柴油机驱动V带开车　　(b) 柴油机-液力驱动链条开车

图4-3　统一驱动示意图

3. 分组驱动方案

典型的分组驱动是将三台工作机分成两组，绞车、转盘两个工作机由同一动力机组驱动，钻井泵由另一动力机组驱动，也称为二分组驱动。

分组驱动的特点是兼有单独驱动传动简单、安装方便和统一驱动装机功率利用率高的优点，现代深井钻机一般是7~9m高的钻台，采用分组驱动可以实现仅将转盘、辅助绞车(猫头轴)安放在高钻台上，而主绞车则不上高钻台的方案。能满足丛式井钻机对工作机平面布置的要求，转盘、绞车在钻台上可随钻台一起作纵横方向的移动，而钻井泵组不必移动。由于分组驱动具有这样的特点，所以转盘、绞车与钻井泵组之间不能有任何机械传动方面的联系，必须进行二分组驱动。

4.1.3　钻机驱动与传动类型

按照钻机采用的动力设备不同，分为机械驱动、电驱动和复合驱动三大类。

机械驱动是以柴油机为动力机，统一驱动转盘、绞车、钻井泵三大工作机组；电驱动是以直流或交流电动机为动力机，单独驱动转盘、绞车、钻井泵三大工作机组；复合驱动是根据绞车、转盘和钻井泵的工作特点和性能要求，以柴油机和电动机为动力机，分组驱动不同的工作机。

1. 机械驱动

根据驱动机组驱动特性的不同，将机械驱动分为柴油机直接驱动和柴油机-液力驱动传动两种。

(1) 柴油机直接驱动　以2~4台柴油机为动力，经V带、齿轮、链条、万向轴等机械传动元件的多种形式的组合，实现并车、减速增矩、换向、倒车，以驱动绞车、转盘和钻井泵。由于柴油机本身的特性及机械传动的硬特性，工作机只能得到有限挡的有限调速。

(2) 柴油机-液力驱动机械传动　以柴油机为动力，首先将柴油机与液力变矩器(或偶合器)组合，组成柴油机-液力驱动机组，再经V带、齿轮、链条、万向轴等机械传动元件的多种形式的组合，实现并车、减速增矩、换向、倒车，以驱动绞车、转盘和钻井泵。由于液力变矩器能够改变速度和扭矩，因此这种传动属于柔性传动。

2. 电驱动

电驱动钻机工作机用电动机带动。目前海洋钻机全为电驱动钻机；陆用深井钻机采用电驱动也日益增多。

常用的电驱动钻机有两种形式：

(1) 可控硅直流电驱动(AC-SCR-DC)　它是先由柴油机驱动交流发电机发电，发电机发出的交流电再通过可控硅整流器(简称为 SCR)，将交流电变换为可控的直流电从而控制直流电动机转动，再由直流电动机驱动绞车、转盘及钻井泵工作。

(2) 交流变频电驱动(AC-VFD-AC)　它是用柴油机驱动交流发电机发电，发电机发出的交流电再通过变频器(简称 VFD)将交流电变换为可大范围调整频率的交流电，再由交流电控制交流变频电动机，从而驱动绞车、转盘及钻井泵等工作。

3. 复合驱动

复合驱动可根据转盘、绞车、钻井泵三大工作机组的工作特点和性能要求，灵活选用相适应的动力驱动方式，以最经济的动力配置，获得最佳的工作性能。

复合驱动主要有两种形式：机电复合驱动和交直流电复合驱动。

(1) 机电复合驱动　它主要有两种形式：一种是采用柴油机加偶合器驱动钻井泵和绞车，同时带动 1 台交流发电机，交流发电机发出的交流电通过变频器，控制交流变频电动机驱动转盘；另一种是采用柴油机驱动交流发电机，发电机发出的交流电通过变频器，控制交流变频电动机驱动绞车和转盘，而钻井泵为独立机泵组，采用的是机械驱动。

(2) 交直流电复合驱动　它是采用柴油机驱动交流发电机，发电机发出的交流电一路通过变频器，控制交流变频电动机驱动绞车和转盘，另一路通过可控硅整流器，将交流电变换为可控的直流电，控制直流电动机，由直流电动机驱动钻井泵。

4.2　柴油机驱动-机械传动

柴油机驱动-机械传动钻机是指以柴油机为动力，通过液力变矩器、链条、齿轮、V 带等不同组合的传动形式驱动的钻机。依据主传动副的类型，可分为齿轮钻机、V 带钻机和链条钻机。

4.2.1　柴油机驱动的特点

柴油机被广泛用作钻井设备的动力机。其主要特点是：

(1) 不受地区限制，具有自持能力。无论寒带、热带、高原、山地、平原、沙漠、沼泽、海洋，只要自带燃料即可工作，对于勘探和开发新油田这一特点尤为重要。

(2) 产品系列化后不同级别的钻机可采用所谓“积木式”，即采用增加相同类型机组数目的方法，增加总装机功率，从而减少柴油机品种。

(3) 在性能上，转速可平稳调节，能防止工作机过载，避免出现设备事故。装上全制式调速器，油门手柄处于不同位置时，即可得到不同的稳定工作转速。当外载增加超过最大扭矩 M_{max}时，柴油机便越过稳定工作点而灭火，不致造成传动机构或工作机因过载而损坏。

(4) 结构紧凑、体积小、质量轻、便于搬迁运移，适于野外流动作业。

(5) 作为钻机动力机，它的不足之处是：①扭矩曲线较平坦，适应性系数小(1.05～

1.15)，过载能力有限；②转速调节范围窄(1.3~1.8)；③与电驱动相比，驱动传动效率低、燃料成本高等。

4.2.2 国产Z190系列钻井柴油机

济南柴油机厂研制生产的Z190系列柴油机包括Z8V190、Z8V190-1、Z8V190-2和Z12V190B、Z12V190B-2等基本机型及相应的配套机座(即带有风扇、水箱和底座的动力机组，如PZ12Vl90B)Z190系列柴油机是国产钻机用动力机，也广泛用于发电机组、船舶、内燃机车及工程机械。此外，还发展有能适应不同环境、满足不同性能要求的专用机型。Z190系列柴油机的主要技术参数见表4-1。

表4-1 Z190系列柴油机主要技术参数

基本型号		Z8V190	Z8V190-1	Z8V190-2	Z12V190B	Z12V190B-1	Z12V190B-2
形式		四冲程、直喷式燃烧室、水冷、增压、空气中冷					
气缸排列		V形、60°夹角					
气缸数		8			12		
气缸直径/mm		190					
活塞行程/mm		210					
活塞总排量/L		47.6			71.5		
压缩比		13.5∶1					
额定转速/(r/min)		1500	1200	1000	1500	1200	1000
空载最低稳定转速/(r/min)		600					
燃油消耗率/[g/(kW·h)]		不大于210					
机油消耗率/[g/(kW·h)]		不大于1.63					
标定功率/kW(hp)	12h功率	588.4(800)	470.7(640)	389.8(530)	882.6(1200)	735.3(1000)	588.4(800)
	持续功率	529.6(720)	426.6(580)	353(480)	794.3(1080)	662(900)	529.6(720)

4.2.3 电驱钻机用柴油机

为满足电驱钻机对动力设备的需要，济南柴油机厂研制了新型1000kW的柴油机——G12V190Z_LD。并以该机为原动机，开发了柴油机发电机组，作为国产电驱动钻机ZJ50D和ZJ70D的动力源。该机继承了Z12V190B型柴油机的优点，又吸取了船用及机车用柴油机的成功经验，采取了如RR153高效增压器、圆管式高效中冷器、电子调速器、机油泵外移、气门锒座、液晶显示监控仪、预啮合气动马达、新型高压水泵、风扇、散热器、自吸式输油泵、新型密封垫材料等12项卓有成效的技术改进措施，使柴油机的功率提高了13%。可靠性、调速性、安全性、适应性都得到了进一步的提高，能适应陆地、高原、海洋、沙漠等环境下工作的要求，在技术性能上已达到美国Cat公司3512TA柴油机的水平。

G12V190Z_LD型柴油机的主要技术经济指标见表4-2。

表 4-2 G12V190Z_LD 型柴油机主要经济指标

型　号	G12V190Z_LD	3512TA
型　式	四冲程、直喷式燃烧室、水冷、涡轮增压、空气中冷	
缸径/mm	190	170
冲程/mm	210	190
转速/(r/min)	1500	1500
功率/kW	1000	1020
燃油消耗率/[g/(kW·h)]	209+5%	206~215
机油消耗率/[g/(kW·h)]	1.6	
排气温度/℃	不大于 630	602~655
稳定调速率/%	0~5 可调	0~5 可调
瞬时调速率/%	5	+5.4 -3.8
稳定时间/s	3	2.4
转速波动度/%	0.5	2.5
外形尺寸/mm	2642×1560×2070	2699×1703×1720
质量/kg	5800	6084

4.2.4 机械驱动钻机

机械驱动钻机是指以柴油机为动力，再通过液力变矩器、链条、齿轮、V 形胶带等不同组合的传动形式所驱动的钻机(在钻机新标准中，直接以柴油机驱动的钻机已被淘汰)，这种驱动方式，能够满足不同钻井工况的需要，动力分配合理，功率利用率高。

依据所采用的主传动副类型，机械驱动钻机可分为齿轮钻机、V 带钻机和链条钻机。现就每种类型选一种型号的国产钻机，介绍其传动系统方案和主要特点。

1. V 带钻机

V 带钻机是采用 V 形胶带作为钻机主传动副，采用 V 形胶带将多台柴油机并车，统一驱动各工作机组及辅助设备，且用 V 形胶带传动驱动钻井泵。

V 带并车传动具有传动柔和、并车容易、制造简单、维护保养方便的优点。早期的 V 带钻机，如大庆 130 型钻机、ZJ45J 型钻机为我国石油工业的发展作出了巨大贡献，但使用中普遍存在传动效率低、燃油消耗高、结构笨重、运移性差、安全性能低等诸多缺点，现已基本淘汰。目前使用的国产 V 带钻机有 ZJ32J 系列钻机和 ZJ50J 系列钻机。

ZJ32J 型钻机是兰州石油机器总厂于 1997 年生产的 V 带并车钻机，其传动系统如图 4-4 所示。该钻机采用 3 台 PZ12V190B 柴油机通过 V 带并车驱动 2 台 3NB-1300 钻井泵以及自动压风机，通过链条传动驱动绞车，通过角传动箱、转盘传动箱驱动转盘。

2. 齿轮钻机

齿轮钻机采用齿轮为主传动副，配合万向轴驱动绞车和转盘，或采用圆锥齿轮一万向轴并车驱动绞车、转盘和钻井泵。齿轮传动所允许的线速度高，其体积小、结构紧凑；万向轴结构简单紧凑、维护保养方便、互换性好，但大功率螺旋齿圆锥齿轮制造困难、质量不易保证、成本高、不能在钻井现场修理和更换。因此，20 世纪 80 年代以后，1500~3000m 中深井钻机不再采用齿轮而改用链条作为主传动副，不过在 2000m 以下的浅井和车装钻机中，齿轮传动钻机仍具有优越性。

ZJ20B7 型钻机是宝鸡石油机械厂于 1998 年生产的、以齿轮为主传动副的钻机，其传动系统如图 4-5 所示。该钻机采用单独驱动方案，钻机由 1 台 PZ-12V190B 柴油机通过万向

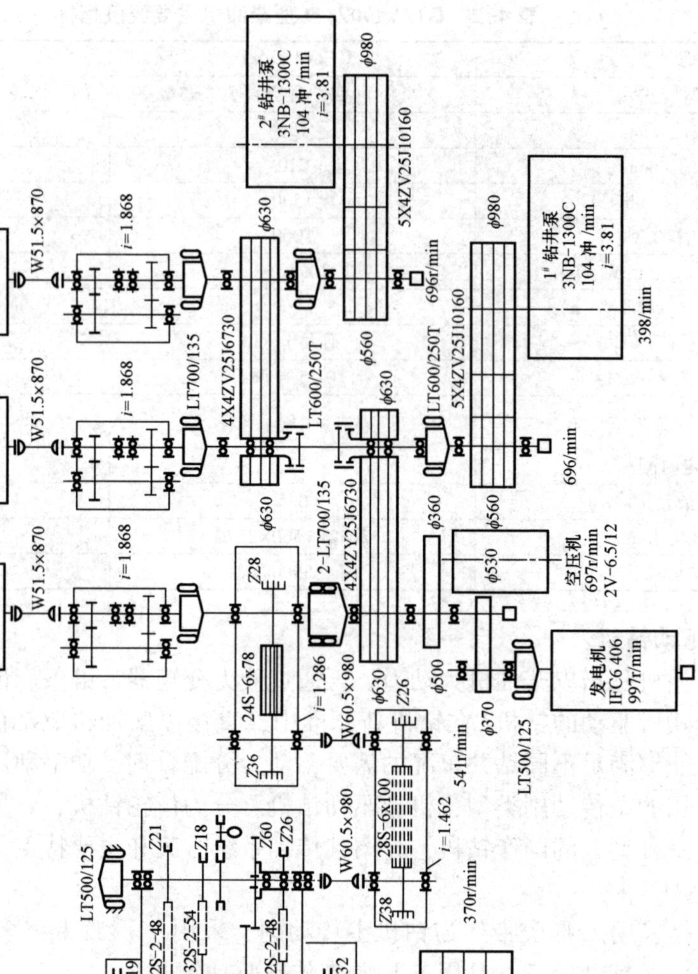

图 4-4 ZJ32J 钻机传动系统图

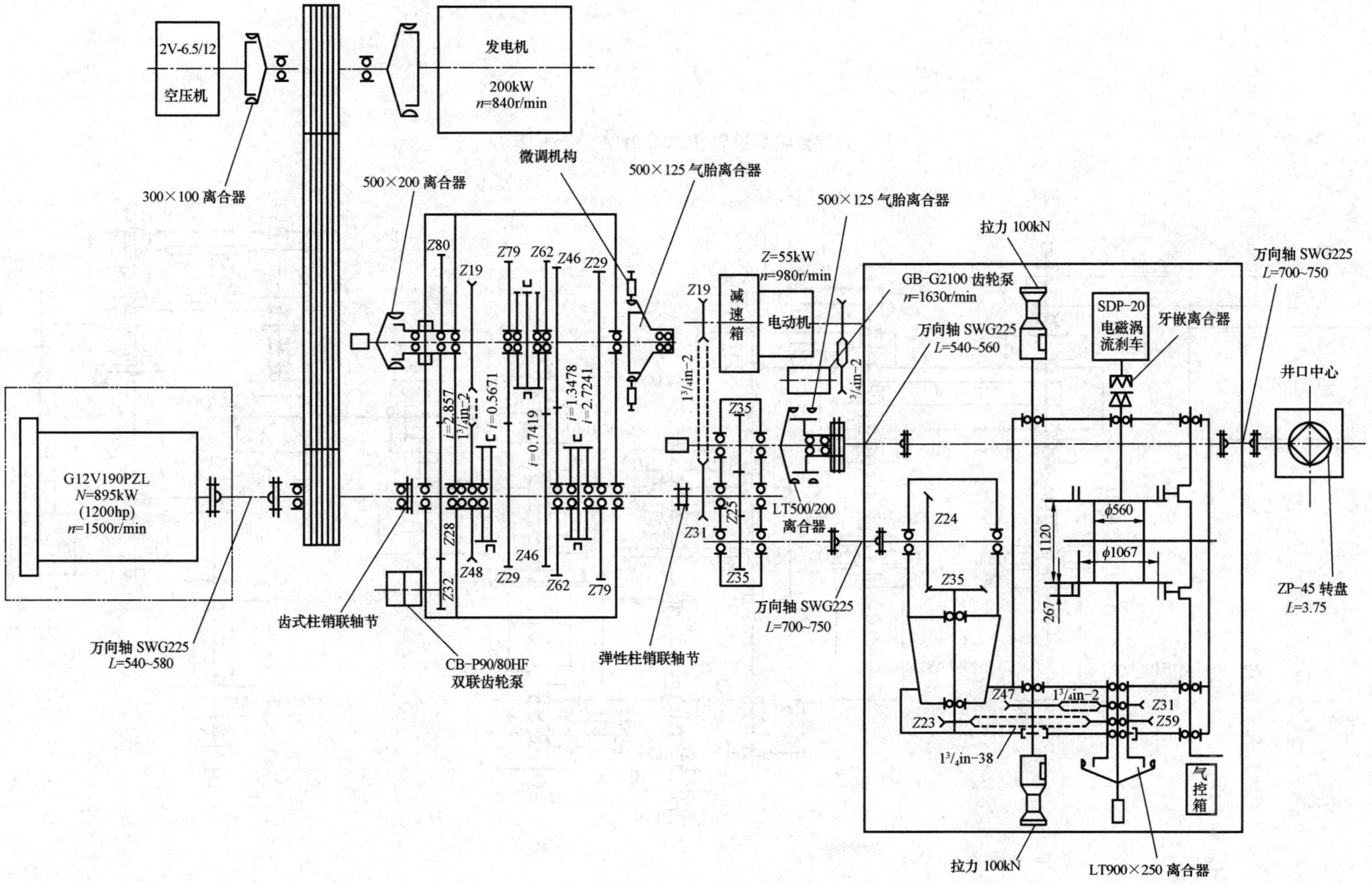

图 4－5　ZJ20B7 钻机传动系统图

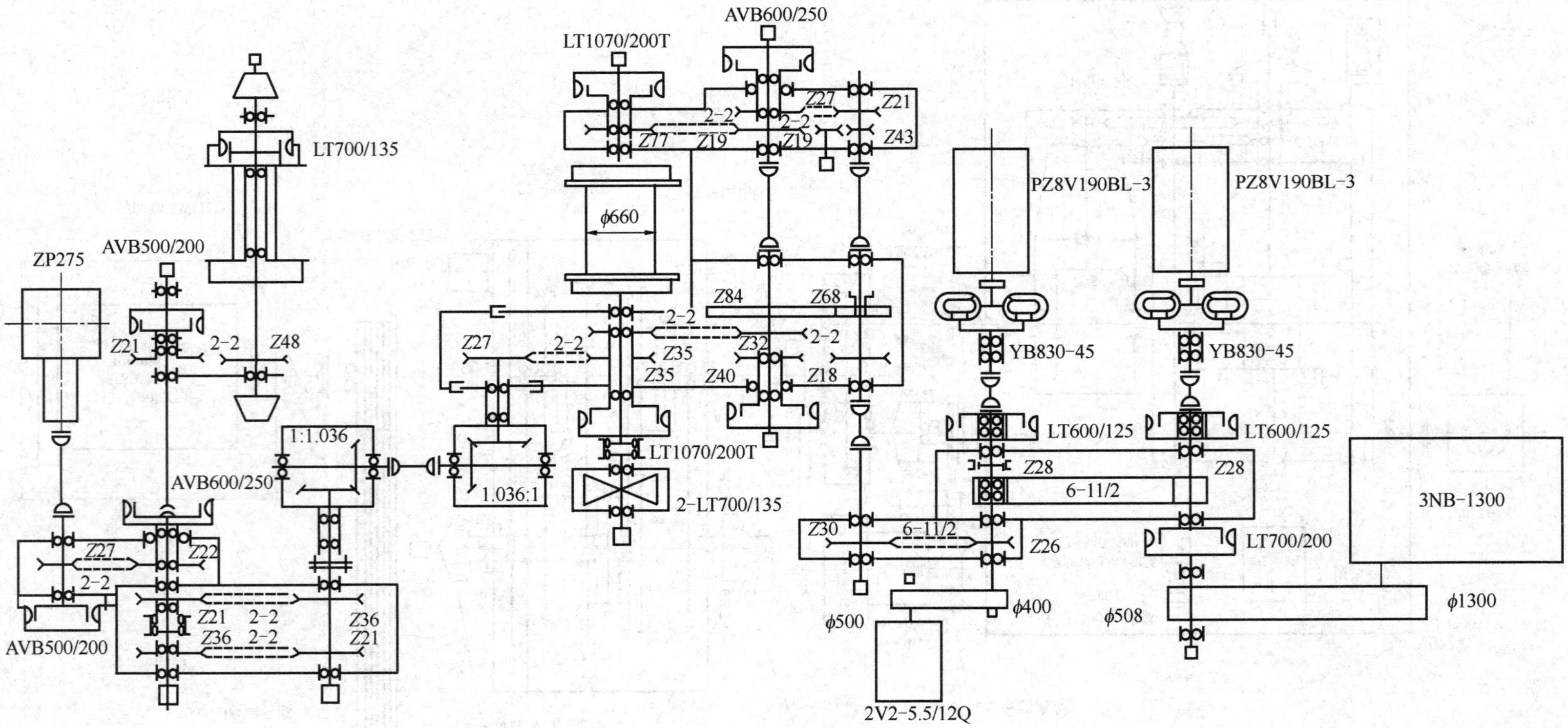

图 4-6　ZJ40/2250L 钻机传动系统图

轴和变速箱，输出四正挡、一倒挡，变速箱将动力传递给分动箱后，动力分成两路，一路通过万向轴和设在绞车上的直角箱，驱动绞车和与绞车一体的猫头轴总成，另一路通过通风离合器和万向轴，带动设在绞车上的过桥轴，再通过另一根万向轴驱动转盘。分动箱输入轴上设有电动应急装置，由 1 台 55kW 交流电动机驱动少齿差减速器，当柴油机或变速箱发生故障时，可启动电动机，经少齿差减速器减速，驱动分动箱，可活动或提升钻具，防止卡钻。独立机泵组由 1 台 PZ-12V190B 柴油机驱动 1 台 3NB-1000Q 钻井泵。

3. 链条钻机

链条钻机采用链条作为主传动副，2~4 台柴油机加变矩器驱动机组，用多排小节距套筒滚子链条并车，统一驱动绞车和转盘工作机组，用 V 带传动驱动钻井泵。

ZJ40/2250L 是宝鸡石油机械厂于 1999 年研制生产的柴油机—液力驱动链条钻机。当时作为一种新型的 4000m 陆地机械驱动链条钻机，在动力机选型、并车驱动方式、绞车布置形式、钻井泵功率配备、钻台高度等方面都进行了全新的设计。不仅采用了多项新技术、新结构，而且主要部件多为已定型的同级钻机的通用产品。满足了钻井效率高、使用安全可靠、操作运输方便、安装快捷的要求。

其传动系统如图 4-6 所示，该钻机采用 2 台 PZ12V190B 加 YB900 和 PZ8V190B 加 YB830 柴油机加变矩器组合动力，采用链条并车驱动绞车以及 2 台 3NB-1300 泵，通过角传动箱、转盘传动箱驱动转盘。

4.3 电驱动钻机

与传统的机械驱动相比，在石油钻机上采用电驱动，具有传动效率高，对负载的适应能力强，安装运移性好，处理事故能力及对机具的保护能力强，易于实现对转矩、速度、加减速度及位置的控制，易于实现钻井的自动化和智能化等多方面的优越性能。

4.3.1 电驱动钻机的发展历程

电驱动钻机发展历程可分为：

(1) 交流电驱动钻机　即交流发电机(或工业电网)-交流电动机驱动(AC-AC)(Alternate Current)，这种驱动方式目前陆地钻机已不采用。

(2) 直流电驱动钻机　即直流发电机-直流电动机驱动(DC-DC)(Direct Current)，多用于海洋、陆地深井。

(3) 可控硅整流直流电驱动钻机　即交流发电机-可控硅整流-直流电动机驱动(AC-SCR-DC)(Alternate Current→Silicon Controlled RecTIFier)，逐渐由 SCR 代替 DC→DC。

(4) 交流变频电驱动钻机　即交流发电机—变频调速器—交流电动机驱动(AC-VFD-AC)。目前这种驱动方式正在发展当中，五年前，海、陆几乎全用 AC→SCR→DC 电驱钻机，有了大功率交流变频调速器，交流电驱钻机会增多。

我国研制电驱动钻机始于 20 世纪 70 年代，DZ-200(DC-DC 驱动，钻深 5000m 宝鸡石油机械厂，1971 年)；海洋 5000m 钻机(DC-DC 驱动，兰州石油机器总厂，1975 年)。20 世纪 80 年代以来研制并投入矿场应用的电驱动钻机有：ZJ15D(AC-AC 驱动，吉林重型机械厂)，以及兰州石油机器总厂生产的 ZJ45D(丛)、ZJ60D、ZJ60DS(AC-SCR-DC)。20 世纪 90 年代末，为适应我国钻机更新改造的需要，研制了 ZJ50D(AC-SCR-DC 驱动，宝鸡石油机械厂，1999 年)。此外，近些年研制成功且较多选用柴油机作钻机、修井机的动力，再用液力传动箱实现变矩、变速，使柴油机出力足、使用经济、寿命长。柴油机、液力传动箱现已由专业生产厂规模生产。

4.3.2 国产电驱动钻机

下面简要介绍几种新型的国产电驱动钻机的性能特点及技术参数。

1. ZJ50/3150DZ 钻机

1）钻机的性能特点

（1）采用以柴油机为动力，带动交流发电机，经可控硅整流，由直流电动机驱动绞车、转盘和钻井泵的传动方式，即 AC-SCR-DC 传动。

（2）电传动系统采用全数字式交流模块和全数字式 DC 直流模块。PLC 逻辑程序控制、触摸显示屏，支持计算机及其打印（运行工况表）功能。电器工程师笔记本电脑和专用软件进行在线测试。系统具有对柴油机、发电机、SCR 系统、直流电动机、断路器及其他单元进行检测、故障诊断、保护、运行工况定性和定量的显示和对系统的控制功能。

（3）绞车滚筒开槽。主刹车采用液压盘式刹车，刹车力矩大，灵敏可靠。盘刹操作手柄置于司钻控制房内，改善了司钻的工作环境，减轻了司钻的劳动强度。

（4）绞车的辅助刹车既可配备电磁涡流刹车，也可配备伊顿刹车。下钻时平稳、省力、易控制，增大了下钻的安全性和可靠性，延长了刹车盘与刹车块的使用寿命。

（5）绞车配有过卷阀防碰天车装置和游车高度指示仪，确保了起下钻作业的安全性。

（6）绞车配有电机自动送钻装置，可实现恒钻压自动送钻以及零速度悬停功能。

（7）绞车、转盘链条箱置于钻台面以下，钻台面平整，操作空间大。转盘链条箱可翻转与绞车整体运输。

（8）转盘独立驱动，既可由转盘电机经链条箱驱动转盘，又可由绞车电机经链条传动驱动转盘，二者实现互济，提高了钻机的可靠性，充分满足钻井工艺需要。

（9）配备大功率三缸单作用泥浆泵，由窄 V 带驱动。

（10）“H”形钢制造的“K”形井架，利用绞车动力整体起升，视野开阔，运输方便。

（11）平行四边形整体起升式底座，可实现钻台面设备和井架低位安装，利用绞车动力整体起升。

（12）钻机的主要机械部件有天车、游车、大钩、水龙头、转盘、井架、底座，均符合 API 规范，打 API 会标。

2）钻机的技术参数

ZJ50/3150DZ 钻机的技术参数见表 4-3。

表 4-3 ZJ50/3150DZ 钻机的技术参数

钻机型号	ZJ50/3150DZ
名义钻深范围（114mm 钻杆）/m	3500～5000
最大钩载/kN	3150
游动系统最多绳数	12
钻井钢丝绳直径/mm（in）	35（1⅜）
游动系统滑轮外径/mm（in）	1270（50）
水龙头中心管通孔直径/mm（in）	75（3）
绞车额定功率/kW（hp）	1100（1500）

续表

绞车挡数	4	
转盘开口直径/mm(in)	698.5 ($27^{1/2}$)	952.5 ($37^{1/2}$)
转盘挡数	2	
泥浆泵单台功率/kW(hp)	960(1300)	1180(1600)
井架工作高度/m(ft)	45(147)	
钻台高度/m(ft)	7.5(25)	9(30)
钻台净空高度/m(ft)	6.25 (20.5)	7.62 (25)
注解：DZ—直流电驱动钻机		

2. ZJ70/4500DZ 直流电动钻机

1）钻机的技术性能特点

（1）主要技术性能参数符合 SY/T 5609—1999 标准，主要配套部件符合 API 规范；整体设计符合 HSE 有关要求和规定；满足钻井作业工艺要求。

（2）以柴油机为动力，带动交流发电机，经可控硅整流，由直流电动机驱动绞车、转盘和钻井泵的传动方式，即 AC-SCR-DC 传动。

（3）电传动系统采用全数字式交流模块和全数字式 DC 直流模块。PLC 逻辑程序控制、触摸显示屏，支持计算机及其打印(运行工况表)功能。电器工程师笔记本电脑和专用软件进行在线测试。系统具有对柴油机、发电机、SCR 系统、直流电动机、断路器及其他单元进行检测、故障诊断、保护、运行工况定性和定量的显示和对系统的控制功能。

（4）绞车滚筒开槽。主刹车采用液压盘式刹车，刹车力矩大，灵敏可靠。盘刹操作手柄置于司钻控制房内，改善了司钻的工作环境，减轻了司钻的劳动强度。

（5）绞车的辅助刹车既可配备电磁涡流刹车，也可配备伊顿刹车。下钻时平稳、省力、易控制，增大了下钻的安全性和可靠性，延长了刹车盘与刹车块的使用寿命。

（6）绞车配有过卷阀防碰天车装置和游车高度指示仪，确保了起下钻作业的安全性。

（7）绞车配有电机自动送钻装置，可实现恒钻压自动送钻以及零速度悬停功能。

（8）绞车传转盘链条箱置于钻台面以下，钻台面平整，操作空间大。转盘链条箱可翻转与绞车整体运输。

（9）转盘独立驱动。转盘既可由转盘电机经链条箱驱动，又可由绞车电机经链条传动驱动，二者实现互济，提高了钻机的可靠性，充分满足钻井工艺需要。

（10）配备大功率三缸单作用钻井泵，由窄 V 带驱动。

（11）“H”形钢制造的“K”形井架，利用绞车动力整体起升，视野开阔，运输方便。

（12）平行四边形整体起升式底座，可实现钻台面设备和井架低位安装，利用绞车动力整体起升。

2）钻机的适用范围

ZJ70/4500DZ 钻机是以直流电动机驱动绞车、转盘和钻井泵的石油钻机。

当使用 ϕ114mm 钻杆时，钻井深度为 4500～7000m；当使用 ϕ127mm 钻杆时，钻井深度 4000～6000m。

3）钻机的动力配置与总体方案

钻机采用 4 台 CAT3512B/SR4B 1900kVA 柴油发电机组作为动力，发出的 600V50Hz 交流电经 SCR 整流成直流电，分别驱动绞车、转盘和钻井泵。绞车由 2 台 800kW 直流电机驱动，经高低挡两级链条减速驱动滚筒。绞车主刹车采用液压盘式刹车，辅助刹车采用电磁涡流刹车。转盘由 1 台 800kW 直流电机驱动，经 1 挡(或 2 挡)链条(或齿轮)减速箱驱动转盘。泥浆泵由 2 台 800kW 直流电动机，经窄 V 带驱动。采用 1 台 45kW 交流变频防爆电机实现自动送钻。

钻机配备 1 台 VOLVO300kW 辅助柴油发电机组，两台 37kW 螺杆式空气压缩机、干燥机以及 2.5m^3 储气罐等均放入辅助发电机组房中。井架为 K 形，有效高度 45m，安装在钻台面上。井架底跨 9m。二层台有四种高度可供调节。配 0.5t 气动绞车。死绳固定器安装在井架右大腿上。井架低位安装，用绞车动力起升。平行四边形整体起升底座，钻台高 10.5m，长 13m，宽 12m。底座净空高 9m，便于安装全套防喷器组，配防喷器组吊装导轨。该底座结构简单，拆装方便，适合快速搬迁和安装。钻台上安装的主要设备有：绞车、转盘独立驱动装置，两台 5t 气动绞车，两台 16t 液压猫头，1 台 ZQ-100 钻杆动力钳及其他手动工具等。泥浆固控系统包括 6 个罐，总有效容积 380m^3。配备有振动筛、除气器、除砂器、除泥器、离心机等泥浆处理设备。供油、供水、供气系统管线均汇集在管线槽中，折叠式管线槽随钻台起升到位，搬运时可折叠成一体，方便运输。

4）钻机的技术参数

ZJ70/4500DZ 钻机的技术参数见表 4-4。

表 4-4　ZJ70/4500DZ 钻机的技术参数

名义钻深范围	127mm(5″)钻杆	4000~6000m
	114mm(4½″)钻杆	4500~7000m
最大钩载	4500kN	
最大钻柱质量	220t	
绞车额定功率	1470kW(2000 马力)	
绞车挡数	4F+4R，直流电机驱动	
提升系统最大绳数(顺穿)	12 根	
钻井钢丝绳直径	ϕ38mm(1½″)	
提升系统滑轮外径	1524mm	
提升部件	天车、游车、大钩、水龙头	
最大静负荷	4500kN	
水龙头中心管通径	75mm	
转盘开口直径	925.5mm(37½″)	
转盘挡数	2F+2R	
泥浆泵台数×功率	3 台×1180kW 直流电机窄 V 带驱动	
井架形式及有效高度	K 形，45m	
钻台高度	10.5m	
面积(长×宽)	13×12m	
净空高度	8.92m	
传动方式	AC-SCR-DC 传动	

续表

电传动系统	
柴油发电机组台数×输出功率	4×1330kW
柴油发电机组型号	Cat3512B
柴油机组转速	1500r/min
发电机频率，电压，功率因数，容量	50Hz，600V，pf=0.7，1900kVA
直流电动机台数(串联)	9 台 970 r/min，0~750V
可控硅控制方式(一对二控制)	0~750V，0~2000A
采用数字控制加 PLC 电控系统	
泥浆罐有效容量	380m^3
高压管汇(双立管双地面)	4″×35MPa
供气系统	
储气罐总容量	(3+2.5)m^3
气源净化装置工作压力	1MPa
柴油罐总容量	100m^3
绞车冷却水容量	40m^3
工业用水罐容量	100m^3

3. ZJ50/3150DB 钻机

1）钻机的动力配置方案

ZJ50/3150DB 钻机采用 2 台 CAT3512B+SR4B 1900kVA 柴油发电机组作为主动力，发出的 600V/50Hz 交流电变频变为 0~600V 交流电，通过 2 台 600kW 的交流电动机驱动绞车，同时由另一台 600kW 交流电动机驱动转盘。绞车主刹车采用双边液压盘式刹车，辅助刹车采用涡流电磁刹车。2 台 SL3NB1300A 钻井泵分别由 G12V190PZL 柴油机并车驱动。

2）钻机的性能特点

(1) 该钻机采用底座和井架整体起升的旋升式结构。底座、井架和所有台面设备低位安装，利用绞车动力，一次性将井架和底座起升到位。拆装方便，具有快速搬迁、整体移运和安装等特点。

(2) 钻机采用交流变频方式驱动和控制，制作了专门的司钻操作台，各气管、油管均采用了快速拆卸接头并作了明显的安装标记。

3）钻机的技术参数

ZJ50/3150DB 钻机的技术参数见表 4-5。

表 4-5　ZJ50/3150DB 钻机的技术参数

名义钻井深度(114mm 钻杆)	3500~5000m	转盘开口名义直径	ϕ952.5mm(37.5″)
(127mm 钻杆)	2800~4500m	柴油发电机组台数×功率	2×1310kW
最大钩载	3150kN(315tf)	绞车挡位	1 正+1 倒，无级调速
游动系统结构	6×7	钻台高度	9m
钻井钢丝绳直径	ϕ35mm	井架形式及高度	K 形，44.5m

4.4 柴油机驱动-液力传动

目前，石油钻采机械多用柴油机驱动，为了改善柴油机的性能，近代钻机、压裂车及部分修井机上都配备了液力传动装置。这里简单概述液力传动基本原理，介绍液力传动基本元件(即液力偶合器、液力变矩器和液力机械变矩器)的结构、工作原理以及它们在石油钻机上的应用。

4.4.1 液力传动基本工作原理

液力传动装置的作用是把发动机的动力传递给工作机，并调节工作速度以适应工作负荷的变化。传动装置的类型很多，有机械传动、液压传动、液力传动、电传动和气传动等。液力传动是指利用流动的液体动能来传动。最初的液力传动采用了由离心泵和涡轮机组装的结构，如图4-7所示。由图可见，离心泵轴与发动机相连，当发动机工作时，离心泵将工作液体从液槽经吸入管吸入。工作液体在泵中获得能量以后，就沿着连通管进入涡轮内，高速流动的液体冲击涡轮，带动与涡轮轴相连的工作机旋转，工作液体把能量传给涡轮后，又经出水管排到液槽中，然后再被离心泵吸入。这样，工作液体在能量转换的过程中作为工作介质而循环不已。

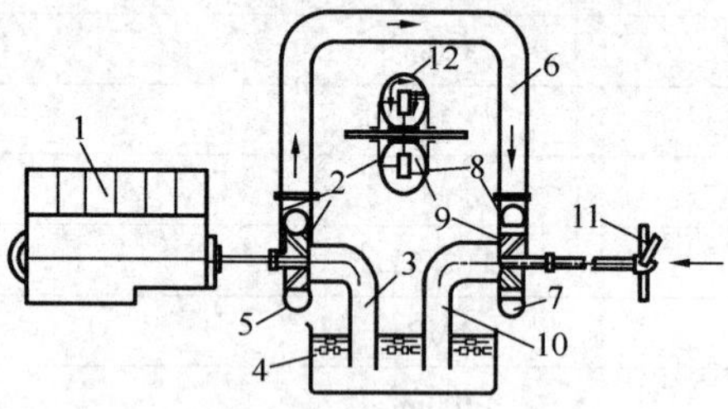

图4-7 液力传动原理

1—发动机；2—离心泵的工作轮；3—离心泵的进水管；4—集水槽；5—离心泵的蜗壳；6—连接管路；7—水轮机的蜗壳；8—导水机构；9—水轮机的工作轮；10—水轮机的尾水管；11—螺旋桨；12—现代液力偶合器

在上述装置中，由于泵轮与涡轮相距较远，装置尺寸太大，高速液体流经连通管时，能量损失大，传动效率不高。为了克服这些缺陷，人们取消了连通管，而把泵轮与涡轮放在同一个壳体中，构成了一种新的传动装置，这就是现在的液力传动装置。

4.4.2 液力传动特点

1. 液力传动的主要优点

(1) 传动性能柔和。当负荷变化时，可以自动无级地调节速度，某些液力传动装置还能改变输出扭矩，从而能充分利用动力机所配备的功率，提高生产率。

(2) 能吸收振动。它可以消除来自柴油机的扭矩振动和来自工作机的动载影响，大大提高了从动力机到工作机相关设备的使用寿命。

(3) 可以防止过载。对柴油机和工作机起保护作用，不会使柴油机憋灭火。

(4) 能在运转和负载条件下挂挡，操作方便，易于实现自动化。

2. 液力传动的主要缺点

(1) 传动功率损失较大，效率较低。

(2) 需要一些附加设备，如冷却散热系统、压力补偿系统等，成本较高。

(3) 用于低速传动时，其结构尺寸较大，故一般只适用于高速传动。

4.4.3 液力传动基本元件

1. 液力传动元件的类型及特点

按照传动特点，液力传动的基本元件有液力偶合器、液力变矩器和液力机械变矩器三类。

1）液力偶合器

液力偶合器是通过液力传递扭矩的元件，但它只能传递扭矩，而不能改变扭矩。目前广泛使用的偶合器，按其性能可分为以下四类：

（1）牵引型偶合器　主要用于传递功率，同时起柔性离合器的作用。

（2）安全型偶合器　主要用于机械在常载、重载条件下启动性能的改善，减少机械冲击，有效地保护原动机和工作机。

（3）调速型偶合器　可根据负载情况（即使负载不变）调节偶合器的工况点，达到调节工作机转速的目的，以满足生产实际中对工作机进行无级调速的需要。

（4）普通型偶合器（也称为标准型偶合器）。仅用于要求对系统隔离振动、改善启动冲击或使偶合器只作离合器使用的场合。

2）液力变矩器

液力变矩器不仅能传递扭矩，而且能在泵轮输入扭矩不变的情况下，根据工况（即随着涡轮转速的不同）而改变涡轮的输出扭矩。液力变矩器比液力偶合器多一个固定不动的导轮，因此就多一个变矩的功能。根据液力变矩器的结构和性能特点，通常按照如下方式分类：

（1）根据工作轮在循环圆中的排列顺序分类，有 B-T-D 型（因涡轮正传，也称为正转型）和 B-D-T 型（因涡轮反传，也称为反转型）液力变矩器。

（2）根据涡轮数分类，有单级、双级、三级和多级液力变矩器。

（3）根据导轮数分类，有单导轮和双导轮液力变矩器。

（4）根据泵轮数分类，有单泵轮和双泵轮液力变矩器。

（5）根据各个工作轮的组合和工作状态分类，有单相、两相和多相液力变矩器。

（6）根据涡轮的形式分类，有轴流式、离心式和向心式液力变矩器。

（7）根据泵轮和涡轮能否闭锁为一体工作分类，有闭锁式和非闭锁式液力变矩器。

（8）根据液力变矩器的特性能否控制分类，有可调式和不可调式液力变矩器。

3）液力机械变矩器

液力机械变矩器有功率内分流和功率外分流两种。如双涡轮变矩器、导轮反转变矩器属于功率内分流；而液力元件与行星排的各种组合传动属于功率外分流。

另外，液力偶合器、液力变矩器、液力机械变矩器和动力换挡变速器可组合成液力机械传动装置。

2. 液力传动元件的工作原理

1）液力偶合器的工作原理

液力偶合器由泵轮、涡轮、外壳、输入轴和输出轴等基本零件组成，如图 4-8 所示。其主动输入轴与原传动机的泵轮相连，从动输出轴端与负载轴端连接，通过调节液体介质的压力，使输出轴的转速得以改变。泵轮与涡轮的形状如图 4-9 所示。它里面装有许多径向安装的平面直叶片，泵轮与涡轮对称布置，其叶片所构成的液体流道互相衔接，形成一个封闭的环形空间，工作液体聚在其中循环流动，这个封闭的环形空间称为循环圆。循环圆的最大直径称为有效直径，它是偶合器的代表尺寸。理想状态下，当压力趋于无穷大时，输出转速与输入转速相等，相当于钢性联轴器。当压力减小时，输出转速相应降低，连续改变介质压力，输出转速可以得到低于输入转速的无级调节。

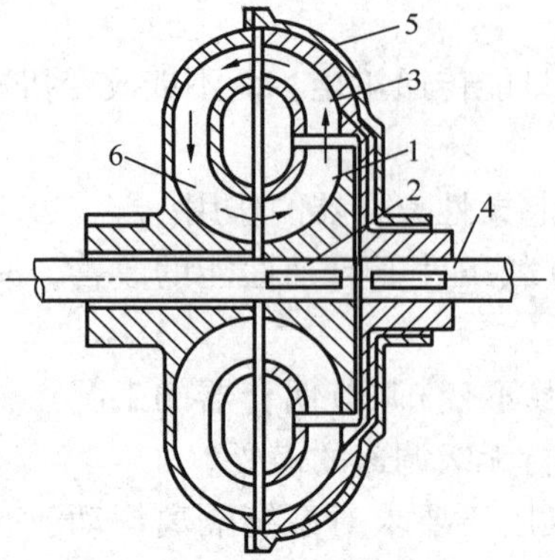

图 4-8　液力传动元件示意图

1—泵轮；2—输入轴；3—涡轮；4—输出轴；5—外壳；6—导轮

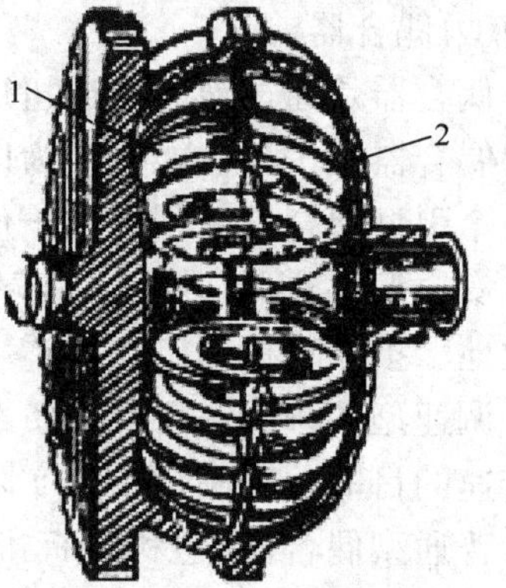

图 4-9　液力偶合器的形状

1—泵轮叶片；2—涡轮叶片

假想有一个钢球位于泵轮中心左右，如图 4-10(a)所示，当发动机轴不转时，钢球在原地不动，而当发动机带动泵轮旋转时，钢球便在离心力的作用下从中心沿泵轮壳及叶片所形成的流道向外缘运动。最后，钢球将从泵轮出口向左方飞出，如图 4-10(b)所示。

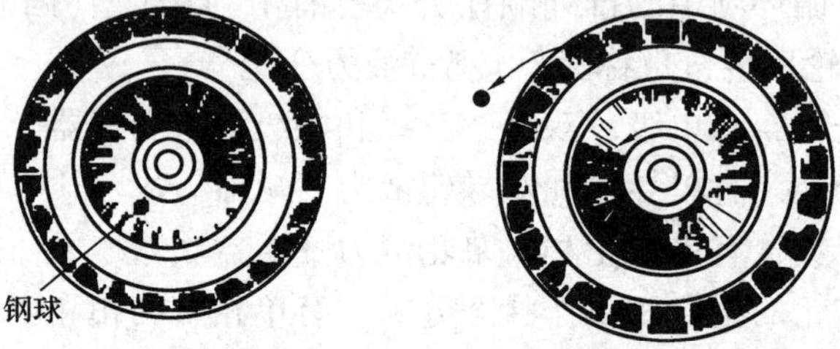

(a) 钢球位于泵轮中　　(b) 钢球飞出泵轮

图 4-10　泵轮内假想钢球运动

如果把结构与泵轮相同的涡轮安装在与泵轮相对的位置，则钢球从泵轮飞出后，将冲向涡轮的叶片。由于钢球从泵轮飞出的方向与泵轮的旋转方向是一致的，因而它冲击涡轮叶片后，将迫使涡轮向同一方向旋转。

液力偶合器内充满的工作油，可看作由无数个像钢球一样的液体质点组成。泵轮一转动，液流就像无数个钢球在整个圆周上从中心向外缘运动，并以高速冲向涡轮叶片，带动涡轮旋转。从涡轮出来的工作油又进入泵轮内缘的叶片入口，如此循环不已。工作液体的这种运动就起到了传动作用。

2）液力变矩器的工作原理

液力变矩器的工作原理与液力偶合器类似，变矩器除泵轮和涡轮外，还有一个固定不动的叶轮，叫做导轮。因此，变矩器的循环圆是由泵轮、涡轮和导轮三个工作轮所组成，如图 4-11 所示。

变矩器的主要性能特点在于它能改变扭矩，即在工作过程中，变矩器能把泵轮轴上的扭矩(通常就是发动机的输出扭矩)转换为较大或较小的涡轮轴输出扭矩。当变矩器工作时，液体在循环圆中从泵轮→涡轮→导轮→泵轮作不停的循环运动，如图 4-12 所示。液体在导轮进口和出口处的速度的方向和大小都发生了变化，从而引起了液体动量矩的变化。正是由于这个变化，使液体对导轮产生了一个作用扭矩，此作用扭矩经导轮传给固定的外壳，由外

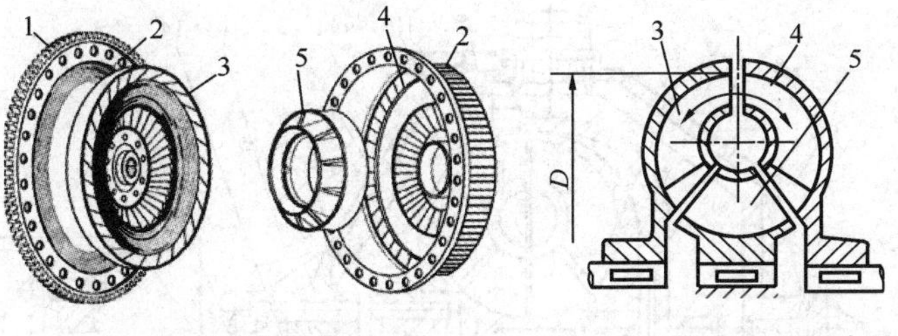

图 4-11　液力变矩器结构

1—启动齿圈；2—变矩器壳；3—涡轮；4—泵轮；5—导轮

壳所承受。而固定的导轮反过来又给液体以反作用扭矩。同样，循环圆中的液体流经过泵轮时动量矩也发生变化，液体对泵轮和涡轮都作用着一定的扭矩，而泵轮及涡轮都对液体作用着反扭矩。这样，如取变矩器循环圆中的整个液体为自由体来研究它的力矩平衡问题，可以看到，作用于液体上的外力矩包括：来自泵轮的主动力矩 M_B、来自涡轮的阻力矩 M_T、来自导轮的反作用力矩 M_D。

当整个循环圆中的液体处于稳定运动状态(无加速、减速运动)时，作用于液体上的外力矩之和应等于零，即

$$\Sigma M = M_B + (-M_T) + M_D = 0 \tag{4-1}$$

式中，M_B 取正值是由于泵轮对液体总是产生主运动扭矩；M_T 取负值是因为它是液体作用于涡轮的扭矩，涡轮是从动的；导轮的扭矩 M_D，可以是正，也可以是负，它取决于变矩器的工况，但当变矩器在正常变矩工况下工作时，导轮对液体产生的反作用扭矩方向与泵轮扭矩的方向是相同的，因此 M_D 通常也为正。把式(4-1)移项，可得：

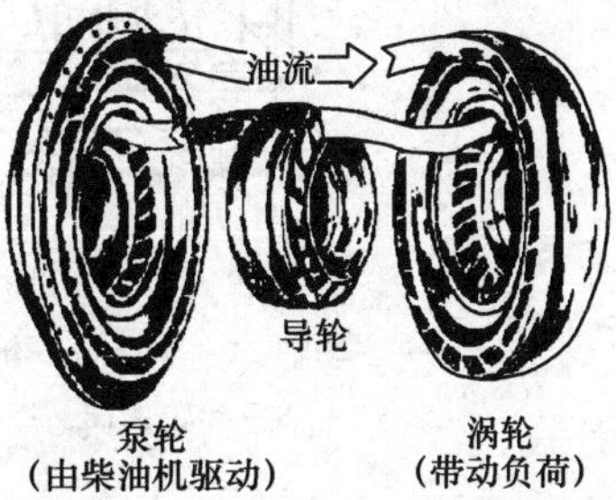

图 4-12　液力在变矩器各工作轮中作循环运动

$$M_T = M_B + M_D \tag{4-2}$$

由此可见，由于有固定导轮的存在，在循环圆中，它对液体构成了一个扭矩支点，对液体施加一定的反作用扭矩，从而使液体变矩器的泵轮扭矩(或发动机扭矩)M_B，可改变为比它大或小的涡轮轴输出扭矩 M_T。也就是说，涡轮从液体中所获得的扭矩等于泵轮和导轮所给予液体扭矩的代数和。如图 4-13 所示是钻机用的典型变矩器(WB-700 型液力变矩器)的结构图。

3. *液力传动元件在石油钻机上的应用*

1) 液力偶合器在石油钻机上的应用

(1) 液力偶合器用于钻井泵的传动　不少现代钻机在钻井泵采用单独驱动，构成独立的机泵组。比统一驱动具有更大的灵活性，安装也较容易。机泵组传动中采用液力偶合器的主要优点如下：

第一，提高了功率利用率。在钻井过程中，随着井深的不断增加，泵压逐渐增高，为了充分利用钻井泵的装机功率，排量应相应地降低。当传动系统中无偶合器时是做不到这一点的。如果有了偶合器，就可以自动改变钻井泵的排量以适应泵压的变化，从而在一定程度上提高了功率利用率。

第二，降低了泵压脉动。目前往复式钻井泵的排量和压力是脉动的。这种脉动，使管汇系统发生振动，使泵的传动机构运动不均匀，对柴油机的工作和寿命也很不利。如果在传动

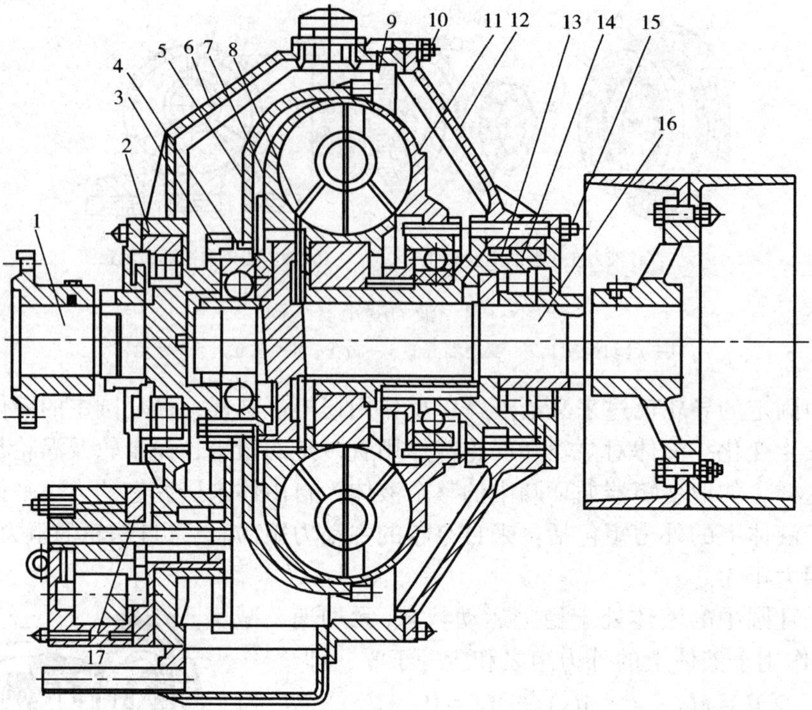

图 4-13　WB-700 型液力变矩器

1—主动轴；2，14—滚子轴承；3，9—螺钉；4—连接管；5—配油套；6，12—外壳；7—涡轮；8—导轮；10，15—螺栓；11—泵轮；13—密封件；16—从动轴；17—齿轮泵

中配备了偶合器，使柴油机与钻井泵之间变为柔性连接，可使排量不均匀度降低 50%左右，柴油机的工作寿命明显提高。

第三，便于处理事故。在钻井过程中常发生钻头泥包、井漏或卡钻等复杂情况，此时要求钻井泵能在很广的范围内改变泵压和排量。如井中钻头泥包或卡钻时，需要降低排量，并保持高压，以憋开循环通路。在未配备偶合器时，通常采用移注闸门或从泵中取出几个泵阀等办法，操作复杂且不可靠。当机泵组的传动中配备了偶合器后，由于某柔性传动的特点，可使泵压憋到最高值。当憋开通路后，排量会适应解卡程度而不断提高。同时，在操作上也大为简化。

第四，简化双开泵操作。钻井中泵的使用通常是两台泵并联，当一台泵已开后，再开第二台泵时，如无偶合器，通常要用启动闸门，在第一台泵停车或卸压后再并联的办法，这些都使操作复杂化。配备偶合器后就可在第一台泵工作过程中，随时启动第二台泵，大大简化了开泵操作。

（2）液力偶合器用于绞车及转盘的传动　少数钻机在主传动上采用了偶合器，例如，罗马尼亚生产的 4LD 重型钻机的主传动上就应用了偶合器，而在国外的一些轻便钻机上也较多地应用偶合器作为整机的传动装置，其功用主要是用以缓和冲击、吸收振动及较充分地利用功率。

此外，一些深井钻机还利用液力偶合器作为辅助的传动装置。如图 4-14 所示即为其中的一个方案。在此方案中两部柴油机通过液力变矩器及摩擦离合器输出功率，在并车后一方面驱动两台钻井泵，另一方面驱动绞车和转盘。由于在钻井中有时需要转盘慢转或绞车轻提，同时又要开双泵给出大泵量，如果在传动中没有偶合器时，为了满足这种工艺要求，就要摘开并车链条，使一台柴油机输出小功率带动绞车或转盘，另一台柴油机带钻井泵。显然采用这种办法柴油机的功率无法得到充分利用。而一台柴油机带两台泵，功率又不足。为了解决这个问题，在传动上增加了一套辅助的传动装置，其中包括一个带输液管的可调节式偶合器。在正常钻进时偶合器内不充液体，因此它对传动没有任何影响，当绞车要求轻提或转盘要求慢转，同时又要求大泵量时，柴油机仍可并车运转，但此时摘开绞车传动中的主离合器，向偶合器中充入一定的液体，这样从柴油机输送到绞车的功率就不通过主离合器，而是通过液力偶合器来实现传递。供给绞车的功率大小可由偶合器的充液量多少来控制。采用了这种辅助传动装置后，既保证了钻井泵从柴油机获得全功率，又能靠偶合器来准确地调节传给绞车或转盘必要的扭矩及转速，其性能柔和，操作简便。

2）液力变矩器在石油钻机上的应用

(1) 液力变矩器在绞车上的应用　当钻机动力机组装上液力变矩器后，显著改善了绞车的性能。主要表现在以下几个方面：

第一，钻机功率的利用更加充分。在起钻过程中，大钩上的负荷是不断变化的，而机械传动钻机的绞车挡数却有限(4~6 挡)，因此，功率的利用很不充分，如图 4-15 所示的阴影部分表示未被利用的功率。

当使用液力变矩器后，大钩的提升速度就能随负荷的增减，自动无级地降低或提高。此时大钩的负荷 G 与提升速度 v 的变化情况基本上接近图 4-15 中的等功率曲线。使钻机的功率得到充分利用，从而加快了起下钻速度，这对于深井钻机显得更重要。

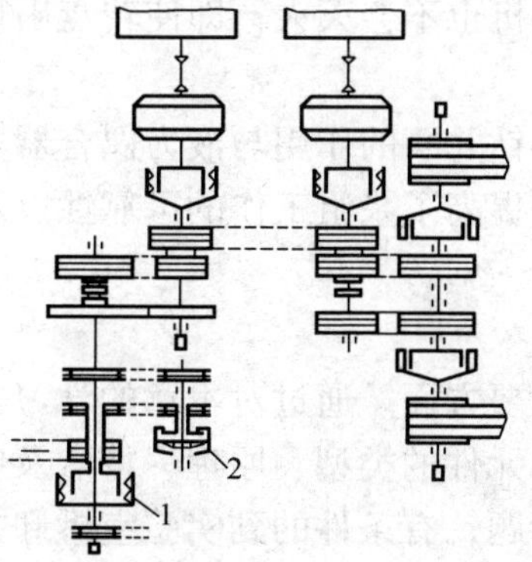

图 4-14　液力偶合器用于绞车及转盘的辅助传动中
1—主偶合器；2—偶合器

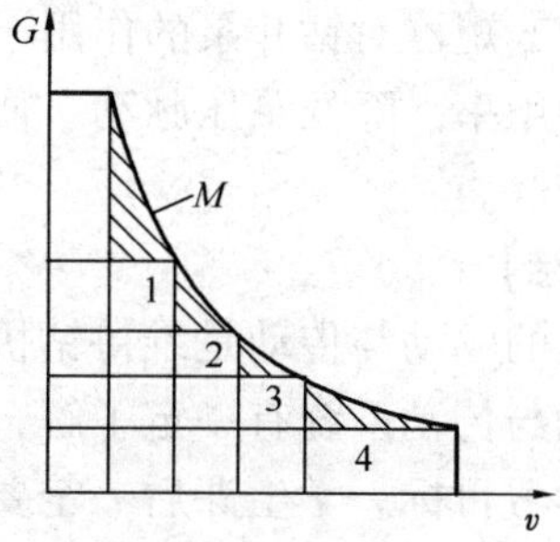

图 4-15　大钩负荷 G 与提升速度 v 的关系

第二，改善绞车的调节性能。钻机动力机组配上液力变矩器后，可使绞车的调节性能大为改善。变矩器施加到柴油机轴上的负荷曲线，可由公式 $M_e = an_B^2$ 表示。由于泵轮轴上的扭矩与转速就等于柴油机轴上的扭矩与转速($M_e = M_B$，$n_e = n_B$)上式亦可写成，$M_e = an_e^2$。则

$$\eta = \frac{M_T n_T}{M_e n_e} \tag{4-3}$$

$$an_e^3 \eta = M_T n_T$$

$$n_T = \frac{an_e^3 \eta}{M_T} \tag{4-4}$$

式(4-4)表明，当大钩负荷不变时，变矩器输出轴扭矩 M_T 不变，变矩器输出轴转速 n_T(或大钩提升速度)与柴油机转速 n_e 的三次方成正比，也就是说，司钻稍微调节一下柴油机的转速 n_e，就可以使大钩的提升速度在很大范围内变化。式(4-4)也可变换为：

$$M_T = \frac{a n_e^3 \eta}{n_T} \tag{4-5}$$

由式(4-5)可见，当变矩器输出轴转速 n_T 不变(相当于大钩提升速度不变)时，其输出轴扭矩 M_T(或大钩负荷能力)与柴油机转速 n_e 的三次方成正比。使用液力变矩器后，在起下钻过程中，摘挂挡次数和换挡次数大大减少，不仅加速了起下钻过程，也减轻了司钻的劳动强度。

第三，提高绞车工作的柔和性与可靠性。液力变矩器的输入轴与输出轴之间，没有刚性的机械连接，而是靠液体作为传递能量的介质。因此，柴油机轴上的周期性扭矩振动不会传到工作机组上去，而各工作机组在工作过程中所产生的振动和冲击负荷也传不到柴油机上去。由于这种平稳而柔和的传动性能，显著地减少了钻机各个部件的磨损，延长了它们的使用寿命。

液力变矩器具有输出转速越低，扭矩越高的特性，这种特性对于处理钻井事故特别有利，例如当起钻遇到阻卡时，大钩上负荷突然升高，这时液力变矩器能使绞车以极低的速度和比平时大几倍的提升能力，把被卡的钻具从井下提出。假如钻井过程中有一部柴油机损坏，也可以利用其余的柴油机以低速立即把钻具从井中提出，保证了钻井的安全生产。

(2) 液力变矩器在转盘上的应用　与绞车的情况相同，变矩器可以使转盘的有级变速变为平稳的无级变速，使转盘功率得到充分利用。转盘采用液力变矩器后，由于它工作的柔和性，可以减少扭断钻杆的危险。在钻头遇卡时，柴油机也不会灭火，即使转盘出现短时的停转，也能很快恢复正常运转。

(3) 液力变矩器对钻井泵的作用　液力变矩器对钻井泵的作用与液力偶合器类似，可提高泵组功率利用率、降低泵压脉动、便于处理事故、提高了泵组工作的可靠性以及简化了开泵和并车操作等。

【本章小结】

石油钻机的驱动与传动是维持钻机正常运行的重要方面。通过对本章的学习，要求学生对钻机的驱动与传动系统有一定了解，掌握相关设备元件的类型、原理、特点及应用，从而实现本章的学习目标。学生课后一定要复习和做思考题，有条件的到实验室拆卸并观察相关的设备元件，了解它们的结构组成和工作原理，以加深对所学知识的理解。

思　考　题

1. 石油钻机包括哪三大工作机组？石油钻机对这三大机组的要求是什么？
2. 石油钻机有哪几种典型驱动方案？各种方案的主要特点是什么？
3. 钻机驱动有哪些类型？各有何特点？
4. 什么叫机械驱动钻机？依据采用主传动副类型的不同，机械驱动钻机有哪几种？
5. 机械传动系统有哪些部分组成？各有什么特点？
6. 简述液力传动的工作原理和特点？
7. 常用液力传动的基本元件有哪几种？各种基本元件的特点是什么？
8. 液力传动的基本元件应用到石油钻机上能发挥哪些作用？

第5章　钻机的起升系统

【学习目标和要求】

钻机的起升系统是钻机的核心，它主要由井架、天车、游车、大钩、游动系统钢丝绳和绞车等设备组成。本章将介绍这些设备的结构原理、特点、使用及维护。要求学生熟悉钻机起升系统的主要组成，掌握井架、天车、游车、大钩、游动系统钢丝绳和绞车等设备的功用，了解这些设备的结构原理、特点，学会设备的使用及维护方法。

【重点和难点】

重点是钻机起升系统的主要组成和组成设备的结构、使用及维护；难点是各组成设备的结构原理。

5.1　起升系统工作原理

5.1.1　起下钻操作

在钻井工作中，起下钻操作是不可缺少的环节，合理设计起下钻操作的程序和步骤，能够明显缩短起下钻所需的时间和提高功率利用率，同时也能够有效地降低钻井成本。

1. 起下钻操作步骤

1）起钻过程操作步骤

更换钻头时，需将井中的全部钻柱取出，称为起钻作业。起钻包括以下步骤：

(1) 用吊卡扣住钻杆接头；

(2) 挂合绞车滚筒，带动钻柱起升，提出卡瓦，将井中整个钻柱提升一个立根的高度，然后摘开离合器，刹车；

(3) 稍松刹车，下放钻柱，用卡瓦将钻柱卡在转盘上；

(4) 旋下方钻杆，将方钻杆—水龙头置于大鼠洞中；

(5) 用吊卡扣住钻杆接头，挂合绞车滚筒带动钻柱起升，提出卡瓦，将井中整个钻柱起升一个高度，然后摘开离合器，刹车；

(6) 用猫头(或卸扣气缸)拉动大钳崩松顶部立根的下接头丝扣；

(7) 用转盘带动钻柱正转或用旋绳器将接头丝扣脱开；

(8) 将此立根移入钻杆盒并靠在二层台指梁中；

(9) 摘开吊卡，下放空吊卡至转盘上方刹住。

起另一个立根时，继续重复上一个操作，每起一立根就完成一个起钻循环，一直将井中的钻柱全部起出井口为止。

2）下钻过程操作步骤

将钻头、钻铤、钻杆、方钻杆等组成的钻杆柱下入井中，称为下钻作业。下钻包括以下步骤：

(1) 用卡瓦将钻柱卡在转盘上，打开扣在钻柱接头上的吊卡(如用双吊卡操作，应将一只吊卡放在转盘上架住钻柱，而另一只吊卡则准备起升)；

(2) 挂吊卡并同时挂合绞车高速挡，起升空吊卡至一个立根的高度；

(3) 二层台上的操作工人把吊卡扣在一立根顶部的接头下面，向上稍提立根并移至井眼中心，对扣；

(4) 将立根下面的接头对准钻柱顶部的接头，用猫头或旋绳器旋上接头丝扣；

(5) 用猫头和大钳拧紧接头丝扣；

(6) 向上稍提钻柱将其提出卡瓦(或摘开下吊卡)；

(7) 用绞车或辅助刹车将钻柱下放一立根的距离，临近放卡瓦(或吊卡)时将钻柱下放速度刹慢；

(8) 借助吊卡或卡瓦，将钻柱卡在转盘上(或扣牢下吊卡将它坐在转盘上)，从吊卡上将吊环脱开。

下另一立根，再重复上述操作。

2. 起下钻操作时间

从上述操作过程分析可见，起下一个立根的时间为：

$$t = t_{起} + t_{吊} + t_{下} + t_{手} \tag{5-1}$$

式中 $t_{起}$——起升一个立根所用的机动时间，它取决于起升速度；

$t_{吊}$——起下钻中起下空吊卡的时间；

$t_{下}$——下放钻柱一个立根距离所用的时间，它取决于下放速度；

$t_{手}$——机手动时间，它包括上卸扣、提放卡瓦、摘挂吊卡等所用的时间。

每旋转或卸开一个接头，目前的定额为2min，而机动起升时间则只有30~90s，下放钻柱一个立根距离的时间只有20~70s，起下空吊卡的时间只有30s，所以，机手动时间所占的比重是比较大的，因此，为了缩短起下钻时间，有待于采取井口机械化操作措施予以解决。

5.1.2 游动系统中钢丝绳与滑轮的运动分析

图5-1为游动系统示意图。设 v 为大钩的速度；v_1，v_2，…，v_z 为各钢丝绳的速度，v_f 为快绳速度，v_d 为死绳速度，Z 为有效绳数(除死绳、快绳以外的游绳数)，v'_0，v'_1，v'_2，…，为天车各滑轮的旋转线速度，n_1，n_2，…，为天车各滑轮的转速，D 为滑轮直径。则有下列关系式：

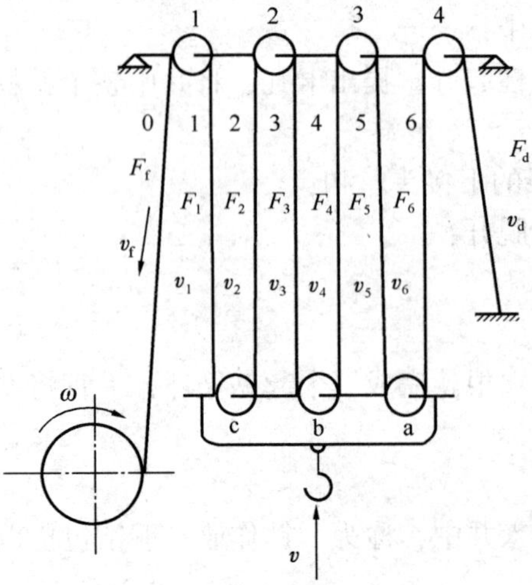

图5-1 游动系统运动和钢丝绳拉力分析图

$$\left.\begin{aligned} v_f &= v_1 = 6v = Zv \\ v_3 &= v_2 = 4v \\ v_5 &= v_4 = 2v \\ v_6 &= v_d = 0 \end{aligned}\right\} \tag{5-2}$$

$$\left.\begin{aligned} v'_1 &= v_1 = Zv, & n_1 &= \frac{60 \times Zv}{\pi D} \\ v'_2 &= v_2 = v_3 = 4v, & n_2 &= \frac{60 \times 4v}{\pi D} \\ v'_3 &= v_4 = v_5 = 2v, & n_3 &= \frac{60 \times 2v}{\pi D} \\ v'_4 &= v_6 = 0, & n_4 &= 0 \end{aligned}\right\} \tag{5-3}$$

由式(5-3)得：

$$\frac{\pi D n_1}{60} = v_1 = Zv, \Rightarrow n_1 = \frac{60 \times Zv}{\pi D} \tag{5-4}$$

通过上述的式子可知：

(1) 在起下钻过程中，快绳一侧钢丝绳的速度要比死绳侧的高出数倍，钢丝绳的弯曲次数自然也就较多，更易发生疲劳破坏，所以，用一段时间后应该补充新绳(即从死绳端储绳卷中放出新绳，从滚筒上斩掉一段钢绳重新固定缠好。此措施俗称为“倒大绳”)。

(2) 快绳一侧的滑轮及轴承比死绳侧的转得快，自然磨损也快，因此检修时应将其滑轮及轴承与死绳侧的相互倒换，以使其寿命均衡；在设计和选择轴承时，应以快绳一侧的轴承工况为依据。

5.1.3 游动系统中钢丝绳的拉力

在钻井作业中，游动系统共有三种工况：即大钩悬重静止、大钩起升及大钩下放。下面讨论三种工况时游动系统钢丝绳的拉力和效率。

如图 5-1 所示，设：Q_s 为起升时游动系统起重量；Q_h 为钩载；G_s 为游动部件重量(常量)；F_f，F_1，F_2，…，F_d 为快绳、各游绳和死绳的拉力。

1. 大钩悬重静止时

各段游绳拉力相等，即

$$F_f = F_1 = F_2 = F_3 = \cdots = F_Z = F_d,\ Q_s = Q_h + G_s = F_1 + F_2 + F_3 + \cdots + F_Z = Z F_f$$

$$F_f = Q_s/Z \tag{5-5}$$

2. 大钩起升(起钻)时

由于滑轮轴承的摩擦阻力和通过滑轮时的弯曲阻力，使各绳拉力发生变化，即

$$F_f > F_1 > F_2 > F_3 > \cdots > F_Z > F_d \tag{5-6}$$

3. 大钩下放(下钻)时

情况与起升时相反，即

$$F'_f < F'_1 < F'_2 < F'_3 < \cdots < F'_Z < F'_d \tag{5-7}$$

通过以上对游动系统的分析可见：在起钻和下钻时各钢丝绳的拉力是不同的，其中起钻时快绳拉力为最大，设计时应以起钻时快绳的拉力值作为绞车的基本参数，并作为选用钢丝绳的依据。

5.2 钻井绞车

绞车是钻机起升系统的主要设备，也是核心设备，它是钻机的三大工作机之一。

5.2.1 绞车的功用与结构组成

1. 绞车的功用

(1) 为起下作业提供几种不同的起升速度和起重量，满足起下钻具和下套管的需要。

(2) 在钻进过程中，悬挂静止的钻具，送进钻柱、钻头，控制钻压。

(3) 利用绞车的猫头机构紧、卸钻具和起吊管子及重物。

(4) 绞车还可作为转盘的变速机构和中间传动机构。

(5) 对于整体自升式井架钻机，利用绞车用来起放井架。

(6) 利用绞车的捞砂滚筒，进行提取岩心筒、试油等作业。

(7) 利用绞车安装钻台设备，完成其他辅助工作。

2. 绞车的使用要求

(1) 能够传递足够大的功率　因钻柱很重，故所需的起升功率很大。

(2) 滚筒要有适当的尺寸和足够大的缠绳空间　保证起升一个立根(28m)的缠绳长度，余量行程2~3m，游绳数10根，缠绳长度300多米。

(3) 要有适当的挡数　绞车工作时钩载是变化的，$N=QV$，保证$N=$常数，Q与V呈反向变化；国家规定6个挡，挡数越多，功率利用率越充分，结构越复杂。

(4) 刹车机构要灵敏可靠　钻压靠刹车调节，钻具起升和下放的停止、钻柱的悬持也靠刹车。

(5) 猫头要有足够的拉力　猫头的作用是上卸扣，钻柱丝扣结合得很紧，崩扣所需的力矩很大，猫头要有很大的拉力。

3. 绞车型号

目前，我国钻井绞车已形成标准化、系列化产品，其型号表示如下：

JC□□

——绞车型式：机械驱动无标记；Y— 液马达驱动绞车；D— 直流电驱动绞车；DJ— 交流电驱动绞车；DB— 交流变频电驱动绞车

——绞车级别：采用114mm钻杆，以100m为单位计的名义钻探范围上限

——绞车代号

4. 绞车的技术规范

绞车的技术规范如表5-1所示。

表5-1　绞车的技术规范

钻机型号	ZJ40/2250CJD	ZJ50/3150L	ZJ70/4500DZ	ZJ50/3150DB-1	ZJ45J ZJ45L
绞车型号	JC40-3	JC50	JC70D	JC50DB	JC45
输入功率/kW	735	1100	1470	1840	1103
快绳拉力/kN	280	340	485	340	343
钢丝绳直径/mm	32	35	38	38	32.5
滚筒(直径×长度)/mm×mm	640×1175	685×1130	770×1361.15	770×1556	685×1245
刹车盘(直径×厚度)/mm×mm	—	1600×76	1600×76	1400×75	—
提升挡数	4-4R	4+2R	无级变速	无级变速	6+2R
主刹车	伊顿236WCB2	PSZ751	PSZ751	液压盘刹	带刹车
辅助刹车	伊顿336WCS	DS50，YS50	伊顿436WCB	能耗电机	DS50
上扣猫头最大拉力/kN	—	35	60	—	30
卸扣猫头最大拉力/kN	—	100	100	—	100
质量/kg	—	36000	54000	40900	29520
绞车尺寸(长×宽×高)/mm×mm×mm	5190×2484×2181	765×2995×2580	7670×3080×2890	8080×2946×2625	7000×3600×2725

5. 现代绞车的结构类型

钻井绞车种类繁多，但最能体现绞车结构特点的是绞车的轴数，下面按绞车的轴数对各

种绞车进行简单地归纳和分析。

(1) 单轴、双轴绞车　最初钻机的绞车是单轴绞车，这种绞车仅有一根滚筒轴，猫头装在滚筒轴两端，滚筒活装在轴上，绞车的变速由独立的齿轮变速箱实现，结构简单、运移方便。但猫头的转速偏高，位置也过低，操作不方便。为了克服这些缺点，把猫头单独装配在另一根轴上，这样就形成了双轴绞车，如图 5-2 所示即为 ZJ15D 的双轴绞车结构。单、双轴绞车一般适用于浅井或中深井。

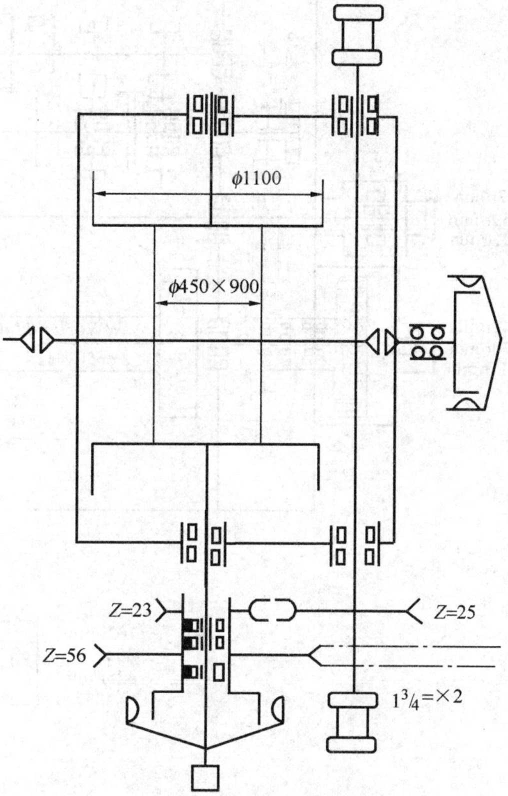

图 5-2　ZJ15D 的双轴绞车结构方案

(2) 三轴和多轴绞车　随着钻井深度的不断增加，单、双轴绞车已经不能满足钻井工作的要求，因而三轴和多轴绞车(四轴以上的绞车)便相继问世，现代重型和超重型绞车属于此种类型的绞车。图 5-3 所示是 ZJ130-1(JC_1-14.5)绞车的结构，其特点是：①三根轴，即输入轴、猫头(变速)轴和滚筒轴；②链条变速，兼顾转盘；③优点是变速方便，高挡独立；④缺点是开放式，润滑不好，质量大(20t)，安装运输困难，挡偏低(国标 6 挡)。图 5-4 所示是 JC-45 绞车的结构，其特点是：①四根轴，即输入轴、中间(变速)轴、猫头轴和滚筒轴；②内链条变速，内齿轮倒车；③优点是密封式，润滑良好；④缺点是六挡，总质量大(30t)，需分块搬运。

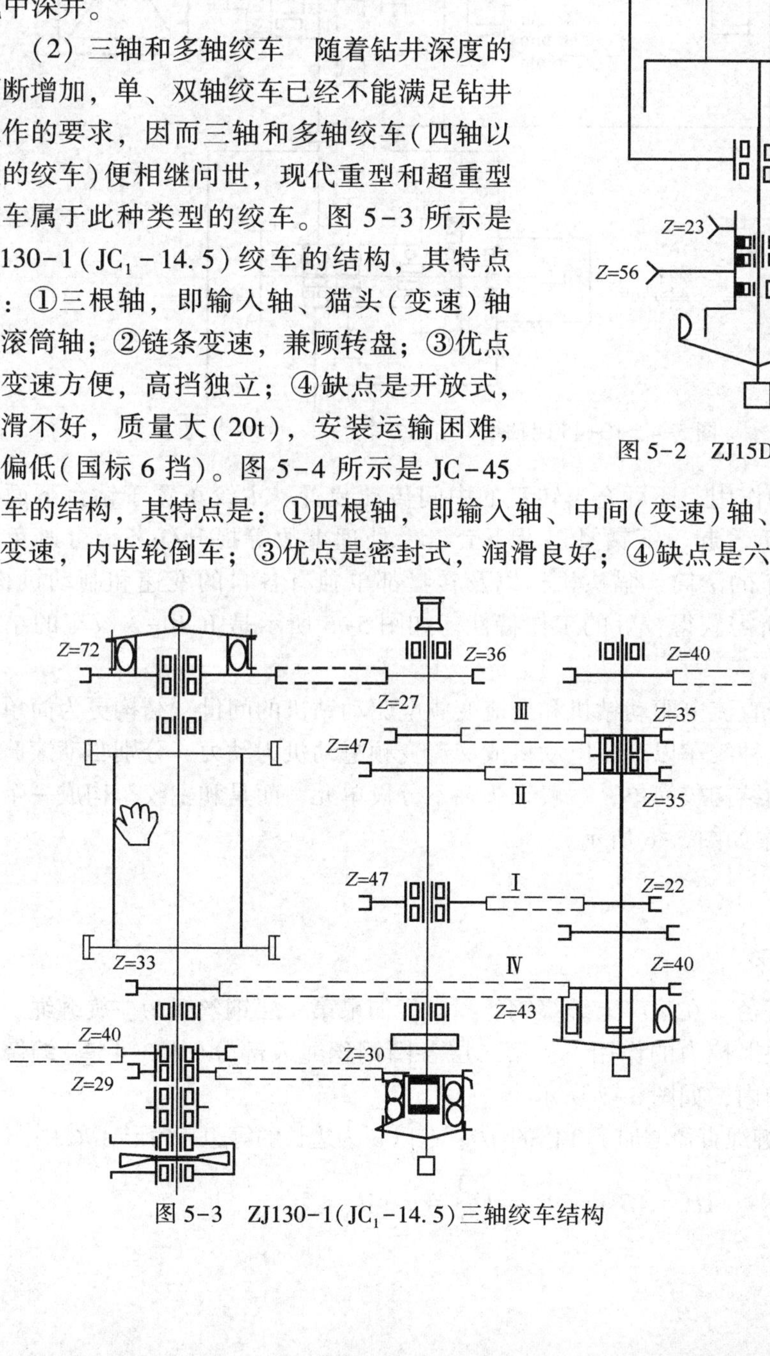

图 5-3　ZJ130-1(JC_1-14.5)三轴绞车结构

(3) 独立猫头轴-多轴绞车　由于重型和超重型绞车外形尺寸大、质量也大(一般为 20～30t)、搬运和安装较困难，尤其是现代深井和超深井的钻机钻台较高(一般为 6～11m)，为了避免绞车上高钻台，近年来又研制出了独立猫头轴-多轴绞车。此种绞车的结构方案为：独立猫头轴和转盘传动装置构成一个单元，置于钻台上，起连接钻具、

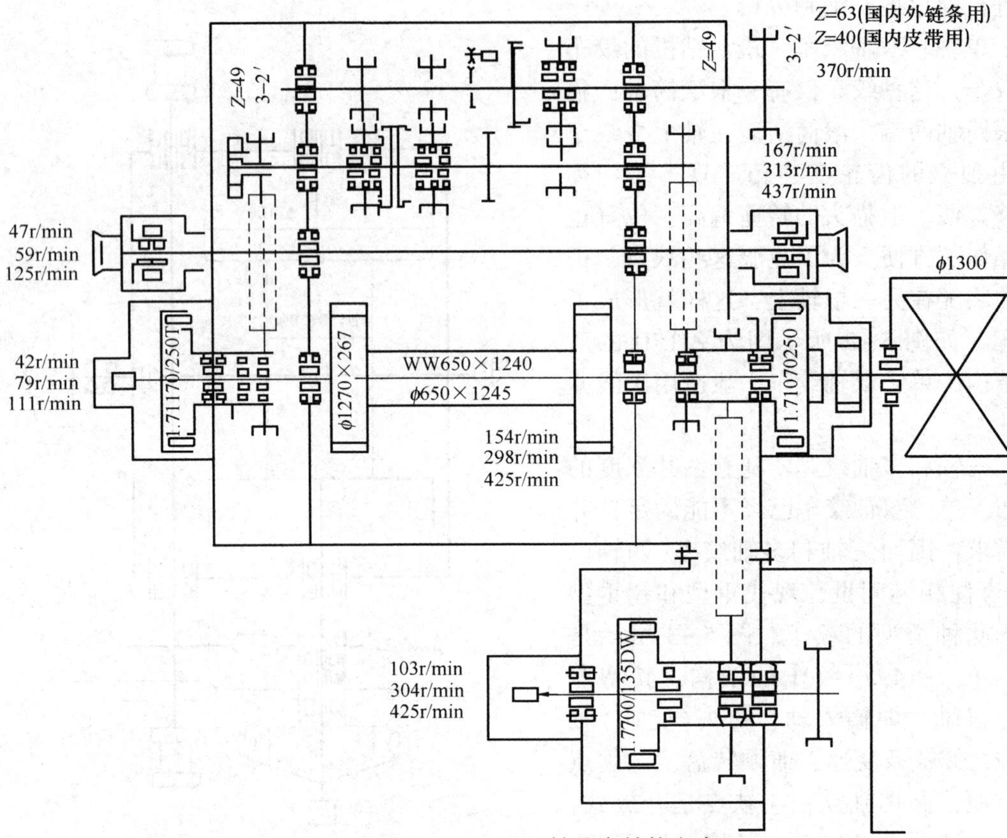

图 5-4　JC-45 四轴绞车结构方案

卸下钻具和提升一般重物的作用，还可充当转盘的中间传动装置。主绞车置于钻台下面后台上或联动机底座上，担负着起、下钻具以及下套管、处理事故等提升任务，可避免较长的上钻台链条。此种绞车的滚筒、猫头机构以及转盘都单独有各自的变速和制动机构，因此，它们都能根据工作所需获得较好的工作特性。如图 5-5 所示是 JC40-3 绞车的结构方案。

（4）电驱动绞车　由于直流电驱动钻机和交流变频电驱动钻机的问世，结构更为简单的电驱动绞车便应运而生。此种绞车以直流电动机或交流变频电动机为动力，分别驱动滚筒轴和猫头轴。因电驱动绞车的结构较简单，一般猫头轴不分设单元，而是和主绞车构成一个整体。JC500D 绞车的结构方案如图 5-6 所示。

5.2.2　绞车的工作计算

1. 滚筒的缠绳直径

1）无槽滚筒的缠绳直径

（1）滚筒各层的缠绳直径　在滚筒上缠绕钢丝绳时，如果第一层钢丝绳为左旋缠绳，则第二层必为右旋缠绳。在快绳拉力的作用下，第二层各圈钢丝绳大部分（约 3/4 圈）缠绕在第一层钢丝绳所形成的绳槽内，如图 5-7 所示。

在此种情况下，第二层缠绳直径增加了 2 倍的 AD。在以 d 为边长的等边三角形 ABC 中：

$$AD = AB\sin 60^\circ = d\frac{\sqrt{3}}{2} = \varphi \cdot d$$

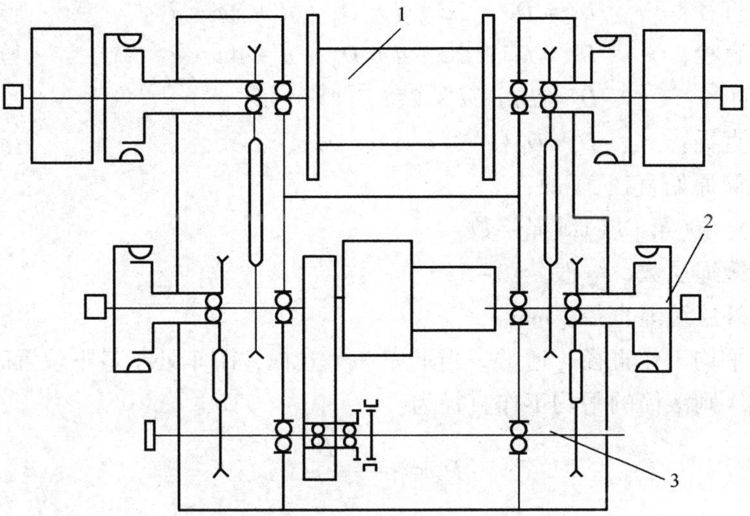

图 5-5　JC40-3 绞车结构方案

1—滚筒轴；2—中间轴；3—输入轴

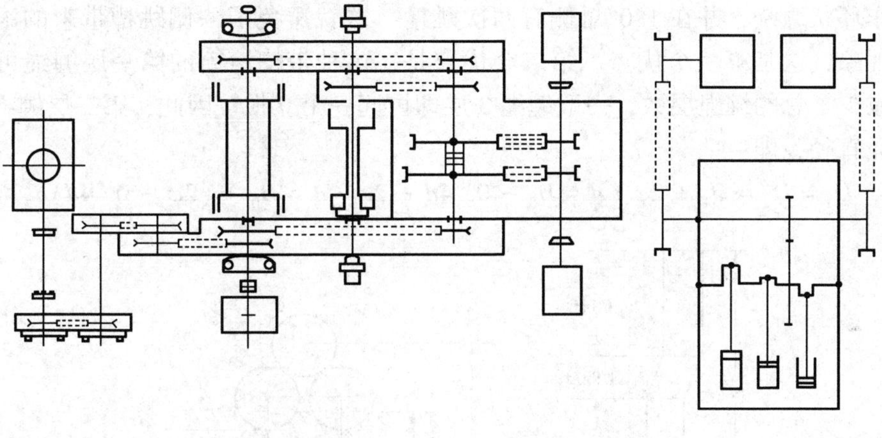

图 5-6　JC500D 绞车结构方案

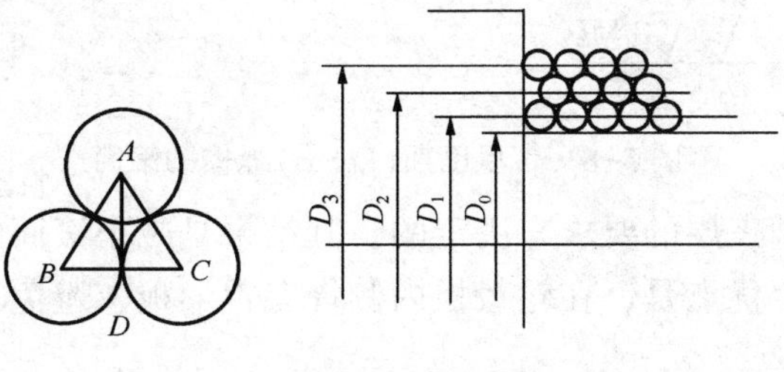

图 5-7　滚筒缠绳直径计算图

式中　d——钢丝绳直径，mm；

φ——绳径修正系数，此时 $\varphi=\frac{\sqrt{3}}{2}=0.866$。

实际上第二层缠绳各圈要向相邻各绳槽中跳过，仍然有少半圈(约 1/4 圈)必定是重叠起来的，此时 $\varphi=1$。所以，对于每一整圈取平均值，即 $\varphi=0.9$。则各层缠绳直径为：

第一层缠绳直径：　　　　$D_1 = D_0 + d$

第二层缠绳直径： $D_2 = D_1 + 2\varphi \cdot d = D_0 + d + 2\varphi \cdot d$

第三层缠绳直径： $D_3 = D_2 + 2\varphi \cdot d = D_0 + d + 4\varphi \cdot d$

第 i 层缠绳直径： $D_i = D_0 + d + 2(i-1)\varphi \cdot d$

最外层缠绳直径： $D_e = D_0 + d + 2(e-1)\varphi \cdot d$ （5-8）

式中 D_0——滚筒原始直径，mm；

i——任意层（第 i 层）缠绳层数；

e——总缠绳层数，一般 $e=3\sim5$；

D_e——最外层缠绳直径，mm。

（2）滚筒的平均工作直径 通常，当下完一个立根，游车处于最下位置时，滚筒上还应保留一层钢丝绳。则滚筒的平均工作直径为：

$$D_a = \frac{D_2 + D_e}{2} \tag{5-9}$$

2）带槽滚筒的缠绳直径

现代滚筒多采用里巴斯（Lebus）绳槽，其结构如图 5-8 所示。由于滚筒有槽，导致钢丝绳大部分作环状缠绕，并在 180°对侧有两次跳槽，这就避免了一侧跳槽带来的滚筒旋转质量不均匀现象，这是第一个优点。第二个优点是，这种带槽滚筒的第一层缠绳可以松开工作，这就减少了总的缠绳层数，一般缠绳 3 层即可起一个立根。因此，第二层缠绳直径也就是平均缠绳直径，即

$$D_a = D_2 = D_1 + 2\varphi \cdot d = D_0 - 0.4d + 2\varphi \cdot d = D_0 + (2\varphi - 0.4d)d \tag{5-10}$$

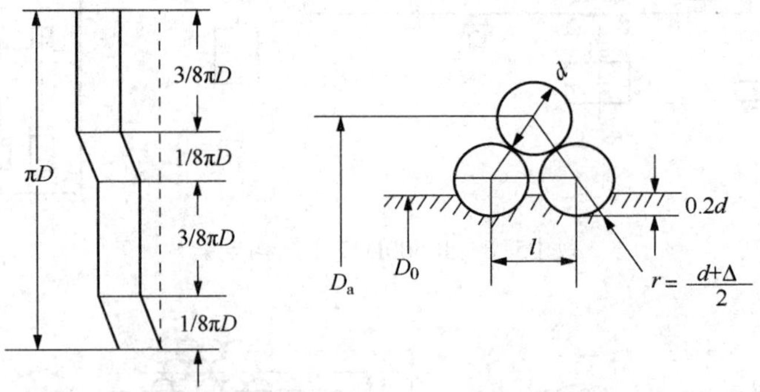

图 5-8 带里巴斯（Lebus）绳槽的滚筒

滚筒的长度也是由缠三层的要求来决定的，其结果是减小滚筒的受力及结构尺寸。

里巴斯绳槽的第三个优点是，在轮毂板内侧焊有舌形板，避免了靠边的绳排嵌入内层绳槽的现象，以免夹伤钢丝。

里巴斯绳槽有两种制造方法：一种是在光滚筒面上用靠摸车削出绳槽；另一种是用精密铸造法制成 2 片或 4 片带槽筒皮，然后焊在筒面上。

2. 缠绳的总长度

同样，当下完一个立根，游车处于最下位置时，滚筒上还应保留一层钢丝绳，则缠绳的总长度为：

$$L = \pi D_1 n + Zl \tag{5-11}$$

式中 n——每层缠绳圈数；

Z——有效绳数；

l——立根长度，一般为28m。

实际工作中，滚筒的实际缠绳圈数应该在上式的基础再加上10圈左右的裕量。

3. 快绳速度

由于滚筒上各层的缠绳直径是变化的，因而当滚筒以一定的速度（某一确定的挡速）旋转时，快绳与大钩的速度也有较大变化。

$$V_{\mathrm{fmin}}=\frac{\pi D_2 n}{60} \tag{5-12}$$

$$V_{\mathrm{fmax}}=\frac{\pi D_{\mathrm{e}} n}{60} \tag{5-13}$$

$$V_{\mathrm{fa}}=\frac{\pi D_{\mathrm{a}} n}{60} \tag{5-14}$$

式中 n——滚筒转速，r/min。

4. 大钩速度

大钩的速度可按下列公式计算：

$$V_{\min}=\frac{V_{\mathrm{fmin}}}{Z}=\frac{\pi D_2 n}{60Z} \tag{5-15}$$

$$V_{\max}=\frac{V_{\mathrm{fmax}}}{Z}=\frac{\pi D_{\mathrm{e}} n}{60Z} \tag{5-16}$$

$$V_{\mathrm{a}}=\frac{V_{\mathrm{fa}}}{Z}=\frac{\pi D_{\mathrm{a}} n}{60Z} \tag{5-17}$$

5.2.3 绞车选用时应考虑的因素

一台钻机采用何种结构类型的绞车与下列多种因素有关：

（1）功率大小　要考虑主滚筒是否上钻台，如何运移和安装。

（2）变速方式　要考虑绞车是内变速还是外变速，这与整机传动方案有关，一般轻中型钻机多采用外变速绞车；重型、超重型钻机则采用内变速绞车。

（3）倒车方式　应考虑绞车倒车是在内，还是在外。

（4）猫头种类与数量　需考虑猫头轴要否惯性刹车以及离合器数量和布置情况。

（5）功用　应考虑绞车是否充当转盘中间机构和变速机构。

（6）润滑方式　要看采用的润滑方式是黄油、滴油、飞溅，还是强制润滑。

（7）控制方式　一般都采用集中气控制、气排挡。

（8）驱动类型　应根据驱动类型合理选用绞车的结构类型。

正因为影响绞车结构形式的因素很多，为了适应不同类型、不同级别钻机的需要，才出现了结构上各式各样的绞车滚筒。

5.2.4 绞车的常见故障及排除方法

绞车在使用过程中的易损件主要有：链轮、套筒、轴承、刹车毂（盘）、离合器及刹车块等。绞车常见的故障及排除方法见表5-2。

表 5-2　绞车常见的故障(刹车毂、刹带型)及排除方法

故　　障	故障的原因	排除的方法
刹把压到最低位置刹不住	1. 刹带片磨损严重 2. 刹车毂上有油 3. 刹把的角度不对	1. 换刹带片 2. 清除刹车毂上的油 3. 调整刹把角度
刹车气缸不灵	1. 刹把的拉杆失调 2. 司钻调压阀有问题	1. 调整刹把的拉杆 2. 更换调压阀
大钩提升时有打滑现象	1. 离合器中落入了油 2. 给气不足	1. 消除落油的原因，并擦干摩擦轮毂 2. 增加气压，检查气路
滚筒开动不灵	1. 气路系统有故障 2. 摩擦片磨损	1. 检查气路，用事故销子连接离合器 2. 换摩擦片
在空负载下，大钩下降缓慢	1. 刹车片未离开刹车毂 2. 刹车片磨刹车毂边缘 3. 离合器故障	1. 调节拉杆弹簧 2. 正确装置刹车片 3. 检查离合器
挂挡失灵	1. 拨叉的螺钉松脱 2. 离合器卡住	1. 拧紧螺钉 2. 清洗和润滑

5.3　刹车机构

绞车的刹车机构包括主刹车和辅助刹车，主刹车用于各种刹车制动，辅助刹车仅用于下钻时将钻柱下放速度刹慢，吸收下钻能量，使钻柱匀速下放。

5.3.1　机械刹车的功用与使用要求

1. 机械刹车的功用

在下钻、下套管时，需要用刹车刹慢或刹住滚筒、悬持钻具和控制钻具下放速度；在正常钻进时，控制滚筒转动，以调节钻压，送进钻具。

2. 刹车的使用要求

从使用要求的角度考虑，要求刹车安全可靠，灵活省力，具有较长的使用寿命。

在石油现场可以看到，不止一次因刹车不可靠而发生重大溜钻事故，造成设备损失和井下事故，甚至危及工人的生命安全。在现场还可看到，司钻在钻井过程中总是手不离刹把，如果刹车机构不灵活、费力，将大大加重司钻的劳动强度，给操作带来极大的不便。生产实践表明：刹车机构是钻机的重要部件，石油矿场机械工作者对此切不可掉以轻心。

刹车按作用原理可分为带式刹车和液压盘式刹车。

5.3.2　带式刹车

1. 带式刹车的结构组成

带式刹车机构主要由控制部分(刹把)、传动部分(刹带轴、刹把轴、曲拐、连杆)、制动部分(两根刹带、刹带块、刹带吊耳及机械换挡机构)、平衡梁和气刹车等组成，如图 5-9～图 5-12 所示。

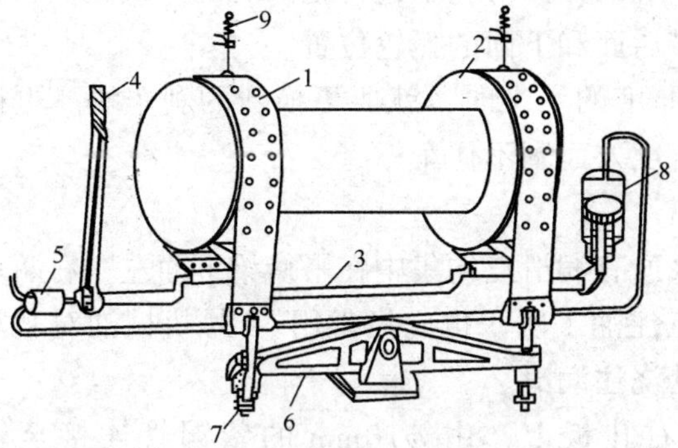

图 5-9　单杠杆刹车机构

1—刹车；2—刹车毂；3—杠杆；4—刹把；5—司钻阀；6—平衡梁；7—调节螺杆；8—刹车汽缸；9—弹簧

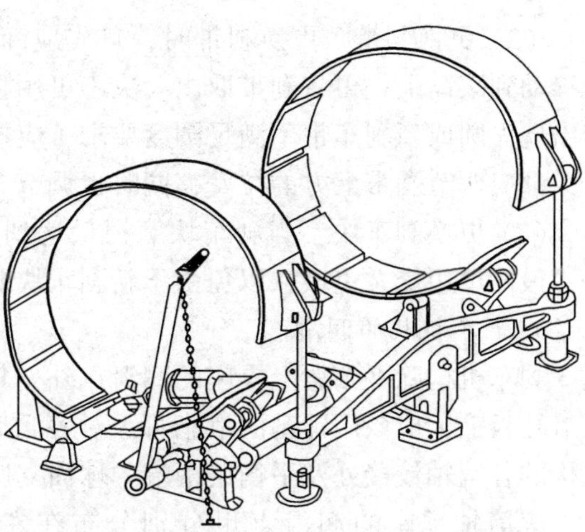

图 5-10　双杠杆刹车机构

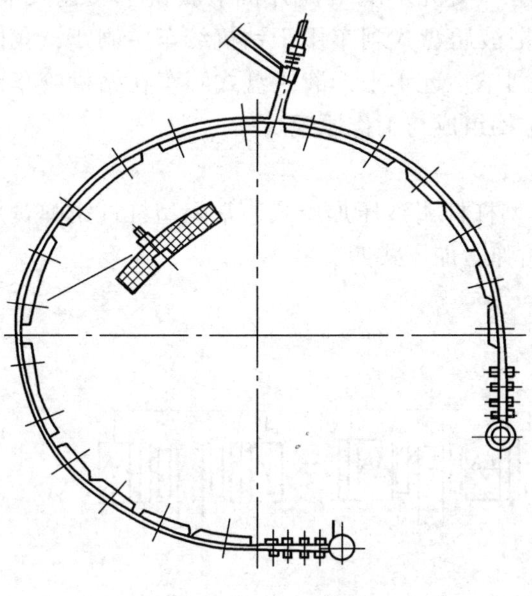

图 5-11　绞车刹带

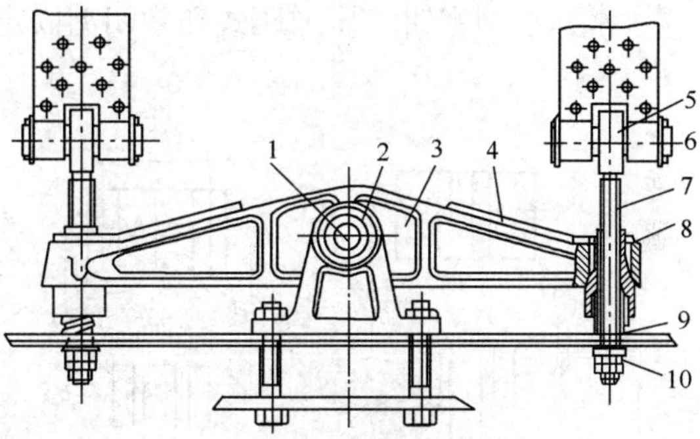

图 5-12　绞车平衡梁

1—轴；2—立柱；3—平衡梁；4—专用扳手；5—拉环；6—小轴；7—螺杆；8—套筒；9—弹簧；10—调整螺母

刹车机构上的两根刹带完全相同，一般为 6mm 厚的圆形钢带。钢带的两端分别铆接活端吊耳，钢带的内壁衬有用石棉改性树脂材料压制而成的刹车块，刹车块用沉头铜螺钉固定在钢带上。一般沉头铜螺钉沉入深度为 16mm，因此，当刹车块磨损量达到 16mm 时，必须更换刹车块。

2. 刹把调节与刹带、刹车块的更换

（1）刹把的调节　在钻井过程中随着刹车块磨损量的增加，刹把终刹位置逐渐降低，当刹把终刹位置与钻台面夹角小于 30°时，会造成操作不便，因此，必须调节刹带。调节时，首先应该用平衡梁上的专用扳手将锁紧螺母松开，调节拉杆的长度，直到将刹车鼓刹紧，刹把与钻台面的夹角为 45°时为止，然后将锁紧螺母拧紧。

（2）更换刹带　更换刹带时，首先应卸下刹带拉簧、托轮和刹带吊耳，然后将刹带向内移动到滚筒上，再将刹带取出。决不可用猫头绳硬将刹带拉出，以免造成刹带失圆。若刹带出现失圆或新刹车带不满足圆度要求，应按正确的方法对刹带进行整圆。调节或更换刹带后，都应调节刹带上方的拉簧，同时也调节刹带后面和下面的托轮位置。

（3）更换刹车块　当刹车块磨损量达到其厚度的一半时，就要更换新的刹车块。更换时，最好单边交叉更换，以免由于新刹车块贴合度差而刹不住车。

3. 刹车机构的润滑

刹车机构除平衡梁上支座的润滑点外，其余所有润滑点均集中在平衡梁下面左、右两块润滑孔板上，应该用锂基润滑脂每天对各润滑点注油 1 次。也应经常用 30 号机械油对刹车机构的各销轴铰接处及平衡梁两端的球面支座处浇注润滑。

滚筒轴承座的润滑点也分别分布在左、右孔板上，由 ϕ10mm 的紫铜管连接至轴座上。

5.3.3　盘式刹车

盘式刹车于 19 世纪初问世，在机车、汽车、飞机及矿山提升机上获得了飞速发展。1985 年美国 CH、NSCO、EMSCOD 等公司首先把液压盘式刹车用于钻机绞车主刹车，我国 1995 年开始在钻机绞车主刹车上使用液压盘式刹车。近年来，液压盘式刹车在钻机绞车中得到了广泛的应用。下面讲解液压盘式刹车的结构组成与工作原理。

1. 液压盘式刹车的结构组成

如图 5-13 所示，液压盘式刹车可分为常开型杠杆钳液压加压式、常闭型杠杆钳弹簧加压式、常开型固定钳液压加压式和常闭型固定钳弹簧加压式四类。

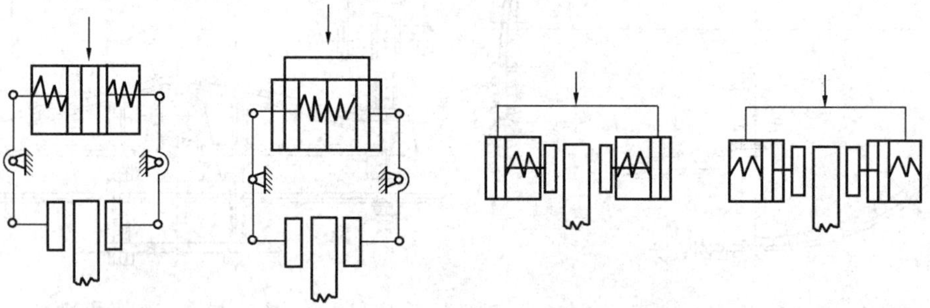

(a) 常开型杠杆钳液压加压式　(b) 常闭型杠杆钳弹簧加压式　(c) 常开型固定钳液压加压式　(d) 常闭型固定钳弹簧加压式

图 5-13　刹车钳结构方案

液压盘式刹车由刹车盘、开式刹车钳(安全钳)、闭式刹车钳(工作钳)、钳架、液压动力源、控制系统等组成。

1）刹车装置总成

刹车装置总成由钳架、刹车盘、刹车钳等部件组成。刹车盘通过滚筒轮缘与滚筒组装成一体，刹车钳安装在钳架上，它是盘式刹车实现刹车的主要部件，如图 5-14 所示。

（1）刹车盘是直径为 1500~1650mm，厚度为 65~75mm 带有冷却水道的圆环，其内径与滚筒轮缘配合，装配成一体。刹车盘环形侧表面与刹车钳上的刹车块构成摩擦副，实现绞车的刹车，如图 5-15 所示。刹车盘按结构形式分为水冷式、风冷式和实心刹车盘三种。水冷式刹车盘内部设有水冷通道，在刹车盘内径处设有进、出水口；外径处设有放水口，用来放尽通道内的水，以防止寒冷气候时将刹车盘冻裂；正常工作时，用螺塞将放水口封住。风冷式刹车盘内部有自然通风道，靠自然通风道和表面散热。实心刹车盘靠表面散热，主要用于修井机和小型钻机。

图 5-14 液压盘式刹车总成

1—滚筒；2—刹车盘；3—工作钳；4—钳架；5—安全钳；6—过渡板

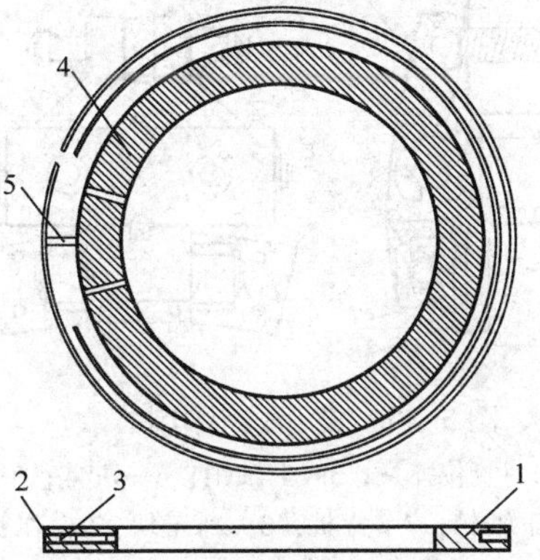

图 5-15 液压刹车盘

1—刹车盘体；2—外封闭环；3—支撑环；4—沉头螺钉；5—隔板

（2）钳架是一个弯梁，工作钳及安全钳均安装在它的上面。通常配备两个钳架，钳架上、下端通过螺栓分别固定在绞车的横梁和底座上，位于滚筒两侧的前方，如图 5-16 所示。

（3）刹车钳由浮式杠杆开式钳（常开钳）和浮式杠杆闭式钳（常闭钳）组成。常开钳是工作钳，用于控制钻压以及各种情况下的刹车。常闭钳用于悬持情况下的驻刹。

开式钳的工作原理是：当向钳缸供给压力油时，液压力推动活塞向左移动，由于钳缸的浮式放置，活塞与缸体通过上销分别推动左右钳臂的上端向外运动，减少了左右下销之间的距离，带动刹车块向内运动，从而将刹车块以一定的正压力压在旋转中的刹车盘上，在刹车盘与刹车块之间产生摩擦力，对刹车盘实施制动。由此可见，开式钳的刹车力来源于液压力，且油压愈高，刹车力愈大。如果进入钳缸的油压等于零，活塞与缸体通过安装在左右上销端部的回位弹簧向内运动，刹车块向外运动与刹车盘脱离接触，刹车钳松刹。开式钳的动作是：有油压时刹车、无油压时松刹，称为常开钳，如图 5-17、图 5-18 所示。

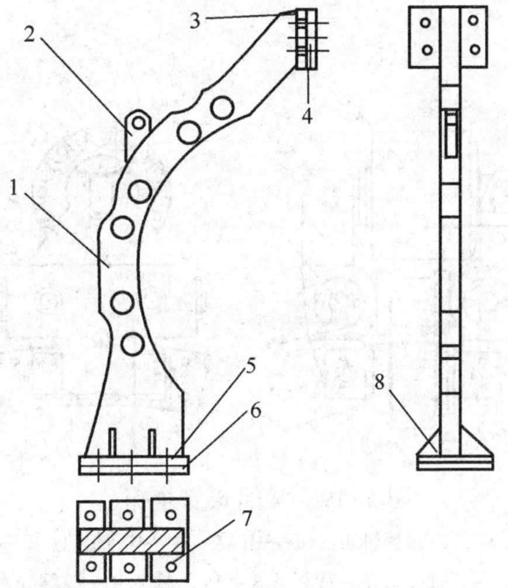

图 5-16 刹车钳架

1—弯梁；2—吊耳；3—连接顶板；4—上连接板；5—连接底板；6—下连接板；7—六角螺栓；8—加强筋板

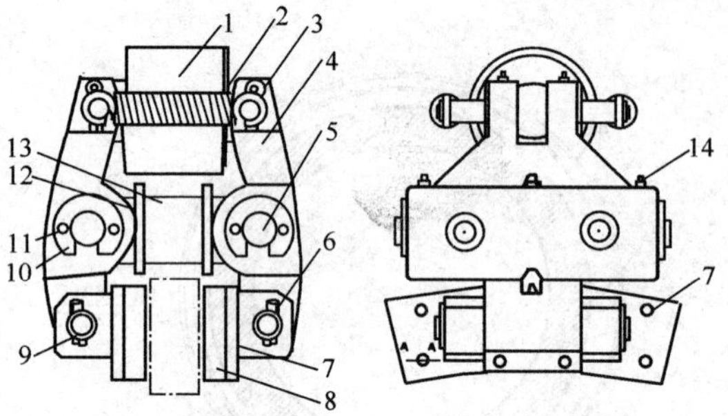

图 5-17　常开式工作钳

1—钳缸；2—复位弹簧；3—上轴销；4—钳臂；5—中轴销；6—下轴销；7—背板；8—刹车块；9—弹簧卡销；10—挡板；11—螺栓；12—挡环；13—支承轴；14—油嘴

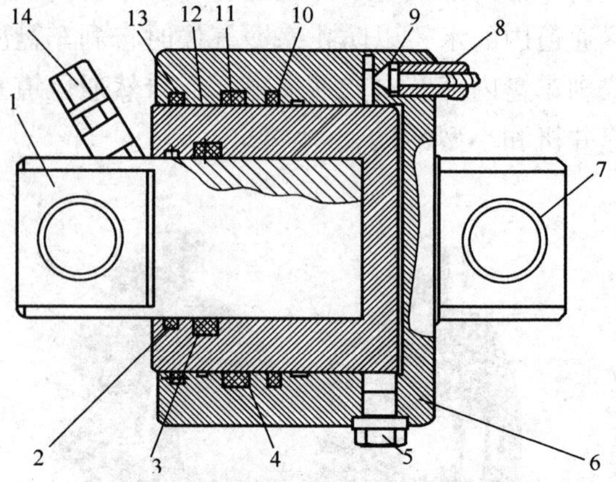

图 5-18　常开式工作钳缸

1—调节柱塞；2—O 型封闭圈；3—BA 型封闭圈；4—工作柱塞；5—六角螺栓；6—缸体；7—含油轴承；8—排气阀座；9—排气阀；10—OD 型封闭圈；11—BA 型封闭圈；12—F3 型导向带；13—A5 型防尘圈；14—单向注油阀

闭式钳的工作原理是：当向钳缸供给压力油时，油压推动活塞向右移动而压缩弹簧，同时拉动左右钳臂的上端向内运动加大了左右下销之间的距离，带动刹车块向外移动，刹车块与刹车盘脱离接触，刹车钳松刹。当钳缸泄掉油压时，碟簧反弹推动活塞左移，左右钳臂上端向外运动，减少了上下销之间的距离，使刹车块与刹车盘接触。此时，刹车块作用在刹车盘上的力为碟簧力，以该力形成的摩擦力实施刹车。闭式钳的刹车力来源于碟簧的弹力。闭式钳的动作是：有油压松刹、无油压刹车，称之为常闭钳，如图 5-19、图 5-20 所示。

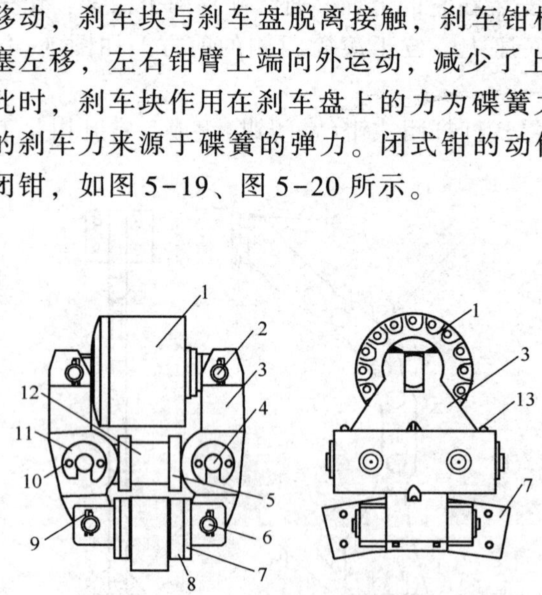

图 5-19　常闭式安全钳

1—钳缸；2—上轴销；3—钳臂；4—中轴销；5—挡圈；6—下轴销；7—背板；8—刹车块；9—弹簧卡销；10—螺栓 M10；11—挡板；12—支承轴；13—油嘴

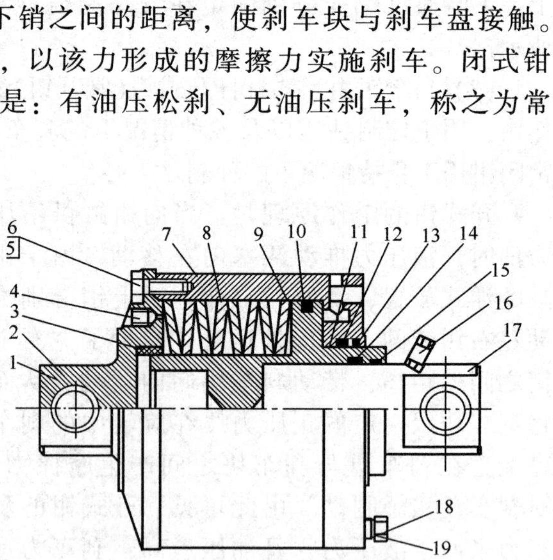

图 5-20　常闭式安全钳缸

1—缸盖；2—含油轴承；3—导向套；4—螺塞 M14×1.5；5—螺栓；6—弹簧垫 $\phi12$；7—缸体；8—碟簧 $\phi180$；9—活塞；10—OE 型封闭圈；11—BA 型封闭圈；12—导向带；13—A5 型防尘圈；14—BA 型密封圈；15—O 形密封圈 N674-70；16—单向注油阀；17—调节柱塞；18—排气阀；19—排气阀座

2）液压动力源

液压动力源由油箱组件、泵组、控制块总成、加油组件、电控箱等组成。

（1）油箱组件　油箱组件包括油箱、吸油阀、放油阀、液位液温计、冷却器等元件。吸油阀门的功能是：当维修油泵时，关闭该阀门，使油箱与油泵吸油口断开，防止液压油外泄。正常工作时，吸油阀门处于开启状态。放油阀门是为了更换液压油而设置的，正常工作时，放油阀门处于关闭状态。液位液温计供观察油箱液面高低及油箱油温之用。冷却器为列管式水冷冷却器，用来平衡整个系统的发热，可根据系统的工作温度确定是否投入使用。当需要冷却时，将旁路截止阀关闭，冷却水接通，不需冷却时，则将旁路截止阀开启，冷却水关闭。

（2）泵组　系统配备两台同样的柱塞泵，分别由防爆电机驱动，一台工作，另一台备用，工作时可交替使用。

（3）控制块总成　主要由油路块、蓄能器、截止阀、单向阀、安全阀和高压滤油器等元器件组成。蓄能器可降低液压回路的压力脉动，并在无法正常工作时提供一定的储存能量。截止阀是用来释放蓄能器油压的，在正常工作时，截止阀一定要关严，否则，将无法建立起系统压力。单向阀的作用是隔开两台泵的出油口，使其形成三个相互独立而又相互联系的油路，保持蓄能器油液不回流。安全阀是一个溢流阀，起保护作用。

（4）加油组件　加油组件由一台手摇泵和一台过滤器组成。当油箱加油时，通过加油泵组完成，以保证油液的清洁度。

（5）电控柜　液压站的电控柜主要用来控制电动机和加热器的启动和停止。

3）操作台

操作台由刹车阀组件、驻刹阀组件、控制阀组、管路、压力表等组成。操作台位于钻台操作室内，司钻通过操作台上的控制手柄对 SY 型盘式刹车实施集中控制。

2. 刹车系统工作原理

SY 型盘式刹车的刹车系统可实现五个方面的刹车：

（1）工作刹车由开式钳承担。操作司钻阀向开式钳输入不同压力的压力油，就会产生不同的刹车力。工作刹车的刹车力仅是液压力。

（2）驻刹车由闭式钳承担。驻刹车是为停车时防止滑行而起制动作用的装置。实施驻刹车时闭式钳泄油刹车。驻刹车的刹车力是碟簧力。

（3）紧急刹车由开式钳与闭式钳共同承担。实施紧急刹车时，可通过闭式钳泄油刹车，同时开式钳充入压力油也可实施刹车。

（4）防碰天车刹车由闭式钳承担。当过卷阀启动送来的气压信号传递给盘式刹车系统的控制元件时，闭式钳自动泄油刹车。

（5）蓄能器在系统失电情况下，分别向开式钳和闭式钳提供刹车压力油，可分别进行6~8次刹车。

5.3.4　辅助刹车

辅助刹车的功用是帮助主刹车下钻，在下钻的过程中通过制动滚筒轴来制动下钻载荷。过去，钻机的辅助刹车大多采用水刹车。目前，水刹车已逐渐被电磁刹车和伊顿盘式刹车所取代，所以，这里仅介绍电磁涡流刹车和伊顿盘式辅助刹车。

1. 电磁涡流刹车

电磁刹车可分为感应式电磁刹车（又称为涡流刹车）和磁粉式电磁刹车。目前钻机中应用的几乎全是电磁涡流刹车。

（1）电磁涡流刹车的代号　电磁涡流刹车的代号形式如下：

DS□ □

□（第二位）——涡流刹车级别：采用 114mm 钻杆，以 100m 为单位计的名义钻探范围上限

□（第一位）——冷却形式：无标记为水冷型，加 F 为风冷型

DS——涡流刹车代号

（2）电磁涡流刹车的技术参数　电磁涡流刹车的技术参数如表 5-3 所示。

表 5-3　涡流刹车的基本参数

基本参数	型号									
	DS(F)30		DS(F)40		DS(F)50		DS(F)70		DS(F)90	DS(F)120
额定制动扭矩/km · m	23		33		55		98		110	130
适用井深/m	3000		4000		5000		7000		9000	12000
最高空隙转速/(r/min)	500		500		500		500		500	500
最大励磁功率/kW	9		10		12		23		25	—
冷却水流量/(L/min)	150		190		285		560		600	—
冷却风量/(m/h)	4000		6000		12000		15000		—	—
最高出水(风)温度/℃	72	70	72	70	72	70	72	70	72	72
最高进水(风)温度/℃	42	40	42	40	42	40	42	40	42	42

（3）电磁涡流刹车的工作原理　如图 5-21 所示，涡流刹车主要由左、右定子和转子组成。定子中固定嵌装着激磁线圈，当 380V 的三相交流电源经过三相变压器降低电压后，输入到桥式电路整流器进行整流，便可输出连续可调的直流电至电磁涡流刹车的激磁线圈，在线圈周围产生固定磁场，转子处于此磁场中。当转子与绞车滚筒轴一起旋转时，转子通过切割磁力线使转子内的磁通密度发生变化，就会在转子表面产生感应电动势，从而产生感应电流，即涡流。此时，带涡流感应电流的转子在原来的固定磁场中产生旋转磁场，此旋转磁场在转子的不同半径上产生与转子转动方向相反的电磁力，亦即对旋转轴的电磁制动力矩。显然，输入直流电的电流强度越大，固定磁场强度越强，所产生的电磁力矩也就越大，利用这

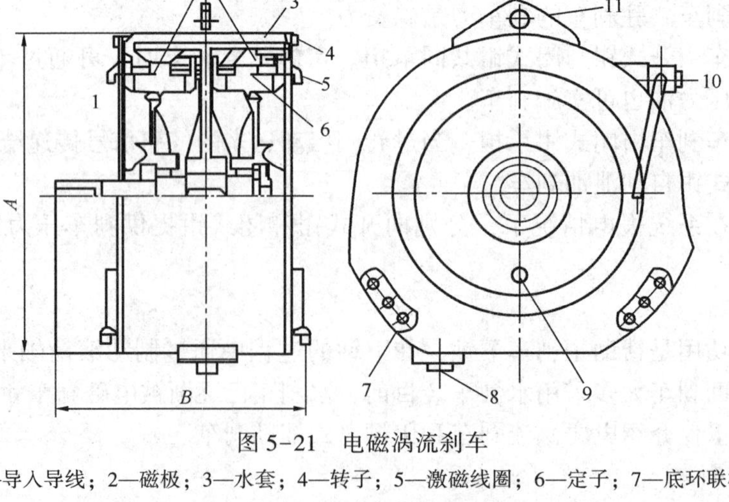

图 5-21　电磁涡流刹车

1—导入导线；2—磁极；3—水套；4—转子；5—激磁线圈；6—定子；7—底环联板；8—出水口；9—进水口(两侧)；10—接线盒；11—提环

种电磁力矩来平衡不同下钻载荷的能量，便起到了辅助刹车的作用。

在工作过程中，涡流刹车将机械能转化为热能。为了迅速带走转子中的热量，从离合器侧面送进冷却水，流经转子的外表面后，由周围的水套下面的出水口排出，即起到散热的作用。送进的冷却水要求有较高的水质，矿物质含量要低，一般 pH 值不超过 7~7.5。

2. 盘式辅助刹车

美国伊顿公司生产的 WCB 系列水冷却盘式刹车，如图 5-22 所示，是目前比较理想的辅助刹车，它特别适用于大转动惯量的制动以及快速散热。WCB 刹车可以安装在轴的中间，也可以安装在轴的末端。这种刹车结构非常坚固，可以确保其长时间无故障运行。

图 5-22 伊顿刹车

(1) 伊顿刹车的代号 伊顿刹车的代号形式如下：

□□WCB□

- □（第四位）——特殊事项：
  - C— 铆钉固定摩擦片，无止管
  - D— 螺钉固定摩擦片，有止管
  - A— 气缸表面加工后可安装法兰
  - G— 标准材料摩擦片
  - H— 具有特殊动摩擦盘芯
  - J— 具有防腐蚀活塞及标准螺钉固定摩擦片
  - K— 具有防腐蚀活塞及螺钉固定的高摩擦系数摩擦
- WCB——水冷却
- □（第二位）——盘式刹车直径，in
- □（第一位）——摩擦盘数目

(2) 伊顿刹车的技术参数 伊顿刹车的技术参数如表 5-4 所示。

表 5-4 WCB 型盘式气刹车技术参数

型 号	摩擦盘的最大转速/(r/min)		静摩擦盘拧紧扭矩/N·m	静摩擦盘尺寸/in		进出水口尺寸螺纹代号
	最大磨合转速	摩擦盘最大转速		内径	外径	
8WCB	2150	3580	7	106	212.7	1/2-14NPT
14WCB	1260	2045	16	181	365.1	1/2-14NPT
18WCB	955	1600	28	279	463.5	1/2-14NPT
24WCB	715	1200	28	324	619.1	3/4-14NPT
36WCB	475	700	54	419	932.1	11/4-11NPT

(3) 伊顿刹车的结构组成 如图 5-23 所示，伊顿刹车主要由安装法兰组件(左定子)、气缸(右定子)、静摩擦盘、动摩擦盘、复位弹簧、活塞、齿轮转子等组成。

①安装法兰组件 由安装法兰盘、静摩擦盘、连接螺栓等组成，安装法兰组件构成该辅助刹车的定子。静摩擦盘通过螺栓固定在安装法兰盘上，二者皆是圆环件，在安装法兰盘顶部(时钟的 12 点钟位置)设置有冷却水出口(90°孔)。

②摩擦盘组件 由动摩擦盘、动摩擦盘芯、齿轮等组成。动摩擦盘通过螺栓固定在动摩擦盘芯上，每个动摩擦盘芯上固定两个动摩擦盘。动摩擦盘芯是圆盘件，其内径为内齿圈，

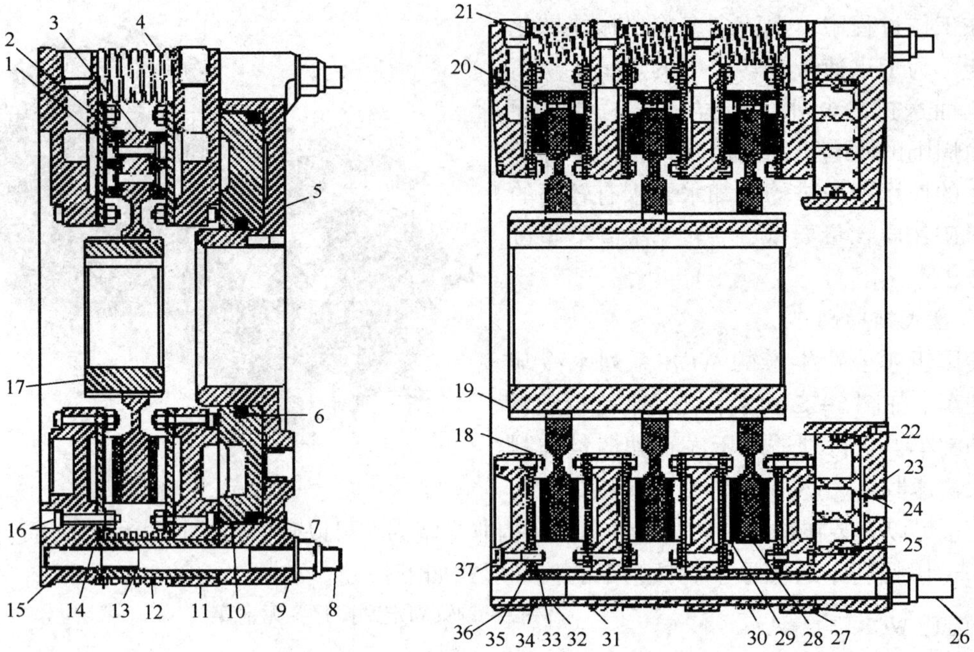

图 5-23　伊顿刹车的结构

1—螺钉；2，29—动摩擦盘；3，28—动摩擦盘芯；4，13，21—弹簧；5—拧紧螺钉；6，7，22，25—密封件；8，26—螺栓；9，23—气缸；10，24—活塞；11，27—压紧盘；12，30—夹管；14，35—静摩擦盘；15，36—安装法兰；16，37—六角螺钉；17，19—齿轮；18—内侧支撑圈；20—平头螺钉；31—中间盘；32—摩擦环；33—外侧支撑圈；34—摩擦圈

与齿轮啮合，因此摩擦盘组件构成该辅助刹车的转子。若有两个动摩擦就称之为双摩擦盘的WCB，以此类推。

③气缸总成　由气缸、活塞、压紧盘组件、复位弹簧等组成。气缸的下部加工有锥螺纹进气孔，在气缸的环形空间中装有活塞，活塞可以沿气缸内孔左右移动，从而推动压紧盘压紧摩擦盘。压紧盘组件由压紧盘、静摩擦盘、螺栓等组成，静摩擦盘通过螺栓固定在压紧盘上。在压紧盘的顶部设有冷却水排出口。压紧盘可沿螺栓上的夹管左右移动，其作用是推动磨擦盘，产生制动力矩。复位弹簧安装在安装法兰与压紧盘之间，其作用是使压紧盘复位，使静、动摩擦盘脱离。

(4) 伊顿刹车的工作原理　当来自钻机气控制系统的压缩空气从气缸上的进气孔进入气缸后，推动活塞向左移动，活塞再推动压紧盘移动，压紧盘克服弹簧力向左移动，将动摩擦盘压紧，从而产生制动力矩。当切断气缸过气孔处的压缩空气时，压紧盘在弹簧力的作用下向右移动，推动活塞复位，同时动摩擦盘脱离两个静摩擦盘，使得盘式刹车器处于非工作状态。

5.4　井架

井架是钻机提升系统的重要组成部分之一，它是一种具有一定高度和空间的金属桁架结构。对于石油工程技术人员，了解井架的功用、组成、钻井工艺要求，以及井架整体结构类型和特点是非常必要的。

5.4.1 井架的功用与基本组成

1. 井架的功用

井架的功用主要包括以下几个方面：

(1) 安放天车，悬挂游动滑车、大钩、吊环、吊钳、各种绳索等提升设备和专用工具。

(2) 在钻井作业中，支持游动系统并承受井内管柱的全部重量，进行起下钻具、下套管等作业。

(3) 在钻进和起下钻时，用以存放钻杆单根、立根、方钻杆或其他钻具。

(4) 遮挡落物，保护工人安全生产。

(5) 方便工人高空操作和维修设备。

2. 井架的基本组成

如图5-24所示，石油矿场上使用的各种井架主要由以下几部分组成：

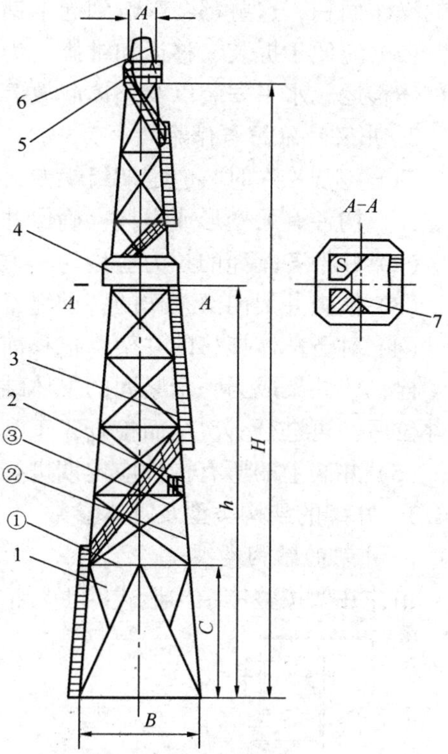

图5-24 井架的结构组成

1—井架主体(①横拉筋，②井架大腿，③斜拉筋)；2—立管平台；3—工作梯；4—二层台；5—天车台；6—人字架；7—指梁

(1) 井架主体 井架主体包括井架大腿、横拉筋、斜拉筋等，它多为型钢材组成的空间桁架结构，是主要的承载部分。

(2) 人字架(也称天车架) 位于井架的最顶部，其上可悬挂滑轮，用以在安装、维修天车时起吊天车。

(3) 天车台 在井架顶部，用来安放天车及天车架。天车台上有检修天车的过道，周围有栏杆。

(4) 二层台 位于井架中间，塔形井架二层台在井架内部，其余井架二层台在井架外前侧。二层台由井架工进行起下操作的操作台和存靠立根的指梁组成，它是井架工进行起下钻操作的工作场所。

(5) 立管平台 是装拆水龙带的操作台，也是供上井架人员短暂休息的场所。

(6) 工作梯 有盘旋式和直立式两种，是井架工上下井架的通道。

此外还有钻台和底座，钻台是井架底座上面用铁板或木板铺成的一块可供钻工在井口操作并摆放井口工具的地方。底座有两个主要作用：一是支承钻台和转盘，并为钻台上的设备提供工作场所；二是使井口距地面有一定高度，为钻台下放防喷器组提供空间。

5.4.2 井架的使用要求及维护保养

1. 井架的使用要求

一般对井架有以下几点使用要求：

(1) 应有足够的承载能力及足够的强度、刚度和整体稳定性，以保证能够起下一定长度和一定重量的管柱。

(2) 应有足够的工作高度和空间，使之能迅速安全地进行起下钻操作，并便于安装有关设备、工具、钻具。若工作高度太小，会增加起下钻操作的次数并限制起升速度。若井架内部空间狭窄，一者会影响游车的上下运行，二者会影响司钻的视野，另外也会相应地影响钻台的操作面积，这些都会影响到起下钻操作的速度和工作的安全性。

(3) 应便于拆装、移运和维修。为此要求采用合理的结构以减轻重量，并便于采用分段或整体移运、水平安装以及整体起放等快速而安全的安装移运方法。

2. 井架的维护与保养

(1) 正常工作时，应定期组织专人检查井架立柱是否弯曲，井架各节点处有无松动或丢失螺栓，构件有无变形或损坏，确保井架安全可靠。

(2) 井架各绷绳的拉力应均匀一致，并符合设计要求。

(3) 检查井架内部工作的各种绳索有无摩擦、碰撞井架构件的现象。

(4) 对于整体拖移的井架，拖移前应对井架进行一次全面检查，校正并拧紧各节点的连接螺栓，使井架成为一个紧固的整体结构，以防在拖动中因摇晃、振动而变形损坏。拖移到新井位后，再进行一次全面检查，正常后方可使用。

(5) 井架上的所有构件应定期进行防腐处理，以延长井架的使用寿命。

5.4.3 井架的结构类型及基本参数

1. 井架的结构类型

钻井井架按整体结构形式的主要特征可概括为以下几种基本类型：

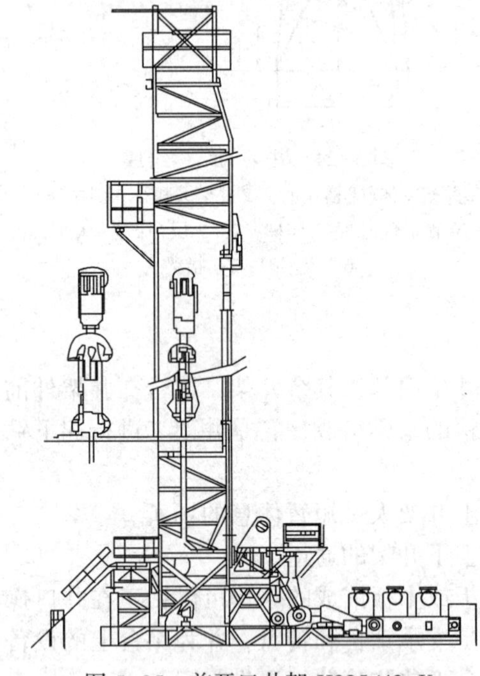

图 5-25 前开口井架 JJ225/43-K (ZJ40/2250L 钻机)

1) 塔形井架

塔形井架如图 5-24 所示，它是一种四棱截锥体的金属空间桁架结构，其横截面为正方形，立面为梯形，井架前扇有大门，主体部分是一个封闭的四棱截锥体桁架结构。每扇平面桁架又分成若干桁架，同一高度的四面桁架在空间构成井架的一层，因此，整个井架可看作是由多层空间桁架所组成的四棱截锥体桁架结构。

井架的四个大腿与横、斜拉筋都是通过螺栓连接而成的，拆装繁琐，且不安全。此种井架的突出特点是总体稳定性大，多用于海洋钻井。

2) 前开口井架

前开口井架又称 K 形井架，如图 5-25 所示。我国电动钻井大多数使用该种井架。

(1) 井架本体　井架本体是由 3~6 段焊接空间桁架结构组成，段与段之间采用销子定位，抗剪销、螺栓连接。钻台具有较大的面积，便于操作和存放立根，整个井架的前面是敞开的。

(2) 拆装运移性　这种井架可在地面水平拆装、整体起放和分段运输。为了满足运输的需要，井架的截面尺寸不能太大，比塔形井架的截面尺寸要小。

(3) 视野开阔性　井架各段两侧扇形式完全一样，其背扇横、斜杆通过销轴与左右两个侧扇连接，并可组成多种图形，以扩大司钻视野。

(4) 大腿坡度　按照使用、制造等工艺要求的不同，可以将大腿做成没有坡度、坡度不变和坡度成折线变化(即下段没有坡度，上段坡度不变)三种形式。

(5) 稳定性　为了保证井架的稳定性，井架底部桁架往往采用不同于两侧桁架的特殊桁架结构，如三角形结构和菱形结构等。

(6) 可操作性　总体稳定性高、拆装方便且安全，采用较高的钻台，便于安装、操作井口设备。

3) A 形井架

图 5-26 所示为 A 形井架的结构简图。

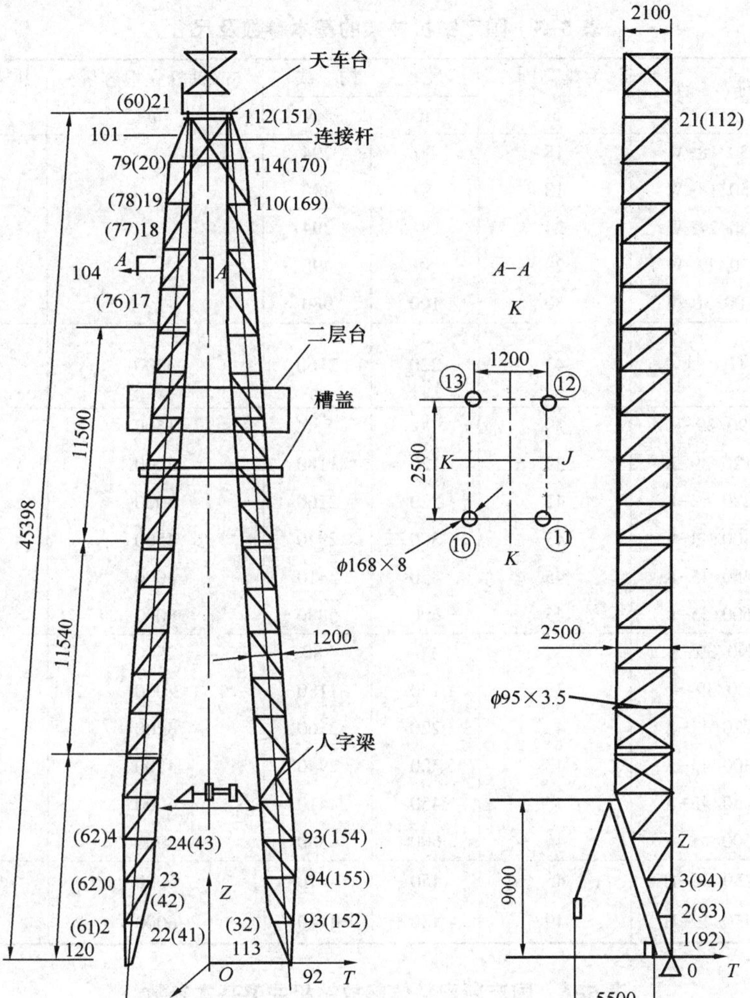

图 5-26　A 形井架结构简图

(1) 整个井架是由两个较小等截面的空间桁架结构作为大腿，贯通天车、井架上部的附加杆件、二层台至钻台下部与钻机底座铰接固定，两条大腿的上部与二层台连接成“A”字形结构。在井架后面配有一个用于起放井架的人字架。

(2) 井架的两个大腿由 3~5 段焊接空间桁架结构组成，段与段之间用锥销定位，抗剪销、螺栓连接。整个井架可水平拆装、整体起放和分段运输。

4) 桅形井架

桅形井架由二段或三段焊接结构组成的半可拆单柱式井架，桅形井架是由杆件或管柱组成的整体焊接空间桁架结构，井架的横截面为矩形或三角形，可分为整体式和伸缩式(或折叠式)。桅形井架一般利用液压缸或绞车整体起放，分段或整体运输，拆装移运方便。桅形井架主要用于车载钻机。

2. 井架的基本参数

井架的基本参数是反映井架特征和性能的技术指标，是设计、选择和使用井架的依据。

国产钻机井架的基本参数见表5-5、表5-6。

表5-5 国产钻机井架的基本参数及尺寸

结构类型	型号	井架高度/m	最大构载 tf	最大构载 kN	5in钻杆立根容量/m	井架可承受最大风速/(km/h)
桅形井架	JJ30/18-W	18	30	294		80
	JJ50/18-W	18	50	490		80
	JJ30/24-W	24	30	294		80
	JJ50/29-W	29	50	490		80
	JJ100/30-W	30	100	980		80
闭式塔形井架	TJ_2-41	41	220	2160	3200	80
开式塔形井架	JJ90/39-K	39	90	880	1500	120
	JJ120/39-K	39	120	1180	2000	120
	JJ220/42-K	42	220	2160	3000	120
	JJ300/43-K	43	300	2940	4500	120
	JJ450/45-K	45	450	4410	6000	120
	JJ600/45-K	45	600	5880	8000	120
A形井架	JJ90/39-A	39	90	880	2500	120
	JJ20/39-A	39	120	1180	2000	120
	JJ220/42-A	42	220	2160	3200	120
	JJ300/43-A	43	300	2940	4500	120
	JJ450/45-A	45	450	4410	6000	120
	JJ600/45-A	45	600	5880	8000	120
海洋闭式塔形井架	JJ450/45-H	45	450	4410	6000	160
	JJ450/49-H	49	450	4410	6000	160

表5-6 国产新型整体起放钻机井架基本参数

钻机型号	ZJ40/2250CJD	ZJ50/3150L	ZJ50/3150DB-1	ZJ70/4500DZ
井架型号	$JJ225/43-KC_1$	JJ315/44.5-K2	JJ450/45-K4	JJ450/45-K7
最大钩载/kN	2250	3150	4500	4500
形式	K	K	K	K
工作高度/m	43	44.5	45	45.72
顶跨(正×侧)/m	2	2.1×2.05	2.2×2.2	2.2×2.2
底跨(正×侧)/m	6	9.11×2.7	9.0×2.6	9.0×2.7
二层台容量/m	4000	5000	7280(5″钻杆260柱)	7280(5″钻杆260柱)
二层台高度/m	26.5、25.5、24.5	26.5、25.5、24.5	26.5、25.5、24.5、22.5	26.5、25.5、23.5、22.5

续表

钻机型号	ZJ40/2250CJD	ZJ50/3150L	ZJ50/3150DB-1	ZJ70/4500DZ
无立根抗风	>12 级	>12 级	>12 级	>12 级
满立根抗风	12 级	12 级	12 级	12 级
起放井架抗风	5 级	5 级	5 级	5 级
起升三角架高/m	—	9.175	4.5	7.6
井架主体段数	6	5	4	5
质量/kg		61114	95743	88742
配套底座	DZ225/7.5-ZT	DZ315/7.5-XD1	DZ450/9-S1	DZ450/10.5-S1

5.5 游动系统

5.5.1 天车

天车主要由安装在井架顶部的天车架、滑轮组和辅助滑轮等零部件组成。

1. 天车的结构特点

尽管天车的种类繁多，但主要可分为三种基本结构形式：滑轮轴共轴线，且各滑轮相互平行；滑轮轴线平行，快绳滑轮在另一根轴上；滑轮轴不共轴线，且快绳滑轮偏斜。

1）TC-350、TC-250 天车

这两种天车结构形式相同，主要由天车架、滑轮组和辅助滑轮等组成，均属于滑轮轴线平行天车。因快绳滑轮在另一根轴上，且位于两组滑轮中间，所以只能采用交叉法穿绳。TC-350 主要配备于 ZJ45J 和 ZJ45 钻机，TC-250 主要配备于 ZJ32L-1 和 ZJ40/2250L 钻机，如图 5-27 所示。

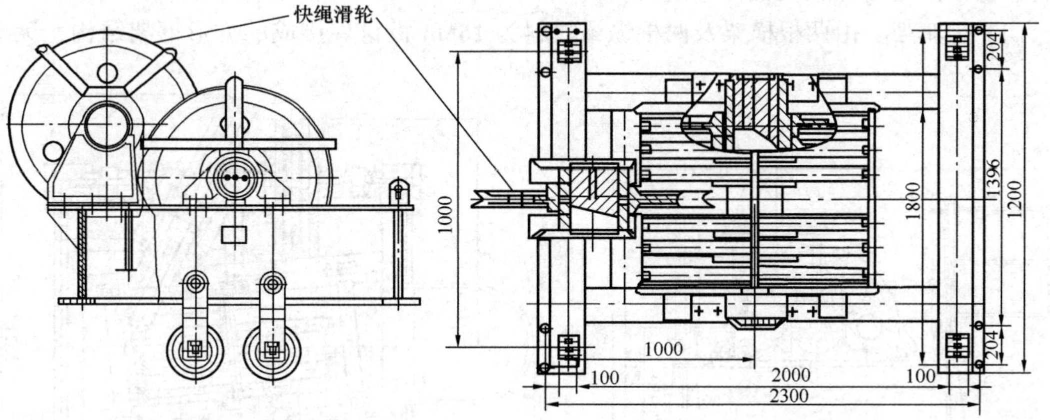

(a) 天车主视图　　(b) 天车俯视图

图 5-27　TC-350 天车

（1）天车架(天车底座)　是一个由两根横梁及两至三根纵梁焊接成的方形框架结构，两横梁座在井架天车梁上，用 4 个 U 形螺栓固定。

（2）滑轮组　TC-350（TC-250）天车共有 7 个滑轮，滑轮结构完全相同，可以互换。

每个滑轮都是由两个双列圆锥滚子轴承支撑在滑轮轴上，采用注油隔环和弹簧圈对每个滑轮两轴承进行润滑和定位。每个滑轮的两副轴承都有 1 个单独的润滑油道，通过安装在滑轮轴两端的黄油嘴进行脂润滑。在两根纵梁之间同一根滑轮轴上有 6 个滑轮，每 3 个滑轮为 1 组，两组滑轮之间用 1 个轴套隔开，每组滑轮用螺母固定在天车轴上，并用止动垫止动，防止螺母松动。快绳滑轮则单独安装在两组滑轮之间的前方，这样可以使快绳直接从井架外侧引向滚筒。滑轮轴通过轴承座固定在天车底座上，为了防止天车轴转动，采用止动板固定。天车轴的转动固定主要有三种形式：止动板固定（如 TC-350 型、TC-90 型）、稳钉固定（如 TC_1-130 型）和平键固定（如 GF-400 型）。

为保护滑轮和人身安全并防止钢丝绳跳轮，每组滑轮都装有护架。

（3）辅助滑轮　又称为高悬猫头绳轮。3 个辅助滑轮都是通过吊架用销子悬挂在天车底座上，滑轮内装有两副圆柱滚子轴承，销轴的一端装有 1 个黄油杯，用来向轴承加注润滑脂。

2）TC-200 天车

该天车是 TC_1-130 天车的变型，配备于大庆Ⅱ型钻机。其结构主要由天车架、滑轮组和辅助滑轮等组成，但属于滑轮轴共轴线天车，故既可采用顺穿法，又可采用交叉法穿绳，TC-200 天车共有 7 个滑轮装在一根轴上（TC_1-130 天车有 6 个滑轮，分别装在同一轴心线的两根轴上），各滑轮相互平行。其余与 TC-350 相似。

3）TC_{10}-450、TC_7-315 天车

这两种天车均属于滑轮轴不共轴线且快绳滑轮偏斜型天车，因快绳滑轮在另一根轴上，且快绳滑轮是偏斜的，故只能采用顺穿法穿绳。TC_{10}-450 天车主要配备于 ZJ70/4500DZ、ZJ70/4500L 钻机，TC_7-315 天车主要配备于 ZJ50/ 3150DZ 系列钻机和 ZJ50 / 3150L 钻机。其结构如图 5-28 所示，主要由天车架、轴承座、天车轴、双列圆柱滚子轴承、滑轮、辅助滑轮、天车滑轮起重架及栏杆等组成。

（1）天车架　由两根横梁及两根纵梁材料为 16Mn 板材焊接成的方形框架结构，天车和

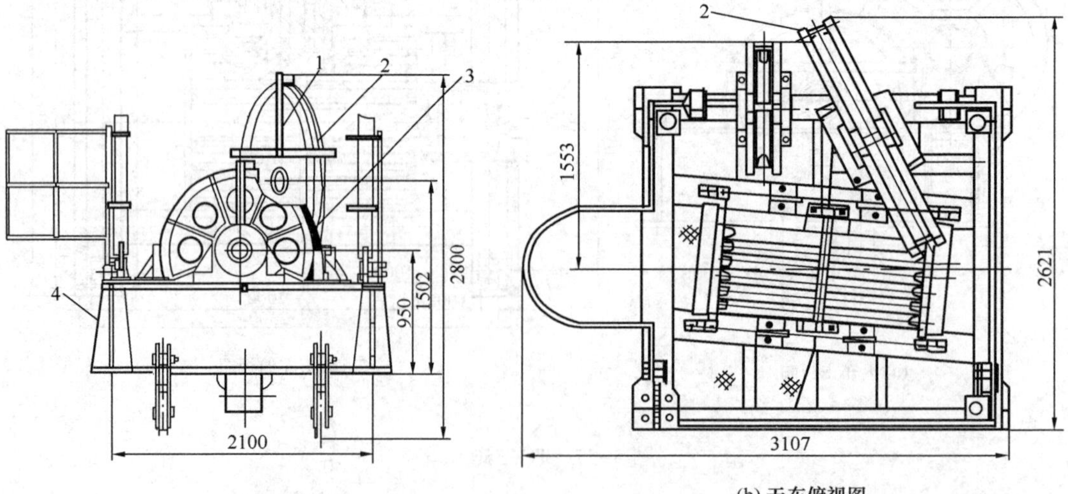

(a) 天车主视图　(b) 天车俯视图

图 5-28　TC_7-315 天车

1—滑轮架；2—快绳滑轮；3—主滑轮；4—底座

井架之间的连接靠 2 个 $\phi40$ 的定位销定位后，用 12 个螺栓固定在井架上。天车上部有滑轮起重架，用于天车滑轮及其轴和轴承的换修。天车下部用螺栓固定两块方木，用于钻井过程中防止碰天车。

（2）滑轮组　TC_{10}-450（TC_7-315）天车共有 7 个主滑轮和 1 个导向滑轮，7 个主滑轮结构相同，可以互换。

最大绳系为 6×7，钢丝绳直径 $\phi38$mm。主滑轮和导向轮的轴承都是双列圆锥滚子轴承。导向轮安装在主滑轮组前方纵梁上，其轴线与天车架对称中心线平行。每个滑轮中的轴承都通过安装在滑轮轴两端的黄油嘴进行单独脂润滑。6 个相互平行的主滑轮为 1 组，装在同一根轴上，每两个滑轮之间装一个间隔环，对滑轮轴向定位。主滑轮组轴两端通过轴承座固定在天车底座上，为了防止天车轴转动，采用止动板固定。而快绳滑轮则单独安装在该组滑轮之前，快绳滑轮的轴线与天车轴中心线偏斜 45°，这样可以使快绳直接从井架外侧引向滚筒，因此也就决定了配备此种天车的钻机游动系统绳系必须采用顺穿法。为了使游车与井架大门相平行，滑轮组的天车轴中心线与天车架的对称中心线偏斜 4. 3°。滑轮上方护架可防止钢丝绳从滑轮绳槽内脱出。

（3）辅助滑轮　天车下部悬挂有两个辅助滑轮，用于气动绞车悬绳。

2. 天车的基本技术参数

我国常用钻机天车的基本技术参数如表 5-7 所示。

表 5-7　天车的基本技术参数

钻机 / 天车型号 / 规格	ZJ40/2250CJD	ZJ50/3150L	ZJ45	ZJ20/4500DZ	ZJ60
	TC_1-225	TC_7-315	TC-350	TC_{10}-450	TC-450
最大钩载/kN	2250	3150	3500	4500	4500
滑轮数	6	7	6-1	7	7
滑轮外直径/mm	1120	1270	1260	1524	1524
滑轮槽底直径/mm	—	1150	1150	1410	1410
滑轮绳槽宽/mm	32	35	32. 5	38	38
捞砂滑轮直径/mm	—	610 槽宽 14. 5	320	610 槽宽 14. 5	—
质量/kg	1918	8635	5830	9723	9723
长/mm	2000	3280	2745	3068	3068
宽/mm	1780	3653	1900	2906	2906
高/mm	1670	3700	2390	3576	3576

3. 天车的维护保养及故障排除

（1）检查各滑轮转动是否灵活，有无阻滞现象，以一个人用手能自由旋转为宜。当旋转任一滑轮时，其相邻滑轮不应随着转动。

（2）检查各螺母是否松动，防止螺丝松动用的开口销、铁丝是否装配牢固。在解卡、顿钻等重大事故后，要仔细对天车进行全面检查。

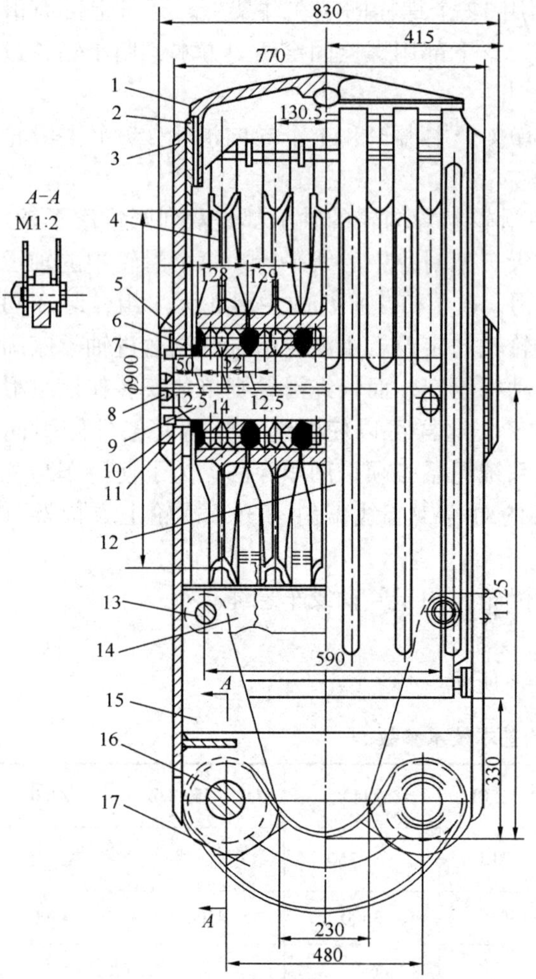

图 5-29　YC-350 游车

1—横梁；2—调节垫片；3—侧板；4—滑轮；5—护环；6—间隔环；7—螺母；8—黄油杯；9—滑轮轴；10—调节垫圈；11—键；12—护罩；13、16—销子；14—护板；15—钢板；17—吊环

(3) 检查护架、栏杆是否可靠，管座上的焊缝有无碰裂现象。

(4) 要按规定时间用 1、2 号锂基润滑脂对各滑轮轴承进行润滑。

(5) 检查各润滑轴承的温升，不得大于 50℃。

(6) 应定期用检查滑轮槽磨损的量规对滑轮槽进行测量，测量滑轮槽的槽宽和深度，当滑轮槽产生偏磨或严重磨损时，应将滑轮倒转 180°使用或更换滑轮。

5.5.2　游车

游车就是在井架内部作上、下往复运动的动滑轮组。

1. 游车的结构

游车的结构如图 5-29 所示，主要由横梁、左右侧板组、滑轮、滑轮轴、销座(钢板)、下提环(吊环)、护罩等零部件组成。

滑轮用双列圆锥滚子轴承支撑在滑轮轴上，每个轴承都通过安装在滑轮轴两端的油杯单独进行润滑。侧板组上部用螺杆与横梁连接，下提环被两个提环销连接在销座上。销座用销轴与侧板组连接，提环销的一端用开槽螺母及开口销固定。当摘挂大钩时，可以拆掉游车上的任何一个或两个提环销。为使两侧板组夹紧滑轮轴，通过两侧板组的中部和下部的调节垫片进行调节。用止动块(或键)将轴固定在侧板上，以防止轴转动。

2. 游车的基本技术参数

游车的基本技术参数如表 5-8 所示。

表 5-8　游车的基本技术参数

钻 机 型 号	ZJ40/2250CJD	ZJ45	ZJ60	ZJ50/3150L	ZJ70/4500DZ	ZJ50/3150DB-1
游车型号	YC-225	YC-350	YC-450	YC315	YC450-2	YC450
最大钩载/kN	2250	3500	4500	3150	4500	4500
滑轮数	5	6	6	6	6	6
滑轮直径/mm	1120	1260	1524	1270	1524	1524
滑轮槽底直径/mm	9080	1150	1450	1150	1410	1410
滑轮绳槽宽/mm	32	32.5	35	35	38	38

续表

钻 机 型 号	ZJ40/2250CJD	ZJ45	ZJ60	ZJ50/3150L	ZJ70/4500DZ	ZJ50/3150DB-1
质量/kg	3788	6710	7978	6842	8135	8135
长/mm	2294	974	1600	1350	1600	1600
宽/mm	1190	1350	800	2680	3075	3075
高/mm	630	2710	3075	974	800	800

3. 游车的使用与维护保养

(1) 游车在使用前及使用过程中，应经常检查，发现故障立即排除。

(2) 在使用期间，滑轮轴承发出噪声和由于不平稳转动造成的滑轮抖动，表明轴承的间隙过大，应及时更换磨损了的轴承。

(3) 游车在提升和下放时，应避免大幅度的上、下、左、右摇摆。

(4) 滑轮槽应定期用专门样板检查，当滑轮槽半径磨损至规定的滑轮槽半径数值时，应该更换滑轮。

(5) 润滑：用油枪向轴两端油杯注入1号、2号锂基润滑脂，每周1次。

5.5.3 大钩

1. 大钩的结构特点

钻井大钩有两类，一类是独立大钩，其提环挂在游车的吊环上，可与游车分开拆装，中型、重型和超重型钻机大多采用此大钩；另一类是游车大钩，将游车和大钩做成整体结构，二者不能分开，轻便钻机和车载钻机大多采用此种大钩。尽管大钩种类繁多，结构形状各异，但按减震形式可分为：单弹簧减震大钩、单弹簧加液压减震大钩和双弹簧加液压减震大钩。

1) DG-350、DG-315 大钩

这两种大钩结构相同，均属于双弹簧加液压减震的独立大钩。DG-350 大钩主要配备于 ZJ50/3150L 和 ZJ50/3150DZ 钻机。其结构如图 5-30 所示，主要由钩身、筒体、吊环座、内外弹簧、钩杆、吊环、安全锁紧装置和转动锁紧装置等组成。

(1) 钩身　大钩的钩身是一个铸钢件，其上部中空，并加工有左旋螺纹，与下筒体连接，并用止动块防松，构成大钩的主钩部分。在钩身上部中空部分安装转动锁紧装置，钩身的下部安装安全锁紧装置，钩身的中部有左右对称的两个副(侧)钩及闭锁装置。

(2) 安全锁紧装置　它由安全销体(钩舌)、安全锁块、安全插梢和弹簧等组成。安全销体通过销轴连接在钩身上，并可绕销轴转动，相对钩身的最大开口 20mm，其功用是闭锁水龙头提环。安全锁块通过销轴连接在安全锁体顶部，可绕销轴转动，安全插销在弹簧作用下始终顶在安全锁块上，使安全锁块始终处于锁紧位置。当用专用工具或钩子钩住安全销块下拉时，安全销块压迫安全插销及弹簧，安全销体即可打开；挂上水龙头上提时，安全锁体就能自动闭锁。

(3) 转动锁紧装置　主要由制动轮、制动轮轴、掣子、掣子轴、掣子弹簧、壳体和锁环等组成。锁环外径上加工有 8 个均布的凹槽，锁环内径加工有母花键，与固定不动的钩杆螺母的外花键配合，锁环可相对螺母上下移动，但不能转动，当制动轮进入锁环的任意一个凹槽时. 则钩身被制动。掣子通过锥销与掣子轴连接，制动轮与制动轮轴也通过锥销连接。制动轮在其弹簧作用下始终具有转出圆形轮廓的趋势(图示为逆时针转动)，掣子在其弹簧作用下始终

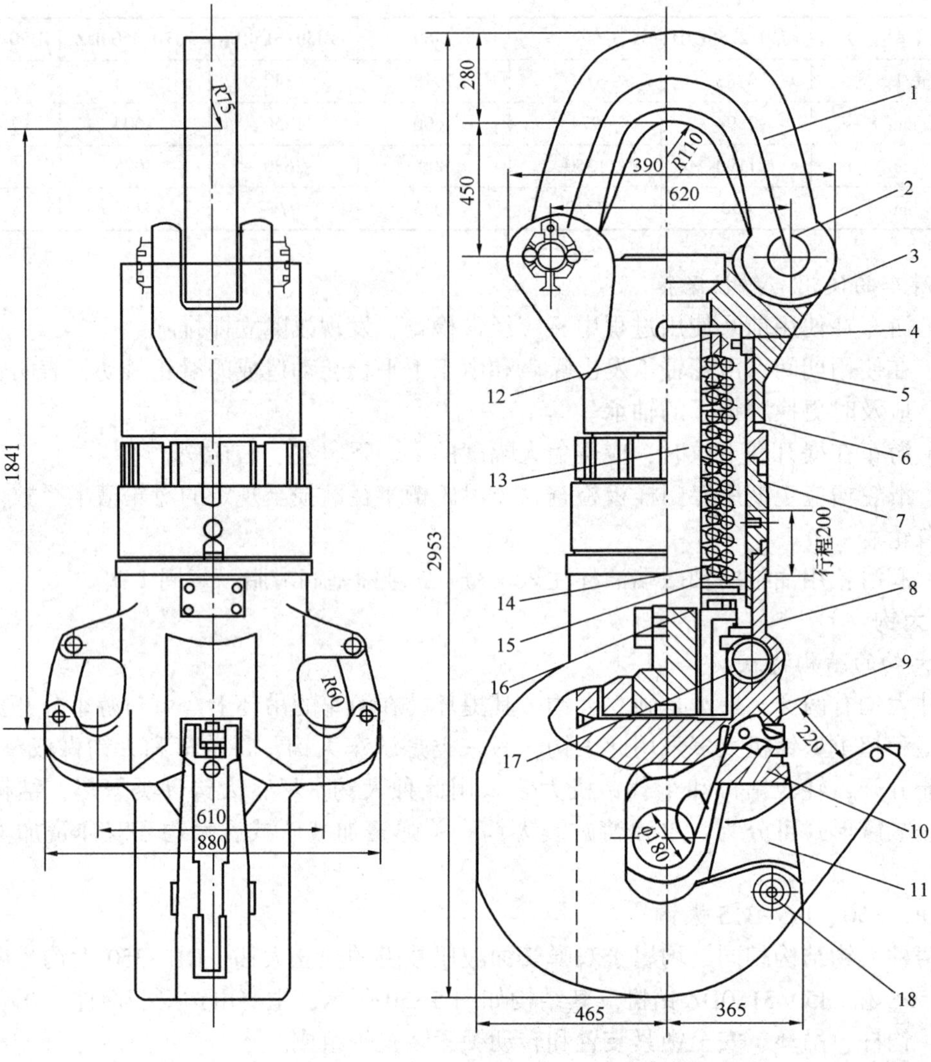

图 5-30 DG-350 型大钩

1—吊环；2—吊环销；3—吊环座；4—定位盘；5—外弹簧；6—内弹簧；
7—筒体；8—钩身；9—掣子；10—顶杆；11—安全销体；12—上衬套；
13—钩杆；14—下衬套；15—弹簧座；16—轴承；
17—止动装置；18—销轴

具有图示顺时针转动趋势。当用专用扳手将“止”端的手把向下拉时，掣子轴带动掣子克服弹簧力转动，使掣子端部脱离制动轮台肩，制动轮在其弹簧作用下转出圆形轮廓，嵌入大钩锁环的凹槽内，使钩身不能转动。当将“开”端的手把向下拉时，制动轮在其轴带动下克服弹簧力转动，当掣子落入制动轮台肩时，制动轮被掣子卡住，钩身就可以自由转动。

（4）安全定位装置　该定位装置位于上筒体顶端，由 6 个小弹簧和 1 个定位盘组成。6 个小弹簧均布安装在上筒体顶端，其上支撑定位盘。定位盘上表面和钩座环形下表面的加工质量很高，通过二者接触时产生的摩擦力，来限制钩身转动。当大钩提升空吊卡时，定位盘与钩座环形面形成一定的摩擦力，来阻止钩身转动，这样可避免吊卡转位，便于井架工在二层台上操作。当大钩悬挂有钻柱时，定位盘与钩座脱离，钩身自由转动。

（5）缓冲减震装置　该大钩采用双弹簧和减震油双重减震形式，外弹簧左旋，内弹簧右旋，筒体内装有减震油。位于轴承上面的弹簧座把钩身和筒体内腔分为两部分，减震油可以通过轴承和弹簧座与筒体之间的环隙上下窜动，形成一定阻尼作用，使大钩具有较好的液力缓冲性能。

2）YD-125 型游车大钩

YD-125 型游车大钩如图 5-31 所示。其结构主要由游车总成、缓冲减震总成和大钩总成三部分组成。这种结构的特点是减少了大钩和游动滑车的总高度，充分利用了井架的有效高度，但穿钢丝绳和维修不便。

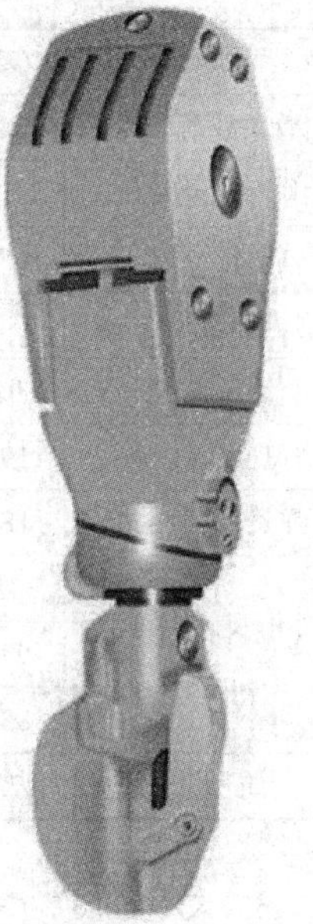

图 5-31　YD-125 型游车大钩

（1）游车总成　由 5 个滑轮、滑轮轴、外壳等组成。每个滑轮通过两个圆柱滚子轴承支撑在滑轮轴上，轴承采用单独润滑。用键将滑轮轴、支承套、外壳三者连为一体并固定在外壳的两侧板上。

（2）缓冲减震总成　主要由右旋内弹簧、左旋外弹簧和减震油等组成。当大钩全负荷时，与提杆固定为一体的弹簧座压缩内、外弹簧迅速坐在弹簧盒上部内台肩上，提杆下行 150mm。当提杆卸载时，弹簧力足以使刚卸开的钻杆立根自动从钻柱中跳出。

（3）大钩总成　由钩身、提杆、提帽等零件组成。钩身上装有安全锁紧装置，钩身两侧铸有挂吊环的副钩，为了防止吊环从副钩中脱出，用月牙挡板闭锁。钩身通过轴与提帽相连，提帽通过带螺纹的帽盖悬挂在装有单向推力滚子抽承的提杆上。

2. 大钩及游车大钩的基本技术参数

大钩及游车大钩的主要技术参数如表 5-9、表 5-10 所示。

表 5-9　大钩的主要技术参数

钻机型号	ZJ40/2250CJD	ZJ45	ZJ60	ZJ50/3150L	ZJ70/4500DZ	ZJ50/3150DB-1
大钩型号	DG-250	DG-350	DG-450	DG-315	DG-450	DG-450
最大钩载/kN	2250	2940	3920	3150	4500	4500
大钩开口宽/mm	190	180		220	220	220
弹簧工作行程/mm	180	200		200	200	200
弹簧行程开始时负荷/kN	26.6	30.0		30.6	30.6	30.6
弹簧行程终了时负荷/kN	52.5	55.4		56.5	56.5	56.5
弹簧数量/个	2	2		2	2	2
长/mm	2545	830	880	2953	2953	2953
宽/mm	780	890	880	890	890	890
高/mm	750	2953	2953	880	880	880
质量/kg	2180	3340	3430	3410	3496	3496

表 5-10 游车大钩的主要技术参数

型号规范		YG225	YG180	YG160B	YG160	YG135B	YG110C	YG110	YG90	YG80	YG70	YG60	YG30
最大载荷/kN		2250	1800	1580	1580	1350	1125	1125	900	800	675	585	300
滑轮外径/mm		915	915	760	760	760	760	760	760	610	610	610	475
滑轮个数		5	4	4	5	4	3	4	3	5	3	4	3
钢丝绳直径/mm		32	32	29	26	26	26	26	26	26	22	22	24
钩体形式		三钩	三钩	三钩	三钩	三钩	三钩	三钩	三钩	三钩	三钩	三钩	三钩
钩口开尺寸/mm		190	190	180	180	152	150	150	110	110	110	110	94
弹簧行程/mm		180	180	150	150	153	150	150	153	153	115	115	154
外形尺寸/mm	长	3450	3450	3150	3150	2768	2640	2640	2350	2244	1840	1840	2250
	宽	970	970	828	828	828	828	828	830	670	692	692	500
	高	850	840	730	605	500	626	500	413	631	456	456	400
质量/kg		4732	4630	3200	3280	2842	2220	2310	2000	2150	1150	1200	490

3. 大钩的维护保养

(1) 当水龙头提环挂入钩口后，应检查掣子是否闭锁完好。

(2) 起下钻时，应注意侧钩耳环螺母是否紧固，防止耳环轴移动，致使吊环脱出。

(3) 钻进中要经常检查钩口安全装置锁紧及各紧固件螺栓是否松动。

(4) 在处理井下复杂事故时，若钩口安全舌闭不紧，应在挂好水龙头后用钢丝绳绑住大钩的钩口和安全舌。

5.5.4 钢丝绳

钻机游动系统的钢丝绳起着悬持游车、大钩和井中全部钻具的作用。我国钻机标准中规定：各级石油钻机应保证在钻井绳数和最大钻柱重量的情况下，钢丝绳的安全系数 $n \geqslant 3$，在最大绳数和最大钩载情况下，钢丝绳的安全系数 $n \geqslant 2$。

1. 钢丝绳的结构及分类

钢丝绳先由钢丝围绕一根中心钢丝制成绳股，再由绳股围绕绳芯捻成绳。钢丝绳的绳芯分为油浸纤维芯、油浸麻绳芯和金属绳芯。绳芯的作用是支撑绳股、储油、润滑钢丝、减少钢丝间的磨损、使钢丝受力均匀。石油钻机钢丝绳的绳芯不允许使用黄麻，因为黄麻支撑绳股和储油性能差。

钢丝绳按捻搓方向可分为：左旋顺捻钢丝绳、左旋逆捻钢丝绳及右旋顺捻钢丝绳和右旋逆捻钢丝绳。按其结构形式可分为：普通型、外粗型、填充型和异型。

2. 钢丝绳的合理使用

(1) 钢丝绳要有规则地缠绕在滚筒上，不得在钢丝绳缠乱情况下承受负荷。

(2) 钢丝绳的直径应与滑轮绳槽相匹配，滑轮绳槽半径应略大于钢丝绳半径 lmm 左右。

(3) 滑轮或滚筒直径与钢丝绳直径的比例要合理，二者的比值一般不得小于 18，因为钢丝绳经过滑轮时不但承受弯曲交变应力，而且承受弯曲阻力，所以钢丝绳通过的轮径越小，钢丝绳所受的弯曲应力越大，其寿命越短。

(4) 当需要切断钢丝绳时，应先用软铁丝缠好两端，缠绕长度为绳径的 2~3 倍，再用氧气切割或用剁绳器切断钢丝绳。

(5) 需要上绳卡时，两绳卡间的距离不应小于绳径的 6 倍，上卡子时，要正上，卡子的拧紧程度应在拧紧螺母后钢丝绳被压扁 1/3 左右为宜。

(6) 每周应检查一次钢丝绳润滑状态，如无润滑剂挤出应涂抹润滑脂。

3. 钢丝绳的穿绳方法

游动系统钢丝绳的穿绳方法有顺穿和交叉穿两种，如图 5-32 所示。

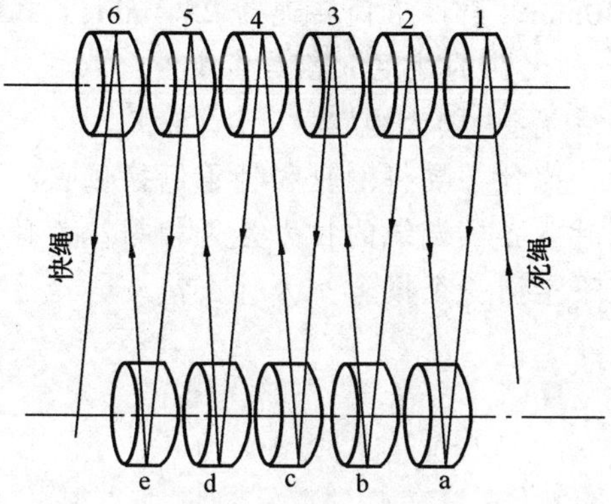

(a) 顺穿法示意图

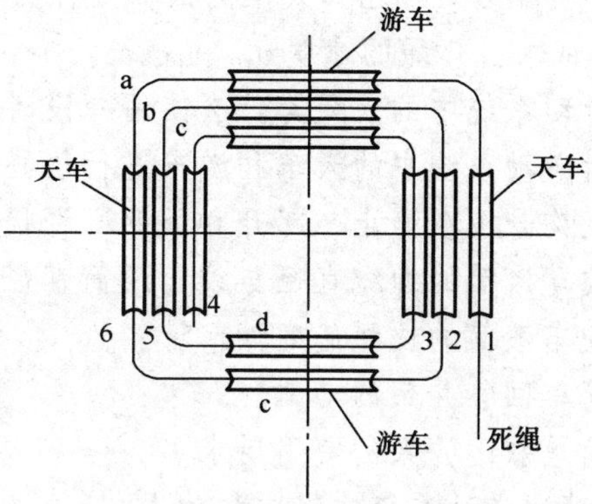

(b) 交叉穿法示意图

图 5-32　钢丝绳穿绳方法

1) 顺穿法

如图 5-32 (a)所示，以自升式井架绳系 5×6 为例。

(1) 天车轮自死绳端起编号为 1、2、3、4、5、6；游车自靠近井口一侧起编号为 a、b、c、d、e。

(2) 引绳的一端与钢丝绳相连，另一端穿过游车轮，用牵引设备按“死绳→1→a→2→b→3→c→4→d→5→e→6→快绳”的顺序完成穿绳。穿完绳后将钢丝绳放出约 60m 长。

(3) 将钢丝绳一端固定在滚筒座上，死绳端用死绳固定器固定。

2) 交叉穿法

如图 5-32 (b)所示，以塔形井架 5×6 滑轮组为例。

(1) 天车轮自死绳端起编号为 1、2、3、4、5、6；游车自靠近井口一侧起编号为 a、b、c、d、e。

(2) 背引绳上天车台，并把引绳搭在天车死绳轮上(即天车 1 号轮)。

(3) 引绳的一端与钢丝绳相连，另一端穿过游车轮(从井架 2 号大腿向 1 号大腿方向穿)，然后拴在上行的大绳上。第一次、第二次引绳头都拴在天车滑轮上行绳上；第三次拴在 a 轮至 6 号轮的上行绳上；第四次拴在 e 轮至 2 号轮的上行绳上；第五次拴在 b 轮至 5 号轮的上行绳上。穿绳的顺序是：“死绳→1→a→6→e→2→b→5→d→3→c→4→快绳”。

(4) 穿完大绳，解去引绳，活绳头固定在滚筒上，另一端固定在死绳固定器上。

【本章小结】

起升系统是钻机的核心，它主要由井架、天车、游车、大钩、游动系统钢丝绳和绞车等设备组成。通过对本章的学习，要求大家了解钻机游动系统的设备组成，掌握设备的结构原理、功用、特点、使用及维护方法。要求学员通过课后复习和做思考题加以巩固，有条件的可以到石油钻井现场实地参观考察或通过实习实训教学环节加深对所学知识的理解。

思 考 题

1. 起下钻作业包括哪些操作步骤？

2. 参考图5-1，已知绞车的滚筒直径为640mm，假设滚筒转速为25r/min，沿图中ω方向转动，试求：各绳的速度v_1、v_1、v_2、…、v_6和大钩的速度v各是多少？

3. 游动系统中的大绳为什么使用一段时间后就要“倒大绳”？

4. 对游动系统中的天车和游车进行检修时，为什么要将滑轮和轴承倒换位置？

5. 大钩悬重在静止、起升和下钻三种状况时，各段游绳的拉力是否相等？为什么？

6. 绞车滚筒的缠绳直径与绞车滚筒直径是不是同一个概念？为什么？

7. 绞车滚筒的快绳速度如何计算？

8. 简单回答井架的功用。

9. 简单叙述井架的使用要求。

10. 简述游动系统的组成和功用。

11. 简述钢丝绳的结构和各部分的作用。

12. 简述钢丝绳的几种穿绳方法。

第6章　往复泵与离心泵

【学习目标和要求】

往复泵与离心泵是石油矿场上应用非常广泛的机械设备，本章主要介绍往复泵与离心泵的工作原理、基本结构、工作特性、应用与维护等方面的基本知识。要求学员在学习后能够掌握油田作业中常见往复泵与离心泵的的结构、工作特点等知识，并且能够正确使用并进行简单的故障排除。

【重点和难点】

重点是往复泵与离心泵的工作原理、基本结构、使用及维护；难点是往复泵与离心泵的工作特性分析。

往复泵与离心泵是石油矿场上应用非常广泛的机械设备。往复泵常用于在高压下输送高黏度、大密度和高含砂量、高腐蚀性的液体，流量相对较小。按用途的不同，石油矿场用往复泵往往被冠以相应的名称，例如：在钻井作业中使用的钻井泵或泥浆泵，在固井作业中使用的固井泵，采油作业中使用的压裂泵、注水泵、抽油泵等都属于往复泵。离心泵主要用于油田注水、油品输送以及作为钻井泵的灌注用泵等。本章主要介绍往复泵与离心泵的工作原理、基本结构、工作特性、应用与维护等方面的知识。

6.1　往复泵工作特点

6.1.1　往复泵的工作原理及分类

1. 往复泵的工作原理

图6-1为卧式单缸单作用往复式活塞泵的工作示意图。主要由液缸、活塞、吸入阀、排出阀、阀室、曲柄或曲轴、连杆、十字头、活塞杆以及齿轮、皮带轮和传动轴等零部件组成。当动力机通过皮带、齿轮等传动件带动曲轴或曲柄以角速度 ω 按图示方向从左边水平位置开始旋转时，活塞向右边即泵的动力端移动，液缸内形成一定的真空度，吸入池中的液体在液面压力 p_A 的作用下，推开吸入阀，进入液缸，直到活塞移到右止点为止，为液缸的吸入过程。曲柄继续转动，活塞开始向左即液力端移动，缸套内液体受挤压，压力升高，吸入阀关闭，排出阀被推开，液体经排出阀和排出管进入排出池，直到活塞移到左止点时为止，为液缸的排出过程。曲柄每旋转一周活塞往复运动一次，单作用泵的液缸完成一次吸入和排出过程。

在吸入或排出过程中，活塞移动的距离称为活塞的冲程，以 S 表示；若曲柄半径用 r 表示，则它们之间的关系为 $S=2r$。

2. 往复泵的分类

石油矿场用往复泵大致可以按以下几个方面分类：

(1) 按缸数分类　有单缸泵、双缸泵、三缸泵、四缸泵等。

(2) 按直接与工作液体接触的工作机构分类　有活塞泵及柱塞泵两种。

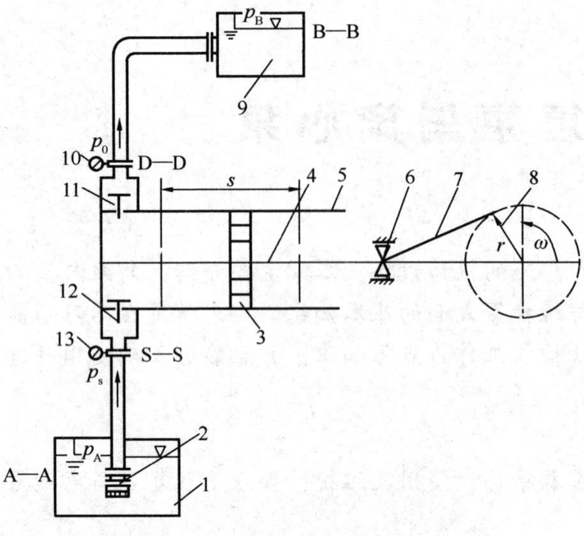

图 6-1　往复泵工作示意图

1—吸入罐；2—底阀；3—活塞；4—活塞杆；5—液缸；6—十字头；7—连杆；8—曲柄；9—排出罐；10—压力表；11—排出阀；12—吸入阀；13—真空表

(3) 按作用方式分类　有单作用泵和双作用泵。

① 单作用泵　活塞或柱塞在液缸中往复一次，液缸作一次吸入和一次排出。

② 双作用泵　液缸被活塞或柱塞分为两个工作室，无活塞杆的为前工作室或称前缸，有活塞杆的为后工作室或称后缸，每个工作室都有吸入阀和排出阀，活塞往复一次，液缸吸入和排出各两次。

(4) 按液缸的布置方案及其相互位置分类　有卧式泵、立式泵、V 形泵和星形泵等。

(5) 按传动或驱动方式分类　有机械传动泵、蒸汽驱动往复泵、液压驱动往复泵等。近几年来，液压驱动往复泵在油田越来越受到重视。

图 6-2 是几种典型的往复泵示意图。

石油矿场钻井泵，广泛采用三缸单作用或双缸双作用卧式活塞泵；压裂、固井及注水泵常采用三缸、五缸单作用卧式柱塞泵等其他类型的泵。

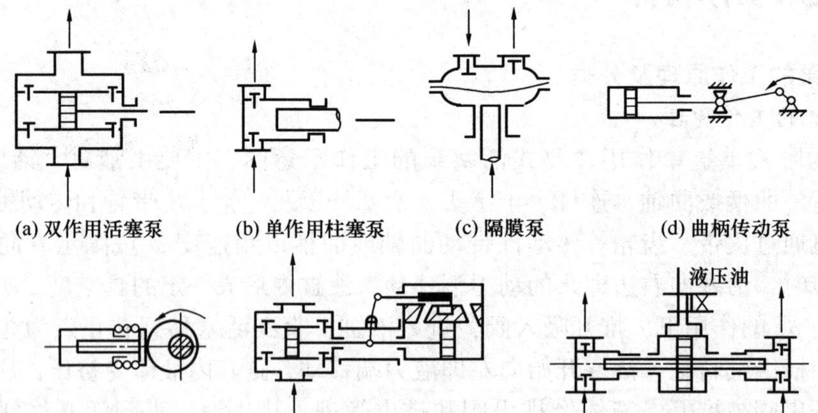

图 6-2　往复泵类型示意图

6.1.2　活塞运动规律

往复泵的基本工作理论及其主要特性参数(流量、压力等)的计算，都是与活塞或柱塞的运动规律密切相关的。为此，首先要了解活塞的运动情况。目前的往复泵大多采用曲柄连杆机构传动，本节以曲柄连杆机构为例分析往复泵活塞的运动规律。图 6-3 所示是往复泵活塞运动示意图。

为了定性地分析，忽略曲柄和连杆比的影响，往复泵活塞的位移 x、速度 u 和加速度 a 可以近似地用下面的公式表示：

$$x \approx r(1 \pm \cos\varphi) \tag{6-1}$$

$$u \approx \pm r\omega\sin\varphi \tag{6-2}$$

$$a \approx \pm r\omega^2\cos\varphi \tag{6-3}$$

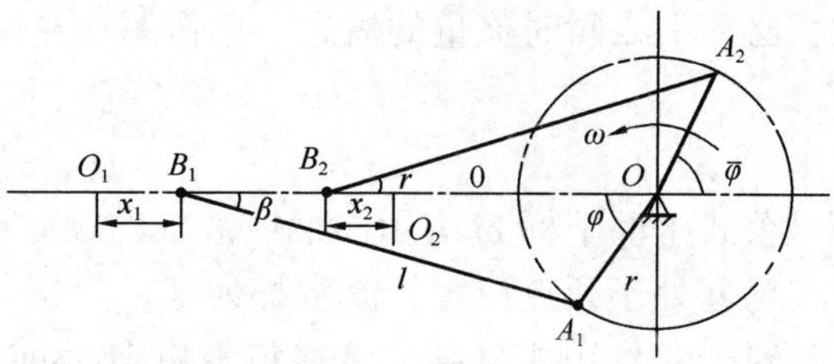

图 6-3　往复泵活塞运动示意图

式中　r——曲柄长度；

ω——曲柄的角速度；

φ——曲柄转角，活塞由液力端向动力端运动时，$\varphi = 0 \sim \pi$；活塞由动力端向液力端运动时，$\varphi = \pi \sim 2\pi$。

上面三个公式表明：往复泵活塞运动速度和加速度分别近似地按正弦和余弦规律变化。

上述各公式中，正负号及 φ 的取值范围按以下原则决定：当求活塞由液力端向动力端的位移、速度和加速度时，取公式上面的符号，曲柄转角在 $0 \sim \pi$ 范围内取值；当求活塞由动力端向液力端运动的位移、速度和加速度时，取公式中下面的符号，φ 在 $\pi \sim 2\pi$ 范围内取值，当 $\varphi = 0$、π、2π 时，活塞处于止点位置。

6.1.3　往复泵的流量

1. 理论平均流量

往复泵在单位时间内理论上应输送的液体体积，称作往复泵的理论平均流量。理论上等于活塞工作面在吸入(或排出)行程中，单位时间内在液缸中扫过的体积。

对于单作用往复泵，计算公式为：

$$Q_{th} = iFSn \tag{6-4}$$

对于双作用往复泵，活塞往复一次，液缸的前、后工作室输送液体各一次，液体的体积为 $(2F - f)S$，则双作用泵的理论平均流量为：

$$Q_{th} = i(2F - f)Sn \tag{6-5}$$

式中　Q_{th}——理论平均流量，m^3/min；

i——液缸数；

F——活塞面积，m^2；

S——活塞的冲程，m；

n——曲柄转速，r/min；

f——活塞杆截面积，m^2。

实际上，往复泵工作时，由于吸入阀和排出阀一般不能及时关闭；泵阀、活塞和其他密封处可能有高压液体的漏失；泵缸中或液体内含有气体降低吸入充满度等原因，导致了往复泵的实际平均流量要低于理论平均流量。设实际平均流量为 Q，则

$$Q = \mu Q_{th} \tag{6-6}$$

式中　μ——流量系数，它反映泵内泄漏损失的大小，一般在 0.85～0.95 之间取值，对于大型且吸入条件较好的新泵，μ 可取较大值。

2. 瞬时流量

由活塞的运动规律可知活塞的运动是非匀速的，故泵在每一时刻的流量也是变化的，为

此，必须引入瞬时流量的概念。单作用往复泵瞬时流量 Q_{cm} 可以近似地表示为：

$$Q_{cm} = Fu \tag{6-7}$$

即

$$Q_{cm} \approx \pm Fr\omega\sin\varphi_m \tag{6-8}$$

公式中的下标 m 表示曲柄或液缸的顺序编号 1、2、3、…，不难看出 $\varphi_m = 0$、π、2π 时，活塞处于死点位置，流量都为零。

对于双作用往复泵，活塞将液缸分为前、后两个工作室，分别以 Q_{cfm} 和 Q_{cam} 表示液缸前、后工作室的瞬时流量，则

$$Q_{cfm} \approx \pm Fr\omega\sin\varphi_m \tag{6-9}$$

$$Q_{cam} \approx \pm (F - f) r\omega\sin\varphi_m \tag{6-10}$$

当 $\varphi_m = 0 \sim \pi$ 时，前工作室吸入，后工作室排出，公式取“+”号；当 $\varphi_m = \pi \sim 2\pi$ 时，前工作室排出，后工作室吸入，公式取“-”号。

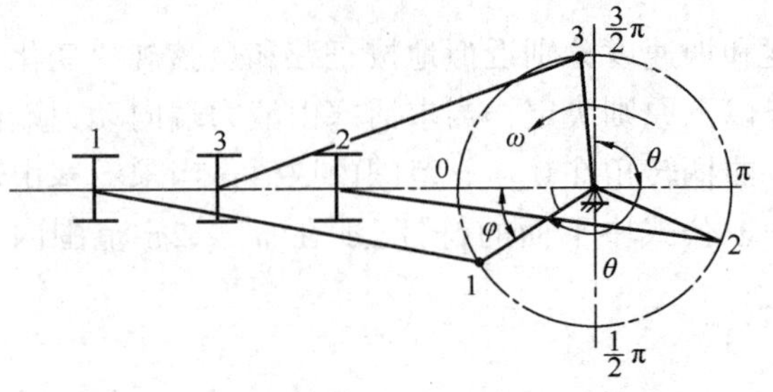

图 6-4　往复泵曲柄间相互位置关系示意图

实际上，往复泵一般都由几个液缸组成，如图 6-4 所示，在曲轴转动一周期间内，几个缸按一定的规律交替进行吸入或排出，整台泵的瞬时流量由同一时刻各缸瞬时流量叠加而成。计算整台泵的瞬时流量时，要根据各曲柄间存在角相位差决定公式中的角参数。

3. 往复泵的流量曲线及应用

由以上分析可知：往复泵工作时，在曲柄旋转 2π 范围内，各液缸或工作室以及整台泵的瞬时流量按一定规律变化，如果以曲柄转角 φ 为横坐标，流量为纵坐标，就可以作出泵的瞬时流量随曲柄转角变化关系的曲线，称为泵的流量曲线，如图 6-5 所示。通常，只需绘制一个过程的流量曲线。

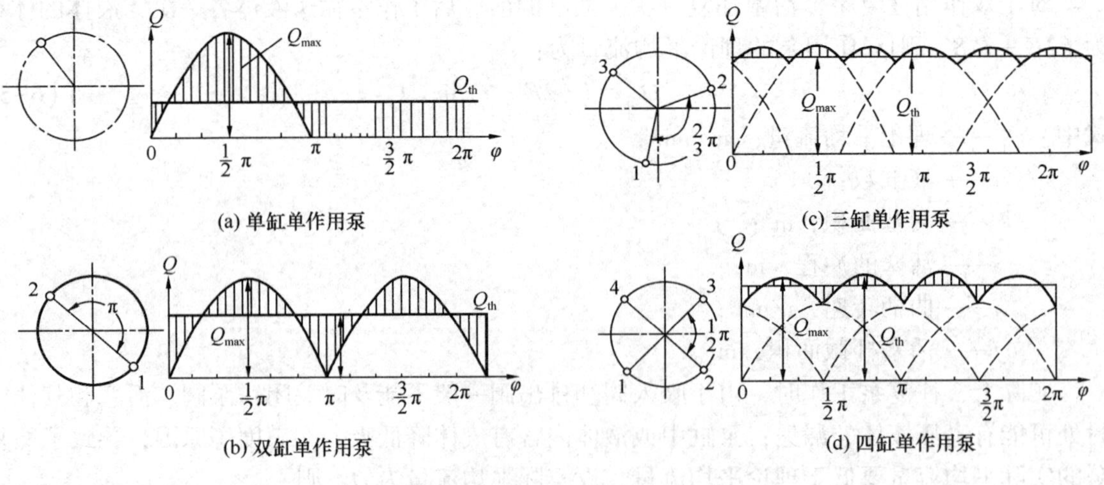

(a) 单缸单作用泵　(c) 三缸单作用泵

(b) 双缸单作用泵　(d) 四缸单作用泵

图 6-5　往复泵的流量曲线

往复泵的流量曲线除了比较直观地反映出整台泵与各液缸或工作室瞬时流量间的关系及其随曲柄转角的变化特点外，在往复泵的理论分析和计算中还具有下列用途：

1）判断流量的均匀程度

由于往复泵在曲轴转动一周的过程中，理论瞬时流量是不断变化的，因此，通过流量曲

线可以找到流量的最大值 Q_{max}、最小值 Q_{min} 以及理论平均流量 Q_{th}。理论瞬时流量的最大差值与平均流量的比值，称作往复泵的流量不均度，用 δ_Q 表示，则

$$\delta_Q = \frac{Q_{max} - Q_{min}}{Q_{th}} \tag{6-11}$$

图 6-5 所示为单缸、双缸、三缸及四缸单作用泵的流量曲线，其流量不均度分别为 3.14、1.57、0.140、0.325。如不考虑活塞杆断面面积 f 的影响，则单缸双作用泵与双缸单作用泵流量不均度相同，双缸双作用泵与四缸单作用泵的流量不均度也相同。

由以上曲线可以看出：当往复泵缸数增加时流量趋于均匀，而单数缸效果更为显著。从使用的角度来看，流量不均度越小越好。因为流量越均匀，管线中液流越接近稳定流，压力波动也越小，这有助于减少管线振动，使泵工作平稳。但是，不能只靠增加往复泵的液缸数来达到这个目的，因为缸数越多，泵的结构就会越复杂，造价就越高，维修也就越困难。所以，目前使用的往复泵多为三缸单作用泵。

2）确定泵输送的液体体积

若在曲柄转角 $\varphi = \varphi_1 \sim \varphi_2$ 的范围内，每个液缸或工作室的流量曲线与横坐标所围成的面积为 A，而在同样的曲柄转角范围内，活塞位移由 $s_1 \Rightarrow s_2$，泵所输送的液体体积为 V，那么体积 V 与面积 A 之间存在下列关系：

$$\frac{V}{A} = \frac{1}{\omega} \text{ 或 } V = \frac{A}{\omega} \tag{6-12}$$

这个关系表明：在相同的曲柄转角范围内，泵或某个液缸所输送的液体体积与流量曲线所围成的面积成正比。这一关系在空气包的体积计算中十分有用。

3）检验曲柄布置是否合理

对于多缸往复泵，为使叠加后的流量波动减小，其各缸的曲柄应相差一定角度，通过绘制流量曲线，可发现各液缸瞬时流量叠加是否合理，从而检验曲柄布置方案的合理性。

6.2 往复泵工作参数

本节主要介绍往复泵的压头、功率、效率等的计算方法。

6.2.1 往复泵的有效压头

单位重量(质量)的液体经过泵后增加的能量称作往复泵的有效压头或扬程，用 J/N 或 m 液柱表示。如图 6-1 所示，泵的有效扬程 H 可用下式表示：

$$H = Z + \frac{p_B - p_A}{\rho g} + \frac{c_B^2 - c_A^2}{2g} + \Sigma h \tag{6-13}$$

式中 Z——吸入罐与排出罐液压的总高度差，m；

p_A，p_B——吸入罐、排出罐液面上的压力，Pa；

c_A，c_B——吸入罐、排出罐液面上液体的流速，m/s；

ρ——被输入液体的密度，kg/m^3；

g——重力加速率，$9.8m/s^2$；

Σh——吸入罐与排出罐内总的水力损失，m。

由于吸入罐与排出罐一般很大，吸入罐与排出罐液面上液体的流速 $C_A \approx 0$、$C_B \approx 0$，并且当吸入罐、排出罐液面上的压力 $p_A = p_B$ 时，式(6-13)就变为：

$$H = Z + \Sigma h \tag{6-14}$$

由式(6-13)、式(6-14)可知：要求出泵的有效压头，必须要计算管路中的全部阻力损失，但是，管路系统一般都比较复杂，计算困难。因此，简便的方法是应用下式直接测定有效压头。

$$H = \frac{P_r}{\rho g} + \frac{P_V}{\rho g} + Z_0 \tag{6-15}$$

由上式可知：往复泵的有效压头，主要取决于泵排出口处压力表与吸入口处真空表间的高度差 Z_0(一般为定值)、吸入口处真空表的读数 P_V、排出口处压力表的读数 P_r。

在实际计算中，考虑到泵的排出压力一般较高，而真空度 P_V 及高度差 Z_0 相对很小，可以略去不计。因此，通常用表压力代表泵的有效压头，即 $H \approx P_r/\rho g$。

6.2.2 往复泵的功率

设泵的扬程为 H，体积流量为 Q，则单位时间内液体由泵所获得的总能量即为泵的输出功率 N_o，可以写为：

$$N_o = \frac{\rho g Q H}{1000} \tag{6-16}$$

泵的输出功率表明了泵的实际工作效果，因此也称为泵的有效功率。泵将能量传递给液体，是由于外界机械能传输的结果。假定驱动机输入到泵轴上的功率为 N_i(又称为泵的输入功率)，由于泵内存在功率损失，$N_i>N_o$，则泵的总效率，用 η 表示，即为：

$$\eta = \frac{N_o}{N_i} \tag{6-17}$$

往复泵一般都是经过离合器、变速箱或变矩器、链条和皮带等传动件与驱动机相连，计算整台泵所应配备的功率时，应考虑传动装置的效率。因此，一台机泵组成所需的动力机功率 N_ρ 为：

$$N_\rho = \frac{N_i}{\eta_{tr}} = \frac{N_o}{\eta \eta_{tr}} \tag{6-18}$$

式中　η_{tr} ——自驱动机输出轴到泵输入轴全部传动装置的总效率。

考虑到工作过程中可能出现的超载，应留有一定功率储备，因此，所选的动力机功率一般要比计算功率 N_ρ 大 10%左右。

6.2.3 往复泵的效率

往复泵在工作过程中的功率损失包括机械损失、容积损失和水力损失。

1. 机械损失

它是指克服泵内齿轮传动、轴承、活塞、密封和十字头等机械摩擦所消耗的功率，用 ΔN_m 表示。机械损失功率的存在使往复泵的泵轴功率不能全部被液体所获得，往复泵机械损失功率大小由机械效率 η_m 来衡量，即

$$\eta_m = \frac{N_i - \Delta N_m}{N_i} \tag{6-19}$$

2. 容积损失

往复泵工作时有一部分高压液体会从活塞与缸套间的间隙、缸套密封、阀盖密封及拉杆密封等处漏失，造成一定的能量损失，使泵实际输送液体的体积总要比理论输出的体积小。

设单位时间内漏失的液体体积为 ΔQ_V，用容积效率 η_v 来衡量泵泄漏量，计算公式为：

$$\eta_v = \frac{Q}{Q + \Delta Q_V} \tag{6-20}$$

3. 水力损失

液体在泵内流动时要克服沿程和局部阻力，消耗一定的能量，若各项水力损失之和用 h_h 表示，则水力损失的大小可以由水力效率 η_h 来衡量，即

$$\eta_h = \frac{H}{H + h_h} \tag{6-21}$$

则泵的总效率为：

$$\eta = \frac{N_o}{N_i} = \eta_m \eta_v \eta_h \tag{6-22}$$

泵的总效率可由试验测定，一般情况下，$\eta = 0.75 \sim 0.90$。

6.3 常用往复泵的典型结构

6.3.1 双缸双作用活塞泵

双缸双作用活塞泵由动力端(驱动部分)和液力端(水力部分)两大部分组成，在国内油田作为钻井泵使用较少，主要有 NB-470、NB-350、NB-550、NB_8-600 几种型号。图 6-6 是国产 NB_8-600 型双缸双作用钻井泵的主剖面图，可以反映一般双缸双作用往复泵的结构概况。

1. 双缸双作用活塞泵的动力端

活塞泵的动力端(驱动部分)由传动轴、主轴(曲轴)、齿轮、曲柄连杆机构、壳体(底座)等组成，其主要作用是变主轴的旋转运动为活塞的往复运动。

双缸双作用往复泵的动力端有多种可供选择的基本方案，但目前多采用偏心轮方案。其特点是主轴上安装有驱动连杆的偏心轮，使得液缸中心线间的距离大大缩小，减少了泵的宽度和重量，且驱动部分修理方便，改善了主轴承的承载条件，主轴强度好，工作可靠；但制造较复杂，连杆的大头尺寸也较大，需要大直径的连杆轴承。

多数双缸双作用往复式钻井泵动力端的结构相差不大，一般都希望传动轴、主轴及连杆等零件的强度高，齿轮传动副的轮齿不易折断、点蚀，拆装和检修方便，零部件固定牢靠，十字头和导板间的间隙易于调节，各类轴承和相对运动摩擦副的润滑条件好，寿命长。

2. 双缸双作用活塞泵的液力端

活塞泵的液力端(水力部分)包括泵体(阀箱)、缸套、活塞、活塞杆、密封盒、泵阀等，其作用是从吸入池吸入低压液体，通过活塞的作用，变机械能为液压能，向井底输送高压液体，实现液体的循环，冷却钻头、冲洗井底和携带出岩屑。

双缸双作用泵液力端每个液缸的两端各有一个吸入和排出阀箱，吸入阀上部与液缸连通，下部与吸入管连通，排出阀上部与排出管连通，下部与液缸连通。

往复泵的泵体(泵头)是液力端的主要零件，其他零件大多固定在泵体上，泵工作时泵体要承受高压液体和其他载荷的反复作用。双缸双作用往复泵的泵体结构相当复杂，分为铸造式和锻造焊接式两大类。

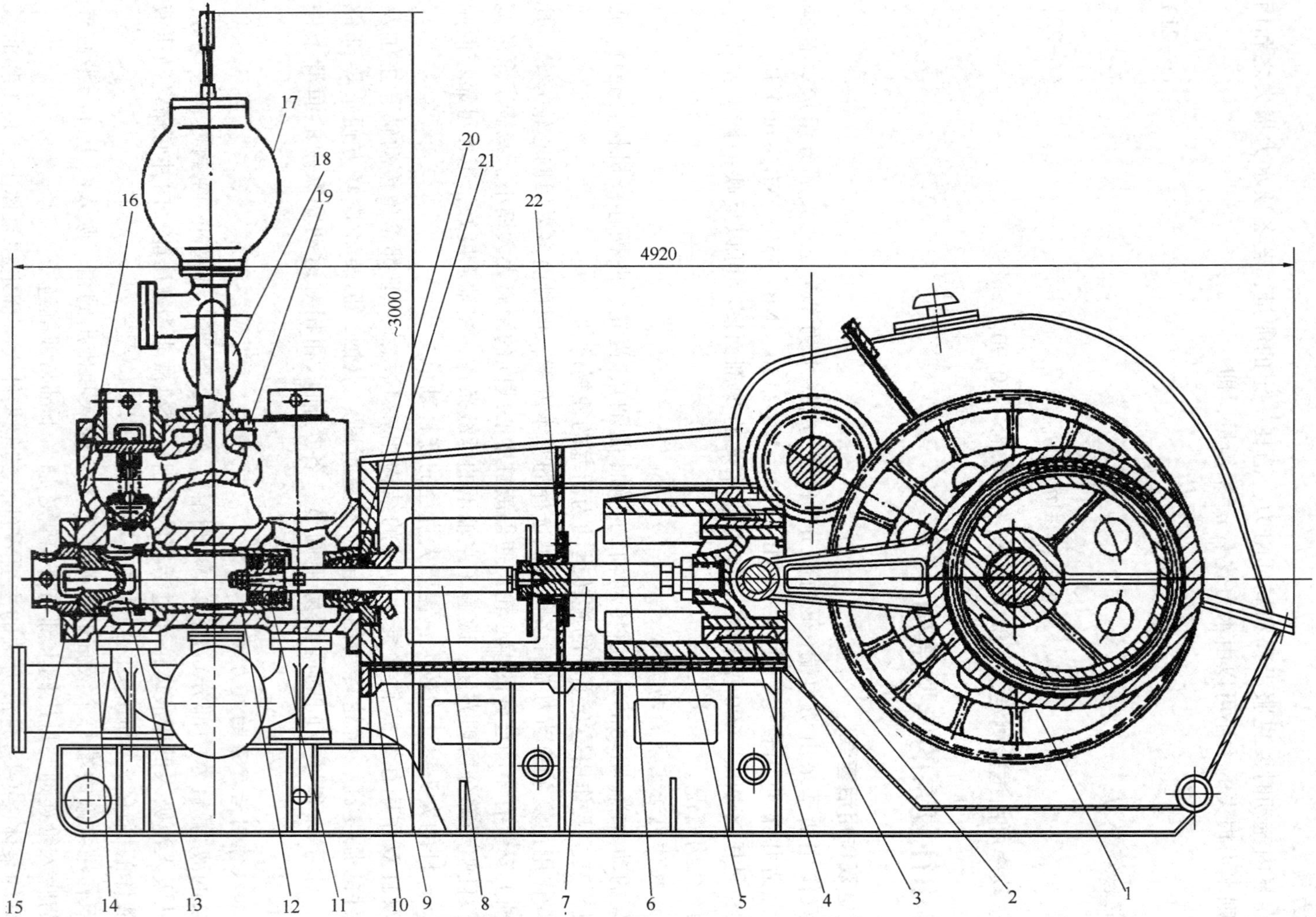

图6-6　国产NB_8-600型双缸双作用钻井泵结构剖面图

1—曲柄连杆总成；2—十字头销；3—十字头体；4—十字头滑履；5—下导板；6—上层板；7—介杆；8—活塞杆；9—活塞杆密封盒压盖；10—活塞杆密封盒；11—活塞；12—缸套；13—顶缸花盖；14—顶罐塞；15—缸套法兰；16—罐套压盖；17—空气包；18—排出管；19—泵体；20—压紧圈；21—顶套；22—介杆密封盒

6.3.2 三缸双作用活塞泵

三缸双作用泵的优点是流量比双缸双作用泵更加均匀，但易损件多，结构复杂，曲轴受力条件恶化，加工和装拆困难，故在石油矿场应用较少。

6.3.3 三缸单作用活塞泵

三缸单作用泵与双缸双作用泵相比具有以下一些明显的优点：①缸径小，冲程短，冲次较高，在功率相近的条件下，体积小，质量轻；②缸套在液缸外部用夹持器(卡箍等)固定，活塞杆与介杆也用夹持器固定，因而装拆方便，活塞杆无需密封，工作寿命长；③活塞单面工作，可以从后部喷进冷却液对缸套和活塞进行冲洗和润滑，有利于提高缸套与活塞的寿命；④泵的流量均匀，压力波动小。

由于三缸单作用泵具有上述优点，且使用中经济效益好，所以在我国和其他一些国家的钻井设备中广泛应用，已经取代了双缸双作用泵。

图 6-7 是国产 3NB-1300 型三缸单作用活塞式钻井泵的结构剖面图。它的工作原理与一般往复泵完全相同。工作时，动力机通过皮带、传动轴、齿轮等传动部件带动主轴及固定其上的曲柄旋转。当曲柄由水平位置从近液力端向远离液力端的方向旋转时，活塞向动力端移动，液缸内形成真空，池中的液体在液面压力的作用下，顶开吸入阀，进入液缸，直到活塞移动到右止点(即曲柄自 0°旋转到 180°)。这个工作过程称作泵的吸入过程。曲柄继续旋转，活塞开始向液力端移动，液缸内液体受到挤压，压力升高，吸入阀关闭，排出阀被顶开，液体进入排出管，直至活塞移动到左止点(即曲柄自 180°旋转到 360°)。这个工作过程称作泵的排出过程。随着动力机的运转，钻井泵不断重复吸入和排出过程，将液体源源不断地经排出管送向井底。

3NB-1300 型三缸单作用钻井泵的功率大、质量轻、强度高、密封好，在石油矿场上应用广泛。泵的主要技术性能如表 6-1 所示。

表 6-1 3NB-1300C 泵技术特征及基本参数

序号	名称	单位	参数
1	额定输入功率	kW(hp)	956(1300)
2	额定冲次	次/min	120
3	冲程长度	mm	305
4	齿轮传动比		3.81
5	传动轴额定转速	r/min	457
6	最高工作压力	MPa(kgf/cm^2)	34.3(350)
7	最大缸套直径	mm	180
8	最大工作排量	L/s	46.6
9	最大缸套泵压	MPa(kgf/cm^2)	18.4(188)
10	吸入管直径	mm	305
11	排出管直径	mm	100
12	外型尺寸长×宽×高	mm	5010×1942×1918
13	整体质量	kg	23000

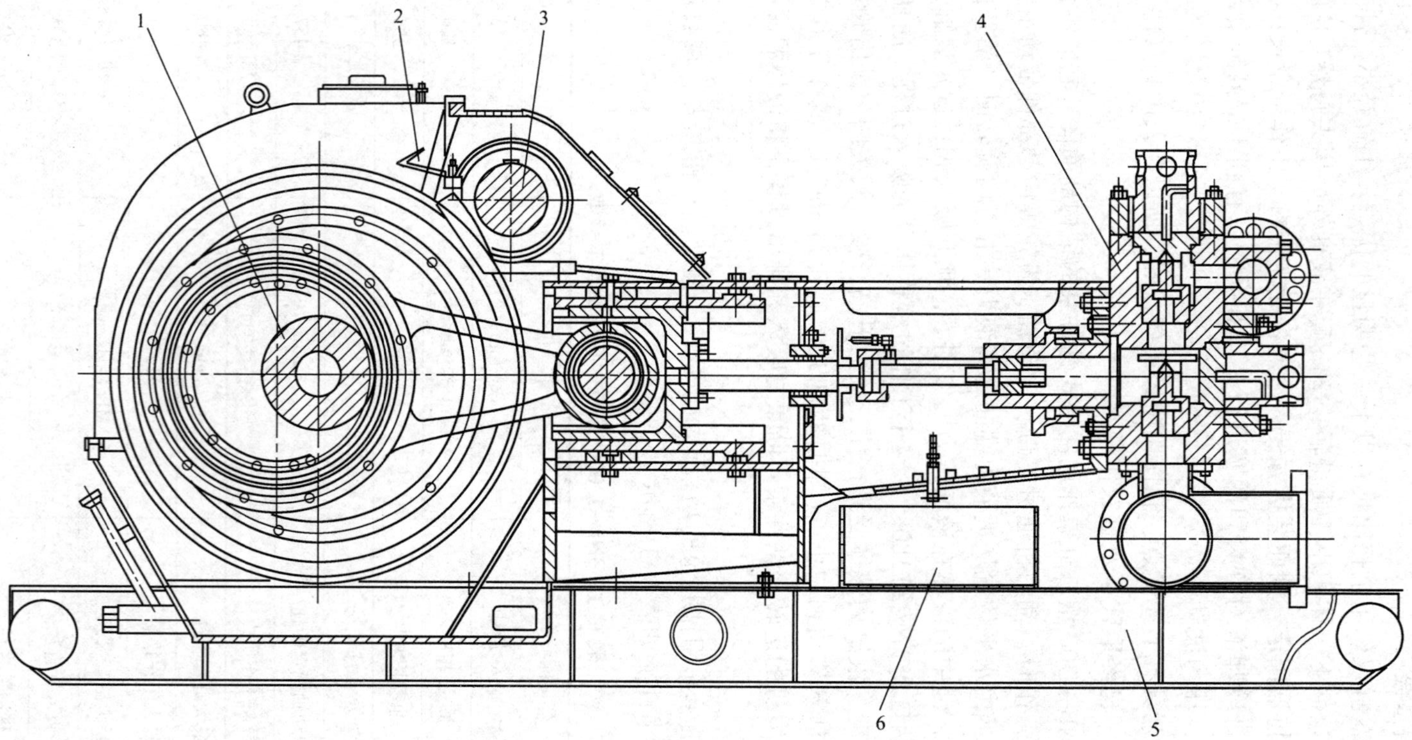

图6-7　国产3NB-1300型三缸单作用活塞式钻井泵结构剖面图

1—曲轴总成；2—润滑系统；3—传动轴总成；4—液力端；5—底座；6—水箱

6.3.4 柱塞泵

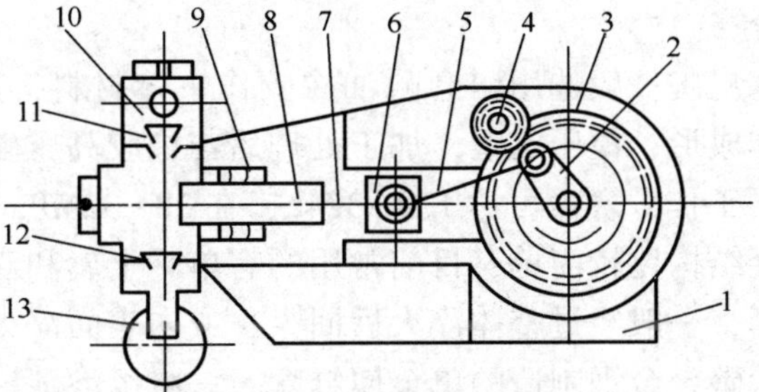

图 6-8　柱塞泵示意图

1—泵体；2—曲轴；3—减速齿轮；4—主动轴；5—连杆；6—十字头；7—拉杆；8—柱塞；9—密封盒；10—阀箱；11—排出阀；12—吸入阀；13—上水室

柱塞泵与活塞泵主要区别在于往复运动件的密封形式上。活塞泵的活塞直径外表面与缸套内表面紧密配合，活塞的往复运动改变缸套内部容积，实现吸入和排出。柱塞泵的柱塞则采用外密封结构，便于拆装、调节，还可以通过冷却液冲洗摩擦表面降低温度。柱塞运动不断改变液缸内的充液容积，实现吸入和排出。如图 6-8 所示。

近些年来油田上也出现了多种其他形式的往复泵，其液力端或动力端与传统泵有所区别，如“苏格兰轭”(Stotth Yoke)传动机构、单作用液力平衡式液力端结构以及双作用差动液力平衡式液力端结构。需要时可查阅相关资料，这里不再作专门介绍。

6.4　往复泵的易损件及配件

往复泵的主要易损件是活塞、缸套、柱塞、密封及泵阀，主要配件是空气包和安全阀，易损件及配件质量的优劣，直接影响着泵的工作性能和寿命，必须引起高度重视。

6.4.1　活塞-缸套总成

往复泵的缸套座与泵头、缸套与缸套座之间多采用螺纹连接，活塞与中间杆及中间杆与介杆之间采用卡箍连接。如图 6-9 所示是三缸单作用泵的活塞-缸套总成。其中，活塞和缸套是易损件。

如图 6-10 所示是单作用泵活塞，由阀芯和皮碗等组成，一般采用自动封严结构，即在液体压力的作用下自动张开，紧贴缸套内壁。单作用泵活塞的前部为工作腔，吸入低压液体，排出高压液体；后部与大气相通，一般由喷淋装置喷出的液体冲洗和冷却。双作用活塞泵将缸套分为两个工作室，两边交替吸入低压液体，排出高压液体，故活塞皮碗在阀芯两边

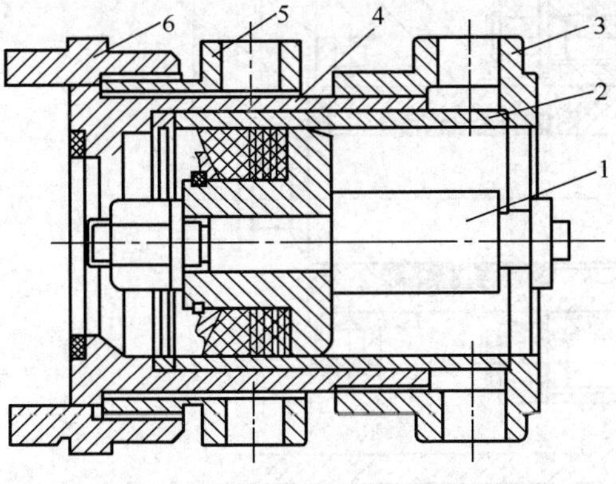

图 6-9　单作用泵活塞-缸套总成

1—活塞总成；2—缸套；3—缸套压帽；4—缸套座；5—缸套座压帽；6—连接法兰

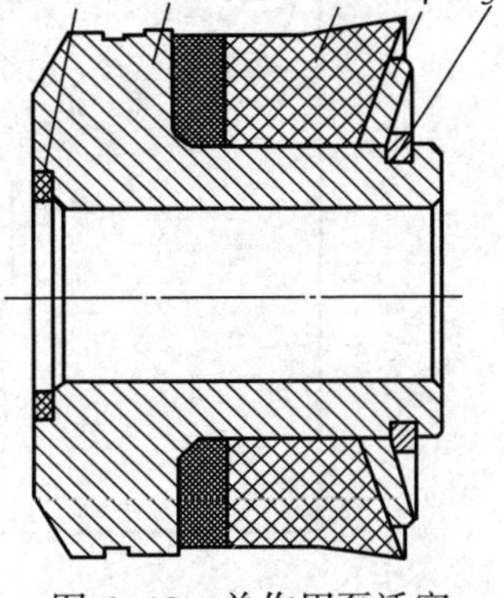

图 6-10　单作用泵活塞

1—密封圈；2—活塞阀芯；3—活塞皮碗；4—压板；5—卡簧

呈对称分布。

活塞皮碗一般选用耐磨耐油橡胶作主体材料，其上嵌接高聚物树脂，以挂胶帆布为骨架，整体成形，模压定型，加工处理后与橡胶高压硫化成一体。目前，高压硫化活塞在18~20MPa下工作，寿命可达179~324h，在28~32MPa下工作，寿命达112h。

缸套结构比较简单，目前常用的有单一金属和双金属两种。由高碳钢或合金钢制造的单金属缸套，一般经过整体淬火后回火，或内表面淬火，保证一定的强度和内表面硬度；由低碳钢或低碳合金钢制造的单金属缸套，一般经渗碳、渗氮、氰化或硼化等表面硬化处理，将内表面硬度提高到HRC60以上，也有的对缸套内进行镀铬、激光处理等。单金属缸套工作寿命短，贵金属消耗量大。

双金属缸套有镶装式和熔铸式两种结构形成，外套材质的机械性能不低于ZG35正火状态的机械性能，内衬为高铬耐磨铸铁，硬度HRC≥60。镶装式内外套之间有足够的过盈量保证结合力。熔铸式利用离心浇铸法加高铬耐磨铸铁内衬；毛坯进行退火处理，机械粗加工后进行热处理，然后进行精加工。目前，国产双金属缸套的平均寿命可达700h。金属陶瓷缸套是高技术产品，其寿命可达双金属缸套的2~3倍。

6.4.2 柱塞-密封总成

柱塞泵通常是在比活塞泵更高的压力下工作，排出时缸内的高压液体极易从柱塞密封处泄漏。为了防止泄漏，必须保证密封件压紧在柱塞上，但这会加剧密封件和柱塞的磨损，缩短密封寿命。统计表明，柱塞及其密封件的消耗费用大约占泵易损件费用的70%。

高压柱塞泵的柱塞采用45号钢，表面喷涂镍基合金，可以提高表面质量和耐磨性。柱塞密封的使用寿命与其结构形式、材料及工作条件等有关。目前，碳纤维密封和自封式密封应用得比较广泛。

自封式密封装置如图6-11所示。它是由连接法兰、密封盒、柱塞密封、支撑环、压

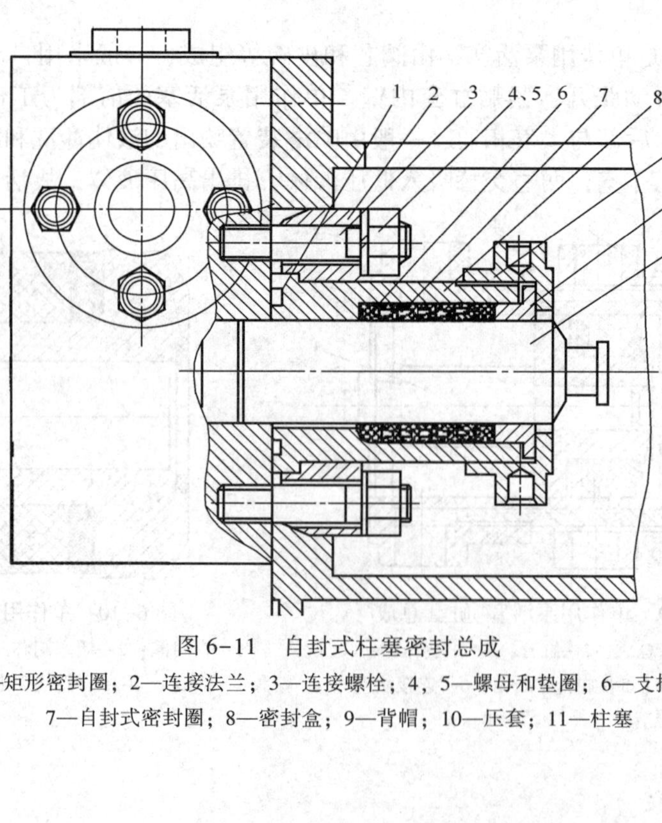

图6-11　自封式柱塞密封总成

1—矩形密封圈；2—连接法兰；3—连接螺栓；4，5—螺母和垫圈；6—支撑环；7—自封式密封圈；8—密封盒；9—背帽；10—压套；11—柱塞

套、背帽等组成。法兰上有4个45°凹槽，密封盒上有4个45°凸键，将密封盒上的凸键对准法兰上的凹槽，转动45°，通过4个大螺栓压紧法兰，使二者形成端面结合，并通过连接法兰将密封盒与阀箱连接起来。密封盒与阀箱之间靠矩形密封圈密封。作用在密封盒与柱塞之间环形面积上的高压液体产生的轴向力，由4个连接螺栓承受。法兰外径与泵壳前板上的孔形成严格的定位间隙配合；泵壳前板上的孔与泵壳安装十字头导向套的孔为同一定位基准。

自封式密封圈由骨架、帘布增强橡胶、改性聚四氟乙烯和高耐磨丁氰橡胶等高压硫化而成。骨架的作用是保证安装和高压下不产生轴向和径向变形，密封圈面为"L"形，唇部采用高耐磨橡胶，与柱塞有一定的过盈量；当高压液体进入唇部后，唇口胀大，抱紧柱塞，起自封作用；安装时，唇部涂有二硫化铝减摩剂，减少摩擦力。

柱塞的密封结构形式很多，常见的有：

(1) 自封式V形密封　这是常用的密封结构，其密封圈唇部前面的夹角大于背部夹角，在压差的作用下唇部自动胀开，实现密封。

(2) 压紧力自调整式密封　由几个特别的密封环、两个金属垫环和一个弹簧等组成，如图6-12所示。工作时，靠液体工作压力压紧密封件，实现自封；磨损后弹簧自动张紧，故安装后无需调整。

(3) J形密封　如图6-13所示，密封圈有内、外两个密封唇，内环密封活塞杆，外环密封盒的内壁，中间部分承受轴向力，一般不会出现密封压垮和互相卡住的现象，故又称作"压不垮式"密封。

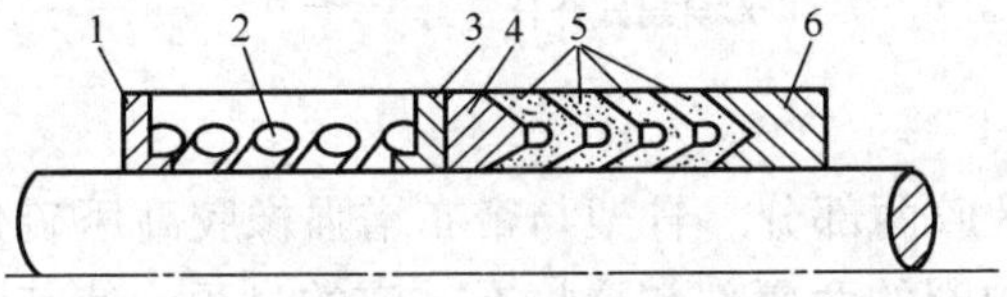

图6-12　压紧力自调式密封结构

1,3—(左、右)金属垫环；2—弹簧；4—上适配环；5—密封圈；6—下适配环

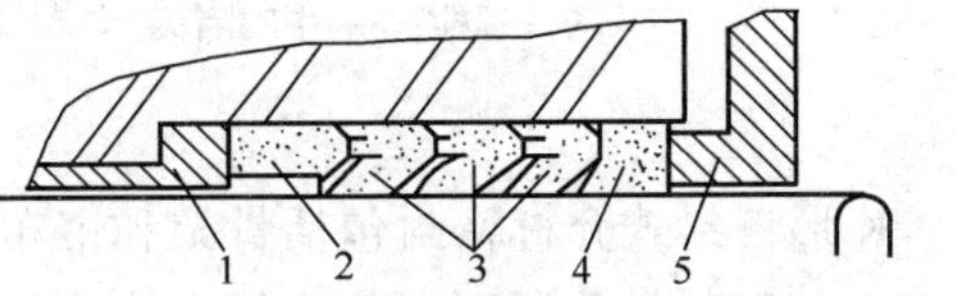

图6-13　J形密封结构

1—垫环；2—下适配环；3—密封圈；4—上适配环；5—压盖

6.4.3　介杆-密封总成

往复泵的介杆，一端与十字头相连，处于润滑机油中，另一端与活塞杆相连，经常受到漏失泥浆、污水等的冲刷或污染。为了防止各类污染液体窜入动力端机油箱，破坏机油的润滑性能，避免机油外漏，必须采用介杆密封装置将动力端与液力端严格地隔离。

目前较常用的介杆密封形式主要有两种：

(1) 跟随式介杆密封装置　如图6-14所示，波纹密封套的一端用压板紧固在中间隔板上，另一端用卡子固紧在介杆上。

(2) 全浮动式介杆密封　如图6-15所示为全浮动式介杆密封装置结构图，包括连接盘、定位板、O形密封圈、左右浮动套、球形密封盒、K形自封式介杆密封等。

球形密封盒可以在浮动套内任意转动调整。与此同时，左右两个浮动套与连接盘和壳体形成端面间隙配合，可以随着球形密封盒的浮动在连接盘与壳体之间上下浮动，自动调整径向偏移量；浮动套与连接盘及球形密封盒之间，安装有O形密封圈，具有多重保险的密封作用。

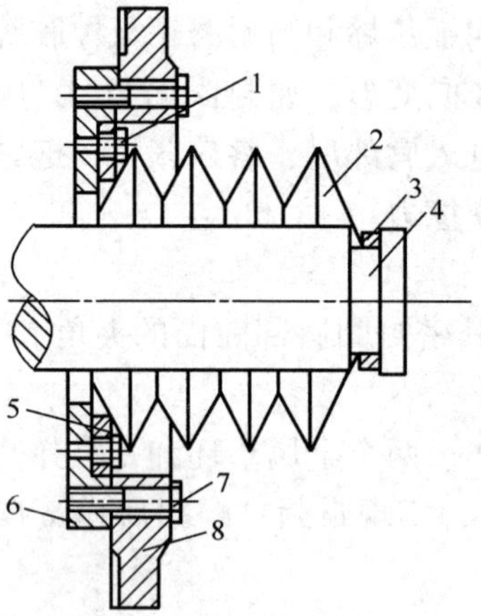

图 6-14　跟随式介杆密封装置

1—螺钉；2—波纹密封套；3—卡子；
4—介杆；5—压板；6—连接板；
7—螺栓；8—中间隔板

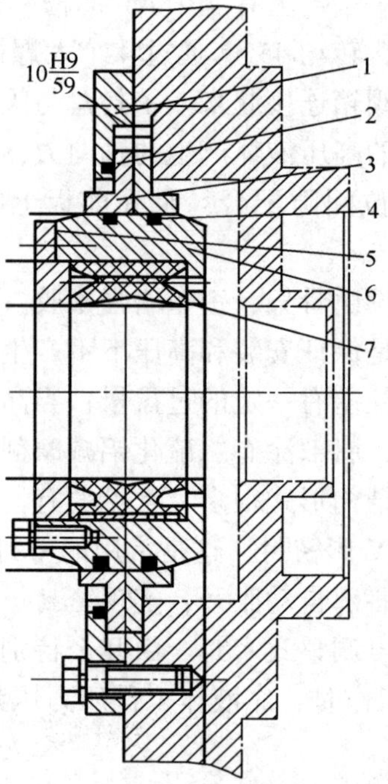

图 6-15　全浮动式介杆密封装置总成

1—连接盘；2，4—O 形密封圈；3—左右浮动套；
5—定位板；6—球形密封盒；
7—K 形自封式介杆密封

K 形自封式介杆密封包括骨架和帘布增强橡胶两部分。骨架与帘布增强橡胶高压硫化在一起，使密封被压紧时不产生轴向变形；密封内圈的两唇部与介杆有一定的过盈，使其两端密封；密封的两唇部加一层耐磨橡胶，起耐磨耐热作用。

此外，十字头与介杆之间采用活络连接，使活塞或柱塞可以与十字头同时转动，也减轻了活塞-缸套、柱塞-密封、介杆-密封等的偏磨。

6.4.4　泵阀结构

1. 泵阀的类型

泵阀是往复泵控制液体单向流动的液压闭锁机构，是往复泵的心脏部分。泵阀一般由阀座、阀体、胶皮垫和弹簧等组成。目前，常用的泵阀有三种：

（1）球阀　如图 6-16 所示。主要用于深井抽油泵和部分活塞泵。

（2）平板阀　如图 6-17 所示，主要用于柱塞泵和部分活塞泵。泵阀采用 3Cr13 不锈钢，表面渗碳处理，或采用 45 号钢喷涂，耐腐蚀、抗磨损；板阀采用新型聚甲醛工程塑料，综合性能好，质量轻、硬度高、耐磨、耐腐蚀，与金属表面相配合后密封可靠；弹簧采用圆柱螺旋形式，材料为 60Si2MnA，经过强化喷丸处理，疲劳寿命长。

（3）盘状锥阀　主要用于大功率的活塞泵及部分柱塞泵。盘状锥阀的阀体和阀座支承密封锥面与水平面间的斜角一般为 45°～55°。阀座与液缸壁接触面的锥度一般为 1∶5～1∶8。若锥度过小，泵阀下沉严重，且不易自液缸中取出；若锥度过大，则接触面间需加装自封式密封圈。

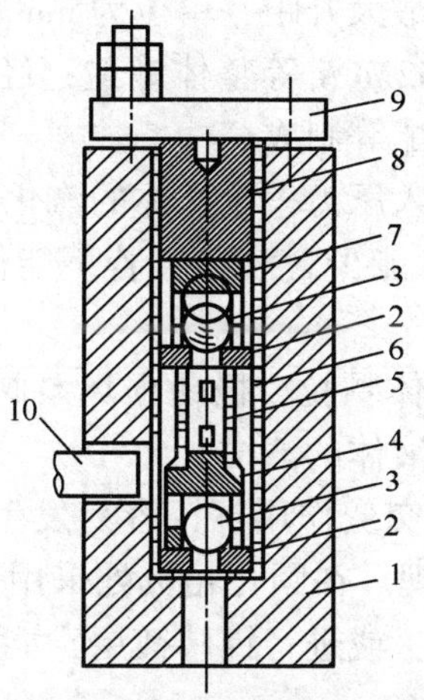

图 6-16 球阀组装结构

1—泵头；2—阀座；3—球阀；4—下阀套；5—压套；
6—阀筒；7—上阀套；8—连接盖；9—压盖；10—柱塞

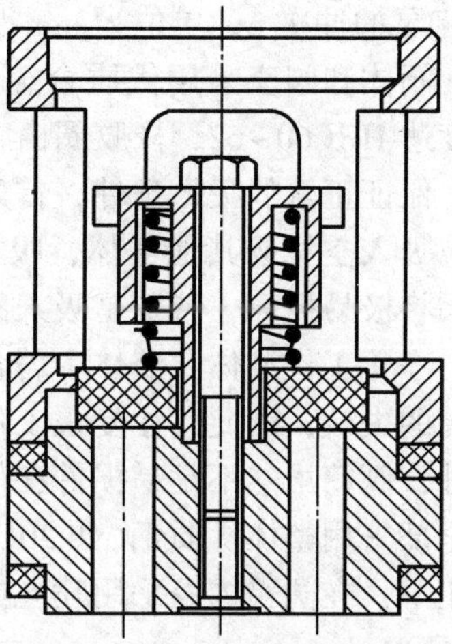

图 6-17 平板阀结构

锥面盘阀有两种结构形式，一种是双锥面通孔阀，如图 6-18 所示。其阀座的内孔是通孔，由阀体和胶皮垫等组成的阀盘上下运动时，由上部导向杆和下部导向翼导向。这种阀结构简单，阀座有效过流面积较大，液流经过阀座的水力损失小，但阀盘与阀座接触面上的应力较大，阀盘易变形，影响泵的工作寿命。另一种是双锥面带筋盘阀，如图 6-19 所示。其主要特点是阀座内孔带有加强筋，阀盘上下部都靠导向杆导向，增加了阀盘与阀座的接触面和强度，但阀座孔内的有效通流面积减小，水力损失加大。

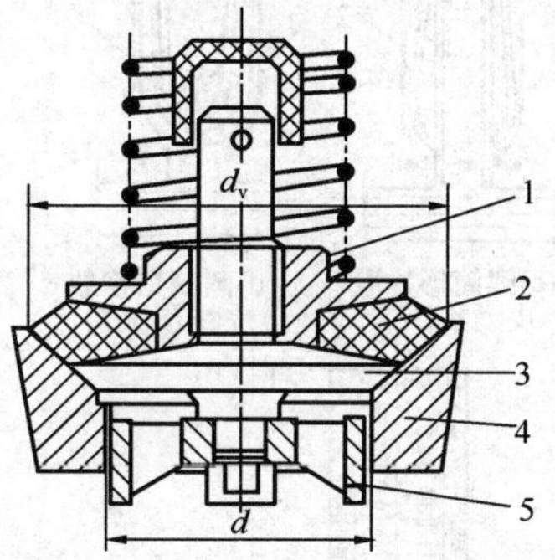

图 6-18 双锥面通孔泵阀结构

1—压紧螺母；2—橡皮垫；3—阀体；
4—阀座；5—导向翼

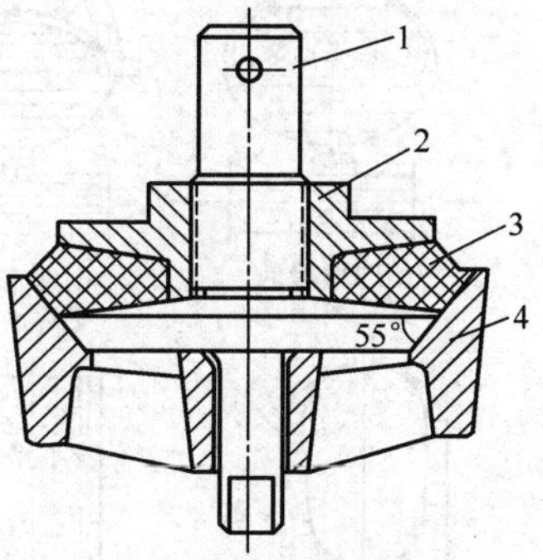

图 6-19 双锥面带筋盘阀结构

1—阀体；2—压紧螺母；
3—橡皮垫；4—阀座

2. 提高泵阀寿命的方法

往复泵工作时，阀盘和阀座的表面受到含有磨砺性颗粒液流的冲刷，产生磨砺性磨损。此外，阀盘滞后下落到阀座上，也会产生冲击性磨损。目前提高泵阀寿命的方法有以下几种：

（1）合理确定液体流经阀隙时的速度，即阀的结构尺寸要与泵的结构尺寸和性能参数相对应，保证阀隙流速不要过大。

（2）控制泵的冲次，对于阀盘或阀座上有橡皮垫的锥阀，按照无冲击条件 $h_{max}n \leqslant 800$~

1000 确定泵的冲次 n，单位为 min^{-1}，h_{max}是泵阀的最大升距，单位为 mm。

(3) 阀体和阀座采用优质合金钢 40Cr、40CrNi2MoA 等整体锻造，经表面或整体淬火，表面硬度达 HRC60~62，橡胶圈由丁氰橡胶或聚氨酯等制成。

(4) 保证正常的吸入条件，首先要满足最低吸入压力大于液体的汽化压力；其次，吸入系统不应吸入空气或其他气体，吸入的液体应尽可能少含气体。若不能保证正常的吸入条件，则阀将极易损坏，特别是吸入阀。

(5) 净化工作液体，液体中若含有磨砺性的固体颗粒，极易损坏泵阀和阀座的密封面，造成泵阀的失效，因此，往复泵工作时应尽量保证液体的清洁。

此外，阀箱虽然不是易损件，但在高压液体的交变作用下，容易发生裂纹，导致破坏。因此，全部采用整体优质钢(如 30CrMo 等)调质处理。在圆孔相贯处采用平滑圆弧过渡，降低应力集中；在阀箱内腔采用喷丸或高压强化处理，或进行镍磷镀层，能较好地解决阀箱开裂等问题。

6.4.5 空气包

空气包有排出和吸入之分，排出空气包安装在排出口附近，吸入空气包安装在泵的吸入口附近。空气包一般为预压式，其结构方案如图 6-20 所示。当输送液体温度高于橡胶的允许温度时，采用图(f)、图(g)方案。空气包结构形式很多，如图 6-21、图 6-22 所示是吸入空气包和排出空气包的一种。空气包气囊内一般充以惰性气体，如氮气或空气，充气预压视泵的工作压力而定。对于钻井排出空气包，充气压力一般为 4~7MPa；对于吸入空气包，充气压力为吸入压力的 80%左右。

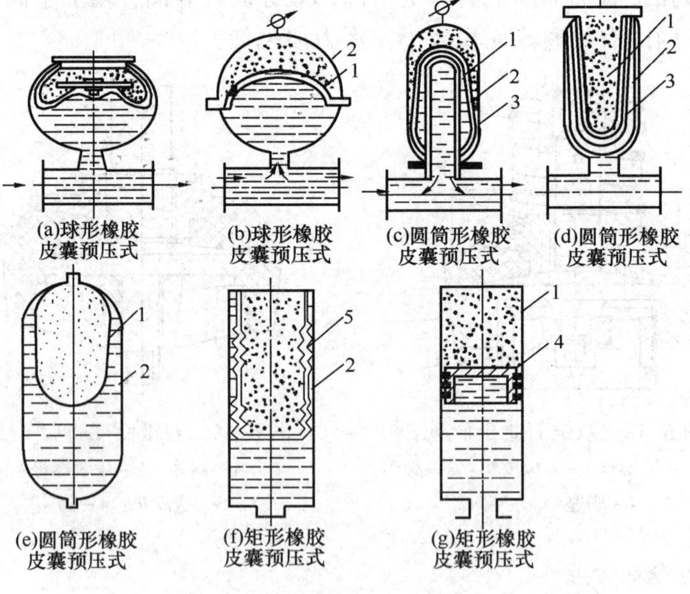

图 6-20 预压式空气包结构方案

1—气室；2—外壳；3—多孔衬管；4—金属活塞环；5—金属波纹管

6.4.6 安全阀

往复泵一般都在高压下工作，为了保证安全，在排出口处装有安全装置，即安全阀，以便将泵的极限压力控制在允许的范围内。常见的安全阀为销钉剪切式，还有膜片式和弹簧式等。

如图 6-23、图 6-24 和图 6-25 所示，分别是直接销钉剪切式、杠杆剪切式和膜片剪切式安全阀的结构图。活塞或膜片下端作用高压液体，当压力达到一定值后，活塞推动连杆，切断销钉，活塞上移，或膜片破裂，高压液体由安全阀排出口进入吸入罐或大气空间，达到泄压保证安全的目的。

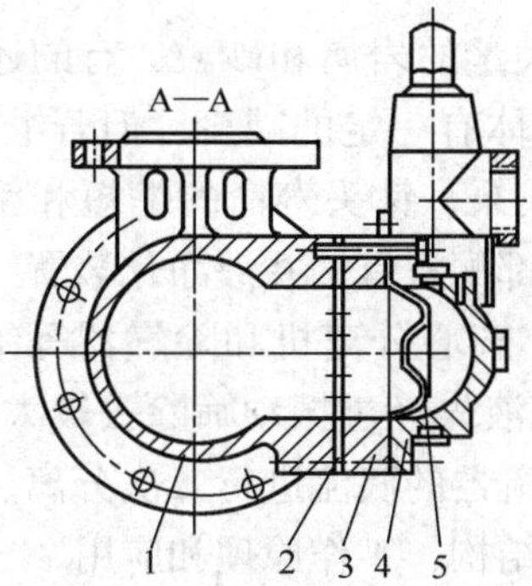

图 6-21 隔膜预压式吸入空气包

1—吸入歧管；2—孔板；3—间隔圈；4—端盖；5—胶皮隔膜

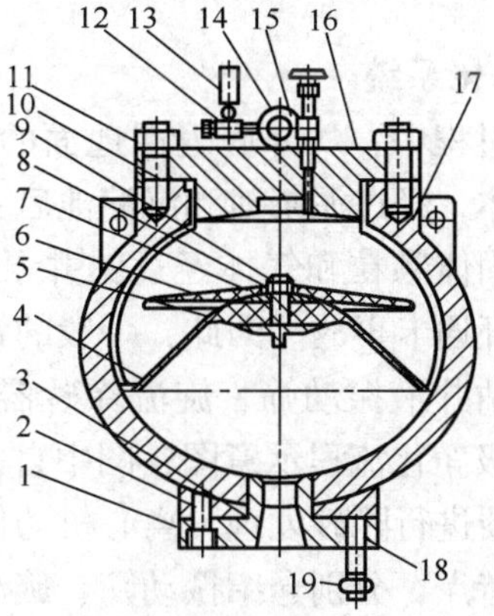

图 6-22 带稳定片的球形空气包

1—间隔块；2—内六角螺钉；3—密封圈；4—气囊；5—铁芯；6—胶板；7—压板；8—垫片；9,11,19—螺母；10，18—双头螺柱；12—截止阀；13—压力表；14—吊环螺钉；15—O 形密封圈；16—压盖；17—壳体

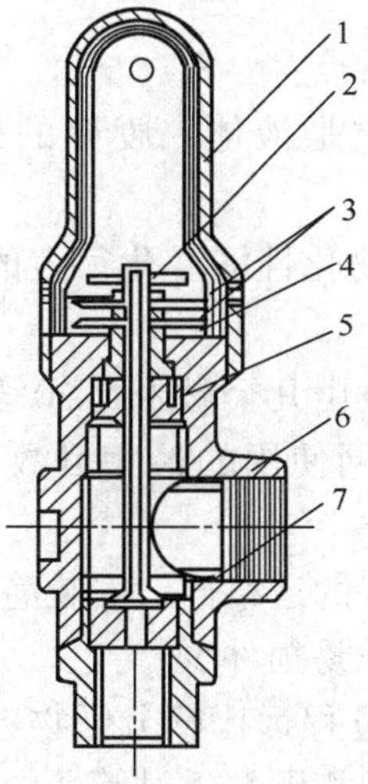

图 6-23 直接销钉剪切式安全阀

1—阀帽；2—活塞杆；3—安全销钉；4—丝堵；5—密封；6—阀体；7—活塞

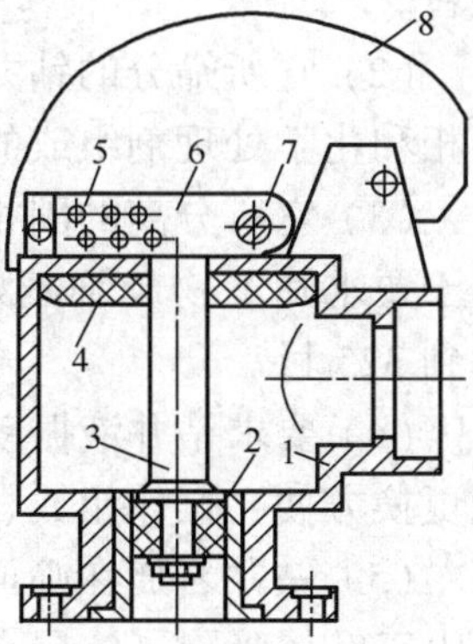

图 6-24 杠杆剪切式安全阀

1—阀体；2—衬套；3—阀杆阀芯总成；4—缓冲垫；5—剪切销钉；6—剪切杠杆；7—销轴；8—护罩

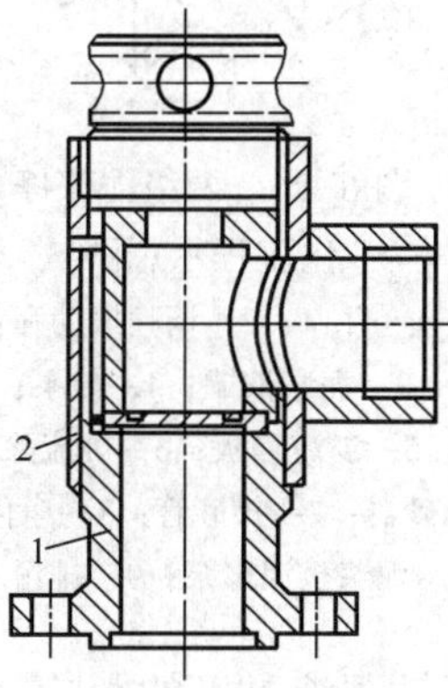

图 6-25 膜片剪切式安全阀

1—阀体；2—膜片

直接销钉剪切式安全阀结构简单，拆卸容易，但安全销钉的材料、尺寸及加工工艺必须恰当，还要防止安全阀的活塞和导杆在缸套内锈蚀，否则灵敏度降低，不能准确地控制排出压力；当安全阀打开后，必须停泵更换安全阀。

杠杆剪切式安全阀只需要同一种材料和同一截面的销钉，对于不同压力的规定值，改变安全阀销钉的位置即可，销钉距离力的作用点越远，承受的压力就越高。

6.5 钻井液净化设备

6.5.1 钻井液净化系统

在石油钻井过程中，从井底返回地面的钻井液中含有大量的岩屑和砂粒，有的还含有气体，属于多相流体，经过泥浆池和沉淀池后，固体颗粒和气体有一定的减少，但若继续使用，必然会有一部分固体颗粒和气体经过钻井泵送入井底，造成泵、钻头寿命的缩短和钻速的降低，甚至造成钻杆遇卡事故。因此，一般的钻井液循环系统都配备有钻井液净化装置。钻井液净化系统一般由钻井液振动筛、旋流除砂器、旋流除泥器、离心分离机和除气器等组成。图6-26是简单的两级净化流程示意图，图中自井口返出的钻井液先经过振动筛除去较大的岩屑，再用泵送入旋流器进行除砂处理，离心机的作用是对水力旋流器的底流进行二次分离。本节结合钻井液的分离特点，分别介绍振动筛、旋流器和离心机的结构、工作原理和应用。

6.5.2 钻井液振动筛

1. 钻井液振动筛的功用、特点及分类

1）功用

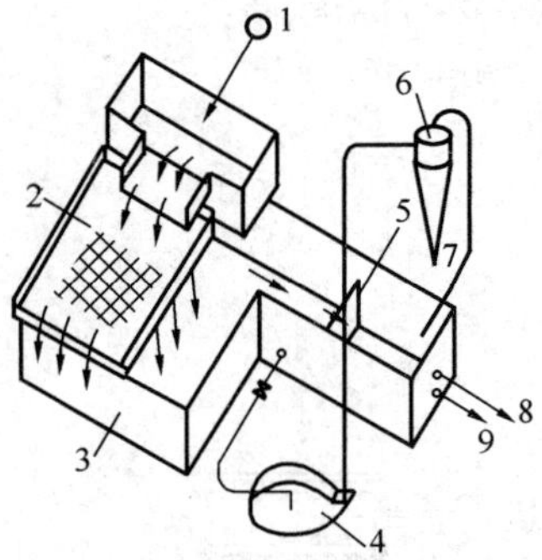

图6-26 两级泥浆净化流程示意图

1—井口；2—调频振动筛；3—泥浆液罐；4—砂泵；5—溢流隔板；6—旋流除砂器；7—排砂管；8—净化泥浆至泥浆泵；9—排污

在钻井过程中，井底产生的钻屑由钻井液带到地面，振动筛用来将钻屑从钻井液中及时清除出去，振动筛是钻井必备的几种清除钻屑的设备之一。

2）工作特点

钻井液振动筛主要有以下几个特点：

（1）钻井液振动筛筛分的介质是液体，废弃的是固相颗粒。

（2）它所筛分的钻井液是一种物化性能变化很大的液相、固相和化学处理剂组成的混合物。

（3）它所分离的固相颗粒的粒度由几个微米到20多毫米，由于要求筛下物越细越好，因此筛网使用的最大目数目前已达到325目。

（4）要求钻井液振动筛具有极好的运移性、安装简单、筛网更换方便、操作粗放、工作可靠、易损件少。

（5）钻井岩屑在筛面上的筛分过程远比筛分干物粒复杂，由于钻井液黏度的影响，同时也由于钻屑吸附了一层水胶，这些固相颗粒透过筛孔的难度加大，使筛下物粒度远小于筛孔尺寸。

3）分类

已应用于石油工业中的钻井液振动筛类型较多。

（1）按筛箱的运动轨迹分类　有圆形轨迹筛、直线轨迹筛、椭圆轨迹筛。

（2）按筛网绷紧方式分类　有纵向绷紧筛和横向绷紧筛。

（3）按筛网层数分类　有单层筛和双层筛。

（4）按筛面倾角分类　有水平筛和倾斜筛。

（5）按振动方式分类　有惯性振动筛、惯性共振筛、弹性连杆式共振筛、电磁振动筛等。

钻井工业基本上都采用惯性振动筛。惯性振动筛又分为两种：①单轴圆运动惯性振动筛，由单轴激振器激振，其筛箱运动轨迹为圆形或近似圆形；②双轴惯性振动筛，由双轴激振器激振，其筛箱运动轨迹又可分为直线和椭圆两种。根据激振方式，它又分为强制同步与自同步两种方式。强制同步的直线筛和椭圆筛，可由同步齿轮或双面齿形带获得同步。而自同步式直线振动筛则依靠振动过程的动力学条件，用两根分别由异步电动机带动的偏心轴(块)来实现。

2. 钻井液振动筛的构造与特点

1）单轴惯性振动筛

单轴惯性振动筛采用偏心轴或偏心块作激振器激振，筛箱的运动轨迹一般为圆形或准圆形。与双轴惯性筛相比，它具有结构简单、成本低、运移方便、维修保养简单等优点。

（1）简单型单轴惯性振动筛　这种振动筛的构造特点是，传动皮带轮1与激振轴2同心，因此也参与振动。其工作原理如图6-27所示。筛箱7通过弹簧6支承在底座8上，偏心轴或偏心块3通过轴承4安装于筛箱两侧，轴承安装在轴承座5上，皮带轮1安装在偏心轴端，与筛箱一起振动。

简单型单轴惯性圆运动振动筛虽然结构简单，但由于皮带轮参加振动，引起皮带轮中心距周期性变化，使传动皮带反复伸长和缩短，影响使用寿命，筛箱运动也不稳定。

（2）自定心钻井液振动筛　自定心钻井液振动筛又分为轴偏心式和皮带轮偏心式两种。

国内自行研制并大量生产的长庆2YNS-D钻井液振动筛则采用了皮带轮偏心式自定中心结构。实践证明，这种振动筛结构简单、制造容易、维修方便。所谓皮带轮偏心式就是将皮带轴孔与几何中心偏离一个距离，其值与单振幅相等；偏心方向与偏心轴(或偏心块)方向相同。当偏心轴的偏心方向向下时，筛箱向上运动，这时偏心皮带轮的偏心方向向下，补偿了由于筛箱向上运动后的中心缩短，使皮带始终保持绷紧状态。这就是自定中心振动筛的工作原理。

图6-28所示是2YNS-D自定中心圆振型钻井液振动筛的结构示意图。图中筛网1靠筛箱6支承在弹簧4上，偏心激振轴3通过轴承2与筛箱相连，偏心皮带轮5装在激振轴3上，皮带轮上自偏心值与筛箱的振幅相等，偏心的方向与偏心轴的偏心方向相反，这时皮带轮将围绕偏心点作定点运动。

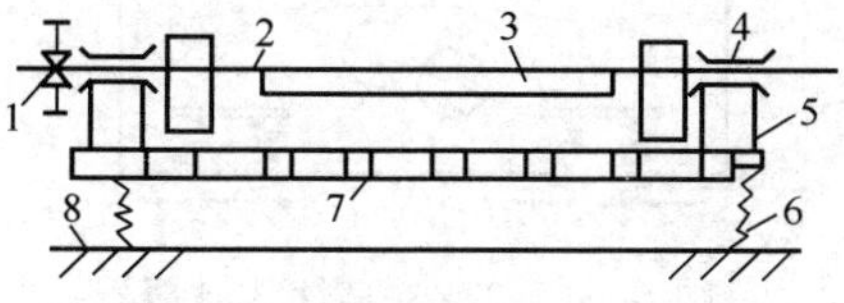

图6-27　简单惯性筛工作原理

1—皮带轮；2—激振轴；3—偏心块；4—轴承；5—轴承座；6—弹簧；7—筛箱；8—底座

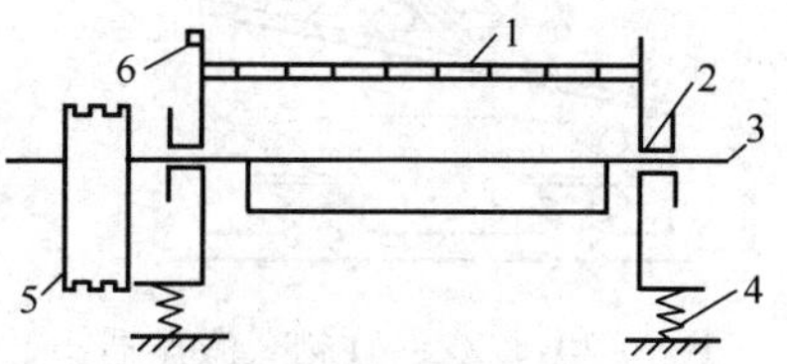

图6-28　偏心轮式自定中心振动筛

1　筛网；2—轴承；3—偏心激振轴；4—支承弹簧；5—偏心皮带轮；6—筛箱

2）双轴直线振动筛

（1）特点　直线振动筛的激振器有两个质量相等的偏心块，通过齿轮作同步反向旋转以产生直线振动，因此筛箱的运动轨迹为直线。

钻井液直线振动筛与圆运动轨迹振动筛相比有以下优点：①由于筛箱的运动轨迹为直线，因此钻屑在筛面上的运动规则，排屑流畅；②由于筛面可以水平安置，因此降低了振动筛的整机高度；③由于筛面系直线运动，筛网上的加速度及作用力较均匀，方向保持一定，而不像圆运动轨迹那样，筛网上的加速度和作用力不断在变换。因此在直线筛上可以使用超细筛网；④直线筛的钻井液处理量比圆筛大 20%～30%。从国外钻井液振动筛近期发展趋势来看，固控设备制造公司均已大量生产直线筛。

(2) 工作原理　直线振动筛激振器的工作原理如图 6-29 所示。质量相等的两偏心块进行同步反向旋转，工作时所产生的离心力 F 相等。在各瞬间位置上，离心力 F 沿振动方向的分力相加，而与振动垂直方向的分力相互抵消。因此激振器只在振动方向形成激振力，使筛箱作直线振动。大多数钻井液直线筛的掷抛角(振动方向与水平面的夹角)在 45°～60°之间。

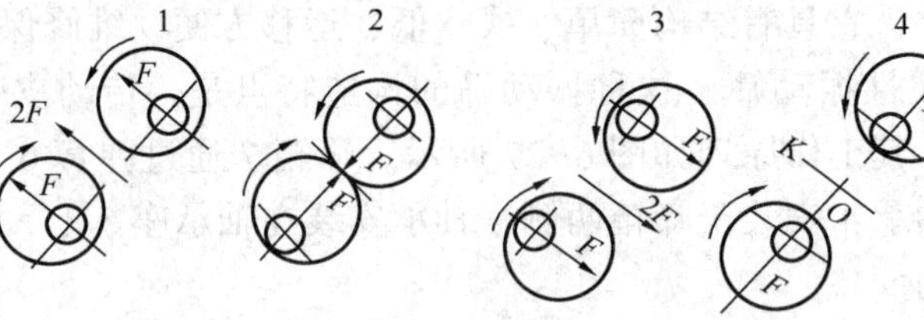

图 6-29　直线振动筛激振器工作原理图

图 6-30 所示为 2ZZS-D 双轴直线振动筛的构造示意图。它由筛箱 1、箱式激振器 2、渡槽 3 组成，筛箱支承在弹簧 4 上。装在渡槽 3 上的电机，通过三角胶带与万向轴相连，万向轴带动激振器，产生与筛网面 5 成 60°角方向的激振力。筛箱在激振力的作用下，作往复直线运动。含有钻屑的钻井液由渡槽进入筛箱右端，钻井液在振动下透筛，回到循环大罐内，钻屑在筛面上跳跃前进。

图 6-31 所示为筒式激振器钻井液振动筛 2ZZS-G 结构示意图。本筛与箱式激振器直线筛相比，其显著的结构特点是：筛面上方视野开阔，更换筛网方便，筛箱整体高度较低，结构刚度较大。传动方式仍由万向轴、胶带、电机组成。筒式激振器的方向常与水平面成 40°～45°角，筛箱将按这一角度作反复运动。

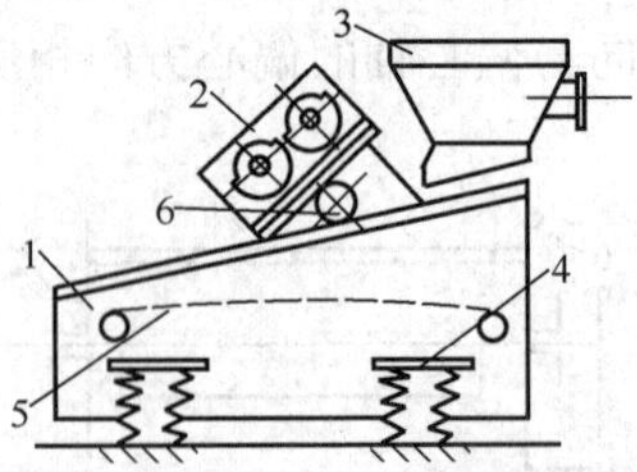

图 6-30　2ZZS-D 箱式激振器钻井液直线振动筛

1—筛箱；2—箱式激振器；3—渡槽；4—支承弹簧；5—筛网；6—横梁

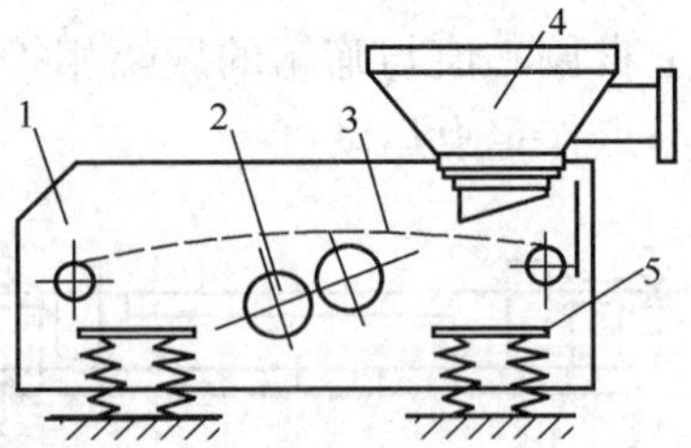

图 6-31　2ZZS-G 筒式激振器钻井液直线振动筛

1—筛箱；2—筒式激振器；3—筛面；4—渡槽；5—支承弹簧

通过齿轮副进行强迫同步的直线型激振器，由于稀油润滑，密封困难，以及齿轮线速度高而出现高噪声。为了克服这些缺点，近年来国外首先在矿用筛上出现了双电机驱动的直线振动筛。主要优点是取消了同步齿轮装置，结构得到简化，维修方便。

该筛激振器的两根轴由两台电机分别驱动，两轴的同步运转完全靠自同步的力学原理进行。自同步钻井液直线振动筛的优点归纳起来有下面几点：①由于没有强迫同步的齿轮传动，因此结构非常简单；②由于没有齿轮传动，因此简化了润滑、维修等工作；③可以减少启动和停车时共振区振幅；④双电机驱动增加了一个电机，但已有不少自同步直线筛采用激振电机直接驱动，其结构也很简单。自同步双电机驱动的直线振动筛的缺点是耗电量大，筛机所占地面积较大。

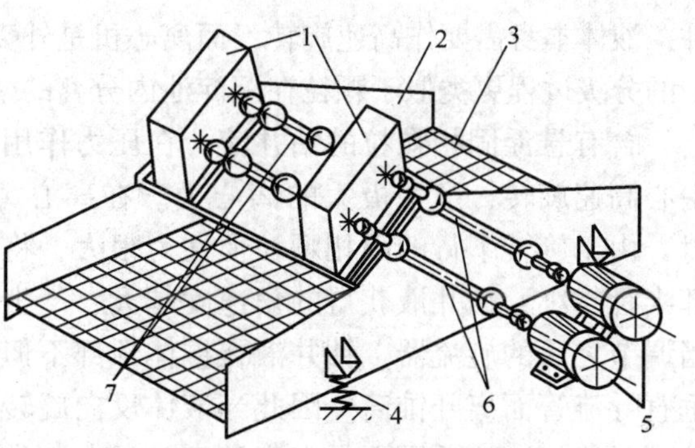

图 6-32　自同步直线筛

1—筛箱墙板；2—筛箱；3—筛网；4—支撑弹簧；5—电机；6—万向节；7—偏心轴

自同步直线筛在结构上有两种形式：①采用双电机装于筛箱一侧，偏心轴应用万向节与电机相连，如图 6-32 所示；②采用双激振电机驱动，激振电机固定在筛箱墙板两侧上，与筛面安装成 45°~60°的掷抛角。

6.5.3　水力旋流器

从井底返回的钻井液中含有大小不等的颗粒，大颗粒由前置振动筛排除，剩余的则无论大小，都由水力旋流器和超细目振动筛组成的泥浆(钻井液)清洁器来完成，如图 6-33 所示。

水力旋流器是钻井液固控系统中的除砂器、除泥器和微型旋流器的统称，是钻井液固相控制的重要设备。旋流器的溢流返回钻井液系统，底流落到振动筛网上，透筛的钻井液回到循环罐内，筛上物被排除。筛网目数为 80~325，通常使用 150 目。

图 6-34 所示为普通水力旋流器的结构示意图。上部呈圆柱蜗壳，下部呈锥形壳，圆柱壳的侧面有一切向钻井液入口管，顶部装有出口溢流管。圆锥壳底是排砂孔，分离出来的砂、泥以及少量的液体由排砂孔排出。

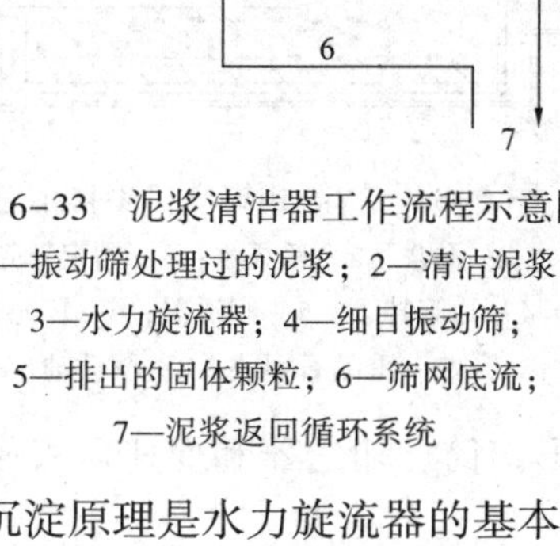

图 6-33　泥浆清洁器工作流程示意图

1—振动筛处理过的泥浆；2—清洁泥浆；3—水力旋流器；4—细目振动筛；5—排出的固体颗粒；6—筛网底流；7—泥浆返回循环系统

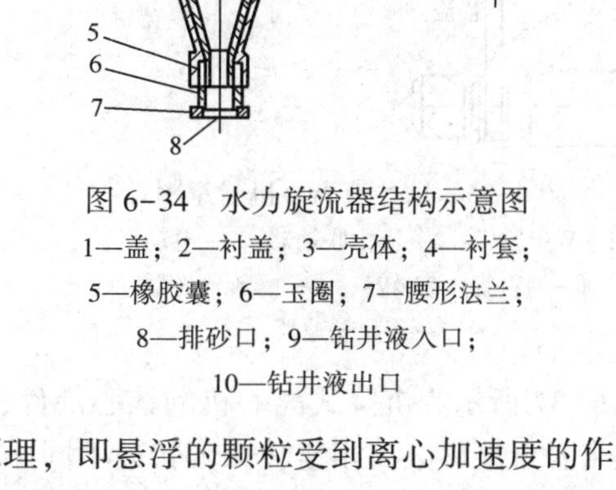

图 6-34　水力旋流器结构示意图

1—盖；2—衬盖；3—壳体；4—衬套；5—橡胶囊；6—玉圈；7—腰形法兰；8—排砂口；9—钻井液入口；10—钻井液出口

离心沉淀原理是水力旋流器的基本工作原理，即悬浮的颗粒受到离心加速度的作用而从液体中分离出来。旋流器和离心机的工作原理基本相同，不同之处仅在于：旋流器没有运动部件，液体本身需要作高速旋转；而离心机是外壳作高速旋转。从本质上说，固相颗粒在旋流器中的分级过程更类似于颗粒在沉淀池内分离的过程，不过前者为离心力场，后者为重力场。

含有悬浮固相颗粒的钻井液，在压力作用下以很高的速度由进液口进入圆柱蜗壳绕锥筒中心高速旋转，产生极大的离心力。在离心力的作用下，迫使固相颗粒向锥筒壁运移。同时，由于旋转下行的固相颗粒惯性力很大，将推着它向底部快速运动。旋流器的锥筒越向底部半径越小，钻井液获得的角速度越大，产生的离心力也更大。对于一个设计较好并进行适当调节之后的旋流器，钻井液在锥体顶部不但绕中心高速旋转，而且产生一个反向旋涡，经垂直导流管而离开锥筒。因此当液体反向旋转，向上由溢流口排出时，已分离出来的固相颗粒不可能经溢流返回而是由底流口(排砂口)排出。由此可见，固相颗粒实际上是由于惯性除掉的，而不是靠沉降作用。由于细小的颗粒受到的离心力较小，在到达锥底之前未能到达锥壁，因而被反向运动的钻井液带至锥筒中心经溢流口返回。

6.5.4 离心分离机

钻井液离心机是固控设备中固液分离的重要装置之一，一般情况下安装在系统的最后一级。

图 6-35 所示是钻井液沉降式离心机的结构示意图。离心机的转鼓 5 两端支承在滚动轴承上，输送固相的螺旋输送器 6 与转鼓之间留有微量间隙，并用行星差速器 7 使二者维持一定的转差。电动机 3 通过 V 形胶带 1 带动转鼓和螺旋输送器。电机与转鼓间装有液力联轴器 2，加料管 4 装在转鼓的大端，行星差速器一端装有过载保护装置。

按照结构，离心机主要有转筒式、沉淀式等类型。

图 6-36 所示为转筒式离心机的工作示意图。其工作原理是：带有许多筛孔的内筒体在固定的圆筒形外壳内转动，外壳两端装有液力密封，内筒体轴通过密封向外伸出。待处理泥浆和稀释水(泥浆：水 = 1：0.7)从外壳左上方由计量泵输入后，由于内筒旋转的作用，泥浆在内、外筒间的环形空间转动，在离心力的作用下，重晶石及其他大颗粒的固相物质飞向外筒的内壁，通过一种可调节的阻流嘴排出，或由以一定速度运转的底流泵将飞向外筒内壁的重泥浆从底流管中抽吸出来，予以回收。调节阻流嘴开度或泵速，可以调节底流的流量。而轻质泥浆则慢速下沉，经过内筒的筛孔进入内筒体，由空心轴排出。这种离心机处理泥浆量大，可回收重晶石 82%~96%。

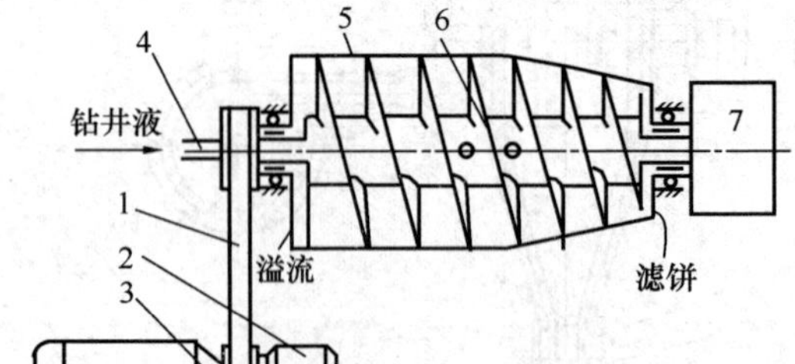

图 6-35　钻井液离心机示意图

1—V 形胶带；2—液力联轴器；3—电动机；4—加料管；5—转鼓；6—螺旋输送器；7—行星差速器

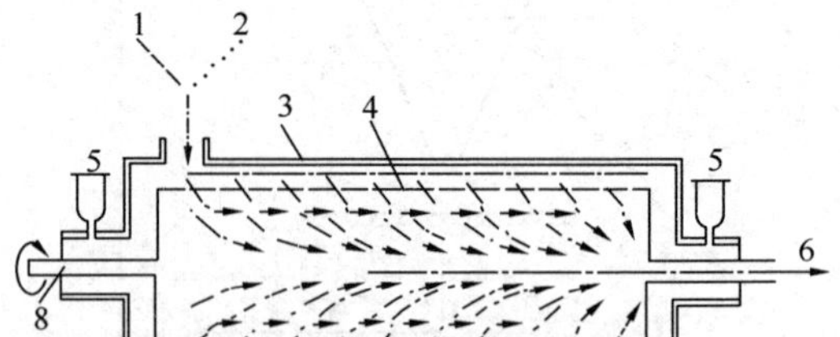

图 6-36　转筒式离心机工作示意图

1—泥浆；2—稀释水；3—固定外壳；4—筛筒转子；5—润滑器；6—轻泥浆；7—重晶石回收；8—驱动轴

图 6-37 所示为沉降式离心机的核心部件，由锥形滚筒、输送器和变速器组成。输送器通过变速器与锥形滚筒相连，二者转速不同。

多数变速器的变速比为 80：1，即滚筒转 80 圈，输送器转 1 圈。分离原理是：待处理的加

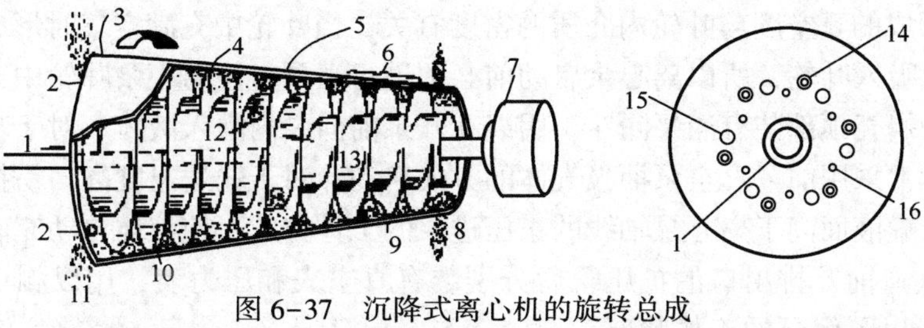

图 6-37　沉降式离心机的旋转总成

1—泥浆进口；2—溢流孔；3—锥形滚筒；4—叶片；5—螺旋输送器；6—干湿区过渡带；7—变速器；8—固相排出口；9—泥饼；10—调节溢流孔可控制的液面；11—胶体和液体排出；12—进浆孔；13—进浆室；14—浅液层孔；15—中等液层孔；16—深液层孔

重泥浆用水稀释后，通过空心轴中间的一根固定输入管、输送器上的进浆孔，进入由锥形滚筒和输送器蜗形叶片所形成的分离室，并被加速到与输送器或滚筒大致相同的转速，在该筒内形成一个液层。调节溢流口开度，可以改变液层厚度。由于离心力的作用，重晶石和大颗粒的固相被甩向滚筒内壁，形成固相层，由螺旋输送器输送到锥形滚筒处的干湿区过渡带，通过滚筒小头的底流口排出，而自由液体和悬浮的固相颗粒则流向滚筒的大头，通过溢流孔排出。

离心机在石油矿场应用非常多，主要用于处理非加重钻井液、加重钻井液、水力旋流器底液或者用于连续处理两种密度的钻井液。用于处理非加重钻井液时，可以除去 2μm 以上的有害固相；用于处理加重液时可除去钻井液中多余的胶体，控制钻井液黏度，回收重晶石；处理旋流器底液时，可回收液相，减少淡水和油的浪费。此外，离心机也是处理废弃钻井液防止污染环境的一种理想设备。

6.6　离心泵

在石油矿场上，离心泵主要用于油田注水、油品输送以及作为钻井泵的灌注用泵等。

6.6.1　离心泵的工作原理及类型

1. 离心泵的工作原理

离心泵是依靠工作叶轮的旋转，将机械能传递给液体介质，并转化成液体能的水力机械。图 6-38 所示为离心泵与管路联合工作的装置示意图。离心泵工作时，在驱动机的带动下，充满叶轮的液体由许多弯曲的叶片带动旋转，在离心力的作用下，液体沿叶片间流道，由叶轮中心甩向边缘，通过蜗壳流向排出管。液体从叶轮获得能量，使压力和速度增加，并依靠此能量将液体输送到排出罐。液体被甩向叶轮出口的同时，叶轮入口中心处形成低压，这样，在吸入罐和叶轮中心处液体之间就产生了压差，在这个压差的作用下，吸入罐中的液体就会通过吸入管流入叶轮中心，再由叶轮甩出，如此不断循环，吸入罐中的液体就会源源不断地输送到排出罐。

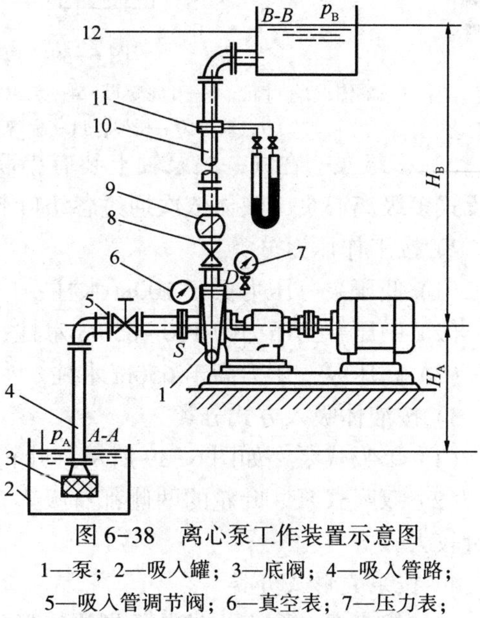

图 6-38　离心泵工作装置示意图

1—泵；2—吸入罐；3—底阀；4—吸入管路；5—吸入管调节阀；6—真空表；7—压力表；8—排出管调节阀；9—单向阀；10—排出管路；11—流量计；12—排出罐

叶轮中心形成的真空度与叶轮内介质的密度有关，当叶轮中充满空气时形成的低压不足以将液体由吸入罐吸入叶轮，所以离心泵启动前必须进行灌泵，使离心泵叶轮中充满液体。一般情况下，在泵的蜗壳顶部装有灌泵漏斗，用以在开泵前向泵内灌入液体。对于功率、排量等都较大的离心泵，常采用前置真空泵抽吸气体的方式启动；对于输送温度高、易挥发液体的离心泵，常采用吸入罐液面高于离心泵轴线的正压进泵的工作方式，使液体自动充满叶轮。

在泵的吸入口前及排出口的扩压管后分别装有真空表和压力表，用以测量进口处的真空度及出口压力，以了解泵的工作状况。

泵的吸入管下端装有滤网及单向底阀，起过滤作用，并在开泵前灌泵时防止液体倒流入吸入罐，排出管上装有调节流量的阀门。

2. 离心泵的类型

通常按离心泵的结构形式进行分类。

1）按叶轮个数分类

（1）单级泵　在泵轴上只有一个叶轮，如图 6-39 所示。

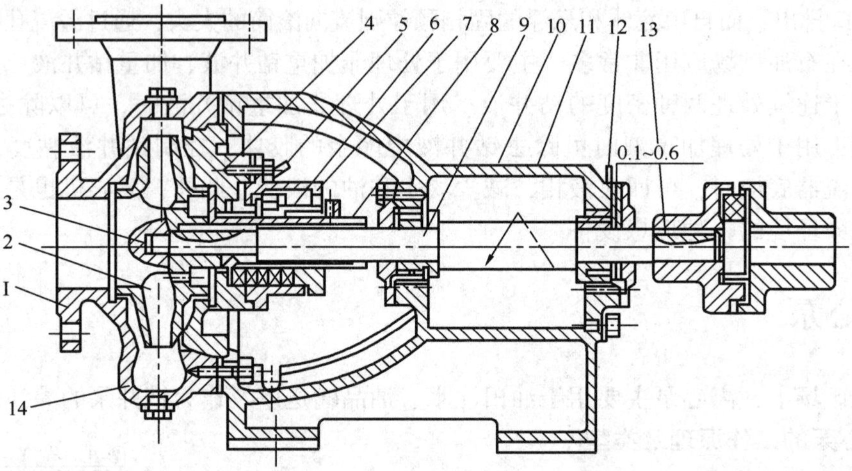

图 6-39　离心泵基本结构示意图

1—泵体；2—叶轮；3—叶轮螺母；4—泵盖；5—冷却冲洗水管；6—密封；7—密封箱；8—轴套；9—轴；10—托架；11—标牌；12—转向排；13—联轴器；14—蜗壳

（2）多级泵　在同一根泵轴上装有串联的两个或两个以上叶轮。如图 6-40 所示是一台分段式多级离心泵，液体依次通过各级叶轮，它的总压头等于各级叶轮压头之和。

2）按工作压力分类

（1）低压泵　压力低于 100m 水柱；

（2）中压泵　压力为 100~650m 水柱；

（3）高压泵　压力高于 650m 水柱。

3）按液体吸入方式分类

（1）单吸式泵　如图 6-39 所示，叶轮只有一个吸入口，液体从叶轮的一侧进入。

（2）双吸式泵　叶轮的两侧都有吸入口，液体从两面进入叶轮，如图 6-41 所示，它的排量较大。

4）按泵壳形式分类

（1）蜗壳泵　泵壳为扩散的螺旋线形状。如图 6-41 所示，液体自叶轮甩出后直接进入泵壳的螺旋形流道，再被引入排出管。

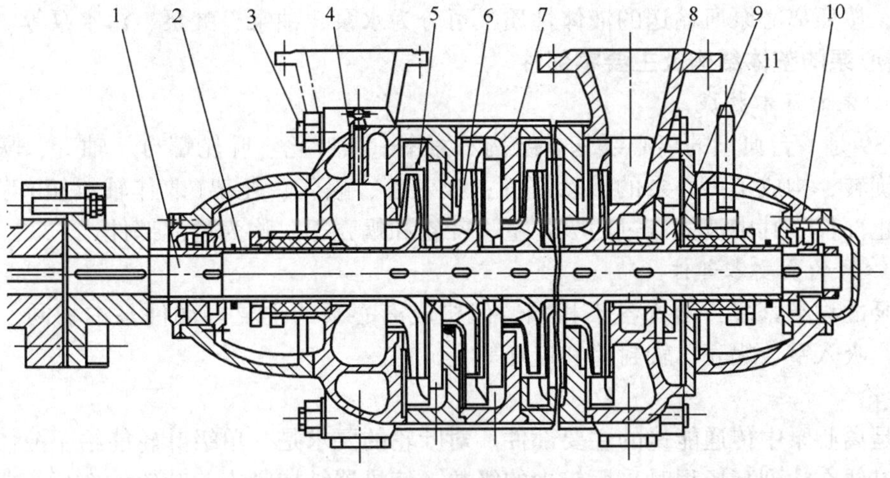

图 6-40 分段式多级离心泵

1—轴；2—轴套；3—螺栓；4—进液段；5—导叶；6—叶轮；
7—中段；8—出液段；9—平衡盘；10—轴承部件；11—回液管

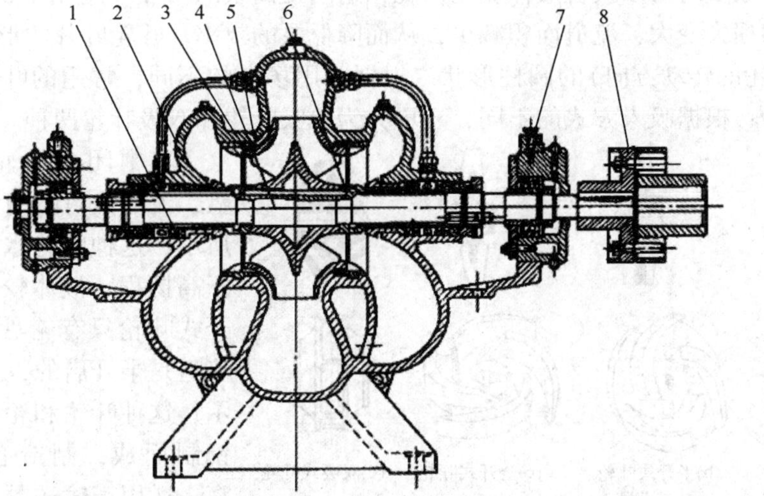

图 6-41 双吸式蜗壳泵

1—泵体；2—泵盖；3—叶轮；4—泵轴；5—密封环；6—轴套；7—轴承；8—联轴器

（2）双蜗壳泵　泵体设计成双蜗室，如图 6-42 所示，可以平衡泵的径向力。

5）按壳体剖分方式分类

（1）中开式泵　壳体在通过泵轴中心线的水平面上分开，如图 6-41 所示的离心泵属于此类型。

（2）分段式泵　壳体在与泵轴线垂直的平面内剖分，段与段之间用长螺栓连接，如图 6-40 所示。

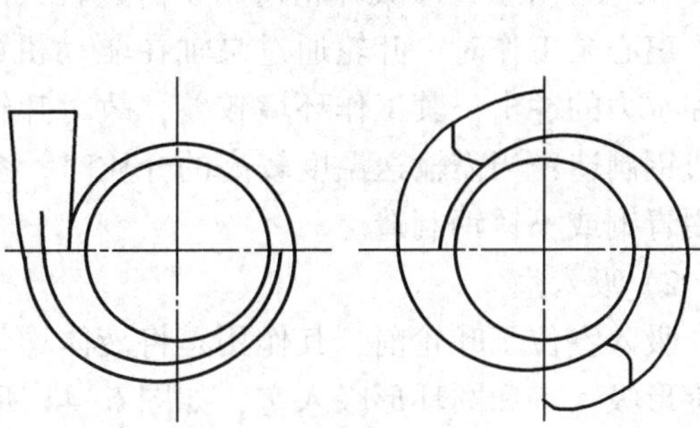

(a) 双层蜗室　(b) 双蜗室

图 6-42 双蜗室

6）按泵轴的布置方式分类

（1）卧式泵　泵轴为水平布置。

（2）立式泵　泵轴为垂直布置。

另外，按照离心泵所输送的液体性质又可分为水泵、油泵、酸泵、污水泵等。

6.6.2　离心泵的整体结构及主要零部件

1. 离心泵的基本构成

图 6-39 是一台典型的离心泵基本结构示意图，其叶轮、叶轮螺母、轴套、联轴器等随泵轴一起旋转，构成了离心泵的转动部件；吸入室、蜗壳、托架(兼作轴承箱)等构成了离心泵的静止部件。其中液体流过的吸入室、叶轮和蜗壳等，称为过流部件。

2. 离心泵的主要零部件

离心泵的种类繁多，结构各不相同，但构成离心泵的主要零部件基本相同，主要有叶轮、泵轴、吸入室、蜗壳、轴封箱和口环等。

1）叶轮

叶轮是离心泵中传递能量的主要部件。对叶轮的要求是：单级叶轮能给予液体较大的理论扬程，以便在达到高扬程时采用较少的级数，使机器结构紧凑；叶轮效率高，能满足工作要求等。

如图 6-43 所示，叶轮是一个均匀分布着若干叶片的轮盘。叶轮的叶片数一般在 6～12 片之间。叶片数多时可以改善液体流动情况，适当提高泵的扬程；但叶片数增加又会使叶片与液体间摩擦损失变大，流道面积减少，从而降低泵的效率。叶轮叶片的形状大多为向后弯曲(相对于叶轮的转动方向)的圆柱形状。根据应用场合的不同，常用的叶轮有开式、闭式和半开式三种；根据吸入方式的不同，还可分为单吸叶轮和双吸叶轮两种。

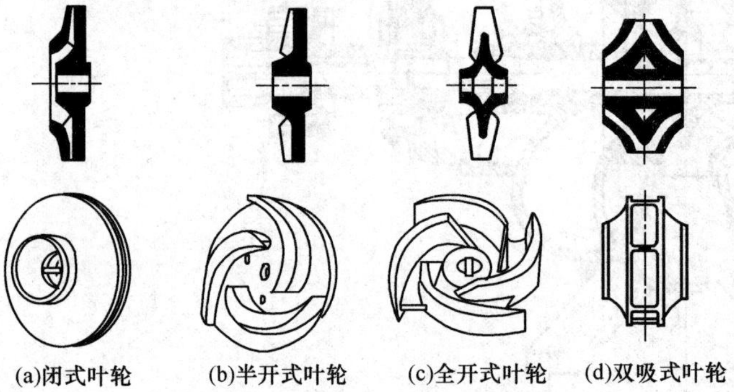

图 6-43　离心泵叶轮的结构及分类

其中闭式叶轮具有轮盖和轮盘，流道是封闭的，如图 6-43(a)所示，这种叶轮水力效率高，适用于高扬程、液体较洁净的场合。半开式叶轮只有轮盘，没有轮盖，其流道是半开启的，如图 6-43(b)所示，这种叶轮和轮盘可由整块锻件铣制而成，制造容易，且强度较高，适用于输送黏度较大或含有固体颗粒的液体。全开式叶轮既无轮盖，又无轮盘，如图 6-43(c)所示，这种叶轮常用于输送污水或浆状液体。单吸叶轮只从叶轮的一侧吸入液体，如图 6-43(a)、(b)、(c)所示。双吸叶轮从叶轮的两侧吸入液体，如图 6-43(d)所示，双吸叶轮适用于流量较大的场合，并且具有较强的抗汽蚀性能。

离心泵工作时，叶轮通过泵轴在驱动机(如电机)的带动下高速旋转，受到较大的离心力和水力的冲击，其工作环境较差，故对叶轮材料的要求较高。当圆周速度较大时，多用青铜或钢制造；当需输送温度较高的介质时，多用铸钢或合金钢制造；当输送腐蚀性液体时，多用青铜或不锈钢制造。

2）吸入室

吸入室位于叶轮前，其作用是将液体均匀地引入叶轮。常用的吸入室有锥形管吸入室、螺旋形吸入室和圆环形吸入室，如图 6-44 所示。

其中锥形管吸入室，如图 6-45(a)所示，多用于小型单级单吸悬臂式离心泵，结构简单，制造方便；螺旋形吸入室，如图 6-45(b)所示，可使液体在叶轮入口前预旋，有利于

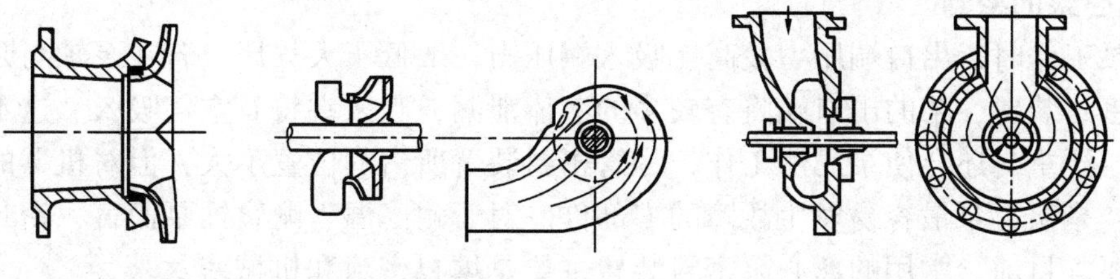

图 6-44　离心泵吸入室形式

改善吸入性能，多用于单级双吸或水平中开式多级离心式油泵；圆环形吸入室，如图 6-45(c)所示，结构简单，轴向尺寸较短，多用于单吸分段式多级离心泵，其缺点是流动不够均匀。

3）蜗壳

蜗壳和导叶的作用是把从叶轮甩出来的液体收集起来，使液体速度降低，把部分速度能转化成压力能后，再均匀地引入下一级或经过扩压管排出。

图 6-45　离心泵蜗壳形状

蜗壳是截面逐渐增大的螺旋线形式，因形如蜗壳而得名，如图 6-45 所示。由于蜗壳内液体流动的截面积不断增大，液体流速不断降低，部分速度能转化成了压力能，使液体的压力能不断增加。为进一步降低液流速度，在蜗壳的尾部增加一锥形扩压管，可使 80%左右的动能转化成静压能。蜗壳的截面积大小对离心泵的性能影响很大，其截面形状有圆形、矩形和倒梯形等几种。

4）导叶

导叶固定在泵壳内不动，其作用与蜗壳相同，多用于分段式多级离心泵中，如图 6-41 所示。导叶可以看成是由正向导叶和反向导叶组成的若干个小螺旋形压液室。其中正向导叶用于收集叶轮排出的液体，并将液体的大部分动能转变为压能；反向导叶用于消除旋绕，将液体引入下一级叶轮入口或排出管。导叶按其结构形式可分为流道式和径向式两种。流道式导叶如图 6-46 所示，正向导叶和反向导叶铸在一起，中间有一连续流道，液体在连续流道内流动，不易形成死角和突然扩散，速度变化比较均匀，水力性能较好；其缺点是结构复杂，制造困难。径向式导叶如图 6-47 所示，结构较简单，制造工艺好，应用较广泛。

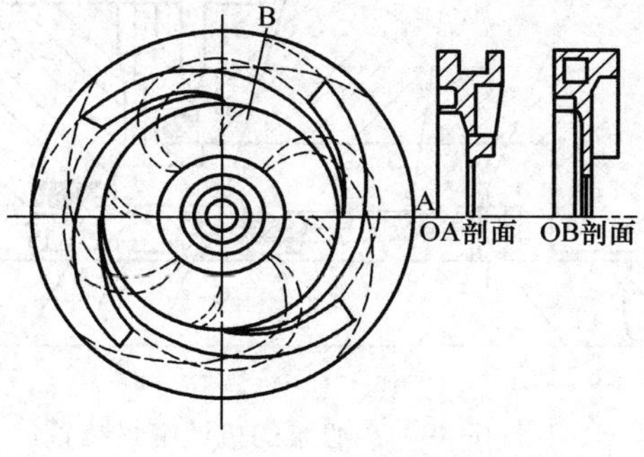

图 6-46　流道式导叶

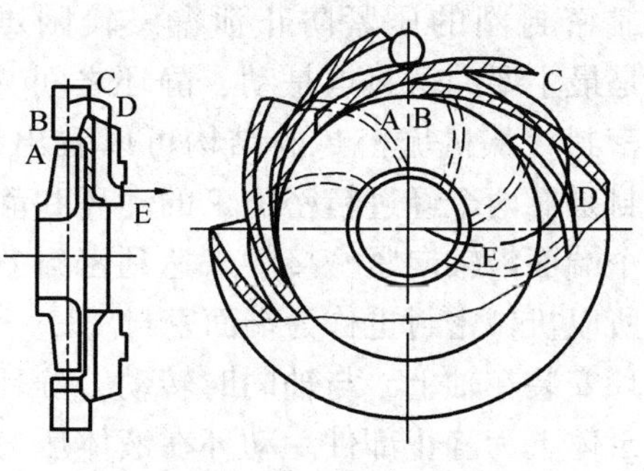

图 6-47　径向式导叶

6.6.3 离心泵的密封

离心泵工作时，出口端压力较高，吸入端压力一般低于大气压。若在泵轴与泵壳之间没有合适的密封装置，泵的出口端将有较多的液体泄漏，吸入端将有空气吸入。这不仅降低了泵的效率，严重时还会使泵无法工作，尽管密封装置所占的位置不大，但对机器的正常运转十分重要，是离心泵最容易发生故障的零部件。对于耐高温、耐腐蚀泵而言，密封装置的作用更为重要。目前，常用的离心泵密封装置主要是填料密封和机械密封。

1. 填料密封

填料密封如图 6-48 (a)所示，是将软填料填入填料箱中，通过适当拧紧压盖螺栓，使软填料在受到轴向挤压的同时，在径向上膨胀，泄漏缝隙被填塞而达到密封的目的。为了保证密封效果，填料箱一般较长，因此，沿轴向填料的压紧程度往往是靠外边的紧，靠里边的松，使得磨损不均匀，密封效果差。为了减少压紧力，并使填料里外承受的压紧力均匀，提高密封效果，可在填料中间加一个水封(或油封)环，水封环的结构如图 6-48 (b)所示，当泵内压力低于大气压时，可向水封环中注入一个大气压的水，防止空气进入；当泵内压力高于大气压时，可将一定压力的水引入水封环中，以减少出口泄露。水封环中的水或油，还可以起到冷却和润滑的作用。

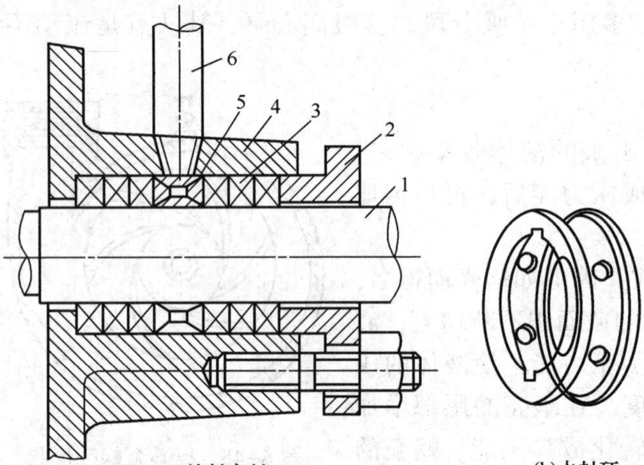

(a)填料密封　　(b)水封环

图 6-48　填料密封

1—轴；2—压盖；3—填科；4—填料箱；5—水封环；6—引水管

填料密封结构简单、价格低廉、使用调节方便，但其密封效果差、维护频繁，除水泵和化工泵外，采用不多。填料一般是由石棉、橡胶、棉纱、聚四氟乙烯树脂等合成树脂纤维纺织而成并用石墨、润滑脂等浸渍的一种非金属材料，其横断面成方形或圆形。

2. 机械密封

如图 6-49 所示，是一个典型的机械密封装置，图中 A、B、C、D 四个点是可能泄漏的点。其中 B、C、D 是静密封点，可以较容易地依靠密封圈的压紧防止泄漏。较困难的，也是最主要的密封点是动、静环之间 A 处的动密封。从机械密封的结构可以看出，机械密封是靠两个经过精密加工的动环和静环的两个端面沿轴向紧密接触来达到密封效果的，所以机械密封也称为端面密封。

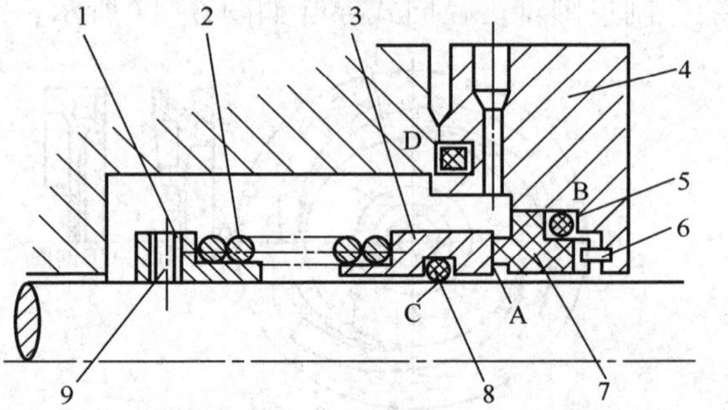

图 6-49　离心泵的机械密封装置

1—弹簧座；2—弹簧；3—动环；4—压盖；5，8—密封圈；6—防转销；7—静环；9—固定螺丝

动环安装在轴上，与轴同时转动，静环安装在泵体上为静止部件。动环在液体压力和弹簧力的作用下紧压在静环上达到径向密封的目的。工作时，动环和静环的轴向密封

端面间需保持一层液膜，起冷却和润滑作用。

机械密封的材料要求具有足够的刚度和强度，目前一般采用碳化钨、石墨、铬钢、铬镍钢、硬质合金等材料制作。通常材料选取的是动、静二环采用一硬一软配对，只有在特殊情况下，例如介质含有固体颗粒时，才以硬对硬配合使用。

机械密封与填料密封相比，具有密封性能好、泄漏量少、轴或轴套不易损坏、机械损失小等优点，被广泛应用于高温、高压、高转速的离心泵中。其缺点是结构比较复杂，要求加工精度和安装技术较高，价格较贵。

【本章小结】

往复泵是油田作业常用的机械设备，常用于在高压下输送高黏度、大密度和高含砂量、高腐蚀性的液体，流量相对较小。在钻井作业中使用的钻井泵或泥浆泵，在固井作业中使用的固井泵，采油作业中使用的压裂泵、注水泵、抽油泵等都属于往复泵。离心泵主要用于油田注水、油品输送以及作为钻井泵的灌注用泵等，具有质量轻、体积小、流量大、安装简便、使用维护方便等优点。通过对本章的学习，要求学员了解往复泵与离心泵的设备组成，掌握设备的结构原理、功用、特点、使用及维护方法。有条件的可以到石油钻井现场实地参观考察或实习实训加深对所学知识的理解。

思 考 题

1. 往复泵有哪些类型？主要性能参数有哪些？
2. 曲柄连杆传动往复泵的工作原理是什么？其活塞运动规律如何表达？
3. 什么是往复泵的平均流量和瞬时流量？如何计算？
4. 什么是泵的有效压头？。
5. 压头和压力有何区别？怎样测算？
6. 往复泵的功率和效率的基本概念是什么？如何计算功率和效率？
7. 三缸单作用泵和双缸双作用泵的主要异同点是什么？
8. 往复泵有哪些易损件？采取哪些措施能够提高易损件的使用寿命？
9. 简述钻井液振动筛的分类和主要特点。
10. 水力旋流器由哪几部分组成？各起什么作用？
11. 钻井液离心分离机的作用是什么？一般安装在什么位置？
12. 简述离心泵的类型和密封方式。

第7章　压　缩　机

【学习目标和要求】

本章将介绍压缩机的类型、结构、工作原理、特点及其选用。要求学员熟悉压缩机的类型及型号，掌握活塞式压缩机的基本构造、工作原理、调节和选用方法，了解离心式压缩机和螺杆压缩机的基本结构、工作原理和特点，学会初步选用压缩机。

【重点和难点】

重点是活塞式压缩机的基本构造、工作原理、调节和选用方法；难点是螺杆压缩机的工作原理。

7.1　压缩机的类型及应用

7.1.1　压缩机的型号及分类

1. 压缩机的分类

(1)根据工作原理不同，可分为容积式压缩机和动力式压缩机两大类。其中容积式压缩机又可分成往复式压缩机和回转式压缩机两小类；动力式压缩机又可分成透平式压缩机和引射器两小类。各小类还可进一步细分，具体分类如图7-1所示。

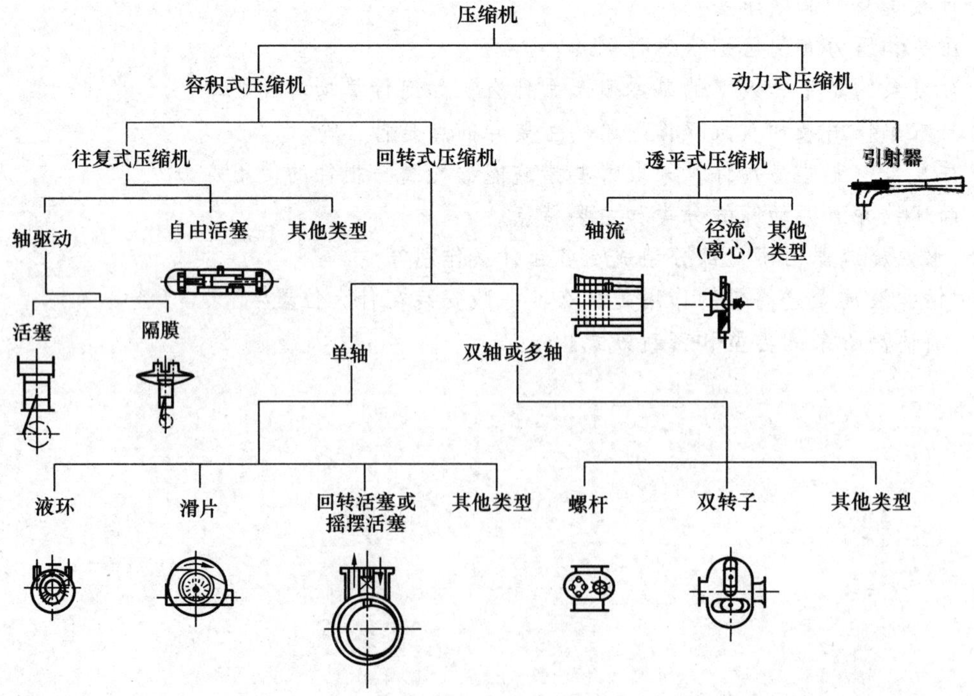

图7-1　压缩机分类

（2）按润滑方式不同，可分为无油空压机和机油润滑空压机。

（3）按压缩机的性能不同，可分为低噪音空压机、可变频空压机、防爆空压机等。

（4）按用途不同，可分为冰箱空压机、空调空压机、制冷空压机、油田用压缩机、天然气加气站用压缩机、凿岩机用压缩机、车辆制动用压缩机、门窗启闭用压缩机、纺织机械用压缩机、轮胎充气用压缩机、塑料机械用压缩机、矿山用压缩机、船用压缩机、医用压缩机、喷砂喷漆用压缩机等。

（5）按压缩机的结构形式不同，可分为固定式压缩机、移动式压缩机的和封闭式压缩机等。

（6）按排气压力不同可分为：①通风机，排气压力 $<11.27\times10^4$Pa；②鼓风机，排气压力 $=(11.27\sim34.3)\times10^4$Pa；③压缩机，排气压力 $>34.3\times10^4$Pa；④真空泵，终压力接近零。

2. 压缩机的基本知识

根据能量转换的观点，压缩机是把机械能转换为气体的动能和压能的流体机械。压缩机广泛用于石油开采、石油化工、热能工程、车辆工程等领域。

1）容积式压缩机

容积式压缩机是指通过机构的作用，使气缸工作容积周期性地变化，气体顺序地吸入和排出气缸，以提高气体压力的压缩机。

（1）往复式压缩机　依靠气缸内活塞的往复运动压缩气体，实现对气体增压的一种容积式压缩机。

（2）回转式压缩机　依靠机内转子回转时产生容积变化而实现气体压缩的一种容积式压缩机。

2）动力式压缩机

动力式压缩机是指随着气体连续地由入口流向出口，将其动能转换为压能来提高气体压力的一种压缩机。

（1）透平式压缩机　通过叶轮回转过程中气体与叶片的相互作用，提高气体动能并将动能转变成压能的动力式压缩机。

（2）引射器　可归属于动力式，但它实际没有叶轮，依靠辅助流体介质的能量来输送和增压另一种流体介质。

3. 压缩机的型号

1）容积式压缩机的型号

（1）适用范围　适用于不包含制冷压缩机的容积式压缩机。

（2）型号编制　容积式压缩机型号由大写汉语拼音字母和阿拉伯数字组成，表示方法如下：

```
□□-□/□-□
│ │  │ │  └─差异：用字母、数字表示
│ │  │ └────压力：用数字表示，单位：10^5Pa
│ │  └──────公称容积流量：用数字表示，单位：m^3/min
│ └─────────特征：用字母表示
└───────────结构：用字母表示
```

（3）型号解释

①结构代号

a. 往复式活塞压缩机的结构代号按表 7-1 的规定确定。

表 7-1　往复式活塞压缩机的结构代号

结构代号	结构代号的含义与来源
Z	立式(气缸中心线与水平面垂直)，Z-ZHI(直)
P	卧式(气缸中心线与水平面平行，且气缸位于曲轴同侧)，P-PING(平)
V	气缸呈 V 形排列
W	气缸呈 W 形排列
L	气缸呈 L 形排列
S	气缸呈扇形排列，S-SHAN(扇)
X	气缸呈星形排列，X-XING(星)
D	两列对称平衡形，D-DUI(对)
DZ	对置型，D-DUI(对)，Z-ZHI(置)
H	气缸呈 H 形排列
M	气缸呈 M 形排列
ZH	自由活塞形，Z-ZI(自)，H-HUO(活)
ZT	整体型摩托压缩机，Z-ZHENG(整)，T-TI(体)

b. 其他容积式压缩机结构代号按表 7-2 的规定确定。

表 7-2　其他容积式压缩机的结构代号

结构代号	代号的含义与来源
LG	螺杆型压缩机，L-LUO(螺)，G-GAN(杆)
WO	蜗杆型压缩机，O-WO(蜗)，G-GAN(杆)
HP	滑片压缩机，H-HUA(滑)，P-PIAN(片)
OX	涡旋压缩机，O-WO(涡)，X-XUAN(旋)
YH	液环压缩机，Y-YE(液)，H-HUAN(环)
HY	回旋活塞或摇摆活塞压缩机，H-HUI(回)，Y-YAO(摇)
LHC	螺杆活塞串联压缩机，L-LUO(螺)，H-HUO(活)，C-CHUAN(串)

特别地，固定风冷容积式压缩机，应在结构代号后注明 F(即 FENG-风)，但微型压缩机除外。

容积式压缩机的机结构代号后加注 Y(即 YI-移)，表示为移动式；车装压缩机机组应在结构代号后加注 C(即 CHE-车)。

②特征代号　具有特殊使用性能的容积式压缩机，其特征代号按表 7-3 的规定确定。

表 7-3　特殊使用性能容积式压缩机的特征代号

特征代号	特征代号的含义及来源
W	无润滑，W-WU(无)
WJ	无基础，W-WU(无)，J-JI(基)
D	低噪声，D-DI(低)
B	直联便携式，B-BIAN(便)

特别地，如需标注多项特征代号，应按表 7-3 的先后顺序标注。

③公称容积流量　公称容积流量是指压缩机排出的气体在标准排气位置(压缩机上认为有代表性的排气位置)的实际容积流量。工程单位为：m^3/min。

④压力　吸气压力为常压时，型号中压力只有一项，表示压缩机公称排气压力的表压值。

对于增压压缩机、循环压缩机和真空压缩机，型号中压力有两项，分别表示公称吸、排气压力的表压值(特别地，当吸气压力低于常压时，则以真空度标示，同时其前冠以负号)，且这两项之间以符号“-”隔开。单位为：kgf/cm^2 或 10^{5}Pa。

⑤差异　必要时可以使用型号最后的差异项来区分容积式压缩机的品种，但应避免全部用数字表示。

(4) 容积式压缩机型号及全称示例

容积式压缩机的全称由两部分组成：第一部分即型号，第二部分用汉字描述压缩机特征或压缩介质。凡属于“增压”、“特环”、“真空”、“联合”性质的压缩机以及干螺杆压缩机均应标明其特性。示例如下：

①WWD-0.8/10 型空气压缩机　往复活塞式，W 形，无润滑，低噪声罩式，公称容积流量 0.8m^3/min，公称排气压力 10×10 ^{5}Pa。

②LGFD-20/7 型喷油螺杆压缩机　螺杆压缩机，风冷，低噪声罩式，公称容积流量 20m^3/min，公称排气压力 7×10^{5}Pa。

③HPY-12/7 型空气压缩机　滑片压缩机，移动式，公称容积流量 12m^3/min，公称排气压力 7×10^{5}Pa。

2) 透平式压缩机的型号

透平式压缩机主要包括轴流式和径流式(即离心式)两种，其型号均由用短横线隔开的基本型号和补充型号两部分组成。

基本型号用压缩机进口的吸入形式代号和每分钟吸入体积流量的数字表示。其中进口的吸入形式代号为“DA”或“SA”时表示离心式压缩机，为“ZA”时则表示轴流式压缩机，这里“D”表示单侧吸入(DAN-单)，“S”表示双侧吸入(SHUANG-双)，“A”来自 YA-压。补充型号则说明叶轮数等级、设计改进等信息。

型号示例：DA350-61 离心式压缩机

DA 350 - 6 1

1 —— 第 1 次设计

6 —— 叶轮数为 6 级

350 —— 吸入流量 350m^3/min

DA —— 单吸入离心式压缩机

7.1.2　压缩机在油田中的应用

在油田，压缩机主要用在以下几个方面：

1. 用于各种油田工程中

(1) 气举法采油和二次采油。此工艺过程中，用高压压缩机将天然气从地面注入井底，注入的高压气体与油层产出流体在井筒中混合，利用气体的膨胀使井筒中的混合液密度降低，从而将井筒内流体举出。

(2) 油田气集输。广泛采用中压以下往复式压缩机或离心式压缩机对要输送的油田气加压。

(3) 在油田各种留线的试压、扫线作业中，常使用中压以上的车装往复式压缩机。

(4) 轻烃回收、加气站、天然气化工大量应用压缩机械。

2. 用作气控制的动力源

如钻机的气控制，抽油机的气动平衡装置，各类车辆、机床及仪表自动化装置等的气源，均采用压缩机。

值得注意的是：用于压缩石油气体的压缩机必须适应石油气体的一些特性，因为正是这些特性决定了用于石油气体的压缩机与一般的空气压缩机有着许多不同之处。比如，石油气体达到一定的温度和压力时会液化，而压缩机的气缸中一旦出现液体，会明显加剧压缩机的振动和冲击，产生很大的危害，所以，用于石油气体的压缩机，其气缸和中间冷却段必须设有放液装置，以便使用过程中定期放液。另外，石油气体液化后会稀释润滑油，造成气缸磨损加快，故用于石油气体的压缩机宜采用无油润滑类型。

7.2 活塞式压缩机

在石油矿场中，应用最多的压缩机是活塞式压缩机，主要适用于中、小流量而压力较高的场合。其特点是：

(1) 适应性广，可用于较广的排量范围和压力范围，工作压力可达 350MPa。

(2) 功率消耗较其他形式压缩机低，故热效率较高。

(3) 因往复惯性力大，转速不能太高。

(4) 结构复杂、笨重，且易损件多，不便维修。

(5) 排气不连续，会导致气流压力出现脉动。

7.2.1 活塞式压缩机的构造及工作原理

1. 活塞式压缩机的分类

(1) 按气缸在空间的位置分类　可分为立式、卧式、角式三类。

(2) 按传动机构的特点分类　可分为有十字头的和无十字头的两种。

(3) 按冷却方式的不同分类　可分为风冷式和水冷式。

(4) 按安装方式的不同分类　可分为固定式和移动式。

2. 立式、卧式和角式三类压缩机的结构及特点

(1) 立式压缩机的气缸铅垂布置，如图 7-2(a)所示。主要用于中小排量与级数不太多的机型，某些小型立式压缩机通常无十字头。

(2) 卧式压缩机的气缸水平布置，又可分成：

① 一般卧式　多用于小型高压压缩机，其特点是气缸都布置在曲轴的同一侧。

② 对称平衡型　适用于大型压缩机，其特点是气缸分布在曲轴两侧，相对于两列气缸的曲柄交错角为 180°。其中，电动机位于机身一侧者称为 M 形，而电动机位于两列机身之间者称为 H 形，H 形如图 7-2(e)所示。

(3) 角式　角式的特点是在同一曲柄上装有几个连杆，与每个连杆相应的气缸中心线间具有一定的夹角。它包括：V 形，如图 7-2(b)所示；W 形，如图 7-2(c)所示；L 形，如图 7-2(d)所示。

图 7-2　活塞式压缩机不同结构机型简图

3. 单级活塞式压缩机工作原理及构造

以图 7-3 所示的单级风冷式活塞压缩机为例说明。

1) 工作原理

曲轴 5 由原动机驱动经皮带轮 9 带动旋转，通过连杆 4 带动活塞 2 在气缸内作往复运动。当活塞向下运动时，排气阀关闭，气缸内压力降到一定程度时，外界气体经空气滤清器 10 和进气阀 6 被吸入气缸，活塞到达下止点时进气过程结束。当活塞由下止点向上运动时进气阀 6 关闭，排气阀 1 也关闭，气缸内的气体被压缩，直到压力升高到超过排气阀弹簧压力时，排气阀才被推开，压缩气体进入储气筒，此时即为排气过程。当活塞到达上止点时排气过程结束，继而又重复进气过程。如此循环，使压缩气体不断进入储气筒。

2) 构造

活塞式压缩机主要由传动机构、工作部件及机体构成。此外还有润滑、冷却、调节等辅助系统。如图 7-3 所示单级风冷式活塞压缩机，其传动机构是由曲轴 5、连杆 4、活塞 2 和气缸组成的曲柄滑块机构。曲轴 5 由电机(使用电源方便的场合)、汽油机或柴油机通过 V 带传动驱动。工作部件包括气缸、进气阀 6 和排气阀 1、活塞组件 2 及填料等。下面简要介绍压缩机的主要零部件。

(1) 曲轴　压缩机的曲轴与内燃机曲轴结构相似，其毛坯一般为锻件。

(2) 活塞　活塞结构如图 7-4 所示，由头部、顶部和裙部三部分组成。主体的材料一般为铸造铝合金。靠近顶部的 2~3 道活塞环为密封环，其各环切口交叉错开，保证压缩气体不从密封环开口漏出；下面的一道为刮油环，使从缸壁上刮下来的多余润滑油经油环槽内小孔流回曲轴箱。活塞裙部用来引导活塞在气缸内运动。活塞销将活塞与连杆连接起来。

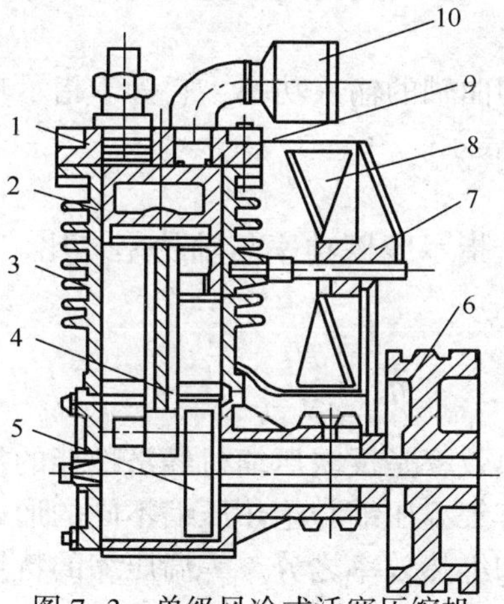

图 7-3　单级风冷式活塞压缩机

1—排气阀；2—活塞；3—散热片；
4—连杆；5—曲轴；6—皮带轮；
7—圆皮带；8—风扇；9—进气阀；
10—气体滤清器

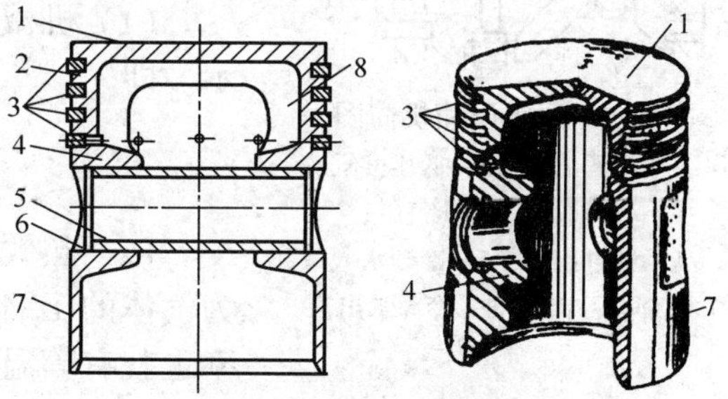

图 7-4　活塞结构剖视

1—活塞顶；2—活塞头；3—活塞环；
4—活塞销座 5—活塞销；6—活塞销环；
7—活塞裙部；8—加强筋

(3) 气缸　气缸是活塞式压缩机形成压缩容积的主要部件，包括缸体和缸盖。图 7-3 的压缩机气缸采用风冷式结构，风扇 7 经圆皮带驱动给气缸提供冷却。

气缸在缸体和缸盖上均铸有散热片。风冷式压气机工作时温度较高，且温度随排气压力的升高而升高，因此适用于小型压缩机；此外，气缸还有水冷却方式，即在气缸内铸有冷却水套，冷却效果好，适用于大中型压缩机。缸盖是封闭缸体端面的零件，也是安装进排气阀的基础零件。缸体和缸盖用螺栓紧固。进气阀和排气阀是控制气缸的吸气和排气过程的部件。目前压缩机一般采用随管路压力变化而自行开闭的自动阀。

(4) 润滑　润滑主要用于有相对运动存在的部位，如活塞环与缸体、轴颈与轴瓦、阀体与阀片之间，其主要目的是减小摩擦、降低磨损、散热及防锈等。小型压缩机多用飞溅润滑，它靠装在连杆下端的甩油环或甩油杆将机体内的润滑油甩到气缸和运动机构的相应部位。大中型压缩机适合用压力润滑，润滑油通过一个专用的机油泵输送到各个需润滑的部位。压力润滑的效果优于飞溅润滑。

4. 多级往复式压缩机工作原理及结构

多级压缩机是把气体的压缩过程分为两个或两个以上的阶段，在几个串联的气缸里逐次进行压缩，使压力逐渐上升，以获取较高压力的压缩气体。图 7-5 为两级压缩机简图，气体首先经气体滤清器 1 过滤后，在第一级低压气缸 2 里压缩，压力由进气压力 p_1 升高至出气压力 p_2 再进入到级间冷却器 4 内，经冷却器的冷却水充分冷却后，其温度恢复到最初进入低压气缸时的进气温度，随后气体被送入第二级高压气缸 5 内继续压缩到最后所需的压力 p_3。显然，低压气缸和高压气缸是在不同的压力范围内工作的，相应气体的容积相差也很大，所以高压气缸的直径总要比低压气缸小。

从结构上看，相比较单级压缩机而言，多级压缩机除了更多的气缸及配套的传动机构外，主要增加了级间冷却器。

7.2.2　活塞式压缩机的功率与效率

1. 功率

(1) 指示功率　单位时间内直接用于压缩气体所消耗的功，用 N_i 表示。

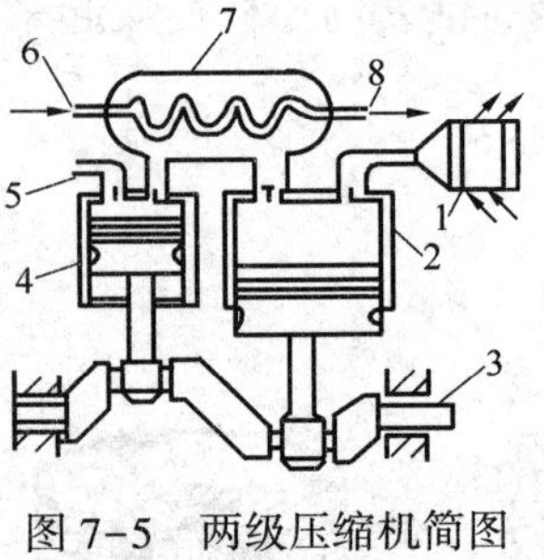

图 7-5　两级压缩机简图

1—空气滤清器；2—低压气缸；3—曲轴；4—高压气缸；5—高压气缸出口；6—冷却水入口；7—级间冷却器；8—冷却水出口

(2) 摩擦功率　单位时间内用于克服机械摩擦所消耗的功，用 ΔN_m 表示。

(3) 轴功率　即曲轴的输入功率，它等于指示功率与摩擦功率之和，用 N_{ax} 表示。

2. 效率

(1) 机械效率　指示摩擦功率与轴功率之比，用 η_m 表示。即

$$\eta_m = \frac{N_i}{N_{ax}} \tag{7-1}$$

(2) 热效率　热效率是反映压缩机经济性能的指标。因为气体的压缩过程有等温压缩与绝热压缩不同的形式，热效率也就有等温效率和绝热效率之分。等温压缩的特点是压缩气体时伴随产生的热量都被及时带走，维持气体温度不变。而绝热压缩过程中，气体本身不与外界进行任何热交换。

①等温指示效率与等温轴效率　等温指示效率 η_{i-is} 是压缩机理论等温循环指示功率 N_{i-is} 与实际循环指示功率 N_i 之比。等温轴效率 η_{is} 是指理论等温循环指示功率 N_{i-is} 与轴功率 N_{ax} 之比。即

$$\eta_{i-is} = \frac{N_{i-is}}{N_i}$$

$$\eta_{is} = \frac{N_{i-is}}{N_{ax}} \tag{7-2}$$

等温指示效率是对实际循环中热交换以及吸、排气过程阻力损失程度的反映，常用来评价水冷式压缩机的经济性能。

②绝热指示效率与绝热轴效率　绝热指示效率 η_{i-ad} 是压缩机理论绝热循环指示功率 N_{i-ad} 与实际循环指示功率 N_i 之比。绝热轴效率 η_{ad} 是指理论绝热循环指示功率 N_{i-ad} 与轴功率 N_{ax} 之比。即

$$\eta_{i-ad}=\frac{N_{i-ad}}{N_i}$$

$$\eta_{ad}=\frac{N_{i-ad}}{N_{ax}} \tag{7-3}$$

绝热效率较好地反映了压缩机吸、排气过程阻力损失的影响程度，但不能直接反映压缩机功率指标的先进性。

3. 比功率

比功率是压缩机单位排气量所消耗的功率。比功率常用于比较同类型压缩机在相同的吸、排气条件下的经济性。

7.2.3　活塞式压缩机的操作与调节

1. 操作

压缩机的开启、工作和停机过程涉及到一系列操作项目，其中特别应注意的操作，概括起来主要包括以下几方面：

(1) 在生产中，随时检查压缩机的排量、压力、温度等情况，必要时及时调整操作，确保压缩机在正常工况下运行。

(2) 防止水击事故操作。气体压缩过程中可能会产生液化而在气缸中积存液体，气体通过中间冷却器、气水分离器、储气筒等也可能给气缸带入液体，在压力作用下，这些液体可能引起水击，损坏气缸甚至传动件。因此，要定期检查并排除气缸中的积液。

(3) 冷却和润滑操作。冷却操作要确保足够的冷却风量或冷却水量，并控制冷却器的水温，以保证压缩机得到充分地冷却。

压缩机开启前，先要打开所有注油器的润滑系统。满足机件润滑后，再将冷却水注入气缸套和中间冷却器中。若开动压缩机时忘记了开冷却水，则应把压缩机停下来，使其自然冷却后，再开冷却水，然后重新启动。否则，可能造成气缸裂缝等事故。

2. 排气量的调节

压缩机的工况往往是变化的，即压缩机工作时，气体的需要量和进、排气压力是变化的。为了与生产工况的变化相适应，需要对压缩机的排气量进行调节。

概括起来，压缩机排量的调节方法可分成三种：间断调节、分级调节和连续调节。其具体表现形式有：

(1) 改变转速　通过改变压缩机的转速来达到改变排量的目的。该法适用于易实现变速操作的直流电动机或内燃机驱动的压缩机，且用起来经济简单，但不适用于实现变速操作困难的交流电动机驱动的压缩机。另外，因为原动机在低于额定转速下工作时效率会降低，所以，该法的调速范围有限。

(2) 间断停车　当压缩机输出气体的储气罐中压力升至高限值时，可以停止发动机的运转，或通过离合器操作，使发动机空转，压缩机停转。当储气罐的压力降至低限值时，再重新启动压缩机组工作。

(3) 旁路调节　将压缩机排出的气体全部或部分地引回一级入口，前者称为自由连通，后者叫做节流连通。

自由连通实际不输出气体，压缩机空转，常用于大排气量、高压压缩机的启动工况。

节流连通即对排出气体实施节流，使部分气体进入吸入口，其余正常排出。显然，被引回的那部分气体的压缩功损失了，所以，尽管该法操作方便，但不够经济，常用于短期非经常性的调节。

(4) 打开吸气阀　在全部或部分排气行程中强制打开吸气阀，使缸内的气体流回到吸气管，以调节压缩机的排气量。此方法可使排量在0~100%范围内均匀调节。

在大型压缩机启动时为了卸载，往往在排气行程中完全打开吸气阀。一般通过改变吸气阀调节装置中弹簧力的大小，可以决定排气行程中吸气阀开启的时间长度。

(5) 增大余隙容积　通过补充余隙容积调节装置增大余隙容积，减少吸气量，从而达到调节排气量的目的。该调节方法无功率损失，经济可靠，多用于大型压缩机排量的调节。

7.3　透平式压缩机

根据气流的方向不同，透平式压缩机分为径流式(离心式)和轴流式两种。按排出气体压力的大小，又可分为通风机(排出压力低于 11.27×10^4Pa)、鼓风机[排出压力在$(11.27\sim34.3)\times10^4$Pa 范围内]和压缩机(排出压力高于 34.3×10^4Pa)。

7.3.1　径流式压缩机

1. 结构

以图 7-6 所示的 DA120-62 离心式压缩机为例说明。

在结构上，压缩机主要由两大部分组成：

(1) 转动部分(即转子)　由主轴 15、叶轮 2、平衡盘 11、推力盘 12、联轴器 13 和卡环 14 组成，是压缩机的最主要部件。

(2) 固定部分(即定子)　包括扩压器 3、弯道 4、回流器 5、蜗壳 6、轴端密封 7 和 8、隔板密封 9、轮盖密封 10、支撑轴承 17、止推轴承 18、隔板 19 和回流器导向叶片 20 等。

此外，还有一些辅助设备和系统，如油路系统、自动控制及保护系统等。

图 7-6 中，由叶轮 2、扩压器 3、弯道 4 和回流器 5 的组合形成压缩机的一级。级是由一个叶轮和与之相配合的固定元件构成的压缩机的基本单元，该压缩机共有 6 级。

2. 工作原理

气体的压缩过程是：气体由吸气室 1 吸入，通过叶轮 2 将机械能传给气体后，压力、温度、速度都提高，然后进入扩压器 3，随扩压器通流面积的逐步增加，气流速度逐渐减慢，气体压力得到提高，将气体的动能转变为压能，再经弯道 4 和回流器 5，使气流以一定的方向均匀地进入下一级叶轮。回流器中一般装有导流叶片。气体经一、二、三级压缩后，进入蜗壳 6，蜗壳的通流面积一般逐渐增大，可以起到进一步的扩压作用。经蜗壳气体被引出至中间冷却器，冷却后再进入四、五、六级继续压缩，最后由排出管输出。

上述过程中，气体从气缸中间经蜗壳排出，到缸外进行冷却后，再回到气缸内继续被压缩，即经过二段压缩。若压缩机气缸只有一个进气口和排气口，就是一段压缩。复杂的压缩机往往有多个压缩段。其中，每段进口处的级为首级，每段出口处的级为末级，末级一般没有弯道和回流器，代之以排气室。一个压缩段可以只有一个级，更常见的是多级。

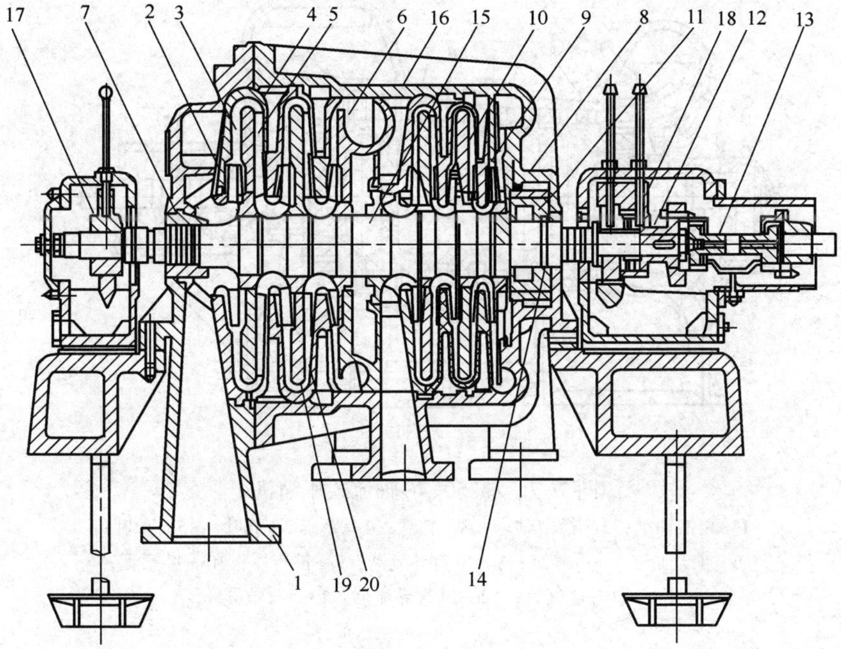

图 7-6　DA120-62 离心式压缩机剖视图

1—吸气室；2—叶轮；3—扩压器；4—弯道；5—回流器；6—蜗壳；7，8—轴端密封；9—隔板密封；10—轮盖密封；11—平衡盘；12—推力盘；13—联轴器；14—卡环；15—主轴；16—机壳；17—支撑轴承；18—止推轴承；19—隔板；20—回流器导向叶片

3. 特点

与活塞式压缩机相比，径流式压缩机具有以下特点：

1）优点

（1）流量大。因为气体通流面积较大，叶轮转速很高，气体流速快，所以流量大，有的压缩机进气量可达 6000 m^3/min。

（2）与同一流量的活塞式压缩机相比，结构紧凑，体积小、质量轻。

（3）易损件少，维修简单，运转可靠。

（4）排气均匀，气体纯净，且输送的气体不与润滑系统的润滑油接触，因此气体可以绝对不带油。

2）不足

（1）单级压力比不高。

（2）不适用于气量太小和压力比过高的场合。

（3）引气流速度大，能量损失较大，效率一般低于活塞式压缩机。

（4）转速高、功率大，一旦发生事故时其破坏性较大。

7.3.2　轴流式压缩机

1. 结构

以图 7-7 所示的 Z3250-46 轴流式压缩机为例进行说明。

与离心式压缩机类似，轴流式压缩机在结构上主要包括转子和定子两部分，其他还有密

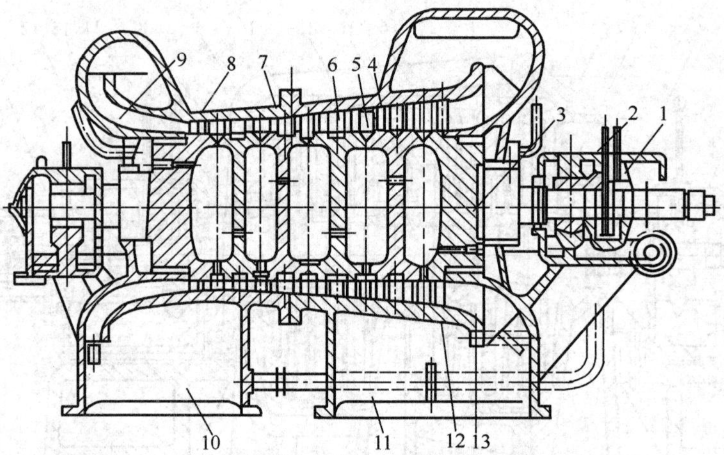

图 7-7　Z3250-46 轴流式压缩机

1—止推轴承；2—径向轴承；3—转毂；4—导流器(静叶)；5—动叶；
6—前气缸；7—后气缸；8—出口导流器；9—扩压器；10—排气管；
11—进气管；12—进气导流器；13—收敛器

封、支撑轴承、止推轴承等部件以及其他有关辅助设备和系统。

转子主要由转毂 3 和与之固联的动叶 5 组成，是压缩机对气体做功的唯一元件，主要作用是提高气体的动能。导流器(静叶)4 是与动叶间隔布置并均匀装在气缸上的一组叶片，主要作用是将从动叶出来的气体的动能转换成压能，并保证气流按一定的方向和速度进入下一列动叶。每一列动叶与其后的静叶组合成压缩机的一级，该压缩机共有 9 级。

2. 工作原理

气体的压缩过程是：气体从进气管 11 进入，经收敛器 13 获得均匀的速度场和压力场后，再经进气导流器 12 引导，以一定的速度与方向进入第一级动叶。连续经过 9 级压缩并获得一定压能的气体，通过出口导流器 8 变成轴向流动，再通过扩压器 9 使气流均匀减速，进一步提高压力后进入排气管 10。

7.3.3　透平式压缩机的主要性能参数

1. 流量

流量分质量流量和容积流量。质量流量多用于运输式压缩机，常用单位为 kg/s。容积流量多用于固定式压缩机，主要指的是进气容积流量，常用单位为 m^3/min。

在空气分离、石油、化工等部门用的压缩机中常用标准状态下的容积流量，即标准容积流量，单位是 $m^3/h(N)$。标准状态(N)是指一般规定压力和温度分别为 1.01325×10^5Pa 和 273K 的气体状态。

2. 排气压力和压力比

工业透平式压缩机的铭牌上一般标示排气压力，而一些运输式压缩机的铭牌上一般标示压力比(简称压比)，压力比 ξ_c 为排气绝对压力 p_d 与进气绝对压力 p_a 的比值。

3. 转速

压缩机转子的旋转速度，单位为 r/min。

4. 功率

包括压缩机的轴功率和原动机的功率等，单位为 kW。

5. 效率

效率是指输出功率与输入功率之比。除效率外，上述参数都标在压缩机铭牌上，同时注明其进气条件(压力、温度、相对湿度)和气体介质。

7.3.4 透平式压缩机的调节

一般情况下，管网的流量或压力是变化的，为了与这一变化相适应，压缩机在运行时，需要对排气压力和流量进行调节。透平式压缩机通常采用的调节方法有三种：节流调节、变转速调节和变压缩机元件调节。

1. 节流调节

主要用于转速恒定的交流电动机驱动的压缩机。

(1) 排气节流调节　通过操作装在压缩机排气管上的节流阀，控制流量和管网压力。这种调节方法简单易行，但由于节流阀装在管网内，该调节方式改变了管网的阻力特性，带来附加的节流损失，是不经济的。一般只用于小型鼓风机和通风机，较少用于压缩机。

(2) 进气节流调节　通过控制装在压缩机进气管线上的节流阀，实现进气节流调节。该方式同样带来附加的节流损失，但比排气节流损失小，因此，采用进气节流调节比排气节流调节要经济。

2. 变转速调节

变转速调节就是通过改变转速来适应管网的要求。因为它没有附加的节流损失，变转速调节比节流调节要更经济。对汽轮机、燃气轮机和变频电机驱动的压缩机，因变速方便，经常采用，使这类原动机驱动的大型压缩机用得更广。

3. 变压缩机元件调节

通过改变压缩机某些元件的结构来改变压缩机的特性。离心式压缩机常采用可转动进口导叶和可调叶片扩压器。轴流式压缩机常采用可调静叶，它和离心式压缩机可调进口导叶的原理是一样的。

7.4 回转式压缩机

本节主要介绍回转式压缩机中的螺杆式压缩机和滑片压缩机。

7.4.1 螺杆式压缩机

1. 基本结构

如图 7-8 所示，螺杆式压缩机的主要零部件有：阳螺杆、阴螺杆、机体、轴承、同步齿轮以及密封组件等。其中，在节圆外具有凸齿的螺杆称为阳螺杆；在节圆内具有凹齿的螺杆称为阴螺杆。一般情况下，动力经阳螺杆输入，由阳螺杆和阴螺杆直接啮合传动或经同步齿轮传动来带动阴螺杆旋转。利用阳、阴螺杆共轭齿对的相互啮合，使封闭在壳体与两端盖间的齿间容积大小发生周期性变化，并通过壳体上呈对角线布置的吸、排气孔口，完成对气体的吸入、压缩与排出。

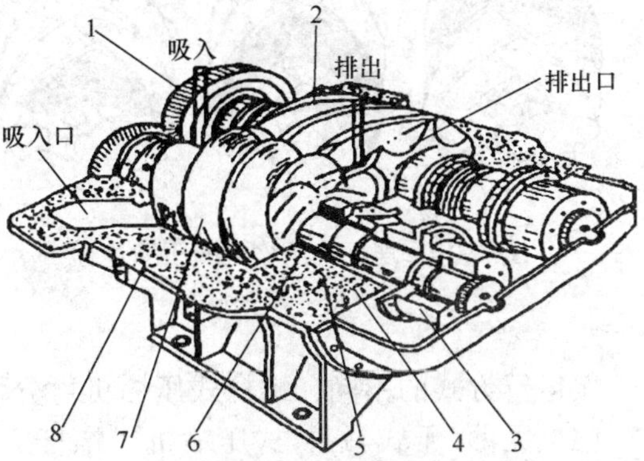

图 7-8　螺杆式压缩机结构简图

1—同步齿轮；2—阴螺杆；3—推力轴承；4—轴承；5—挡油环；6—轴封；7—阳螺杆；8—机体

2. 工作原理

螺杆式压缩机阴、阳螺杆每对相啮合的齿从开始进入啮合到脱离啮合，其齿间容积相应经历从无到有，由小到大，再由大到小，从有到无，与吸气、压缩和排气三个过程相对应。并且，各对相互啮合的齿总是相继地完成同样的工作循环。下面以一对齿的啮合过程来说明压缩机的工作过程。

1）吸气过程

图 7-9(a)所示为吸气过程即将开始时的转子位置。阳转子逆时针旋转，阴转子顺时针旋转。此时，图中用箭头标示的这一对齿前端的型线完全啮合，且即将与吸气孔口连通。

(a)　(b)　(c)

图 7-9　螺杆式压缩机的吸气过程

随着转子的转动，这对齿从图示的一端逐渐脱离啮合而形成的齿间容积不断扩大，气体会在压差作用下逐渐进入其中，图 7-9(b)中阴影部分所示为已填充气体的齿间容积。在随后的转子旋转过程中，阳转子的凸齿不断从阴转子的齿槽中脱离出来，齿间容积不断扩大，并与吸气孔口保持连通。直到图 7-9(c)所示，气体已进入的齿间容积达到最大值，此时，该齿间容积在此位置与吸气孔口断开，吸气过程结束。

2）压缩过程

图 7-10(a)所示为压缩过程即将开始时的转子位置，是从排气孔口一侧观察得到的视图，阳转子顺时针方向旋转，阴转子逆时针方向旋转。此时，与吸气过程结束时所对应的最大齿间容积即将开始减小。

随着转子的转动，该齿间容积不断减小。被密封在该齿间容积中的气体的体积也随之减小，其压力逐渐升高，如图 7-10(b)所示。该压缩过程一直持续到齿间容积即将与排气孔口连通，压缩过程结束，如图 7-10(c)所示。

3）排气过程

齿间容积与排气孔口连通后，即开始排气过程。随着转子的转动，经过压缩的气体通过排气孔口不断排出，齿间容积也不断缩小，如图 7-11(a)所示。这个过程一直持续到该对齿末端的型线完全啮合，封闭的齿间容积的体积变为零，排气过程结束，如图 7-11(b)所示。

随着螺杆的继续回转，上述过程重复循环进行。

(a)　(b)　(c)

图 7-10　螺杆式压缩机的压缩过程

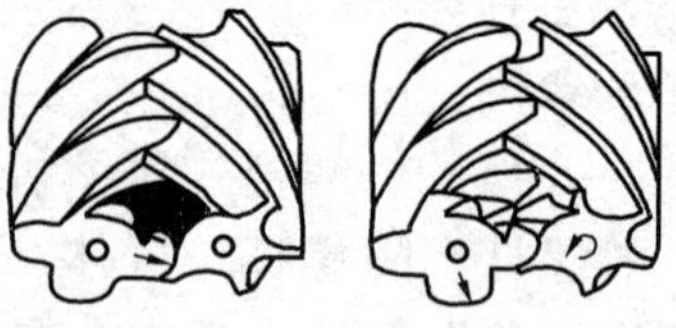

(a)　(b)

图 7-11　螺杆式压缩机的排气过程

3. 类型

按运行方式的不同，螺杆式压缩机可分为无油和喷油两类。

(1) 无油(干式)螺杆式压缩机　螺杆之间存在着一定的间隙，利用同步齿轮来传递运动、传输动力。

(2) 喷油螺杆式压缩机　借助喷入机体的大量润滑油来润滑、密封、冷却和降低噪声。通过一对螺杆相互啮合传递运动，不设同步齿轮，结构更为简单。

4. 特点

1) 优点

(1) 零部件和易损件少，操作维护方便，可靠性高。

(2) 几乎没有不平衡惯性力，动力平衡性好。

(3) 螺杆压缩机具有强制输气的特点，即排气量几乎不受排气压力的影响；可以压送含液气体及粉尘气体；单位排气量的机器体积、质量、占地面积以及排气脉动远比往复式压缩机为小；在宽广的工况范围内能保持较高的效率；没有往复运动零部件，可以实现无基础运转，因此其适应性强。

2) 不足

(1) 因为转子齿面是一空间曲面，加工精度要求较高，所以螺杆式压缩机的造价较高。

(2) 由于受到转子刚度等方面的限制，螺杆式压缩机不能用于高压场合，排气压力一般不能超过 4.5MPa。

(3) 易产生很强的中、高频噪声，需采取消音、减噪措施。

7.4.2 滑片压缩机

1. 类型

根据滑片安装位置的不同，滑片压缩机可分为固定滑(叶)片压缩机和旋转滑(叶)片压缩机。

图 7-12(a)所示为常见的固定滑(叶)片压缩机，转子作旋转运动，滑片往复移动。固定滑(叶)片压缩机还有滑片作摆动的结构形式。

图 7-12(b)所示为常见的旋转滑(叶)片压缩机，转子作旋转运动，滑片跟随转子转动的同时，还有往复运动，转子与缸体偏心配置，只形成了一个月牙形空间，即单工作腔的旋转滑(叶)片压缩机。旋转滑(叶)片压缩机还有非圆形气缸，即双工作腔的结构形式。

2. 工作原理

各种滑片压缩机的工作原理基本相同，下面以图 7-13 所示的单工作腔滑片压缩机为例进行介绍。

单工作腔滑片压缩机主要由气缸 1、转子 2 及滑片 3 组成。转子 2 偏心地安装在气缸 1 内，转子 2 的外表面与气缸 1 的内表面均为圆柱形，两者表面之间最近处仍保持一定的间隙，在气缸内壁与转子外表面形成一个月牙形空间。转子 2 上开有若干纵向凹槽(滑片槽)，在每个凹槽中都安装有能沿径向自由滑动的滑片 3。转子旋转时，滑片在离心力的作用下从槽中甩出，其一端紧贴在气缸内表面上，把月牙形的空间分隔成若干扇形的小室，即基元。随着转子的连续旋转，基元容积从小到大、再从大到小周而复始地变化。

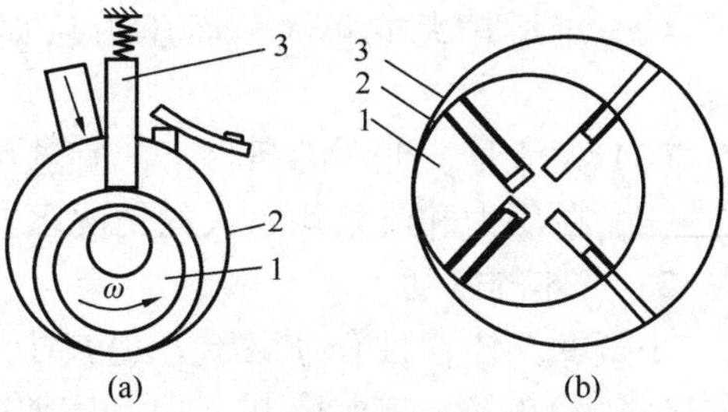

图 7-12　滑片压缩机的主要形式

1—转子；2—缸体；3—滑片

如图 7-13 所示，转子顺时针旋转，基元容积增大时，与左侧吸气孔口相通，吸入气体，直到基元容积达到最大值，即该基元的后滑片(相对于旋转方向而言，处于后面的滑片)越过吸气孔口的上边缘时吸气终止。随转子的继续转动，该基元容积开始缩小，气体在基元内被压缩。当组成该基元容积的前滑片(相对于旋转方向而言，处于前面的滑片)达到排气孔口的上边缘时，基元与右侧的排气孔口连通，则压缩过程结束，排气开始。在基元的后滑片越过排气孔口的下边缘时，排气终止。随转子继续旋转，基元容积达到最小值后很快

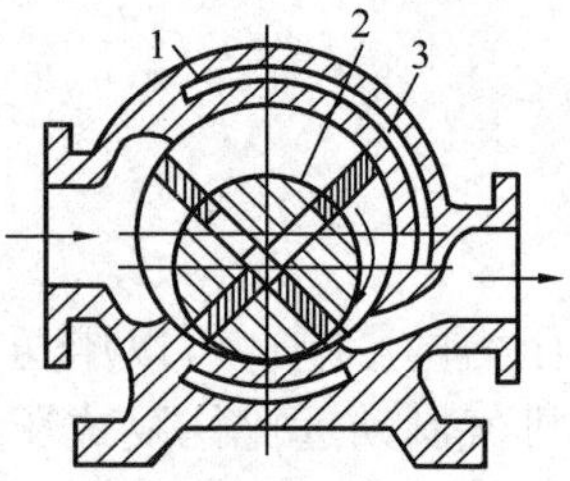

图 7-13　单工作腔滑片压缩机

1—气缸；2—转子；3—滑片

又开始增大，留在余隙容积中的高压气体膨胀，直至基元的前滑片达到吸气孔口的下边缘，该基元又与吸气孔口连通，重新吸入气体。

3. 特点

(1) 结构简单、紧凑、维修方便。

(2) 启动冲击小、运转平稳、噪声低、振动小。

(3) 容积流量比较大、流量均匀、脉动性小。

(4) 滑片与气缸之间的机械摩擦比较严重，产生较大的磨损和能量损失。

7.5　压缩机的选择

7.5.1　选择原则

合理选用压缩机，满足生产工艺要求，保证正常、高效生产意义重大。压缩机的选择一般应遵循以下两个原则。

1. 选用的压缩机要满足生产工艺要求

生产工艺对压缩机的要求主要包括三方面：最高压力要求、最大排量要求和所选压缩机要适应被压缩气体的性质。

2. 选择最合适的压缩机型号

在满足工艺要求的前提下，要进行压缩机选型比较，然后选择最合适的型号。压缩机选型比较时，重点应考虑以下几个方面。

1) 压力和流量

根据工艺要求的压力和流量范围，参考图 7-14 可以初步选择压缩机的类型。从图中可看出如下几点：

(1) 在压力较高甚至超高压、流量不大的情况下，适宜选用活塞式压缩机。

(2) 流量较大或很大，而压力从很低到较高的宽泛范围内变化时，多采用离心式压缩机。

(3) 大流量、低压力条件下，宜选用轴流式压缩机。

(4) 在压力和流量均不大的情况下，适宜采用回转式压缩机。

2) 气体的密度

小密度气体，且有一定压力要求时，采用活塞式压缩机比较合适。同样情况下，也可用多段(多级)的离心式压缩机，但会增加结构的复杂性。

3) 气体纯度

气体中含有固体颗粒时，采用活塞式压缩机气缸磨损比采用离心式压缩机气缸磨损要敏感，所以，此种情况下宜选用离心式压缩机。

4) 气体入口温度

气体入口温度高时，高温会对气缸中润滑油产生明显影响，若压缩比再很大，影响会更甚，此时不宜采用活塞式压缩机。而对离心式压缩机来说，这种影响基本不存在。

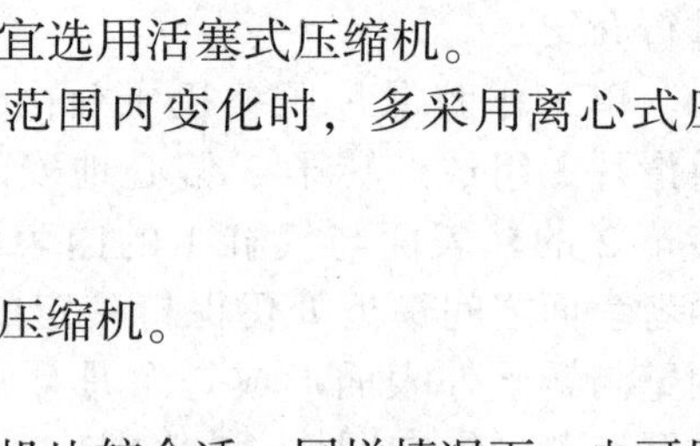

图 7-14　常用压缩机适用范围

5）机组台数

采用磨损件较多的活塞式压缩机时，为便于更换和检修，一般装机 3~4 台，其中 1~2 台备用。采用磨损件少、使用周期长的离心式压缩机或螺杆式压缩机，一般不需安装备用机。但在选用离心式压缩机时，在满足生产工艺要求的前提下，应尽量选用一台大容量的机器，而不选用多台小机组联合工作，以避免增加成本和并车操作的麻烦。

6）原动机

活塞式压缩机转速较低，多选用电动机或内燃机直接驱动，不宜采用蒸汽机或燃气轮机驱动，否则，会增加减速机构。

离心式压缩机转速高，在功率较大的情况下，可用蒸汽机或燃气轮机直接驱动。但为了应急而备用机组，宜采用紧急启动相对迅速的燃气轮机或电动机驱动，而不宜采用启动准备时间长的蒸汽机驱动。

7.5.2 活塞式压缩机的选择方法和步骤

确定选用活塞式压缩机后，还需选定压缩机的型号、压缩段数(级数)和压缩机台数。具体过程如下：

(1) 所选压缩机的排量应比工艺要求的排量大 25%~50%，即 $Q_{选}=(1.25\sim1.50)Q_{工}$，其原因是在管路和压缩过程中，有气体漏损存在。所选压缩机的压力等于工艺要求的压力即可，也就是 $p_{选}=p_{工}$。确定 $p_{选}$ 和 $Q_{选}$ 后，再从产品目录中选择满足要求的基本型产品。

(2) 若在产品目录中查不到满足要求的基本型产品，即所需压缩机不是基本型，则可以查找与要求参数相近的机型，并将其作为基本型，再依据基本型进行变型，也就是说，以基本类型为基础，仅改变某些结构，如气缸数和段数(级数)等，即可确定变型产品的类型。

(3) 当要求流量较大，一台压缩机不能达到要求时，可选多台压缩机并联使用。

(4) 若存在气体易燃、易爆、压缩后气体有冷凝或易产生腐蚀等问题时，则要注意所选压缩机必须满足这些特殊要求。

【本章小结】

本章主要学习了压缩机的分类及型号，活塞式、离心式和螺杆式等几种油田常用压缩机的基本结构、工作原理和性能特点。在课后复习、做练习题及查阅相关参考文献的基础上，结合油田现场的参观实习和校内实训，认真总结，熟悉如何选用压缩机及其调节和维护方法，学以致用。

思 考 题

1. 压缩机有哪几大类？工作原理各有何特点？
2. 压缩机在油田主要应用于哪些方面？
3. 活塞式压缩机由哪些部件组成？各起什么作用？
4. 活塞式压缩机有什么特点？
5. 活塞式压缩机的排气量调节措施有哪些？各有何特点？
6. 离心式压缩机由哪些部件组成？各自的作用是什么？
7. 离心式压缩机有什么特点？
8. 试述螺杆式压缩机的特点、结构和工作原理。
9. 试述滑片式压缩机的工作原理和特点。
10. 选用压缩机的基本原则是什么？

第 8 章　钻机气控制系统

【学习目标和要求】

钻机气控制系统是钻机的中枢神经系统，它主要由供气设备、执行元件、控制元件和辅助元件等组成。本章将介绍这些设备的结构原理、特点及维护保养。要求学员熟悉钻机气控制系统的主要组成，掌握钻机气控制系统的维护保养，了解这些设备的结构原理及特点。

【重点和难点】

重点是钻机气控制系统的主要组成和维护保养；难点是各组成设备的结构原理。

8.1　概述

钻机作为大型的联动机组，为保证钻机各部分协调、准确、迅速地完成钻进、循环钻井液、起下钻具、处理事故等多项作业，必须保证对钻机的各个部件进行灵活、可靠的控制。因而钻机的控制系统是整套钻机必不可少的组成部分，是钻机的中枢神经系统。钻机的控制系统按控制方式分为机械控制、气动控制、液压控制、电控制及综合控制等几种。目前，最常用的是气控制系统。

8.1.1　钻井工艺对控制系统的要求

钻井工艺对控制系统的要求如下：

（1）控制要柔和、准确及安全可靠；

（2）操作要灵活方便，便于记忆；

（3）维修更换元件容易。

8.1.2　钻机控制系统的作用

钻机控制系统的作用有：

（1）对柴油机、钻井绞车、转盘的启动、调速、停车的控制；

（2）对钻井绞车和转盘的旋转方向的控制；

（3）对钻井泵、气动小绞车、滚筒刹车、猫头的控制；

（4）对气动大钳、气动卡瓦、气动旋扣器等井口机械化工具的控制；

（5）对空气压缩机、发电机、防碰天车、井口防喷器等设备的控制。

8.1.3　钻机气控制系统的特点

目前，在石油钻机尤其是在以柴油机作为动力的石油钻机上采用气控制系统具有以下优点：

（1）运行成本低　气控制系统的工作介质是空气，来源广，获取方便。使用后可直接排至大气中，无需回收装置。同时，气控制系统元件结构简单，容易实现标准化、系列化，制造容易，较少出现故障，维护简单，费用低。

（2）控制灵活可靠　空气黏度小、具有可压缩性、流动性好，所以管内流动压耗小，工作柔和，易于实现快速的直线往复运动、摆动和旋转运动，调速方便。

（3）工作环境适应性好　在易燃、易爆、多尘埃、强振动、潮湿和低温等恶劣场合下，适应性好，工作安全可靠。

当然，气控制系统也有缺点，如传动不够平稳均匀、传动效率低、工作压力不能太高、噪声大等，在使用中应该注意。

8.1.4 气控制系统的组成

气控制系统主要由四部分组成，此处以转盘气控制流程为例进行说明，如图 8-1 所示。

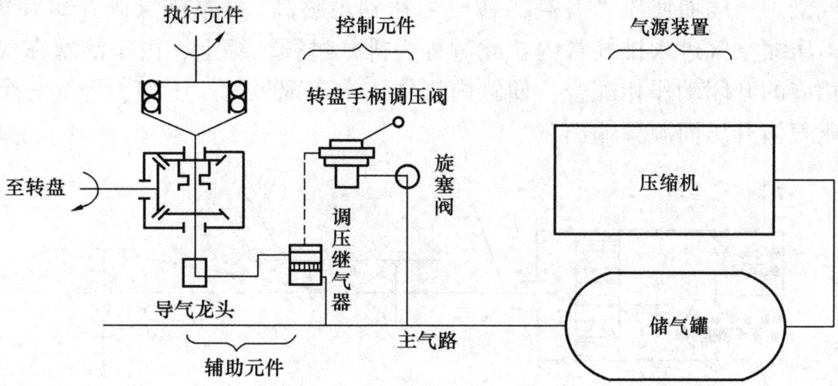

图 8-1 气控制系统组成示意图

(1) 气源装置 是将空气进行压缩，并对压缩空气进行干燥、净化处理，获得合格工作介质的装置。它将原动机(电动机、内燃机等)的机械性能转变为气体的压力能，由空气压缩机、储气罐、空气净化装置等组成。

(2) 执行元件 是将压缩气体的压力能转变为机械能的元件。由气缸、气马达以及离合器等组成。

(3) 控制元件 是用来控制压缩气体的压力、流量和流动方向，以便使执行机构完成预定运动规律的元件。由各种压力控制阀、流量控制阀、方向控制阀等组成。

(4) 辅助元件 是实现管路连接和其他辅助工作的元件。由气管线、低压报警器、旋转导气接头和消声器等组成。

8.2 气源装置

气源装置是为钻机气控制系统提供清洁、干燥且具有一定压力和流量的压缩空气的装置。气源装置一般由空气压缩机、空气处理装置和储气罐三部分组成。

8.2.1 空气压缩机

空气压缩机是将机械能转换为气体压力能的装置。它的种类很多，按工作原理的不同分为容积式和速度式(动力式)两大类。容积式压缩机是依靠工作容积的周期性变化来实现气体的增压和输送，包括往复式和回转式。活塞式和隔膜式均属往复式，其中活塞式是借助活塞在气缸内作往复运动而实现工作容积的周期性变化，如往复泵和活塞式压缩机等。回转式是借助于转子在缸内作往复运动来实现工作容积的周期性变化，如滑片压缩机、螺杆压缩机等。速度式压缩机是通过改变气体的流速，提高气体动能，然后将动能转化为压力能，来提高气体压力，包括叶片式(透平式)和喷射式，离心式、轴流式和混流式均属叶片式。目前，石油钻机中常用往复活塞式空气压缩机，而新型钻机大多为电动螺杆式压缩机。在现场，如果单独由电动机驱动称为电动压风机，如果与钻机动力机组联动则称为自动压风机。

图 8-2 为单缸活塞式空气压缩机的工作原理图。曲柄 8 作回转运动，通过连杆 7 和活塞杆 4 带动气缸活塞 3 作往复直线运动。当活塞 3 向右运动时，气缸内工作室容积增大而形成局部真空，吸气阀 9 打开，外界空气在大气压力作用下由吸气阀 9 进入气缸腔内，此过程称为吸气过程；当活塞 3 向左运动时，吸气阀 9 关闭，随着活塞的左移，气缸工作室容积减小，缸内空气受到压缩而使压力升高，在压力达到足够高(克服排气阀弹簧弹力)时，排气阀 1 被打开，压缩空气进入排气管内，此过程为排气过程。综上，由于活塞在气缸内的来回运动与气阀相应的开闭动作相配合，使缸内气体依次实现吸气、压缩、排气三个过程，不断循环，将低压气体升压而源源输出。

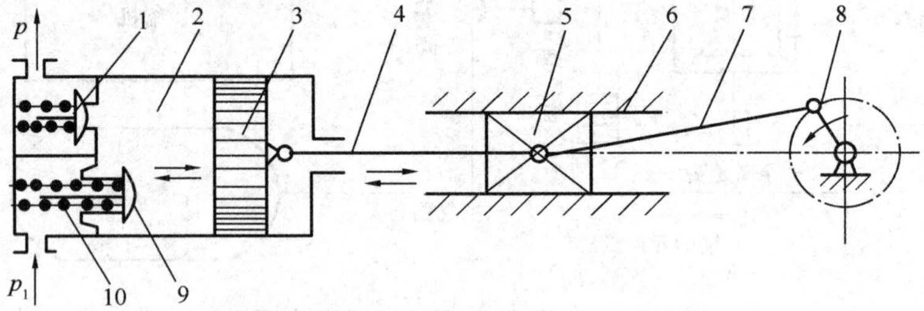

图 8-2　往复活塞式空气压缩机工作原理图

1—排气阀；2—气缸；3—活塞；4—活塞杆；5，6—十字头与滑道；7—连杆；8—曲柄；9—吸气阀；10—弹簧

空气压缩机是控制气的气源，其常见故障及排除方法见表 8-1。

表 8-1　空气压缩机的常见故障及排除方法

故障现象	可能的原因	排除方法
气缸内发生敲击声	活塞与缸套间死点间隙过小 气缸磨损，间隙超差太大 活塞或活塞环磨损 润滑油过多或有污垢，使气缸与活塞磨损加大 润滑油过少，因干摩擦而产生拉毛 活塞端面丝堵松动，顶在缸盖上	调整活塞行程，增大间隙 换气缸(或气缸套) 换活塞(或活塞环) 适当调整供油量，清洗气缸或活塞 检查供油系统，保证气缸供油 检查丝堵，更换或拧紧丝堵
吸排气阀有敲击声	吸、排气阀折断 阀弹簧松软或损坏 阀座深入气缸与活塞相碰	更换新阀 更换符合要求的阀弹簧 用加垫的方法使阀升高
气缸过热	冷却水不足或风冷机构有故障 活塞、活塞环发生故障 气缸中缺油引起干摩擦 气缸余隙过小 活塞杆弯曲	加大冷却水量，修理风冷机构 检查活塞、活塞环 改善注油泵的注油情况 重新调整余隙 修理或更换
连接螺栓折断	螺栓、螺母拧的太紧	调节松紧度

8.2.2 空气处理装置

空气本身会含有水分、灰尘等杂质，被吸入空压机后，与润滑油混合便形成了水、灰尘和油的混合体，会给气动设备带来不良影响。因此，必须进行除水干燥、除油、除尘等处理。常用空气处理装置有空气过滤器、冷却器、油水分离器、空气干燥器、除尘器等。

1. 空气过滤器

空气过滤器的作用是滤除空气中所含的液态水滴、固体粉尘颗粒以及其他杂质。过滤器一般由壳体和滤芯组成。图 8-3 为空气过滤器结构原理图。空气进入过滤器后，由于旋风叶片 1 的导向作用而产生强烈的旋转，混在气流中的大颗粒液滴和粉尘颗粒在离心力作用下，被分离出来，沉到杯底，空气在通过滤芯 2 的过程中得到进一步净化。挡水板可防止气流的漩涡卷起存水杯中的积水。过滤器使用中要定期清洗和更换滤芯，否则将增加过滤阻力，降低过滤效果，甚至堵塞。

2. 冷却器

冷却器的作用是将高温压缩空气冷却并除去其中所含有的水分。它一般安装在空气压缩机出口管道上，按冷却方式不同分为水冷式和风冷式两种。为提高降温效果，安装时要注意冷却水和压缩空气的流动方向，并应符合压力容器要求。

3. 油水分离器

油水分离器的作用是利用离心循环或环形回转等方式，分离压缩空气中的水分和油分，并及时排出，是压缩空气的初步处理装置。

4. 空气干燥器

空气干燥器的作用是用来进一步吸收和排出压缩空气中的水分和油分。主要有离心分离法、吸附法和冷冻法等。

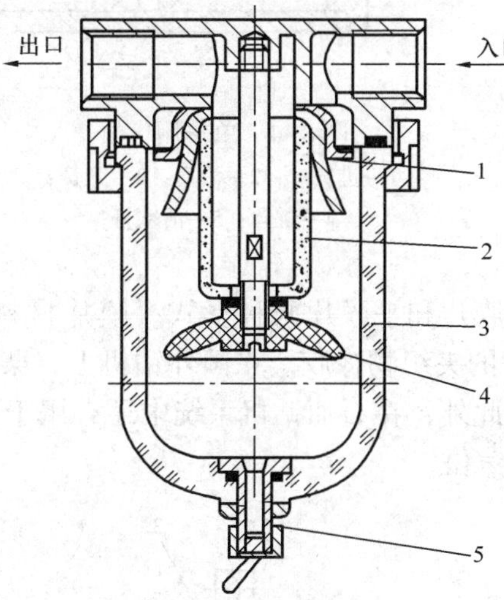

图 8-3 空气过滤器

1—旋风叶片；2—滤芯；3—存水杯；4—挡水板；5—排水阀

5. 除尘器

除尘器的作用是除去压缩空气中的微小灰尘颗粒。它采用使压缩空气通过过滤材料，最终满足压缩空气清洁度的要求。

8.2.3 储气罐

储气罐是储存压缩空气的容器。同时，还用来减小压力波动，调节输入气量与输出气量之间的不平衡状况，保证气压的稳定性和气流的连续性，进一步分离压缩空气中的水分、油分和其他杂质等。储气罐一般采用焊接结构，其形式有立式和卧式两种。使用时，储气罐应附有安全阀、压力表和排污阀等附件。此外，应符合锅炉及压力容器的安全要求。

8.3 执行元件

执行元件是将压缩空气的压力能转换为机械能，驱动工作部件工作的装置，主要包括气缸、气动马达和离合器。

8.3.1 气缸

气缸是输出往复直线运动或摆动的执行元件。气缸的种类主要有活塞式和膜片式两种。

活塞式气缸可分为单作用、双作用和特殊作用等形式；膜片式气缸也可分为单作用和双作用两种形式。石油钻机中，气缸常用于滚筒刹车及柴油机油门控制等。

1. 单作用气缸

单作用气缸由缸体、活塞、活塞杆及弹簧组成，如图 8-4 所示。所谓单作用式气缸是指压缩空气仅在气缸的一端进气并推动活塞运动，而活塞的返回要借助于弹簧力等外力完成。适用于行程短及对活塞杆推力、运动速度要求不高的场合。如绞车上的刹车气缸，司钻通过操作调压阀使压缩空气进入刹车气缸，活塞推动连杆转动，刹车曲轴刹住绞车滚筒。

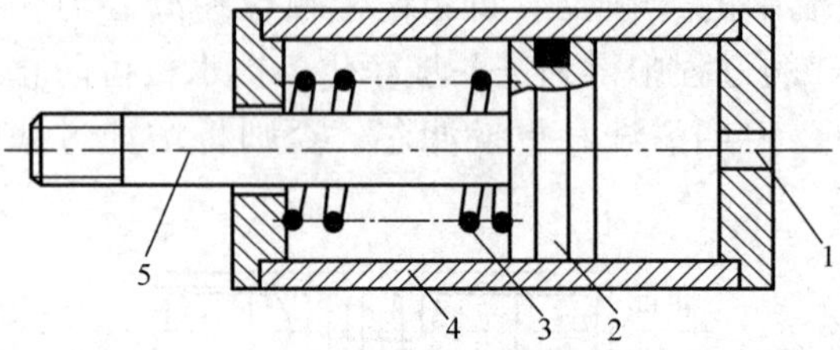

图 8-4　单作用气缸
1—进气口；2—活塞；3—弹簧；
4—缸体；5—活塞杆

2. 膜片式气缸

膜片式气缸由缸体、膜片、膜盘和活塞杆等组成，如图 8-5 所示。所谓膜片式气缸是指气体压力作用在膜片上，通过膜片的变形来推动活塞缸作直线运动的气缸。其工作原理是通过控制阀使压缩空气从通气口进入缸体内部，作用在膜片上，在气体压力的作用下，通过弹簧座压缩弹簧使活塞杆运动，当停止供气后，在弹簧力作用下使活塞杆及膜片复位。薄膜式气缸的膜片可以做成盘形膜片和平膜片两种形式。膜片材料为夹织物橡胶、钢片或磷青铜片，常用厚度为 5~6mm 的夹织物橡胶。在国外钻机上，柴油机的油门控制大多采用膜片式气缸。

此外，在石油钻机系统中还有用于猫头气缸的双作用气缸、三位气缸、八位气缸等特殊作用气缸。

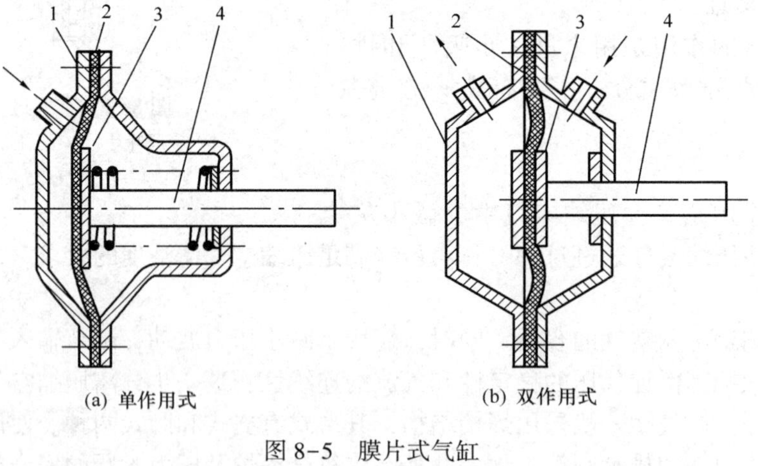

图 8-5　膜片式气缸
1—缸体；2—膜片；3—膜盘；4—活塞杆

8.3.2　气动马达

气动马达是一种能连续旋转运动并输出扭矩的气动元件。它有多种类型，按工作原理可分为容积式和涡轮式，按结构可分为齿轮式、叶片式、活塞式、螺杆式和膜片式。在石油钻机系统中最常用的是叶片式和径向活塞式气动马达，主要用作气动旋扣器、启动柴油机及气动绞车的动力。

图 8-6 为 FM 型风动马达的结构简图。它分为动力和传动两部分。动力部分包括转子、

叶片、定子、上气盖、下气盖及壳体等零件；传动部分包括小齿轮、大齿轮、轴、活塞、棘轮套、轴套、复位弹簧、啮合弹簧、启动齿轮、气缸等零件。使用时，需在A口处装气控三位四通转阀。当工作时，压缩空气先由传动部分C口进入气缸，推动活塞下移，使启动齿轮与外部设备的大齿圈相啮合。此时，从C口进入的压缩空气通过D口排出后，进入气控三位四通转阀控制口，使主气路的压缩空气自A进入动力部分，推动叶片转动，带动转子旋转，通过小齿轮和大齿轮的啮合，最终将旋转运动传递给外部设备。当停止工作时，关闭C口气源，复位弹簧复位，活塞上移，气动齿轮离开外部设备的大齿圈，气控三位四通转阀立即关闭A口处主气路气源，气动马达停止工作。

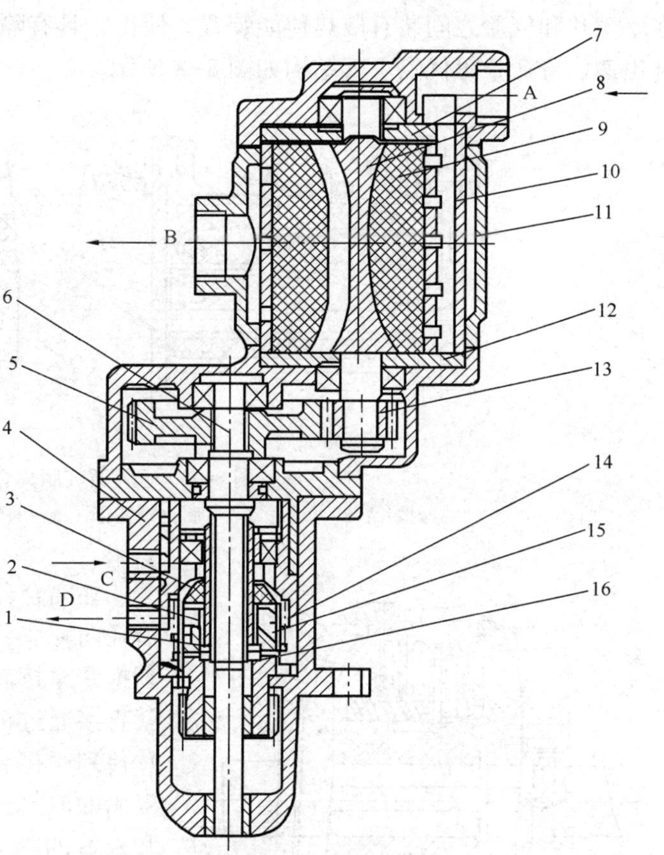

图 8-6　FM 型风动马达

1—棘轮套；2—轴套；3—活塞；4—气缸体；5—大齿轮；6—轴；7—上气盖；8—转子；9—叶片；10—定子；11—壳体；12—下气盖；13—小齿轮；14—复位弹簧；15—啮合弹簧；16—启动齿轮

8.3.3　离合器

气控制系统中离合器为气动摩擦离合器，离合器在挂合时用于传递转矩，摘开时使主动件与被动件分离，切断动力。它可使工作机启动平稳，换挡方便，并有过载保护作用。它一般分为三种，即普通型气胎离合器、通风型气胎离合器、气动盘式摩擦离合器。

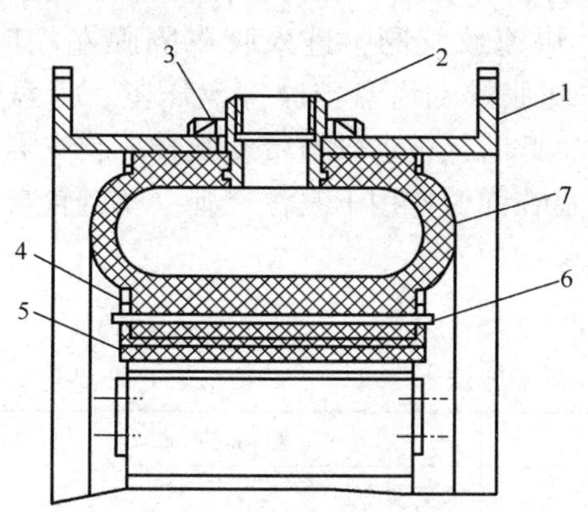

图 8-7　普通型气胎离合器

1—钢轮缘；2—管接头；3—螺母；4—金属衬瓦；5—摩擦片；6—圆柱销；7—气胎

1. 普通型气胎离合器

如图 8-7 所示，普通型气胎离合器的气胎是椭圆形断面的环形多层夹布橡胶胎。由于它要传递大的转矩，橡胶胎用热压硫化法将钢轮缘、管接头与气胎等所有构件在压膜内压制硫化成为整体结构。金属衬瓦通过圆柱销固定在气胎的内表面上，圆柱销成对地用铁丝缠在一起。当离合器工作时，气胎充气，气胎沿直径方向向内膨胀，于是摩擦片抱紧摩擦轮，传递扭矩。

2. 通风型气胎离合器

通风型气胎离合器是在普通型气胎离合器的基础上发展起来的，与普通型气胎离合器不同的是，气胎本身在工作时不承受扭矩。同时，由于在摩擦片和气胎之间装有散热传能装置，使得它具有隔热和通风散热性能好、挂合平稳、摘开迅速、寿命长等优点。其结构如图 8-8 所示。

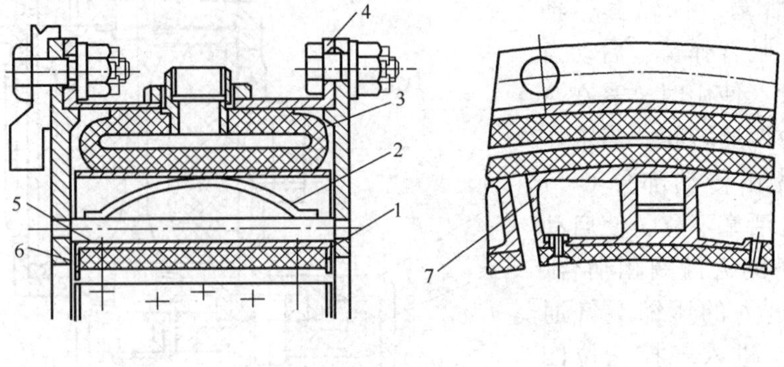

图 8-8　通风型气胎离合器

1—摩擦片；2—板簧；3—气胎；4—钢圈；5—承扭杆；6—挡板；7—扇形体

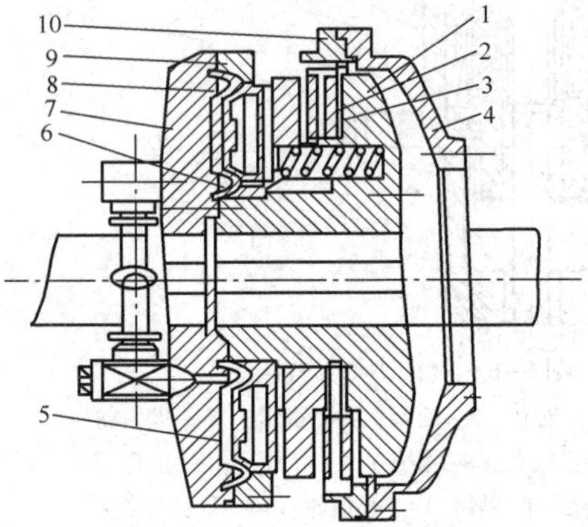

图 8-9　气动盘式离合器

1—主动盘；2—摩擦盘；3—齿盘；4—连接盘；5—胶皮隔膜；6—中间压圈；7—隔膜固定盘；8—推盘；9—外压圈；10—内齿圈

在离合器工作时，当挂合时，气胎在充气后沿径向膨胀，推动扇形体压缩板簧，使摩擦片逐渐抱紧摩擦轮。这样，离合器的旋转运动和扭矩就直接通过钢圈、挡板、承扭杆经扇形体、摩擦片传到摩擦轮上而不经过气胎；当摘开时，随着气胎的放气过程，摩擦片在离心力、气胎的弹性和板簧的弹力作用下，摩擦片迅速脱离摩擦轮，不再传递旋转运动和扭矩。

3. 气动盘式离合器

气动盘式离合器在国外钻机应用较多，具有耗气量小、传递转矩大的特点，其结构如图 8-9 所示。在离合器工作时，主动链轮旋转后，带动连接盘和内齿圈旋转，摩擦盘通过外齿和内齿圈相啮合，此时，被动轴不旋转；当压缩空气经过导气龙头、快速放气阀，进入胶皮隔膜左端时，胶皮膜向右膨胀推动齿盘与摩擦盘压紧，齿盘被带动旋转，而齿盘通过内齿与被动盘上的外齿相啮合，此时，被动轴被带动旋转。胶皮隔膜左端的压缩空气放空后，胶皮隔膜复原，摩擦盘与齿盘在弹簧作用下复位，则主动链轮与被动轴之间的动力又被切断。

执行元件的主要故障及排除方法见表 8-2。

表 8-2　执行元件的故障及排除方法

故障现象	可能的原因	排除方法
内泄漏	活塞密封圈损坏 膜片损坏 活塞被卡住 活塞配合面有缺陷 杂质挤入密封面	更换密封圈 更换膜片 重新安装 修复或更换 除杂质

续表

故障现象	可能的原因	排除方法
外泄漏	衬套密封圈损坏 活塞杆偏心 活塞杆有伤痕 活塞杆与密封衬套的配合面有杂质	更换衬套 重新安装 更换活塞杆 除去杂质，安装防尘盖
气缸体与端盖间漏气	密封圈损坏	更换密封圈
输出力不足，动作不平稳	润滑不良 活塞或活塞杆卡住 缸体内锈蚀或缺陷	改善润滑条件 重新安装 修复或更换
刹车气缸刹车力过高或不足	行程不合适 供气压力过高或过低	松开安装螺钉，调整气缸位置 调整供气压力
单作用气缸活塞不复位	弹簧失灵 活塞卡死	更换弹簧 检查调整
气马达转速及输出扭矩不足	气压或流量不足	调节压力及流量

8.4 气控制元件

气控制元件也称为控制阀，它的作用是调节压缩空气的压力、流量、方向以及发送信号，以保证气动执行元件按规定的程序动作。按功能和作用不同，控制阀可分为三大类，即压力控制阀、流量控制阀、方向控制阀。

8.4.1 压力控制阀

压力控制阀是利用压缩空气作用在阀芯上的力和弹簧力相平衡的原理来控制压缩空气的压力，进而控制执行元件的动作顺序，即控制气体压力的阀。如调压阀、顺序阀、组合调压阀、调压继气器、稳压阀及安全阀等。

1. 调压阀

调压阀也称减压阀，它的作用是调节压缩空气的出口压力，控制进入离合器的气体压力的大小。调压阀分为直动式和先导式两种，用于要求平稳启动和有选择压力的控制气路上，如转盘启动、绞车高低速启动、柴油机油门控制等。如将它和手柄、凸轮、手轮、踏板等配合使用，便可构成各种不同的调压阀，如手轮调压阀、脚踏调压阀等。

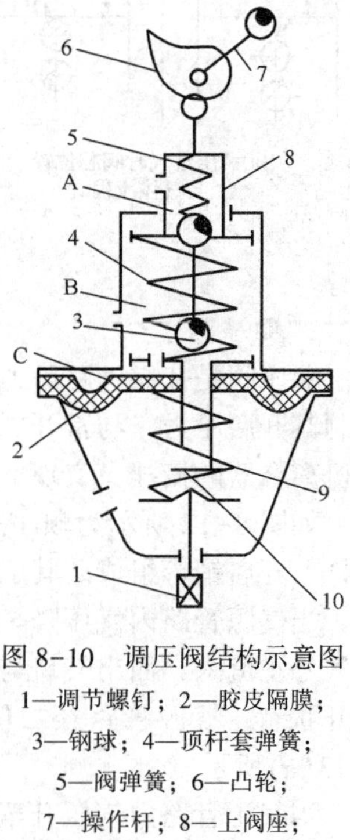

图 8-10 调压阀结构示意图

1—调节螺钉；2—胶皮隔膜；3—钢球；4—顶杆套弹簧；5—阀弹簧；6—凸轮；7—操作杆；8—上阀座；9—调压弹簧；10—下阀座

调压阀的结构示意图如图 8-10 所示，它有调压弹簧、顶杆套弹簧和凡尔弹簧三个弹簧，上阀座和下阀座两个阀座和一个双球阀。上阀座由顶杆套弹簧支承，下阀座由调压弹簧支承，调压阀有三个气室，即气源气室 A、进排气气室 B

和调压气室 C。

调压阀的工作原理如图 8-11 所示。在空位时[见图(c)]，上球座于上阀座上，隔断 A、B 室，下球离开下阀座，B、C 室通大气；当进气时，进气口接气源，操纵机构将上阀座压下，使球形阀下端球面关闭下阀座放气通孔。当上阀座继续下行，球形阀上端球面打开上阀座通孔，使气源由气室 A 进入气室 B，同时经孔 D 进入气室 C[见图(a)]。当操纵杆停在某一位置时，由于下阀座与调压弹簧相互压力平衡，气室 B 的上阀座通孔和下阀座的放气孔关闭[见图(b)]。当气室 B 的压力低于开始调整的压力时，在调压弹簧的作用下，上阀座自动打开，直至恢复到开始时的调整压力。所以，气室 B 的压力大小，取决于操纵杆的下压程度。如图 8-11(a)、(b)所示。当排气时，松开操纵机构，上阀座在顶杆套弹簧的作用下向上移动复位。双球阀关闭气室 A 与气室 B 的进气通路，同时打开气室 B 的放气通路，使 B 室通大气，将气放掉。如图 8-11(c)所示。

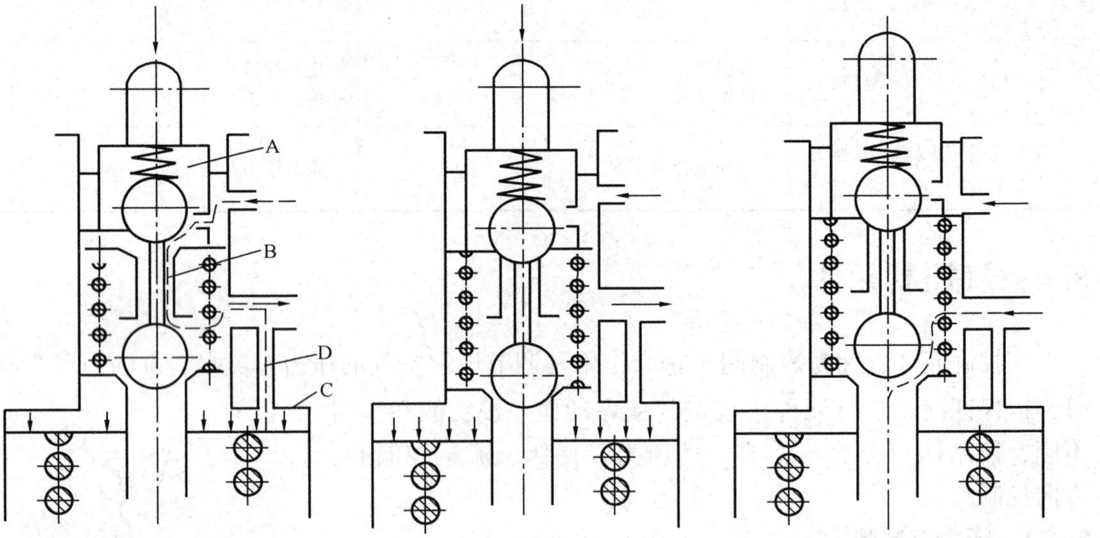

图 8-11　调压阀工作原理图

2. 顺序阀

顺序阀是依靠气路压力来控制执行机构按顺序动作的压力阀。它依靠弹簧的预压缩量来控制其开启压力，与常开二位三通气控阀(两用继气器)配合使用，用以控制钻机上空气压缩机离合器的摘挂，实现空气压缩机自动启停。

如图 8-12 所示为顺序阀(压力调节阀)的结构示意图，由本体、阀芯、弹簧、调节套、顶杆、开启销等组成。其工作原理如图 8-13 所示。

当气源管路内气压降至最低允许压力时，在弹簧力作用下，阀芯坐到阀座上，气源压缩空气停止流入，而出气口与丝套通道接通，即放气通路打开，使常开气控阀无控制气而处于常开状态，气源管路经二位三通阀向气胎离合器供气，离合器挂合，空压机工作，如图 8-13(a)所示。

当气源管路内气压升至最高允许压力时，在空气压力作用下，阀芯离开阀座，并将丝套封闭，即压缩空气经出口进入二位三通气控阀控制气室，空压机气胎离合器放气摘挂而停止工作，如图 8-13(b)所示。

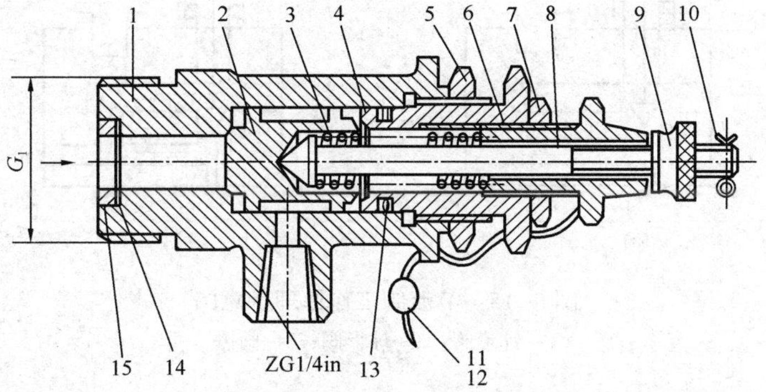

图 8-12　顺序阀结构图

1—本体；2—阀芯；3—弹簧；4—丝套；5—并帽；6—调节套；7—螺母；8—顶杆；9—螺帽；10—开启销；11—铅封；12—铁丝；13—O 形圈；14—滤网；15—压环

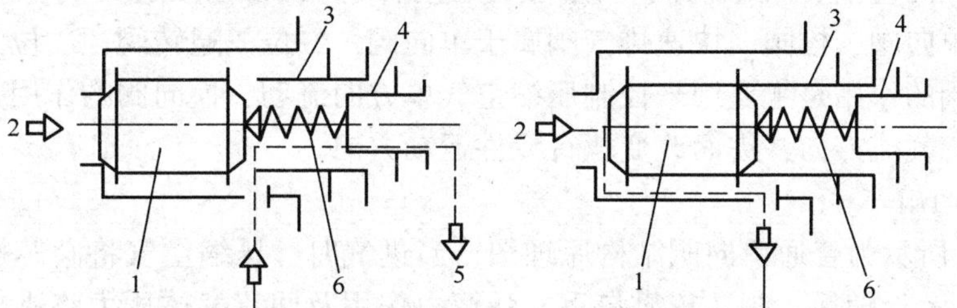

(a) 常开二位三通气控阀控制气室放空，离合器充气挂合

(b) 压缩空气进入二位三通气控阀控制气室，离合器放气摘开

图 8-13　顺序阀工作原理示意图

1—进排气阀；2—气源管路；3—丝套；4—调节套；5—放空管路；6—调压弹簧

8.4.2　流量控制阀

流量控制阀是通过改变阀的节流面积或节流长度来调节压缩空气的流量，进而控制执行元件运动速度，即控制气体流量的阀。它主要包括节流阀、单向节流阀、排气节流阀和行程节流阀等。

如图 8-14 所示为节流阀结构示意图，由阀体、针形阀、球形阀等组成，调节针形阀的位置可以控制气体流量。其工作原理如图 8-15 所示。

当压缩空气从 B 孔进入时，球形阀关闭，针形阀进行节流，气流由 B 孔进入 P 孔或 A 孔；当压缩空气从 A 孔或 P 孔进入时，球形阀开启，针形阀不节流，气流由 A 孔或 P 孔流至 B 孔，工作孔 A、P 可任意选择。

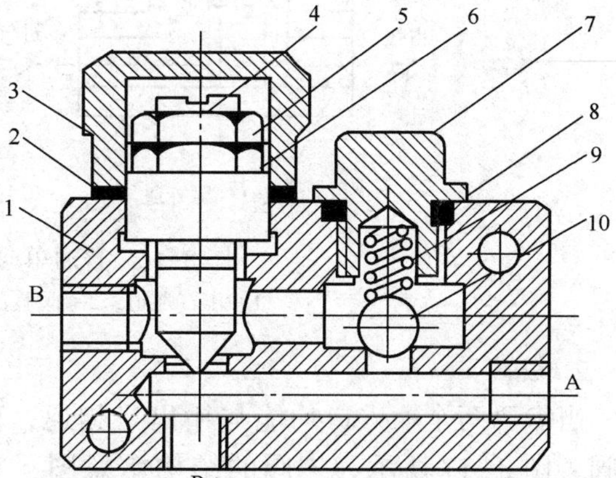

图 8-14　节流阀结构示意图

1—阀体；2—垫圈；3—护帽；4—针形阀；5—并帽；6—丝套；7—螺塞；8—O 形圈；9—弹簧；10—球形阀

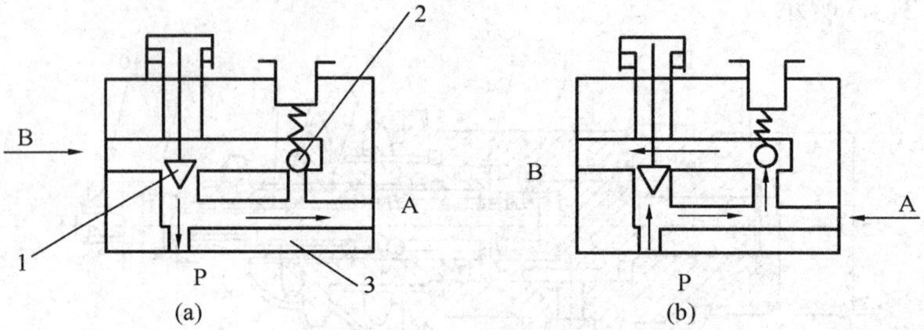

图 8-15　节流阀工作原理示意图

1—针形阀；2—球形阀；3—阀体

8.4.3　方向控制阀

方向控制阀是用来控制压缩空气流动方向的阀，以满足执行元件启动、停止及运动方向的变换等工作要求。方向控制阀按功能分为单向阀、换向阀、多路阀、截止阀等。在钻机气控系统中，常见的包括普通单向阀、梭阀、快速排气阀、二位三通转阀、二位三通气控阀等，其中普通单向阀、梭阀、快速排气阀属于单向阀，二位三通转阀、二位三通气控阀属于换向阀。单向阀的作用是主要用来控制压缩空气单方向流动，换向阀的作用是通过改变压缩空气通道，改变气流方向，进而改变执行元件运动方向。

1. 普通单向阀

如图 8-16 所示为普通单向阀结构原理图，当进气时，压缩空气将阀芯推开，即气路开通，如图(a)所示；随后，阀芯依靠自重、弹簧力作用及回流气体压力将进出气路关闭，即气路关闭，如图(b)所示。普通单向阀在钻机气控制系统中，常见于空压机和储气罐之间的管线上，用来防止空压机和储气罐之间压缩空气回流。

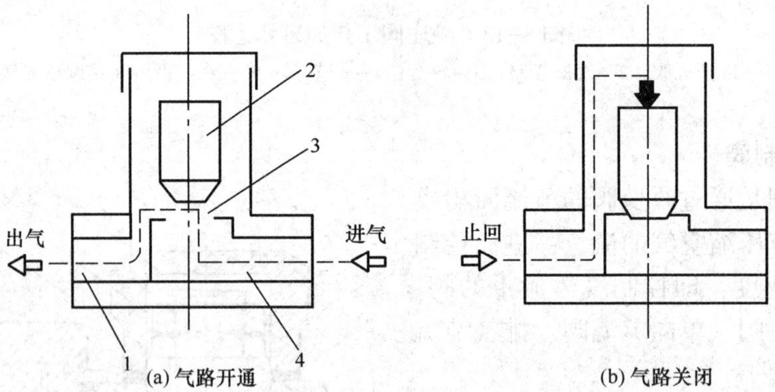

图 8-16　普通单向阀工作原理示意图

1—出气通道；2—阀芯；3—阀座；4—进气通道

2. 梭阀

当需要两个输入口均能与输出口相通，而又不允许两个输入口相通时，就可以采用梭阀。图 8-17 所示为梭阀的结构示意图，它由供气孔、送气孔、阀体、内阀、阀芯等构成。

其工作原理如图 8-18 所示，当气流由供气孔 B 进入时，阀芯左移，使供气孔 B 与送气孔 A 相通，气流由送气孔 A 流出。与此同时，阀芯将供气孔 C 通路关闭。反之，供气孔

C与送气孔A相通，供气孔B通路关闭。若供气孔B和C同时进气，哪端压力高，送气孔A就与哪端相通，另一端自动关闭。

3. 快速排气阀

快速排气阀多安装在转盘离合器、绞车离合器等设备就近位置的管线上，保证离合器可以快速放气，迅速摘开常挂合的离合器。

图8-19所示为快速排气阀结构示意图，它由外壳、导阀、阀芯等构成。

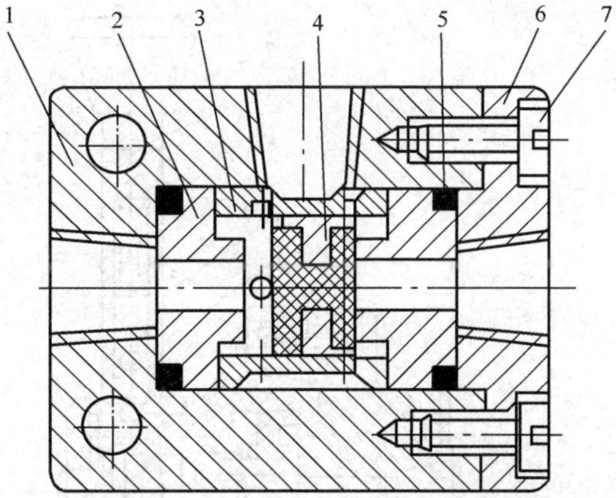

图8-17 梭阀结构示意图

1—阀体；2—内阀；3—衬套；4—阀芯；5—O形圈；6—阀盖；7—螺钉

当离合器充气时，压缩空气推动阀芯并带动导阀向右移动，并与放气外壳贴合密封，堵住排气孔，压缩空气进入离合器。当用发令控制元件使通向离合器的气路管线与大气相通时，阀内左端压力小于右端压力，压缩空气推动阀芯并带动导阀向左移动，打开排气孔，在离合器中的压缩空气迅速排出。

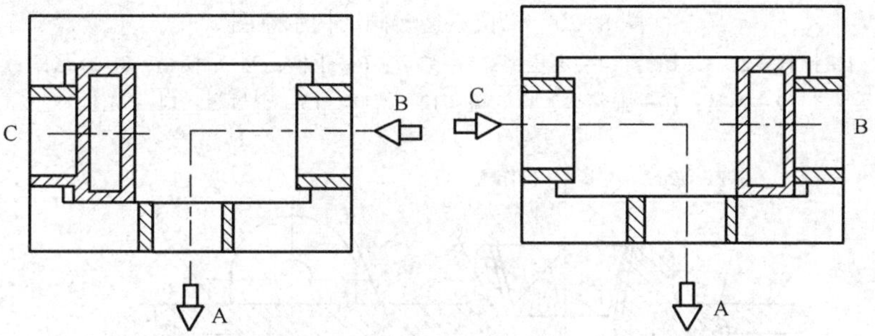

(a) A、B通时阀门位置　　(b) A、C通时阀门位置

图8-18 梭阀工作原理示意图

4. 二位三通转阀

转阀是指通过转动阀芯来实现压缩空气通断或改变流向的方向控制阀。根据位置数和通路数，可分为二位三通、三位四通及三位五通等不同形式，其结构和工作原理大致相同，此处以二位三通转阀为重点进行说明。

二位三通转阀的结构如图8-20所示，它由主体、滑阀、转轴、定位销、手柄等组成。在主体上有与大气相通的孔A，与执行机构管线相连的气孔B和进气管线的孔C。盖与本体用圆柱头螺钉连接。盖内装有转轴、滑阀、弹簧等零件，转轴的四方端头与手柄套相配合。当手柄转动时，转轴带动滑阀转动，当进气孔C和B孔相通时，通大气孔A被堵住，这时所控制的离合器处于进气状态；当B孔和通大气孔A相通时，进气孔C被堵住，这时离合器处于放空状态。

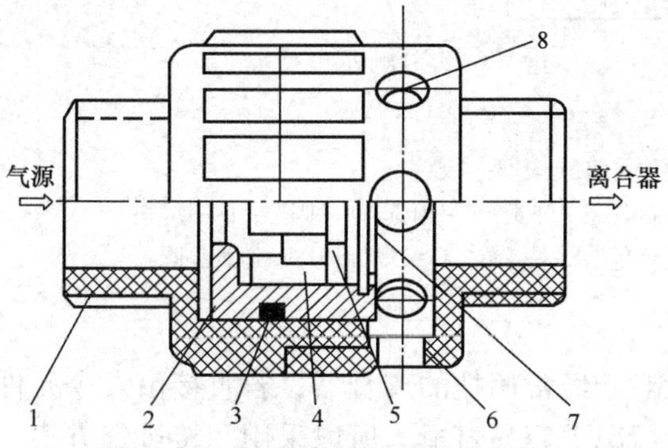

图8-19 快速排气阀结构示意图

1—进气外壳；2—导阀；3—O形圈；4—阀芯；5—垫圈；6—放气外壳；7—弹簧垫圈；8—排气孔

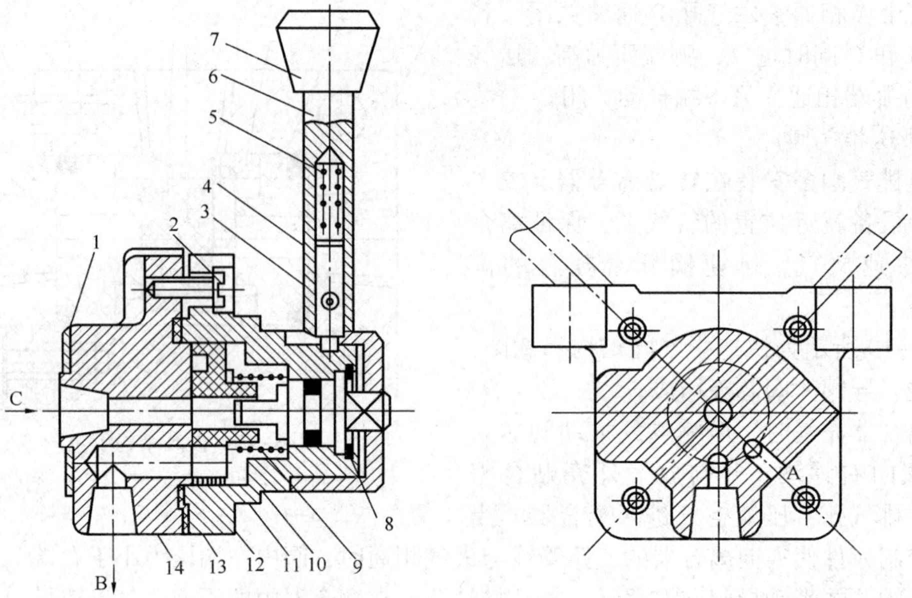

图 8-20　二位三通转阀结构示意图

1—铭牌；2，3—螺钉；4—定位销；5—弹簧；6—手柄；7—手柄套；8—O 形圈；
9—弹簧；10—弹簧垫；11—盖；12—滑阀；13—密封圈；14—本体

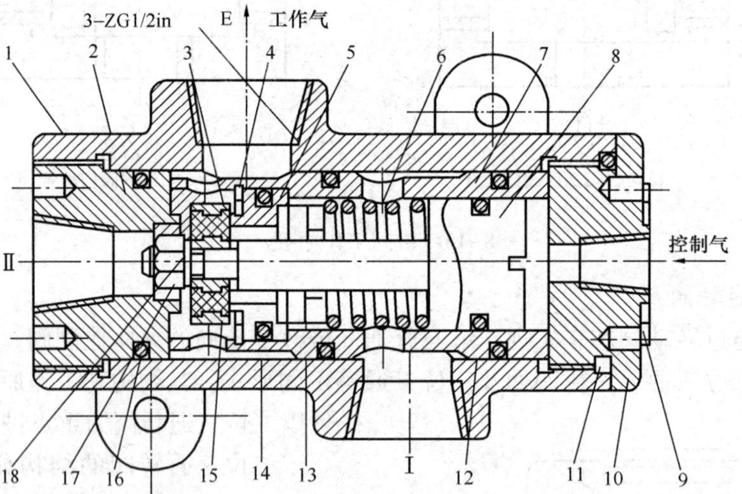

图 8-21　二位三通气控阀

1—本体；2—外阀；3—阀门；4—挡圈；5—内阀；6—弹簧；7—内套；8—阀芯；9—铭牌；
10—端盖；11，12，14，16—O 形圈；13—导套；15—垫圈；17—螺母；18—弹簧垫圈

5. 二位三通气控阀

二位三通气控阀也称为两用继气器，一般对于经常摘挂的离合器，若直接由发令元件向控制机构送气，则离合器在进气慢、压力低的情况下容易打滑，所以采用间接进气方式，即在管路中加装二位三通气控阀。

二位三通气控阀的结构如图 8-21 所示，它由控制气室 A、常闭气室 B、常开气室 C 和

一个活动阀门构成。它主要依靠控制室的进放气推动活塞，开启和关闭阀门来完成气胎离合器和气缸的进放气。两用继气器按气路管线连接方式不同，分为常闭使用法和常开使用法两种，其工作原理如图 8-22、图 8-23 所示。在使用时，若间接进气则采用常闭使用法，用作空压机自动控制则采用常开使用法。

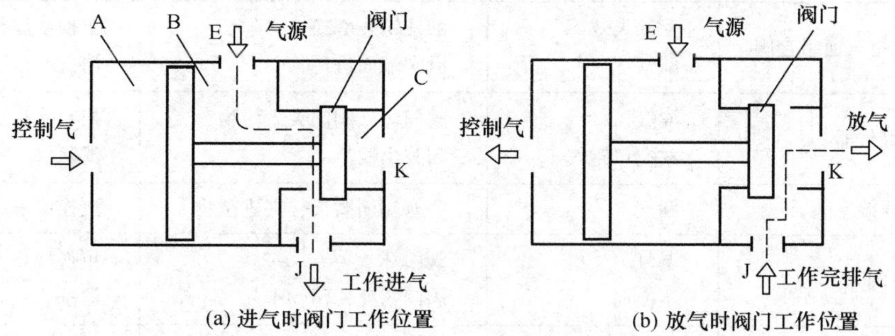

图 8-22　常闭使用法

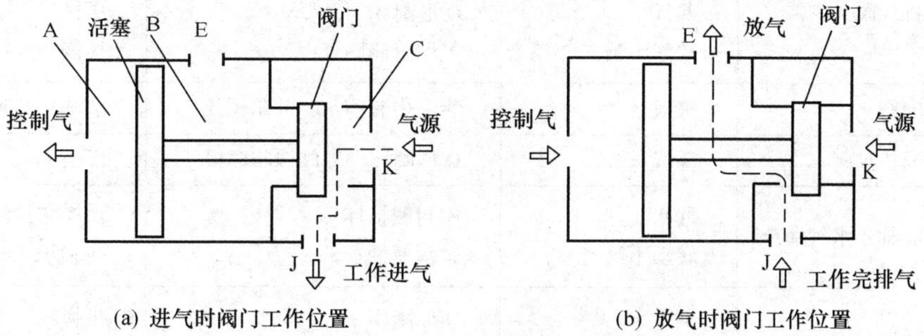

图 8-23　常开使用法

常闭使用法如图 8-22 所示，E 孔接气源，K 孔通大气，当控制气进入二位三通气控阀的控制气室 A 后，J 孔与 E 孔连通，压缩气经 E 孔、J 孔进入执行结构。当控制气放空后，在弹簧的作用下，阀门恢复到原来位置，执行结构的压缩空气经 K 孔放入大气，

常开使用法如图 8-23 所示，K 孔接气源，E 孔通大气，在没有控制气时，气源气由 K 孔经 J 孔进入执行机构；有控制气时，J 孔与 E 孔相通，执行结构内的压缩空气经 E 孔放入大气。

气控元件常见故障及排除方法见表 8-3。

表 8-3　气控元件的故障及排除方法

阀件名称	故障现象	可能的原因	排除方法
司钻调压阀和转盘调压阀	漏气	O 形圈坏，凡尔座磨损	更换
	不能进气、放气	凡尔下钢球脱落	更换凡尔总成调节
	手柄搬动不灵	定位螺钉顶住活塞，间隙太小	更换、清洗
	气路控制失灵	凡尔弹簧坏，凡尔座卡死	更换、清洗
调压继动阀	气胎不进气	管线压力低	提高压力
	底部漏气	有污物，螺丝松动	清洗、紧螺丝

续表

阀件名称	故障现象	可能的原因	排除方法
顺序阀	失灵	调节套自动上紧，弹簧坏	调松，更换
二位三通和三位四通转阀	漏气	滑阀端面磨损，夹进污物	更换或清洗
二位三通与二位三通组合阀	互锁失效 漏气	圆柱销孔磨损 滑阀端面进污物	更换或焊补 清洗
两用继气器	漏气 放空口跑气	阀门坏，阀门夹入污物 阀腔生锈	换 O 形圈，清洗 清除
二位三通旋塞阀	漏气	旋塞端面磨损，夹进杂物	更换或清洗
梭阀	漏气 不换向	阀门坏 阀门锈死，污物卡死	更换 清洗
按钮阀	漏气	O 形圈坏	更换
快速排气阀	卡死 漏气 放气不畅	有污物 O 形圈坏 气胎管路跑气	清洗 更换 检修
单向阀	失效	管路内有积水，凡尔锈死	清洗，及时放水
二位三通机控阀	漏气	O 形圈坏，导阀橡胶磨损	更换
水气葫芦和空心轴，水气葫芦	漏水 转动不灵	密封圈损坏 轴承锈蚀	更换密封圈 换轴承
气缸	漏气 力量不足	O 形圈坏 气压低	更换 调整气压

8.5 辅助元件

8.5.1 导气龙头

1. 单向旋转导气接头

单向旋转导气接头用于连接不转动的供气管线和转动的轴，从而将压缩空气导入气离合器。其结构如图 8-24 所示，主要由转动部分——冲管、静止部分——外壳和端面密封部分构成。冲管与转动的轴头相连接并随之转动，密封盖在弹簧力的作用下与冲管端面贴合，形成一个相对运动的密封通道。

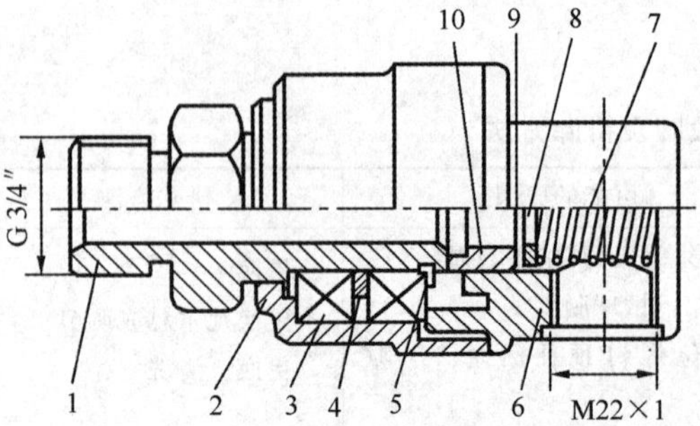

图 8-24　单向导气接头结构示意图

1—冲管；2—本体；3—轴承；4—隔圈；5—挡圈；6—盖；7—弹簧；8—压圈；9—O 形圈；10—密封圈

压缩空气通过导气接头盖上的孔进入轴中，流经冲管和轴内部通道到达离合器。密封圈、O 形圈和压圈用以保证旋转部分和不旋转部分之间的密封。

2. 双向旋转导气接头

双向旋转导气接头的结构如图 8-25 所示，

结构组成与单向旋转导气接头相似。与单向旋转导气接头不同的是有两个气道，第一个气道由冲管中间轴孔到达离合器；第二个气道由冲管的环形气道进入离合器。

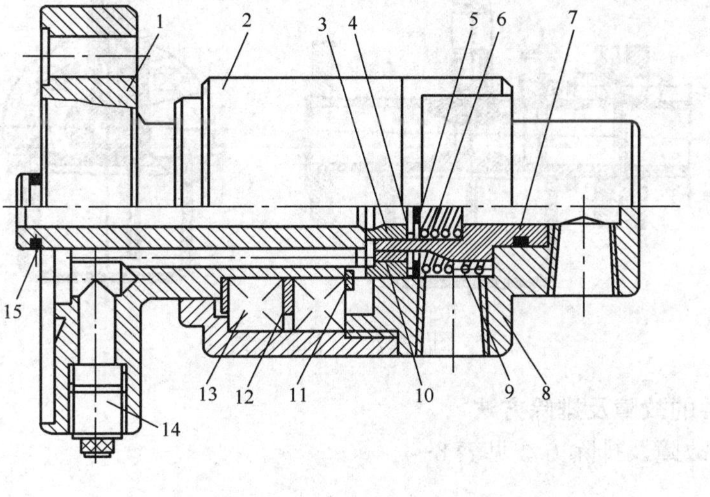

图 8-25　双向旋转导气接头

1—冲管；2—阀体；3—密封圈；4，15—O 形圈；5—内压圈；6—内弹簧；7—内套；8—盖；9—外弹簧；10—密封圈；11—挡圈；12—垫圈；13—轴承；14—丝堵

8.5.2　酒精防凝器

酒精防凝器如图 8-26 所示，此装置用于将酒精蒸气混入压缩空气的水分中，进而合成一种混合物，从而使其冰点显著降低，最低可达-68℃，不同比例的乙二醇和水的冰点是不同的，故可适用于低温地区。

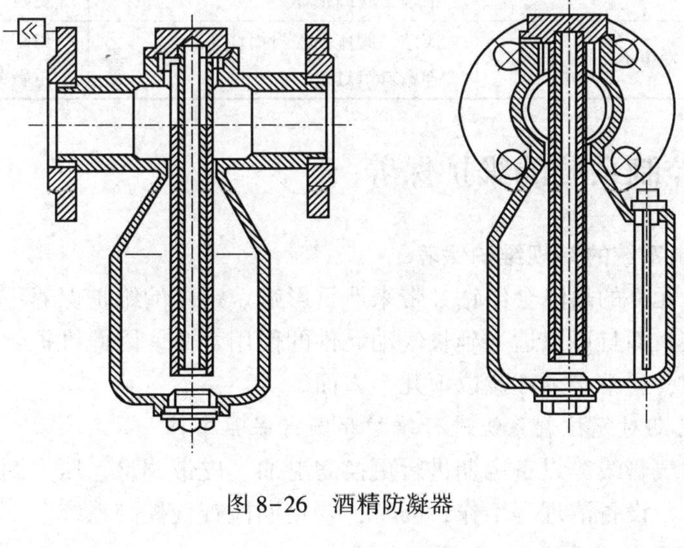

图 8-26　酒精防凝器

8.5.3　甘油防凝器

甘油防凝器如图 8-27 所示，当压缩空气经过甘油防凝器时，其所含水分与雾化的甘油形成一种混合物，使其冰点降低。混合比例不同，冰点也不同，最低可达-46.5℃。

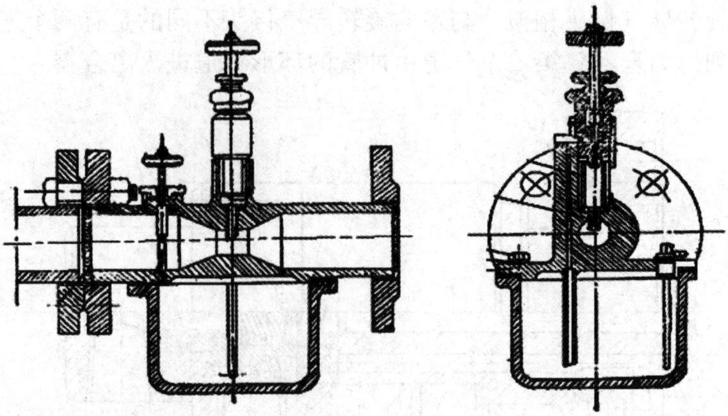

图 8-27　甘油防凝器

8.5.4　辅助元件的故障及排除方法

辅助元件的故障及排除方法见表 8-4。

表 8-4　辅助元件的故障及排除方法

故障现象	可能的原因	排除方法
旋转导气接头漏气	密封圈破碎 弹簧失效 O 形密封圈损坏	更换 更换 更换
双通旋转导气接头两个通道串气	内密封圈损坏 弹簧失效	更换 更换
低压报警器在低于调定压力时不发信号	气笛损坏 弹簧调整过紧 活塞密封圈损坏	更换 重新调整 更换
低压报警器发声不止	阀芯、阀座间密封损坏 弹簧调节过松	修复或更换 重新调整

8.6　钻机气控制系统的维护保养

8.6.1　钻机气控制系统的常规维护保养

气控制系统及元件的故障会给钻井带来严重影响。定期的维护保养不但可以降低故障和事故出现的可能性，而且可以适当延长气动元件的使用寿命。因此维护、保养好钻机的气控制系统是很重要的，通常必须注意以下几个方面。

1. 按照规定定期对气控制系统进行维护和例行保养工作

对空压机、空气管线等设备定期进行更换润滑油、皮带调整、压力调整、气量调节、例行保养、管线清洁、设备清理等工作，同时，要定期检查气控制系统。

2. 防止压缩空气的漏失

气控制系统的正常工作，必须保证供给一定体积和压力的压缩空气，否则会发生动作失误或出力不足等事故。所以，必须注意各气控元件以及管线接头等的密封情况，在搬家管线接通后，要检验各部分是否存在漏气现象。在动力机停止运转时，不允许有空气的漏失声。

停车后，挂合全部离合器，管线压力的下降值应在允许的范围内，从而保证气控制系统的工作压力在规定范围内。

3. 注意管道的清洁

污物、杂质进入气管会使阀件失灵，因此，钻机搬迁时，拆开的管路接头必须保护好，金属管线的敞口均需要用软木塞堵死，防止任何异物从管线连接端口进入管线内部。

当发现气控阀件工作失灵时，一定要查明原因并正确处理，严禁盲目地拆修。气控阀件的失灵原因很多，包括阀件本身有问题、气路管线堵塞或气压力太小(气源压力低，管线漏气严重)等问题，所以要分段检查。方法是：先由控制阀、控制管线，至遥控阀件，分段打开气接头，检查通气情况。如控制气路畅通，再检查工作气路是否畅通，方法是：先将阀的出气口管线脱开，检查通气情况，如不通畅，还得检查阀的进气管线的气源是否堵塞，如畅通，则证明阀件有问题，方可打开阀件进行检查。如有备用阀件，先换上使用，再查明换下来阀件的故障原因。

连接管道的主要故障及排除方法见表 8-5。

表 8-5　连接管道的故障及排除方法

故障现象	可能的原因	排除方法
泄漏	管子连接部分松动 管接头松动 软管破裂 密封不良	重新旋紧 重新旋紧 更换软管 更换密封件
压力降过大	管道太长、太细 弯头、弯管太多	采用通径较大的管道 减少弯头、弯管

4. 冬季施工注意事项

冬季施工确保气体干燥无杂质，要按规定及时排放水和更换干燥剂，以防管路和阀件冻结、失灵等。在储气罐和油水分离器的底部应有放水阀，并按规定放水。

此外，防碰天车装置必须每班进行检查，更换防碰天车绳后应对防碰天车装置进行调整，在使用高低速、转盘、钻井泵离合器时，应注意气压表的压力指示。

8.6.2 钻机高、低速气路的检查及处理措施

钻机高低速气路的检查步骤大致相同，下面以大庆Ⅱ-130 钻机为例说明钻机高低速气路的检查操作步骤。

1. 高、低速气开关的故障检查与更换

1）检查

（1）互锁装置是否失效，圆柱销是否磨损。

（2）气开关是否有漏气现象，滑阀端面是否进油污。

2）更换

（1）更换圆柱销。

（2）清洗滑阀端面的油污。

（3）高低速气开关的拆装步骤：①关闭气源总开关；②卸开旧高低速开关的气管线接头和固定螺钉；③取下旧的高低速气开关；④装上新的高低速气开关；⑤连接气管线接头并上紧固定螺钉；⑥打开总气源开关；⑦检查新气开关的进、放气情况；⑧清理所用工具设备。

3）技术要求

（1）气开关互锁装置失效后要立即更换。

（2）高低速气开关拆卸前首先关闭气源。

（3）安装好新开关检查无误后，方能打开气源开关。

2. 两用继气器的检查与拆卸

1）检查

（1）继气器是否漏气。

（2）继气器放气孔的放气情况。

2）拆卸

（1）用台钳将继气器夹紧。

（2）用活动扳手卸下控制气口端部的阀盖，检查阀盖上的O形橡胶密封圈。

（3）从阀体内取出内、外阀总成，检查内、外阀座上的两道O形橡胶密封圈及内外阀座的磨损情况。

（4）用活动扳手和平口螺丝刀卸掉阀座总成的固定螺帽，取出垫片和阀门(绝缘型)。

（5）取出卡簧，检查卡簧内的阀座。

（6）抽出平衡套杆及阀座，检查O形橡胶密封圈及平衡套复位弹簧。

（7）取出导套，检查导套孔有无堵塞。

（8）清洗内外阀总成及附件并保养。

（9）检查无误后按与拆卸相反的顺序进行组装。

（10）组装好后再次检查漏气及放气情况。

3）技术要求

（1）注意不要碰坏继气器内的O形橡胶密封圈。

（2）导套总成不能装反。

（3）注意内、外阀的组装顺序。

3. 导气龙头的故障判断及原因分析

（1）故障现象　漏气；温度过高。

（2）原因分析　O形橡胶密封圈损坏，要更换；壳体内部缺油，及时注润滑油。

（3）技术要求　O形橡胶密封圈要完好；导气龙头不要装反。

4. 高、低速离合器不放气或放气慢的原因及检查

1）检查顺序

总气源开关→高低速气开关→常闭继气器→快速放气阀→导气龙头→高低速离合器气囊。

2）检查步骤

分别将高、低速气开关合上时，离合器气囊被充气，关闭气开关后，管线及气囊中的气体是分段排出，按以下步骤检查：

（1）气开关至常闭继气器管线中的压缩空气是由气开关壳体上的排气孔排出的，用手贴在放气孔上，若没有气流排出或气流较小，说明气开关内的阀组件损坏，要检修或更换。

（2）常闭继气器至快速放气阀管线中的压缩气体是由常闭继气器的放气孔排出的，用手靠在继气器的放气孔上，如果感到无气流或气流很小，即说明继气器阀芯有阻卡现象，要检修或更换。

（3）快速放气阀至离合器气囊中的压缩空气是由快速放气阀排出的，如果快速放气阀放气声音不响亮，则说明快速放气阀阀芯已坏，要立即检修或更换。

3）技术要求

（1）检查气路时必须切断绞车动力。

（2）更换阀件时必须使用型号相符的阀件。

（3）各密封螺纹要拧紧，不得有松动和漏气现象。

（4）拆装气阀件时要切断电源。

（5）拆装时要保护好气管线，以防气管线损坏漏气。

8.6.3 转盘离合器气路故障的判断及排除

1. 检查顺序

三通旋塞阀→转盘气开关→常闭继气器→快速放气阀→导气龙头→转盘离合器。

2. 调压阀的故障判断与排除

1）故障检查

（1）漏气情况。

（2）不能进气或放气。

（3）手柄扳动不灵活。

（4）气路控制失灵。

2）排除方案

（1）阀座磨损、O 形密封圈损坏，需更换。

（2）阀下钢球脱落，更换阀总成。

（3）定位螺钉顶住活塞，间隙小，需调节。

（4）阀弹簧坏，阀座卡死，更换或清洗。

3. 转盘离合器气囊的拆检步骤

（1）停绞车，关闭总气阀门。

（2）卸开转盘离合器护罩，用气动小绞车将其吊放在安全地点。

（3）拆开气管线和导气龙头总成。

（4）拆下离合器转盘螺栓和两气囊中间隔环连接螺栓，做好标记，记住平衡块的位置。

（5）用榔头将托盘、隔环敲开，然后用气动小绞车吊住托盘，用榔头慢慢敲开，吊放在合适的位置。

（6）依次将两气囊、隔环吊下，放到安全位置。

（7）从钢圈上拆下坏气囊，装上组装好的新气囊。

（8）将装好的新气囊、隔环按次序套在摩擦毂上，按标记先把托盘对正位置，拧紧固定螺栓。

（9）对正托盘的气囊，穿螺栓紧固；对正隔环和另一气囊，穿螺栓紧固。

（10）接导气龙头连接气管线。

（11）通气试气囊，放气后，摩擦片与摩擦毂的间隙为 3.5mm；挂合绞车，试运转。

（12）调整合格后装上护罩，清理好工具及现场。

4. 技术要求

（1）拆检转盘离合器气囊前，一定要切断电源。

（2）转盘试运转操作手柄时，要缓慢挂合，使转盘平稳启动。

8.6.4 液气大钳气路系统常见故障的判断及排除

液气大钳的某些故障现象往往是由液气大钳气路系统和液压系统引起的，所以对液气大钳气路故障分析时应考虑到液压系统。液气大钳气路系统常见故障的判断及排除如下。

1. 高挡压力上不去

1）故障原因

（1）高挡气胎内落入了油，抱不住。

（2）液压系统的原因(上螺纹溢流阀出现故障)。

2）排除措施

（1）清除气胎摩擦片上的油。

（2）调整或更换溢流阀。

2. 低挡压力上不去(螺纹卸不开)

1）故障原因

（1）低挡气胎摩擦片磨损严重，抱不住。

（2）低挡气胎摩擦片沾有油污。

（3）低挡气囊分离不清。

（4）大刹带太松。

2）排除措施

（1）更换低挡摩擦片。

（2）清除油污。

（3）若油量不够，及时加油。

（4）调整大刹带的松紧度。

3. 高挡空转(压力不高)

1）故障原因

（1）大刹带太紧。

（2）润滑不好。

2）排除措施

（1）适当调节大刹带长度。

（2）加强润滑工作。

4. 有高挡无低挡或有低挡无高挡

1）故障原因

（1）气管线刺漏。

（2）双向阀滑盘脏污或磨损造成气阀漏气。

（3）$\phi300\times100$ 气胎离合器气囊漏气。

（4）气胎离合器摩擦片磨损严重。

（5）快速放气阀漏气。

2）排除措施

（1）更换气管线。

（2）将漏气的气阀拆下清洗，研磨滑盘或更换新阀。

（3）更换气胎离合器的气囊。

（4）更换摩擦片。

(5) 更换快速放气阀的阀芯。

5. 换挡不迅速

1) 故障原因

(1) 快速放气阀堵塞。

(2) 气胎离合器摩擦片和内齿圈间隙太小，分离不彻底。

2) 排除措施

(1) 清洗或更换快速放气阀。

(2) 调整间隙值。

6. 移送气缸、夹紧气缸的减气

1) 故障原因

(1) 气缸盖单边压紧。

(2) 密封接触面有划毛现象。

(3) 密封圈、活塞皮碗变形、拧扭，密封圈唇边损伤，正常磨损。

2) 排除措施

(1) 调整缸盖上的螺栓至均匀紧固状态。

(2) 线状摩擦伤痕，可用油石、砂轮修磨，较深(大于1mm)时，要立即更换。

(3) 更换新的气缸。

7. 气缸活塞杆螺纹冲坏

1) 故障原因

(1) 冲程大，使活塞与缸盖相碰击。

(2) 活塞杆弯曲。

(3) 安装不符合要求。

2) 排除措施

(1) 调整。

(2) 更换。

(3) 调整重新安装。

8. 技术要求

(1) 检查前要正确启动液气大钳，协调液气大钳各部分之间的操作(主要包括打开气管线阀门、启动油泵、做好各方面检查等)。

(2) 操纵移送气缸双向气阀时要平稳使大钳送至井口和离开井口。

(3) 根据上螺纹需要，高、低挡的双向气阀应转到相应位置，使用中不可停车。

(4) 操纵夹紧气缸时，双向气阀到工作位置的相反位置，使大钳恢复零位对准缺口。

(5) 移送气缸、夹紧气缸操作完后需用清水清洗，活塞杆用棉纱擦干，涂抹一层黄油，伸出部分全部收入气缸筒内。

【本章小结】

钻机气控制系统是钻机的中枢神经系统，它主要由供气设备、执行元件、控制元件和辅助元件等组成。要求学员熟悉钻机气控制系统的主要组成，掌握钻机气控制系统的维护保养，了解这些设备的结构原理及特点。学习本章后要求通过课后复习和做思考题加以巩固，有条件的可以到石油钻井现场实地参观考察或实习实训加深对所学知识的理解。

思　考　题

1. 简述钻机气控制系统的组成。
2. 简述活塞式空压机的工作原理。
3. 简述空气净化装置的组成及作用。
4. 简述执行元件(气缸、气动马达、离合器)的结构组成。
5. 简述气动马达的工作原理。
6. 简述气动离合器的工作原理。
7. 简述控制元件的作用及分类，并说明气动二位三通阀的工作原理。
8. 简述酒精防凝器和甘油防凝器的工作原理。
9. 简述钻机气控制系统维护和保养应注意的问题。

第9章　海洋石油钻井设备

【学习目标和要求】

海洋石油钻井设备与陆上钻井设备相比，具有自己的独特性。本章主要介绍海洋石油钻井平台的组成、分类、结构及特点，海上钻井井口装置与升沉补偿。要求学员熟悉石油钻井平台的组成、分类，掌握自升式平台的结构和特点，熟悉其他平台的结构及特点，熟悉水上钻井装置，掌握水下钻井装置的结构组成，掌握软联系大钩恒张力补偿的结构组成和工作原理，了解伸缩钻杆补偿法、熟悉其他补偿方法的结构组成和工作原理，了解井深测量升沉补偿和井下缆线作业升沉补偿。

【重点和难点】

重点是自升式平台的结构和特点、水下井口装置的结构组成、软联系大钩恒张力的结构组成和原理；难点是软联系大钩恒张力的工作原理，在学习过程中注意其与陆地钻井的异同。

地球的表面积为5.1亿平方公里，海洋覆盖了地球约71%的面积，蕴藏着丰富的石油、天然气资源。据地质学家预测，海洋石油、天然气储量约为1000亿~2500亿吨，相当于世界已探明陆地储量的2倍，目前世界海洋油气产量已占海陆油气总产量的30%。我国拥有丰富的海洋资源，中国近海已证实存在莺歌海、琼东南、文昌、东海、渤中深凹区等五大天然气富集区，现在正陆续进行开发。

钻井是海洋石油开发的重要内容，与陆上石油钻井相比，由于地理位置和环境条件的不同，海洋石油钻井有很多特殊性。

9.1　海洋石油钻井平台

在海上钻井时，由于地表存在海水，所以不能直接将钻机安装在海上。为了安装钻机的各个系统，配备相应器材，提供物资存放和人员作业及生活场所，必须有一个能满足上述要求的基地，这个海上基地被称为海洋石油钻井平台。

9.1.1　海洋石油钻井平台的组成

1. 动力设备

主要包括柴油机、发电机、电动机等钻井用动力设备，航行、动力定位、桩腿升降等专用动力设备，锚泊、起重等辅助动力设备及应急发电机组等。

2. 钻井机械设备

包括井架、绞车、转盘、泥浆泵和制浆设备，“一筛三除”(泥浆振动筛、除砂器、除泥器、除气器)等泥浆净化设备，固井泵、气动下灰装置、水泥搅拌设备等固井设备和空压机等。

3. 测井与试油设备

包括测井仪、测斜仪、综合录井仪等测井设备和分离器、加热器、试油罐、燃烧器和测量仪表等成套试油设备。

4. 起重与锚泊设备

起重设备包括甲板上的起重机以及管类器材储存场和其他辅助工作用的起重机；锚泊和

靠船设备主要包括锚机、大抓力锚、锚架、锚缆等锚泊设备及靠船设施。

5. 平台与船体结构

主要有固定平台的桩柱、桁架结构；移动平台的船体、甲板桩脚、沉垫浮箱、支柱桁架；浮式钻井船的船体、甲板等。

6. 器材物资

包括钻头、钻杆、钻铤、方钻杆等钻具，套管、重晶石、泥浆、化学处理剂、水泥、燃油、润滑油及生活给养物资等。

7. 安全消防和防污染设施

包括耐火救生艇或救生球、工作艇、救生圈、救生衣等救生设施和水灭火系统、化学灭火系统以及废油、污水、废气的回收处理装置。

8. 供水、供电、供气设备

包括锅炉房、水泵房、海水淡化装置、配电室、空调设备、通风设备等。

9. 通信联络设备和直升飞机降落台

包括电报、电话、广播等各种对内对外通信联络设备、无线电导航定位系统和直升飞机平台。

10. 各种工作用房和生活设施

主要有钻井值班房、泥浆化验室、库房、机修间、医务室、厨房、餐厅、食品库、娱乐室、更衣室、浴室、厕所、居住生活舱室等设施。

11. 其他特殊设施

其他特殊设施如坐底式平台的抗滑桩设施、防吸附设施、防冲刷防淘空设施；自升式平台的桩腿升降装置、防吸附设施；半潜式平台和钻井船的水下器具、升沉补偿装置、潜水装置和钻杆排放装置等。

9.1.2 海洋石油钻井的特殊问题

海洋石油钻井与陆地钻井不同之处在于钻井平台与海底井口之间有一层海水，海水的潮起潮落、海流、风浪等会使平台产生漂移、摇摆、升沉及其他问题，因此，海洋石油钻井具有特殊性。

1. 平台定位问题

当使用钻井船、半潜式钻井平台等浮动平台时，由于平台受波浪的影响，有可能出现漂移。若漂移较大，会导致船体井口和海底井口不对正，则井口装置和隔水管会发生严重的弯曲并损坏，因此，应采取措施防止漂移。目前主要有锚泊定位和动力定位。

2. 升沉运动补偿问题

浮动式钻井平台在海浪作用下，周期性地上下升沉将引起整个钻柱周期性地上下运动，导致无法正常钻进，损坏钻柱，无法准确测量井深，井下缆线作业无法正常进行等问题。因此必须装设升沉补偿装置。

3. 海上井口装置问题

海上井口装置除了与陆地相同的共性外，还要将平台井口和海底井口连接起来，引导钻具进入井眼，并隔绝海水，在钻柱外形成环形空间，以便在钻进时循环钻井液。海上井口装置可分为水上井口装置和水下井口装置两类。

4. 防腐问题

海洋钻井平台大多采用钢铁结构，由于海水是一种极为复杂的电解质体系，含大量的氯化钠，所以腐蚀是非常严重的。因此，必须采用合适的防腐设施，做好平台的防腐工作。

9.1.3 海洋钻井平台分类

海洋钻井平台按照是否能整体运移，可以分为固定式和移动式两大类。

1. 固定式钻井平台

在海上安装定位后不能移动的平台称为固定式钻井平台。根据结构特点和工作状况，它又分为桩基式钻井平台、重力式钻井平台、张力腿式钻井平台和绷绳塔式钻井平台。

2. 移动式钻井平台

完成钻井作业后可以移动走的平台称为移动式钻井平台。它包括坐底式钻井平台、自升式钻井平台、半潜式钻井平台、浮式钻井船等，其中坐底式钻井平台和自升式钻井平台属于底撑式钻井平台，半潜式钻井平台和浮式钻井船属于浮动式钻井平台。

9.1.4 海洋钻井平台的结构及特点

1. 桩基式钻井平台

桩基式平台是固定式平台的一种，它是靠向海底打桩，将平台与海底牢牢固定。桩基式平台按所采用的建筑材料不同，分为木桩式、钢筋混凝土桩式、钢桩式等，其中钢制桩基式平台是目前国内外应用最多的。其优点是可预制，平台的整体性好，施工快。它的主要缺点是抗海水腐蚀性能差。

桩基式固定平台的结构，如图 9-1 所示，整体上分为两部分：基础部分和上层建筑。基础部分是由导管架和桩管组成。导管架可事先在岸上预制好，然后用驳船运至目的地，用浮吊吊起而后下沉并坐在海底上。再将桩管由导管内插入，并用打桩机打入海底一定深度。桩管顶部以上，统称为上层建筑。上层建筑一般做成两层甲板，即上层甲板和下层甲板，上层甲板上布置有井架及钻井房，其中安装有绞车及动力联动机组、井场(包括管材堆场)、起重设备、生活设施及救生设备、飞机坪等。下层甲板布置有防喷器组、泥浆泵及循环系统，发电机组及燃油、水、泥浆、化学药剂、水泥等。上层建筑的施工，一般是在岸上预制好，然后用驳船拖运到海上，用起重船(俗称浮吊)吊起来，直接坐插在基础上，根据起重船起重能力的大小，上层建筑可预制成几个小块，整体或分块吊装，再用法兰或用电焊与桩顶连接在一起。

2. 坐底式钻井平台

坐底式钻井平台是出现最早的移动式钻井平台，目前主要用于内河、湖泊以及浅海海域。它的结构可分为基础部分和上层建筑部分，如图 9-2 所示，上层建筑部分与固定式平

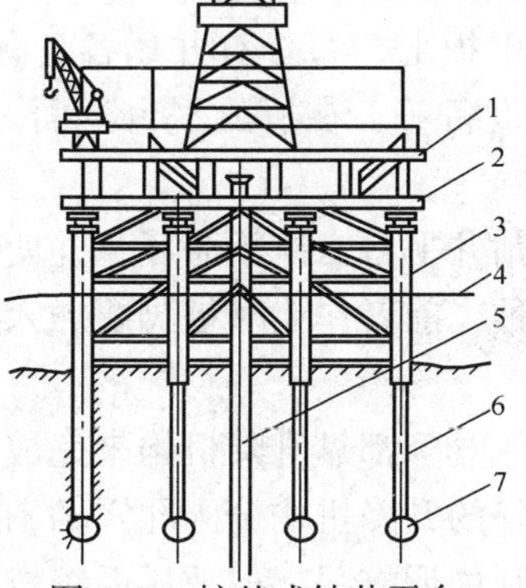

图 9-1 桩基式钻井平台

1—上层平台；2—下层平台；3—导管；4—海面零点；5—隔水导管；6—桩管；7—爆扩桩尖

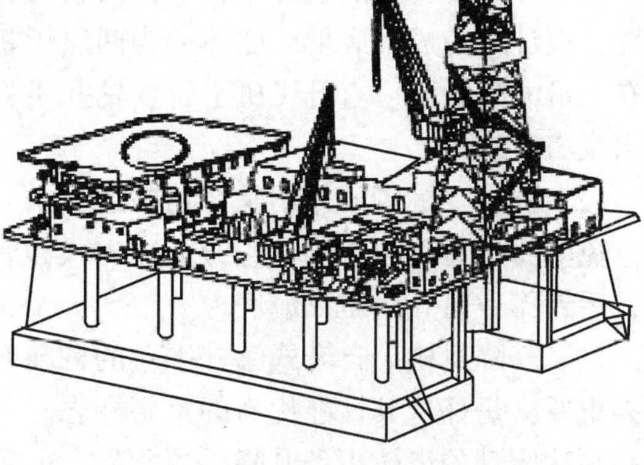

图 9-2 坐底式钻井平台

台基本一样，基础部分有三种形式，即浮筒型、钢瓶型和浮垫型。坐底式平台钻井时坐在海底，钻完井后能浮起来，然后再拖到新的井位，压载后又下沉重新打井，即满足“沉得下、坐得稳、浮得起”的要求。

此外，在我国还有一种世界上独一无二的步行坐底式平台，这是我国著名石油机械专家顾心怿院士领导研究设计并由我国自行建造的。这种平台在深水区可以拖航，在浅水区或在海滩和海岸上，则可以自己步行移动。这种平台的步行原理如图 9-3 所示。整个平台(包括浮垫和上层建筑)分成中心块和环形块两大部分。平台要行走，须有两只脚。中心块部分称为内脚，环形块称为外脚。内脚和外脚交替抬起、前移、落地，即可完成平台的步行移动。

3. 自升式钻井平台

自升式钻井平台，是目前国内外应用最为广泛的钻井平台。自升式钻井平台的结构如图 9-4 所示，可分为三大部分：船体、桩脚和升降机构。就位打井时，将桩脚插入海底，船体顺着桩腿上爬，离开海面，工作时可不受海水运动的影响。打完井后，船体可顺着桩腿放下来，浮在海面上，再将桩脚拔出海底，并上升一定高度，即可拖航到新的井位上。

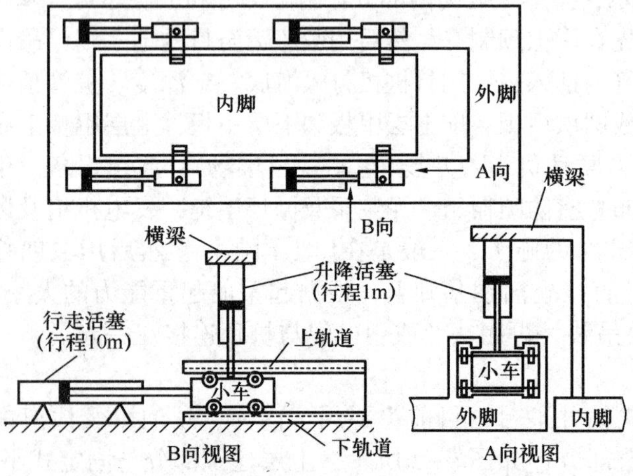

图 9-3　步行坐底式钻井平台步行原理示意图

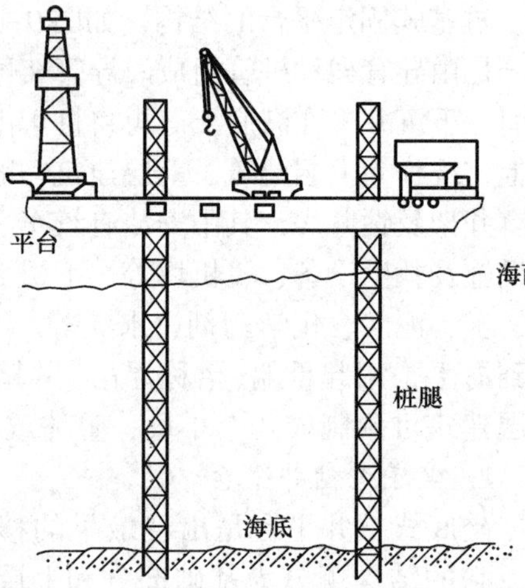

图 9-4　自升式平台

(1) 船体　自升式钻井平台船体的长度和宽度基本差不多，同时为了增大浮动状态的稳定性，设计建造成平底形。船体分为两层甲板，在主甲板上，布置有井场各工种的工作间、所有人员的生活区、直升飞机平台、钻井甲板及钻井设备等，在机舱平台下面，存有燃油、淡水及压载水等。

(2) 桩脚　桩脚的作用是在钻井过程中，使整个钻井平台支撑于海底，并使平台离开海面，免受海水运动的影响。它分为插入式和底垫式两种，前者作业时桩脚要插入海底一定深度，后者作业时底垫坐在海底。

(3) 升降机构　自升式钻井平台的桩腿升降或船体升降都靠升降机构来完成。升降机构极为重要，是评价其性能优劣的重要标志。目前国内外的升降机构分为孔穴插销液压升降装置和马达驱动的齿轮齿条升降装置两种。前者适用于圆柱形桩腿，但液压系统较为复杂，升降速度较慢，有时容易出现漏油，使升降力不够。后者适用于桁架结构的桩腿，升降连续性好，速度快，但缺点是升降机构庞大。

4. 半潜式钻井平台

半潜式钻井平台是目前应用最多的浮式钻井装置，我国的“南海二号”、“勘探三号”都是半潜式钻井平台。如图 9-5 所示，它的结构分为上部平台、下部浮体和中部立柱三部分。

(1) 上部平台　上部平台任何时候都在海面以上一定高度。上部平台一般也分成两层，上层为主甲板，下层为机舱。主甲板上主要放置钻机、井架、钻具、起重设备、消防、救生设备、各种工作间和生活区，还有飞机坪等。下层甲板即机舱内主要是机泵组、固井设备、泥浆循环系统，以及各种材料库罐等。上部平台的形状以矩形最为常见，此外还有三角形、五角形、八角形等。

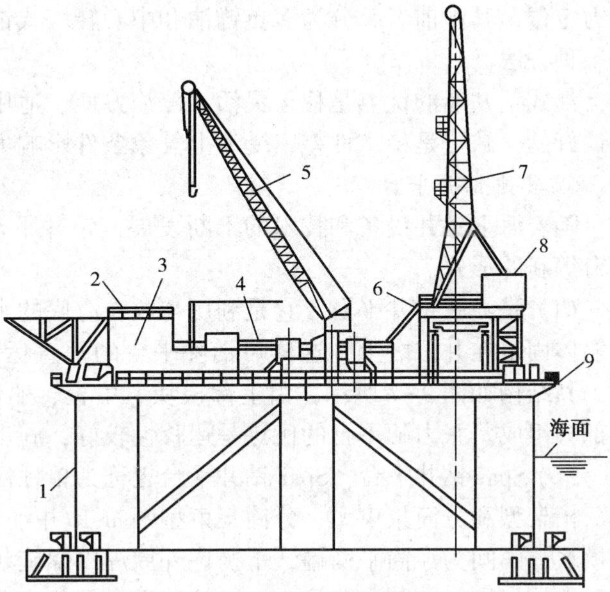

图 9-5　半潜式平台

1—立柱；2—直升飞机坪；3—居住区；4—上甲板；5—起重机；6—钻台；7—井架；8—绞车房；9—主甲板

(2) 下部浮体　下部浮体为整个平台提供浮力，整个装置的重力以及各种外力载荷都要靠此浮力支撑。自航和动力定位的推进器都装在下部浮体上。巨大的浮体内分为许多隔舱，可以作为压载舱室，也可以作为各种液体材料的储藏室。依靠改变压载水量，可以使浮体潜入海面以下或浮到海面上。在钻井作业期间，下部浮体潜入海面以下一定的深度，躲开海面上最强烈的风浪作用，只留部分立柱和上部平台在海面以上；在航行状态下下部浮体则浮在海面上。

(3) 中间立柱　中间立柱的作用是将上部平台与下部浮体连接起来，起到支撑平台的作用。巨大的立柱空间，在潜入水下时可为平台提供浮力，内部可以存储各种材料，还可装设备电梯，提供从平台到浮体的通道。立柱的形状为圆柱形，必要时加装平拉筋和斜拉筋。

半潜式平台的主要优点是在钻井过程中抵抗风浪的能力强，稳定性好。其缺点是平台结构复杂，造价高，自持能力稍差，机动性也稍差，自航速度低，有的甚至不能自航而需要拖航。从选择使用来说，半潜式平台适用于所有海域，特别是海况条件恶劣的深海海域。

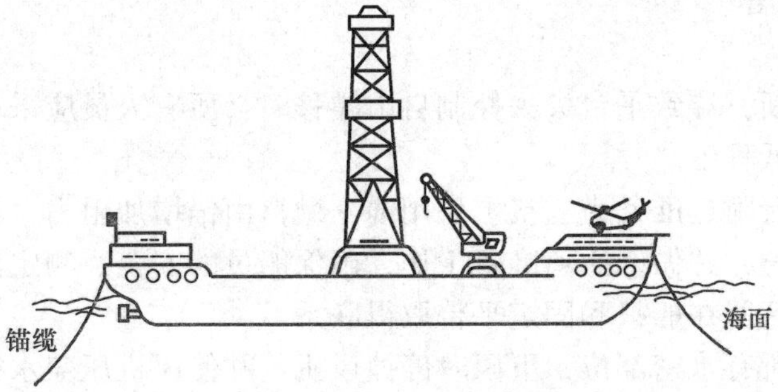

图 9-6　浮式钻井船

5. 浮式钻井船

浮式钻井船是用于钻井的船形装置，它主要利用改装的普通轮船或专门设计的船体作为工作平台船体。其结构如图 9-6 所示，分为船体和定位设备。船体用以安装钻井和航行动力设备，为工作人员提供工作和生活场所，按结构通常分为单体式和双体式。定位设备按停泊方式分为锚泊定位和动力定位。其中前者又分为多点锚泊和中心转塔式锚泊，后者是采用推进器来自动控制船位的一种方法。

浮式钻井船的优点是移运灵活、停泊方便、适用水深大，它的机动性在所有钻井装置中是最好的，缺点是稳定性差，受海上气象条件影响大。

6. 其他钻井平台

随着海上钻井设备和技术的不断发展，钻井平台又出现了张力腿钻井平台和 Spar 钻井平台等新的形式。

（1）张力腿钻井平台　它是利用与放在海底的水泥定位坐垫相连的钢制缆索，即张力腿使船体固定在井位之上，这样可消除平台的垂直运动，并在很大程度上抵消船体的侧向运动。其结构如图 9-7 所示，由上部模块、甲板、船体(下沉箱)、张力钢索及锚系、底基等几部分组成。张力腿平台的优点是运移性较好，施工和安装较简单，可在恶劣海况中施工。

（2）Spar 钻井平台　Spar 钻井平台也称为单柱浮体平台，至今已发展了三代，即传统筒形、桁架型和分筒集束型。分筒集束型 Spar 钻井平台结构如图 9-8 所示，其上部为平台生产模块，中间为浮筒平衡罐，平衡罐外周焊以螺旋状钢片，四周为辐射状锚缆，下部用厚钢板和筒体焊接，中部为龙骨。Spar 钻井平台的优点是特别适用于深水作业，抗风浪能力强，安全、灵活、经济性较好。

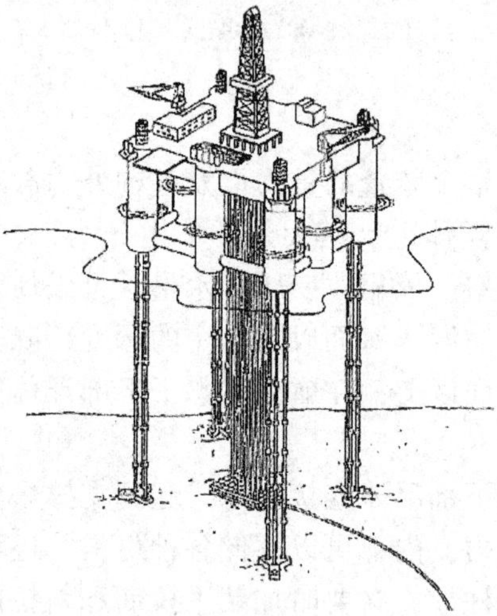

图 9-7　张力腿钻井平台

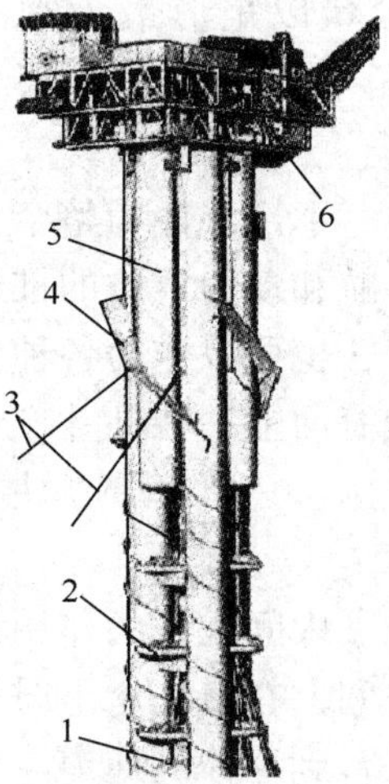

图 9-8　分筒集束型 Spar 钻井平台

1—龙骨；2—厚钢板；3—锚缆；4—螺旋状钢片；5—浮筒平衡罐；6—平台生产模块

9.1.5　海洋钻井平台意外事故与应急部署

1. 平台失控漂移

在远距离拖航中突遇大风或拖缆拉断，导致平台失去控制自由漂移时，所有人员应采取应急措施，各负其责，把损失降低到最低程度。

拖航小组长通知辅助船立即来到平台附近准备为它接上备用缆，抛自由锚增加阻力，及时向平台经理报告决定船员是否需要撤离，并做好撤离准备工作，确保船员的安全。测定漂移速度及路线，通知船上报务员与该海区所在船只和固定平台取得联系。

甲板班长准备各种备用设备，检查所有水密部位，下雨时停掉风机，并使风机压盖水密严实。

甲板工服从行动船长和甲板班长的命令，放拖缆至作业船。保持肉眼监视，随时把接缆情况报告给行动船长。

海事工程师协助行动船长指挥，负责对船上可变载荷和水密部位的检查，与甲板班长指挥甲扳工接好拖缆，随时向行动船长报告各种作业情况。

电工给应急泵送电，保证应急电源的供应。

机械师确保动力机械运转良好，保证应急发电机在任何情况下都能正常工作，做好排水准备。

报务员与海空救援队取得联系，并通知他们做好钻井船所有工作人员的撤离工作，同该海区所有船只和固定建筑物联系，并将情况通知他们，要求他们给予可能的援助，直到安全接好缆绳拖到指定的港口为止。

2. 拔桩出现险情

拔桩可能出现因桩腿不能同时提升而造成船体倾斜，或因倾斜而造成桩腿破坏而导致翻船的情况。

此时平台经理应命令增加平台的吃水，对未提起的桩脚大排量冲桩，并命令各桩脚负责人注意平台的吃水，及时向主控室报告吃水变化情况。如果因倾斜而导致桩脚破坏，及时向基地汇报，并与海事工程师一起对紧急事故作出决定，提出检修措施。如果桩腿破坏到不可挽救程度，有翻船的危险，要发出呼救信号，命令弃船。

报务员及时与作业船长联系，听到平台经理发出通知后，立即向该海区各船只发出呼救信号，联系海上救援队，并提供气象情况。

3. 压载出现险情

平台压载时可能因桩脚突然下沉而造成平台倾斜，有可能会导致翻船的情况发生。

此时平台经理下令压载舱值班员立即放水，下令主控制室把下沉的桩腿升起来，指挥检查该水密部位。和海事工程师一起判明可能出现的事故范围，如果不可挽救，指令发出呼救信号，并命令弃船。

甲板班长、司钻及时向主控制室报告桩脚下沉情况，指挥甲板工关闭冲桩阀门，打开放水阀门，监视压载排水，并把情况及时报告平台经理。

报务员联系海空救援队，向他们报告气象情况及需要撤离的人数，并报告直升飞机能否在平台降落；联系基地报务员，并通知他们所需要的协助；与值班船船长取得联系，如果接到平台经理通知，要立即向该海区各船只发出呼救信号。

甲板工坚守值班岗位，服从甲板班长的调动安排，立即停止向压载舱注水，打开排泄阀门。

各桩脚观察员向平台经理报告桩脚下沉情况，观察记录桩腿下沉水位，观察船体调平。

9.2 海上钻井井口装置与升沉补偿

9.2.1 海上钻井井口装置

海上钻井时，钻井平台在海面上，而井口在海底，为实现正常钻井，需要在海底井口与平台之间装设一套引导钻具入井，隔绝海水、适应平台摇摆的装置，这套装置就是海上钻井井口装置。海上井口装置按照防喷器所处的位置可分为两类，即水上井口装置和水下井口装置，如图 9-9 所示。

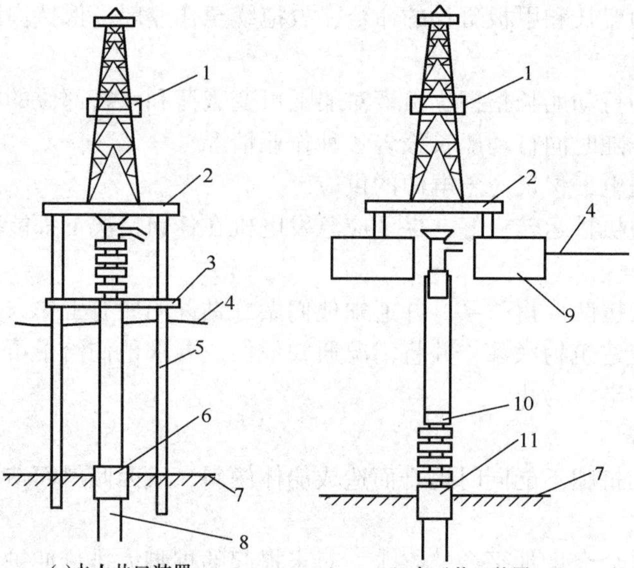

图 9-9　海上井口装置

1—井架；2—钻台；3—井架底座；4—海面；5—平台支撑大腿；6—泥线支撑器；7—海底；8—隔水管；9—浮动平台浮体；10—挠性接头；11—泥线悬挂器

1. 水上井口装置

水上井口装置与陆上钻井的井口装置类似。相当于用隔水管将陆上井口装置的防喷器组支撑到水面以上。这样防喷器系统的操作、更换和维修，均可在钻井平台上进行。水上井口装置和陆上井口装置的主要区别在于水上井口装置有隔水管和泥线支撑器，而陆上井口装置则没有。它主要适用于固定式平台、坐底式平台和桩基式平台等所有底撑式平台。

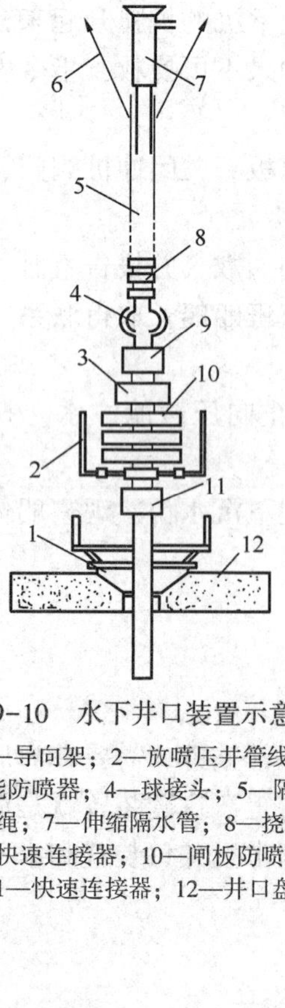

图 9-10　水下井口装置示意图

1—导向架；2—放喷压井管线；3—万能防喷器；4—球接头；5—隔水管；6—张紧绳；7—伸缩隔水管；8—挠性接头；9—快速连接器；10—闸板防喷器；11—快速连接器；12—井口盘

2. 水下井口装置

水下井口装置应该有补偿升沉运动、平移和摇摆运动的弯曲部件。同时由于伸缩部件和弯曲部件存在密封问题，不能承受高压，所以防喷器系统必须放置在这些部件的下面。其结构如图 9-10 所示，主要包括导引系统、防喷器系统、隔水管系统和快速连接器，它主要适用于浮动式钻井平台。

1)导引系统

导引系统包括井口盘、导引架、导引绳及其张紧装置。导引系统是整个水下井口装置的基础。

井口盘是一个巨大的具有很大重量的圆饼形部件，中心开孔，孔内有可与送入工具配合的槽。井口盘上一般有两条临时导引绳。在平台上，将井口盘与其送入工具连接，送入工具上接钻柱，将井口盘下放到海底，倒转钻柱可退出送入工具，并起出钻柱。井口盘依靠巨大的重量固定在海底，这就确定了海底井口的位置。

导引架结构如图 9-11 所示，它有四个导引柱，每根柱上有一根永久导引绳。导引架固定在导管上，并随导管一起下入。下入时，依靠井口盘上的临时导引绳，准确进入井口盘的内孔，并将导引架坐在井口盘上。然后将井口盘上的临时导引绳割断。井口盘和导引架固定后就成为一口井的永久组成部分。

临时导引绳和永久导引绳都需要张紧。导引绳的一端固定在导引柱上，另一端固定在平台上，通过恒张力装置来张紧导引绳。导引绳的张紧装置如图 9-12 所示，利用气液弹簧原理提供恒张力。

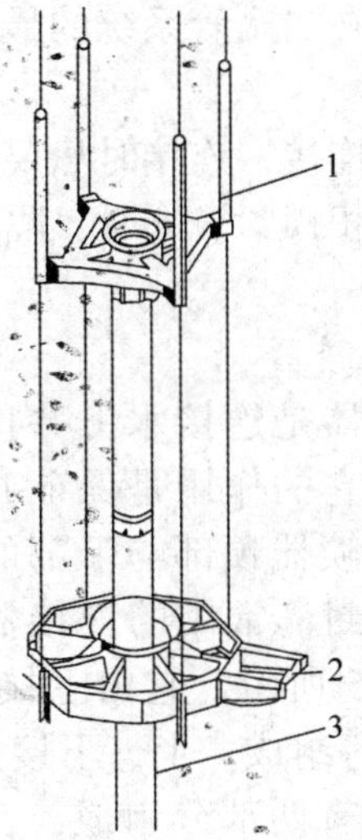

图 9-11　水下井口装置导引系统

1—导引架；2—井口盘；3—导管

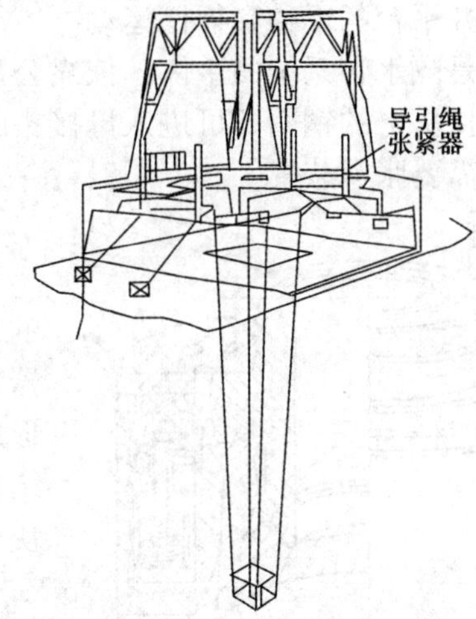

图 9-12　导引绳张紧系统图

2）防喷器系统

防喷器系统是水下井口装置的核心部分。防喷器系统包括：万能防喷器、剪切闸板防喷器、半封闸板防喷器、全封闸板防喷器、四通及压井防喷管线、防喷器操作系统以及防喷器系统的导引架等，如图 9-13 所示。

为了起下方便，在地面上将防喷器系统的各部分组合成一个整体，如图 9-14 所示。防喷器框架有四个导向筒，四根永久导向绳分别穿入其中，引导防喷器系统准确地下放并与导引系统上面的快速连接器连接。

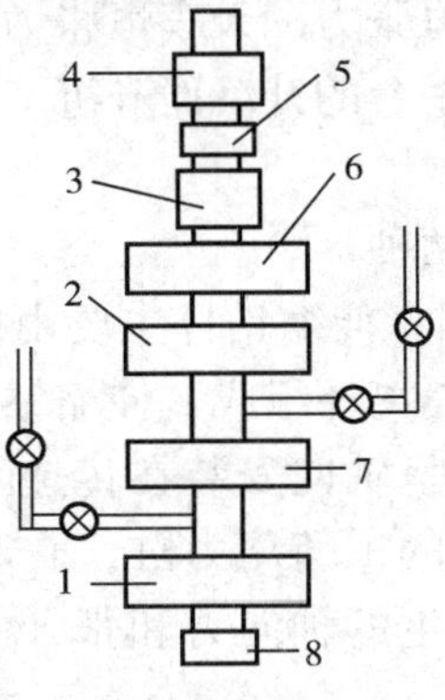

图 9-13　防喷器系统构成

1—双联半片防喷器；2—全封防喷器；3，4—万能防喷器；
5—液压连接器；6—剪切全封防喷器；
7—双联半封防喷器；8—液压连接器

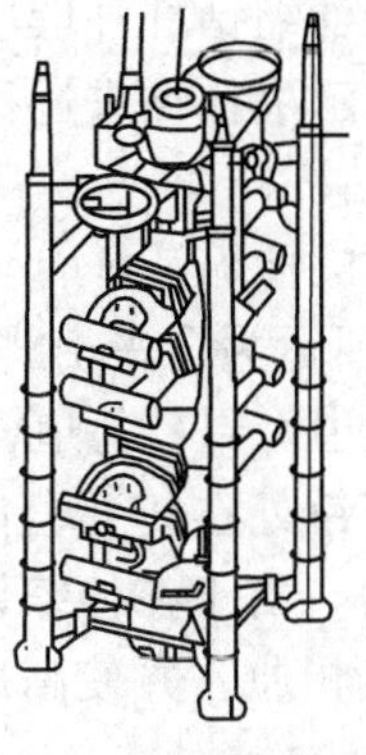

图 9-14　防喷器系统安装

3）隔水管系统

隔水管系统处在防喷器系统的上面，其主要作用是引导钻具入井，隔绝海水，形成泥浆循环的回路。此外，隔水管系统还要承受浮动平台的升沉和平移运动。隔水管系统包括：隔水管、伸缩隔水管、弯曲接头和张紧装置等。

伸缩隔水管处在井口装置的最顶端，由内管和外管组成。内管可在外管内轴向滑动，从而补偿钻井平台的升沉运动。

弯曲接头有挠性接头和球接头两种。弯曲接头处在隔水管系统的最下端。弯曲接头的作用是补偿钻井平台的平移和摇摆运动。

隔水管是隔水管系统的主体，依靠公母接头配合连接，连接时只要将母接头套入公接头并下压，公接头上的钢圈即可进入母接头的槽内并互相锁紧。同时，隔水管由于自重和海水的影响，也需要张紧装置。

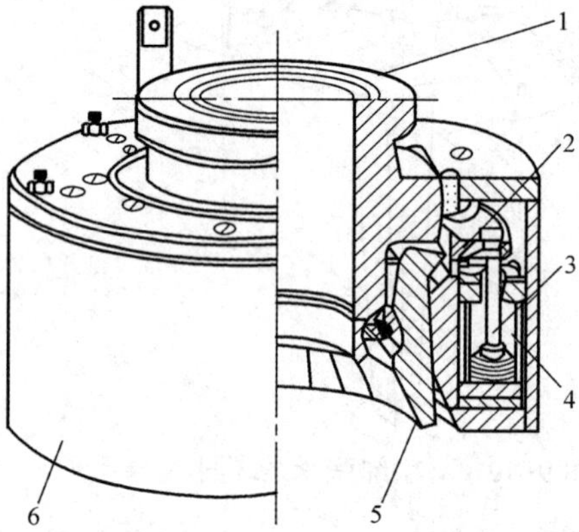

图 9-15　液压卡块式快速连接器

1—上接头；2—卡块动作环；3—活塞杆；4—液缸；5—卡块；6—下接头

3. 快速连接器

快速连接器是连接水下井口装置各大系统之间的重要工具。它的作用是保证井口装置外罩与防喷器之间以及防喷器顶部与下部的水下隔水管柱之间形成主压力密封。常用的连接器为液压卡块式，其结构如图 9-15 所示。它由上接头 1、下接头 6、卡块 5、液缸 4 等组成。上、下接头靠卡块卡紧而连接在一起。卡块有两部分组成，互成锥面接触。卡块动作环 2 与液压缸活塞杆 3 相连，活塞杆的伸缩带动动作环上行或下行，使卡块的另一部分压紧或松脱。遇到危险情况，油压卸载、卡块松脱，上接头与下接头呈 30°或更大角度而脱开，使钻井平台迅速离开井位，以避免造成重大损失。

9.2.2　升沉补偿

当采用浮式钻井装置钻井时，在风力、海浪力和海流力等因素影响下，平台会产生升沉运动，严重影响钻井正常作业。因此，必须采取措施来解决钻柱的上下升沉运动问题。

1. 钻进过程的升沉补偿

最早使用伸缩钻杆补偿法，以后逐渐出现死绳恒张力、天车恒张力、大钩恒张力等补偿方法。它主要解决在钻进过程中，如何使钻头不随平台的升沉而升沉。

1）伸缩钻杆补偿

目前使用的伸缩钻杆有全平衡式和部分平衡式两种。

图 9-16 所示为全平衡式伸缩钻杆的结构原理图。伸缩钻杆主要由内筒和外筒组成。内外筒之间有四道密封，每道密封由主密封、挡圈、隔离环组成。伸缩钻杆依靠传扭销可以传递扭矩，传扭销处在传递套筒和内管之间，传扭销呈轴向安装在传递套筒上，并可在内管的凹槽内滑动。由于在伸缩钻杆的中间有一个密封的平衡压力缸，它和流经伸缩钻杆内孔的高压钻井液相通，并使高压钻井液在平衡缸中产生的轴向力和张开力平衡，所以称为全平衡式。

图 9-17 所示为伸缩钻杆补偿法的原理示意图，将伸缩钻杆接在钻铤之上，这样当平台上下升沉时，伸缩钻杆以上的钻柱随之上下升沉，而伸缩钻杆以下的钻铤和钻头可以不升沉，从而保证钻头始终接触井底，钻压稳定，能够正常钻进。

伸缩钻杆的优点是结构简单，使用方便。但伸缩钻杆也存在重大缺点，以致后来被各种恒张力补偿系统所代替。它的缺点如下：

（1）伸缩钻杆补偿不能调节钻压。钻柱一旦下井，伸缩钻杆以下的钻柱在泥浆中的重量就构成钻压。要想调节钻压，必须起出钻柱，改变伸缩钻杆以下钻铤的长度，所以在钻进过程中，不论地层岩性如何，钻压总是一定的，这就极大地阻碍了钻进速度和井身质量的提高。

（2）井深无法准确测量。由于伸缩钻杆以上的钻柱部分始终处在不断地上下升沉运动的过程中，伸缩钻杆的内管和外管之间的相对位置无法准确测定，所以无法准确测量井深。

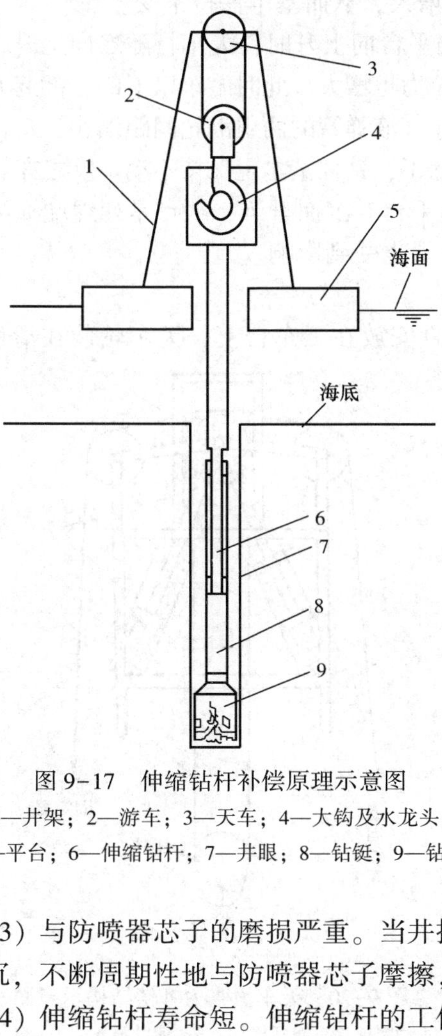

图 9-17　伸缩钻杆补偿原理示意图

1—井架；2—游车；3—天车；4—大钩及水龙头；5—平台；6—伸缩钻杆；7—井眼；8—钻铤；9—钻头

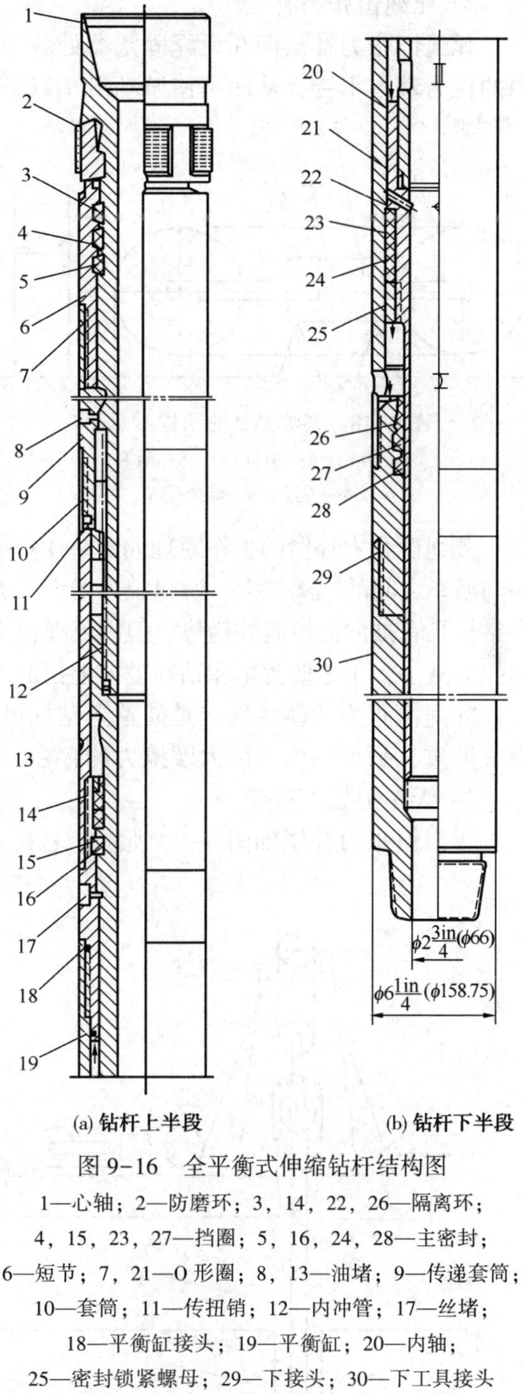

图 9-16　全平衡式伸缩钻杆结构图

1—心轴；2—防磨环；3，14，22，26—隔离环；4，15，23，27—挡圈；5，16，24，28—主密封；6—短节；7，21—O 形圈；8，13—油堵；9—传递套筒；10—套筒；11—传扭销；12—内冲管；17—丝堵；18—平衡缸接头；19—平衡缸；20—内轴；25—密封锁紧螺母；29—下接头；30—下工具接头

（3）与防喷器芯子的磨损严重。当井控需要关闭防喷器时，伸缩钻杆以上的钻柱仍然上下升沉，不断周期性地与防喷器芯子摩擦，很快使芯子磨损。

（4）伸缩钻杆寿命短。伸缩钻杆的工作条件很恶劣，各种密封件均处在泥浆介质中，很快受到磨损。据美国使用统计，伸缩钻杆的平均寿命仅为 65. 2h。

目前，伸缩钻杆仅在钻浅井段或钻导管井段时才使用。

2）死绳恒张力补偿

死绳恒张力补偿即在死绳固定器处装一个恒张力气液弹簧，补偿死绳拉力的变化，使死绳的拉力基本不变，从而可使游动滑车以下的游动系统和全部钻柱不受平台升沉的影响。

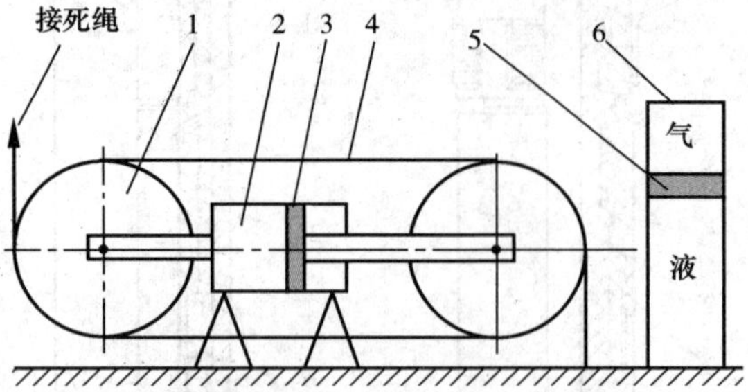

图 9-18　气液弹簧的结构示意图

1—滑轮；2—液缸；3，5—活塞；4—绳子；6—储能器

如图 9-18 所示为气液弹簧的结构示意图。它实际是一个复滑轮系统，两组滑轮之间用液缸连接起来。液缸的液压管线与储能器连接在一起。当死绳拉力增大时，两组滑轮之间的距离缩短，液缸内的液压油压力增大，液压油向储能器中排出。由于储能器的上部为气体腔，气体可以压缩，所以储能器和液缸中的液压变化很小，这样就使死绳的拉力减小下来，基本保持不变。当死绳拉力减小时，气液弹簧又会使其增大，从而基本保持不变。

死绳恒张力补偿的工作原理如图 9-19 所示。当平台向上升时，天车将随之向上升，使天车与游车之间的距离拉大，游绳拉力增大，即死绳拉力也增大。此时游车以下的全部起升系统和钻柱具有被向上拉起的趋势。但因死绳拉力增大，气液弹簧的两组滑轮间距缩小，从而使死绳拉力减小，于是使游车和钻柱被向上拉的趋势消除了，钻柱基本上保持不动。反之亦然。

死绳恒张力补偿的优点是使整个钻柱可以不随平台升沉而升沉，缺点是死绳端大绳磨损极其严重，另外，由于巨大摩擦力的存在，补偿效果也受到影响。

3）天车恒张力补偿

天车恒张力补偿如图 9-20 所示，是将补偿液缸安放在天车台上，天车轮装在滑块上，

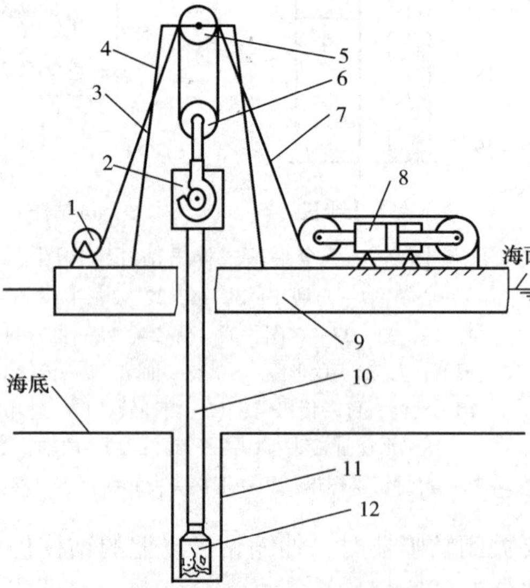

图 9-19　死绳恒张力补偿的原理示意图

1—绞车；2—大钩及水龙头；3—活绳；4—井架；5—天车；6—游车；7—死绳；8—气液弹簧；9—平台；10—钻柱；11—井眼；12—钻头

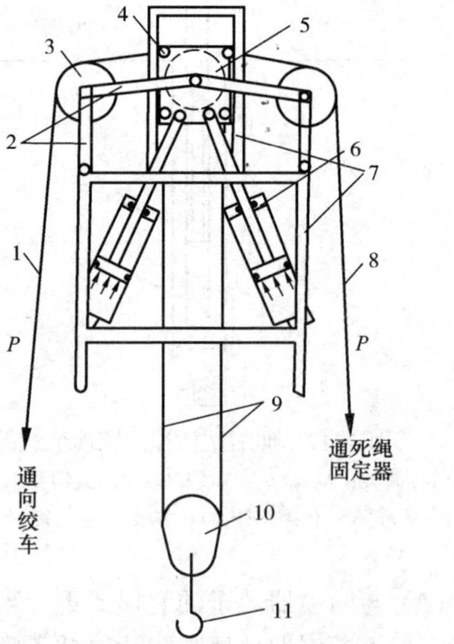

图 9-20　天车恒张力补偿结构示意图

1—快绳；2—连杆机构；3—辅助滑轮；4—滚轮；5—天车滑轮；6—补偿液缸；7—天车架；8—死绳；9—钻井大绳；10—游动滑车；11—大钩

滑块依靠四个补偿液缸的活塞杆支撑，可以在天车的轨道内上下移动，这四个补偿液缸是倾斜装在天车的四个角上的。死绳和快绳从天车轮引出后，分别通过辅助滑轮通向钻台。而辅助滑轮又是靠连杆机构与天车轮、天车台相连接。

天车恒张力补偿装置的原理如图 9-21 所示，当平台向上升时，井架和固定在井架上的液缸也跟着向上升，于是液缸内的压力增大。由于液缸的液体与储能器的液体相连，此增大的液压通过管线流向储能器，将增大的压力泄掉。所以此时液缸上升并不能推动活塞上行，活塞和活塞杆既然不动，则天车轮也就不动。天车轮以下的整个游动系统和整个钻柱就都不随平台上升而上升，反之亦然。

天车恒张力补偿，可使天车和游车之间的距离不随平台的升沉而变化，这比死绳恒张力补偿有很大的进步。但天车轮与平台之间的距离仍然随平台升沉而变化。

4）硬联系大钩恒张力补偿

硬联系大钩恒张力补偿结构如图 9-22 所示，上框架与游车做成一体，两个液缸体固定在上框架上，下框架与大钩联成一体，两个液缸的活塞杆固定在下框架上。补偿液缸与储能器液缸用液压软管连接，气瓶对储能器供压。在起下钻过程中，可将上下框架通过锁紧机构固定为一体，则补偿装置不起作用。

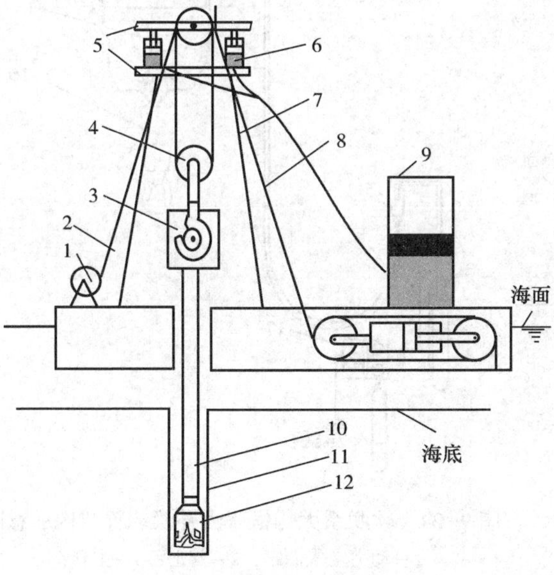

图 9-21　天车恒张力补偿装置示意图

1—绞车；2—活绳；3—大钩及水龙头；4—游车；
5—双层天车；6—天车补偿油缸；7—井架；8—死绳；
9—储能器；10—钻柱；11—井眼；12—钻头

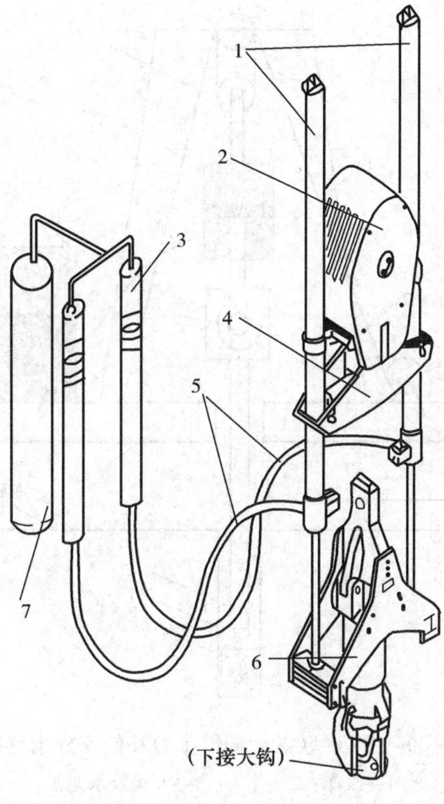

图 9-22　硬联系大钩恒张力补偿装置结构示意图

1—补偿液缸；2—游车；3—储能器；
4—上框架；5—液压管线；
6—下框架；7—气瓶

硬联系大钩恒张力补偿装置的工作原理如图 9-23 所示。当平台向上升时，带动井架、大绳、天车、游车以及补偿液缸的缸体一起向上升，则补偿液缸中的液压增大。但此液压增大却不能推动活塞向上行，因为液压一旦增大液缸中的液压油将向储能器中流动，从而使液压不会增大。由于活塞相对于钻柱无相对运动，所以与活塞相连的大钩以及大钩以下的整个钻柱都将保持不动，不随平台的上升而上升，反之亦然。

硬联系大钩恒张力补偿法的优点是死绳和活绳的长度不再随着平台升沉而变化，因而在死绳固定端不再需要气液弹簧。缺点是由于上下框架之间是靠液缸体和活塞、活塞杆联系的，在钻进过程中，钻柱在破碎岩石时会产生剧烈的上下振动和横向摆动，引起活塞在液缸内振动和摆动，轻者影响活塞的密封，重者使活塞在液缸内卡死。

5）软联系大钩恒张力补偿

软联系大钩恒张力补偿装置，是在硬联系大钩恒张力补偿基础上改进而成的，其结构如图 9-24 所示。上下框架之间靠链条联系，钻柱的振动和摆动均被链条吸收，不会传到活塞和补偿液缸上，因而称为软联系。

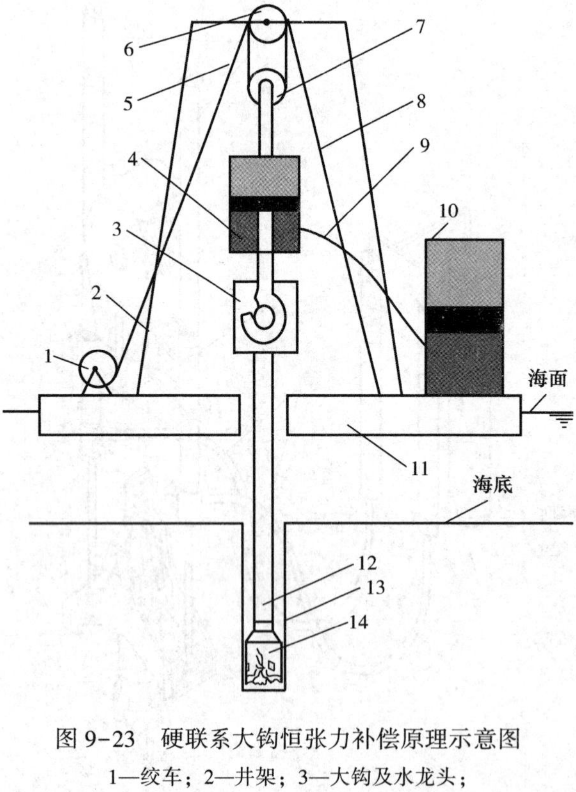

图 9-23　硬联系大钩恒张力补偿原理示意图

1—绞车；2—井架；3—大钩及水龙头；4—补偿液缸；5—快绳；6—天车；7—游车；8—死绳；9—液压管线；10—储能器；11—钻井平台；12—钻柱；13—井眼；14—钻头

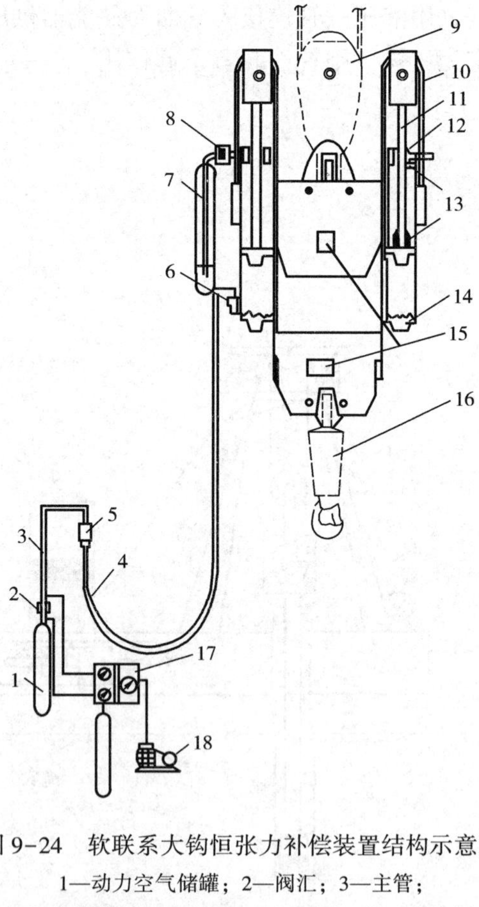

图 9-24　软联系大钩恒张力补偿装置结构示意图

1—动力空气储罐；2—阀汇；3—主管；4—空气软管；5，6—空气安全阀；7—气油储能器；8—速度限制阀；9—游车；10—链条；11—活塞杆；12—低压密封；13—杆端液垫；14—液垫；15—锁紧杆孔；16—大钩；17—控制盘；18—空气压缩机其工作原理与硬联系大钩恒张力补偿类似，当平台向上升时，带动井架、大绳、天车、游车、上框架以及补偿液缸的缸体一起向上升，则补偿液缸中的液压增大，液压油将向储能器中流动，保持液压不变，活塞相对钻柱无相对运动。于是与活塞相连的链轮、链条、大钩以及大钩以下的整个钻柱都将保持不动，不随平台的升沉而升沉，反之亦然。

软联系升沉补偿是目前最好的补偿方法，也是最常用的补偿方法，其优点有：

（1）对活塞同步要求低，消除了硬联系补偿装置中两活塞不同步带来的问题；

（2）避免了硬联系补偿装置中水龙头、大钩的摆动和转动对液缸工作的影响；

（3）链条有调节余地，避免了硬联系补偿装置中固定件之间的严格公差要求；

（4）避免了硬联系补偿装置中刚性连接传给液缸的侧向载荷。

2. 井深测量的升沉补偿

在浮动钻井平台上，由于平台始终处在不停的升沉运动中，即使使用了升沉补偿装置，平台和水龙头之间仍然处在相对运动之中。测量绳移动的距离不仅包括井深的增加，而且包括了平台的升沉距离。所以，要想准确测量井深，必须剔除平台的升沉距离。

井深测量升沉补偿的原理，如图 9-25 所示。A-B-C-P 为井深测量绳，在平台有升沉的情况下，P 点的位移中除了井深的增量外还包括了平台的升沉距离。为了消除平台升沉的影响，增加了补偿绳 D-E-Q。补偿绳固定在隔水管上（隔水管不随平台升沉而升沉），并通过滑轮引入测量室。在井深不变的情况下，不管平台如何升沉，P 和 Q 两点总是同时向左或同时向右移动，两点之间相对位置总保持不变。只有井深增加时，P 点相对于 Q 点向左移动，此相对移动量恰恰等于井深的增量。这样即可在任何时刻都能测得准确的井深值。

3. 井下缆线作业的升沉补偿

完井电测、套管射孔、试油等井下缆线作业均需将电缆或钢丝准确下入一定的井深位置。但在浮动钻井条件下，随平台的升沉，下入的仪器或工具也在不停地上下升沉，同时，由于缆线作业的全部悬挂物重量太轻，引起的液压变化太小，不可能导致与补偿系统储能器的交换，所以全部悬挂物仍会随平台升沉而升沉。为了解决此问题，在大钩上增加一个相当于钻柱重量的载荷，使大钩恒张力补偿系统能正常工作，保证大钩和井眼之间处在相对静止的状态。再将缆线作业绳挂在大钩上，就可消除缆线及其仪器的升沉运动。

缆线作业升沉补偿的原理如图 9-26 所示，当平台向上升时，A、B 两段绳的拉力减小，两滑轮在升沉补偿系统作用下向上升，直至将两绳拉紧。当平台向下降时，A、B 两段绳的拉力增大，两滑轮在升沉补偿系统作用下也向下降，直至恢复到原来的拉力。所以，不管平台如何升沉，补偿绳滑轮如何升沉，补偿绳始终被恒张力拉紧，A 段加 B 段绳长度始终不变。于是 C 段加 D 段作业绳的长度也不会变化，所以井下仪器的位置也就不会发生变化。

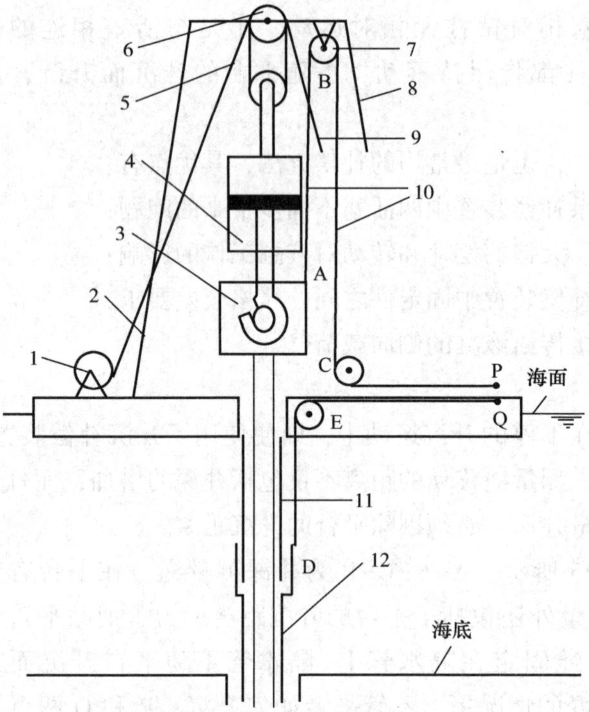

图 9-25　井深测量升沉补偿原理示意图

1—绞车；2，8—井架；3—大钩及水龙头；
4—补偿液缸；5—快绳；6—天车；
7—滑轮；9—死绳；10—井深测量绳；
11—伸缩隔管内管；12—伸缩隔管外管

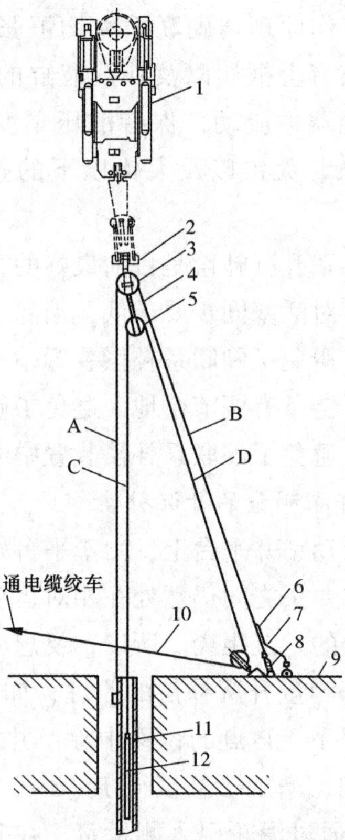

图 9-26　缆线作业升沉补偿原理示意图

1—大钩恒张力补偿系统；2—吊卡；
3—作业绳滑轮；4—补偿绳；5—补偿绳滑轮；
6—卡子；7—安全绳；8—剪销；9—平台；
10—电缆；11—隔水管；12—下井仪器

【本章小结】

海洋石油钻井设备具有自己的独特性。本章主要介绍海洋石油钻井平台的组成、分类、结构及特点，海上钻井井口装置与升沉补偿。要求学员重点掌握自升式平台的结构和特点、水下钻井装置的结构组成，以及软联系大钩恒张力的结构组成和工作原理，熟悉桩基式等其他钻井平台结构和特点、死绳恒张力补偿等其他补偿方法的结构组成和工作原理。学习本章后要求通过课后复习和做思考题加以巩固，有条件的可以到海洋石油钻井平台实地参观考察或实习实训加深对所学知识的理解。

思　考　题

1. 简述海洋石油钻井平台的组成。
2. 简述钻井平台的分类，并说明各自的结构和特点。
3. 与陆地钻井相比，海洋石油钻井具有哪些特殊性？
4. 绘简图说明水下井口装置的结构组成。
5. 简述钻进过程升沉补偿装置的分类。
6. 简述软联系大钩恒张力补偿的工作原理和优点。

第 10 章　机械采油设备

【学习目标和要求】

机械采油设备包括有杆抽油设备和无杆抽油设备。有杆抽油设备包括抽油机、抽油泵、抽油杆等，本章将学习这些设备的种类、型号、结构特点、工作原理、使用及维护等方面的知识，要求学生熟悉这些设备的结构，了解设备的原理，掌握这些设备的功用。

【重点和难点】

重点是机械采油设备的种类、型号、结构特点、工作原理、使用及维护；难点是各组成设备的结构特点和工作原理。

10.1　机械采油设备及分类

从油层中开采原油的方法按油层能量是否充足，可分为自喷法和机械采油法。当油层能量充足时，依靠油层本身的能量将原油举升到地面的方法称为自喷采油法。当油层能量较低时，油井不能自喷，必须人为地通过各种机械设备，从地面向井内液体补充能量，从而将原油举升到地面，这种石油开采方式称为机械采油法或人工举升采油法。机械采油法又可分为气举法和抽油泵采油法两种。由于气举法目前在我国已应用很少，因此，本章只介绍机械采油中的抽油泵采油法。

10.1.1　机械采油设备的分类

机械采油设备在工作过程中按照是否利用抽油杆传递能量，可分为有杆抽油设备和无杆抽油设备两大类。

1. 有杆抽油设备

所谓有杆抽油设备是指由地面的抽油机通过抽油杆柱带动井下抽油泵中的柱塞作上下往复运动，从而将井内液体抽汲到地面的抽油设备。

2. 无杆抽油设备

所谓无杆抽油设备是指不借助于抽油杆向井下传递动力，而将井下液体抽到地面的抽油设备。

抽油设备的分类如下：

- 抽油设备
  - 有杆抽油设备
    - 机械传动抽油机
      - 游梁式抽油机
        - 常规型
        - 异相型
        - 前置型
      - 无游梁式抽油机
        - 链条式抽油机
        - 曲柄连杆式抽油机
        - 宽带型滚筒抽机油
    - 流体传动抽油机
      - 液压抽油机
      - 气动抽油机
  - 无杆抽油设备
    - 水力活塞泵
    - 电动潜油离心泵
    - 射流泵
    - 螺杆泵

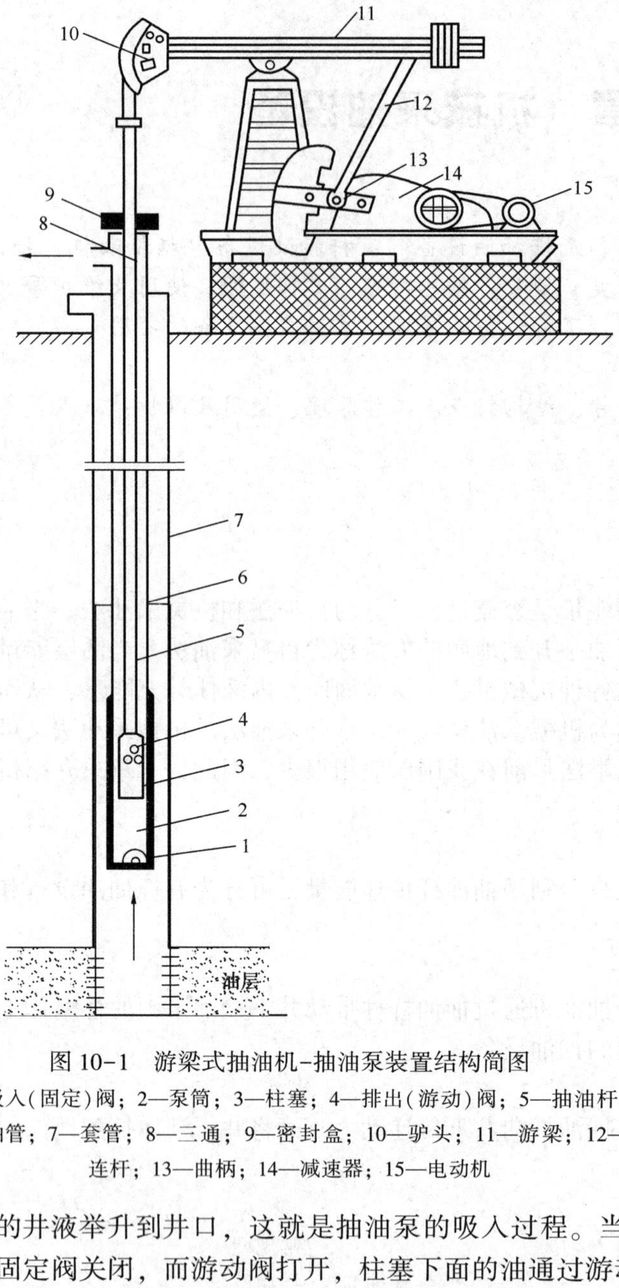

图 10-1　游梁式抽油机-抽油泵装置结构简图

1—吸入(固定)阀；2—泵筒；3—柱塞；4—排出(游动)阀；5—抽油杆；6—油管；7—套管；8—三通；9—密封盒；10—驴头；11—游梁；12—连杆；13—曲柄；14—减速器；15—电动机

10.1.2　抽油泵采油装置

在抽油泵采油法中，应用最为广泛的装置是游梁式抽油机-抽油泵装置。如图 10-1 所示为游梁式抽油机-抽油泵装置简图，由图可见，整套装置由三部分组成：一是地面部分——游梁式抽油机，它包括驱动机、减速器和四连杆机构；二是井下部分——抽油泵，它悬挂于井下套管内的油管下端；三是联系地面与井下的连接部分——抽油杆，它由一种或几种直径的抽油杆和接箍连接而成，习惯上将上述三部分称为“三抽”系统。

由图 10-1 可见，游梁式抽油机-抽油泵装置的工作原理为：电动机通过减速箱、曲柄连杆机构和游梁等，将高速旋转运动转变为抽油机驴头的低速上下往复运动，并通过悬绳器、光杆和抽油杆带动有游动阀的柱塞，在深井泵筒中作上下往复运动，实现抽油。

抽油泵的工作原理为：在抽油泵泵筒的下部装有吸入阀(固定阀)，而在柱塞上装有排出阀(游动阀)。当抽油杆向上带动柱塞作上冲程运动时，固定阀打开，抽油泵从井中吸入井液。同时由于游动阀关闭，柱塞便将其上方油管中的井液举升到井口，这就是抽油泵的吸入过程。当抽油杆向下带动柱塞作下冲程运动时，固定阀关闭，而游动阀打开，柱塞下面的油通过游动阀排到它的上面，这就是抽油泵的排出过程。实际上，游梁式抽油机-抽油泵装置相当于一台特殊结构的单缸柱塞泵，只是将其水力端部分放到了井下成为抽油泵；而将其动力端部分放置于地面成了游梁式抽油机；两者之间用既细又长的活塞杆即抽油杆连接起来。

由于游梁式抽油机具有结构简单、维护方便、工作可靠等优点，因而在石油矿场上应用较广泛。但由于游梁式抽油机自身结构的特点，其质量随冲程长度的增加近似成直线关系增加。当悬点最大冲程长度超过 4.5m 时，游梁式抽油机就显得非常笨重，操作很不方便。为了满足长冲程、低冲次的工艺要求，改善抽油机设备的工作条件，减小抽油机的质量，降低其成本，便出现了无游梁式抽油机和无杆抽油设备。无游梁式抽油机保留了抽油杆，仍保持有杆抽油设备的工作方式。而无杆抽油设备的特点是：取消了抽油杆，把驱动机放到井下直接带动抽油泵抽油。目前，应用比较广泛的无杆抽油设备有水力活塞泵和电动潜油离心泵等。

10.2 游梁式抽油机

10.2.1 游梁式抽油机的结构形式

游梁式抽油机是有杆抽油设备的地面动力装置，它包括动力机、减速器、机架和四连杆机构等几部分。它是目前应用最为广泛的抽油机形式。根据结构形式的不同，游梁式抽油机分为常规型、异相型和前置型；根据平衡方式的不同又可分为机械平衡和气动平衡，而机械平衡又可以分为游梁平衡、曲柄平衡和复合平衡三种。

1. 常规型游梁式抽油机

常规型游梁式抽油机是游梁式抽油机的基本形式之一。由游梁-连杆-曲柄机构(称为四连杆机构)、减速箱(减速机构)、动力设备和辅助装置四大部分组成。它的结构特点是：支架在游梁中间，曲柄连杆机构和驴头分别位于支架的前后两边，曲柄轴中心位于游梁尾轴承的正下方，上下冲程运行时间相等。图 10-2 所示为曲柄平衡常规型游梁抽油机结构示意图。

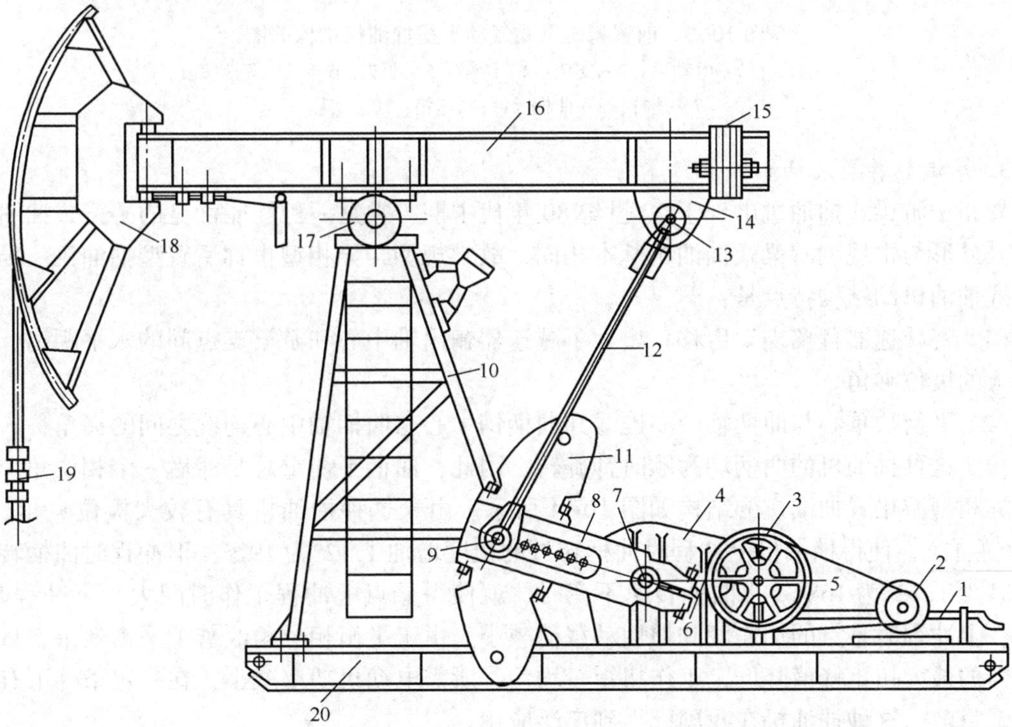

图 10-2　常规型游梁抽油机结构示意图

1—刹车装置；2—电动机；3—减速箱皮带轮；4—减速箱；5—输入轴；6—中间轴；7—输出轴；8—曲柄；9—曲柄销；10—支架；11—曲柄平衡块；12—连杆；13—横梁尾轴；14—横梁；15—游梁平衡块；16—游梁；17—游梁轴；18—驴头；19—悬绳器；20—底座

2. 前置型游梁式抽油机

图 10-3 所示是前置型游梁式气动平衡抽油机，它是游梁式抽油机的另一种基本结构形式。其基本结构与普通式相同，只是支架轴和连接连杆与游梁的横梁轴互换了位置。它的结构特点是：曲柄连杆机构和驴头均位于支架的前边，曲柄连杆机构存在一定的极位夹角(约

15°)和平衡相位角(约 20°)。大型的长冲程前置式抽油机一般采用气动平衡方式，上冲程曲柄转角为 195°(180°+15°)，下冲程曲柄转角为 165°(180°−15°)。当驴头在右时，曲柄顺时针旋转，上冲程比下冲程慢，使抽油机承载能力大。

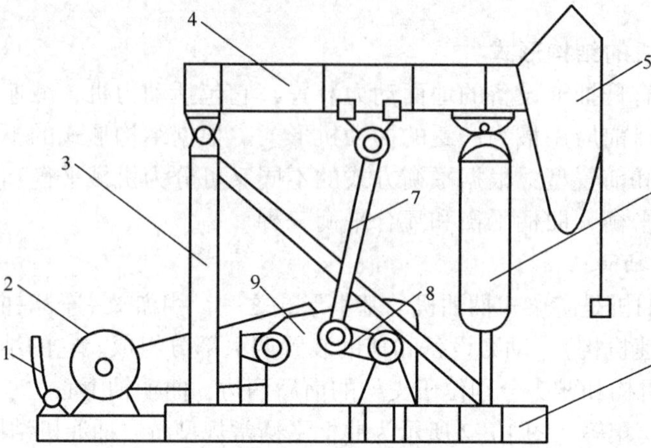

图 10−3　前置型游梁式气动平衡抽油机结构简图

1—刹车；2—电动机；3—支架；4—游梁；5—驴头；6—气平衡活塞缸；7—连杆；8—曲柄；9—减速箱；10—底座

3. *异相型游梁式抽油机*

异相型游梁式抽油机出现于 20 世纪 80 年代中期，它是一种性能优良的游梁式抽油机形式。其外形与常规型游梁式抽油机基本相同，故常规型与异相型也称后置型抽油机。异相型游梁式抽油机的结构特点是：

(1) 将减速器背离支架后移，增大了减速器输出轴中心和游梁支点间的水平距离，形成了较大的极位夹角。

(2) 平衡块重心与曲柄轴中心连线和曲柄销中心与曲柄轴中心连线之间的夹角称为平衡相位角。这种抽油机的曲柄均为顺时针旋转，因此，曲柄平衡重总是滞后一个相位角。

异相型游梁式抽油机的结构如图 10−4 所示。由于这种抽油机具有较大极位夹角(一般为 12°左右)，使得抽油机上冲程时曲柄转过的角度增加了 12°为 192°，下冲程时曲柄转过的角度减少了 12°为 168°。当曲柄转速不变时，就使得悬点上冲程工作时间大于下冲程时间。因此，上冲程时悬点的加速度和惯性动载荷减小。由于平衡相位角改善了平衡效果，从而使减速器的最大扭矩峰值降低，工作扭矩较均匀，所需电动机功率减小，在一定条件下有节能效果。目前，这种抽油机在我国已得到广泛应用。

4. *双驴头游梁式抽油机*

双驴头游梁式抽油机的结构如图 10−5 所示。该抽油机的结构特点是去掉了普通游梁式抽油机横梁尾轴，依靠一个后驴头装置通过驱动钢丝绳将横梁与连杆相连接。该抽油机冲程长，可达 5m，节能效果好，适用于中、低黏度原油和高含水期采油，动载荷小，工作稳定，易启动。缺点是驱动钢丝绳易磨损。

5. *矮型异相曲柄平衡抽油机*

矮型异相曲柄平衡抽油机如图 10−6 所示，结构特点是以一个异形驴头取代了游梁的功能，四连杆机构非对称循环，平衡重中心线与曲柄中心线存在 10°的相位夹角。整机高度

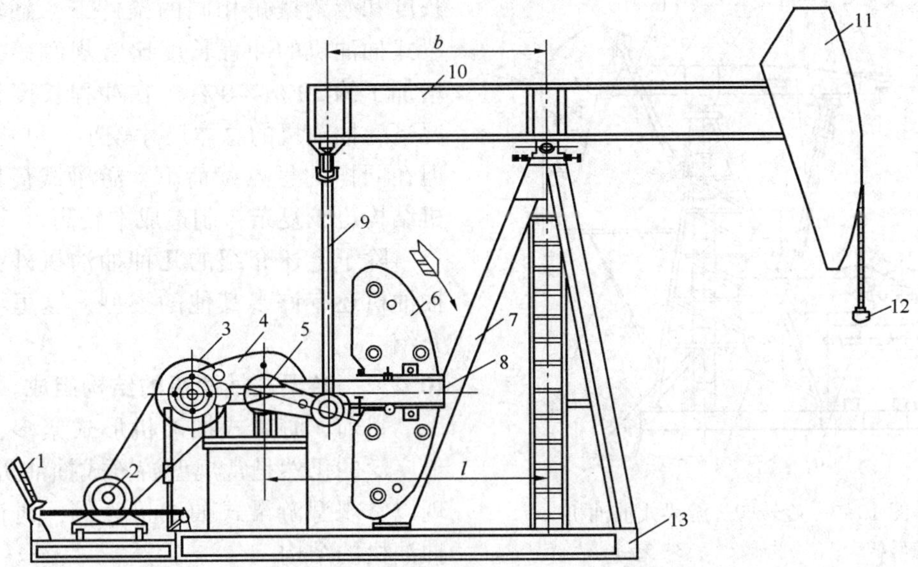

图 10-4　异相型游梁式抽油机结构简图

1—刹车装置；2—动力机；3—减速箱皮带轮；4—减速箱；5—输出轴；6—平衡重；7—支架；
8—曲柄；9—连杆；10—游梁；11—驴头；12—前绳辫子；13—底座

低，质量轻，成本低，能耗少，效率高。在曲柄顺时针转动时，悬点上冲程比下冲程运动速度慢，因而可降低上冲程动载荷，减小曲柄轴峰值扭矩。但该机由于上行程慢而下行程快的特点，故不适用于稠油井生产。

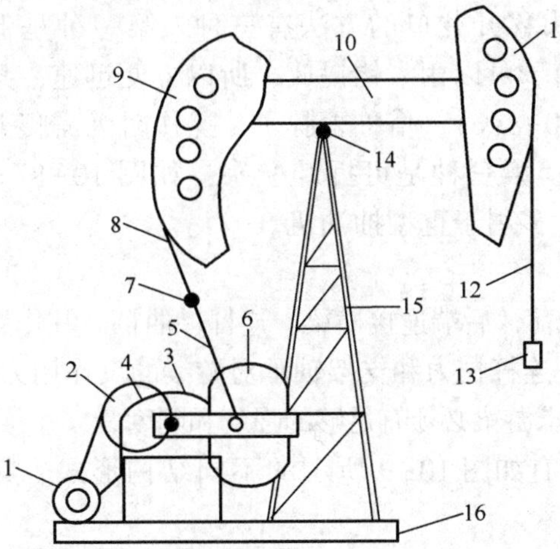

图 10-5　双驴头游梁式抽油机结构示意图

1—电动机；2—皮带轮；3—曲柄；4—减速箱；
5—连杆；6—平衡重；7—横梁；8—驱动绳辫子；
9—后驴头；10—游梁；11—前驴头；12—前绳辫子；
13—悬绳器；14—中心轴承；15—支架；16—底座

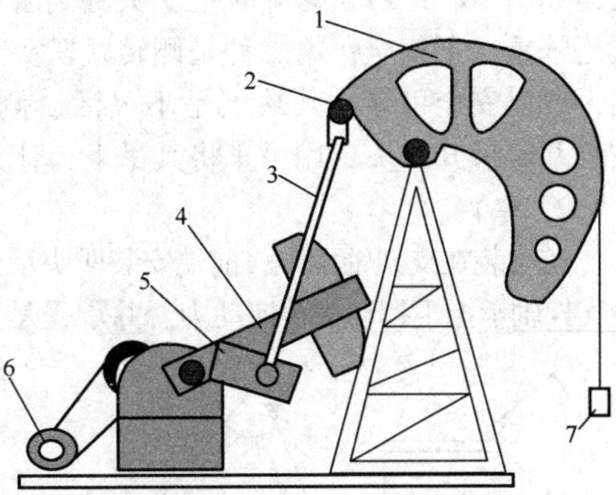

图 10-6　矮型异相曲柄平衡抽油机结构示意图

1—驴头；2—横梁；3—连杆；
4—配重臂；5—曲柄；6—电动机；7—悬绳器

6. *旋转驴头游梁式抽油机*

旋转驴头游梁式抽油机结构如图 10-7 所示。这种抽油机的特点是：驴头和游梁之间采用铰接，驴头可以相对于游梁转动。

驴头本身成为一个运动杆件，整个机构不再是四连杆机构，而成为六连杆机构。在前臂

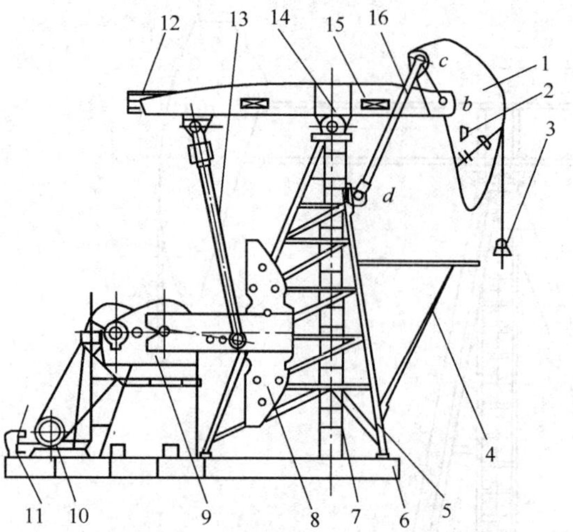

图 10-7　旋转驴头游梁式抽油机

1—旋转驴头；2—手摇绞车；3—悬绳器及光杆；4—侧翻驴头用的操作台；5—支架；6—底座；7—直梯；8—曲柄及平衡装置；9—减速器；10—电动机及带传动装置；11—刹车装置；12—平衡块；13—连杆；14—中心轴承；15—游梁；16—前连杆

长度和游梁摆角相同的条件下，翻转驴头游梁式抽油机的冲程长度比常规游梁式抽油机增加了约 30%～40%。在冲程长度相同的情况下，抽油机的总体尺寸较小，结构较紧凑。但在同样的悬点载荷下，游梁载荷增加，整机结构也较复杂，制造成本较高。

除了上述介绍的几种抽油机外，游梁式抽油机还有许多其他的类型，这里不再一一介绍。

10.2.2　游梁式抽油机的结构组成

目前，游梁式抽油机形式繁多，但应用最广泛的仍然是常规型游梁式抽油机。因此，现以常规型游梁式抽油机为例，讨论游梁式抽油机的结构。

1. *驴头*

驴头装在游梁前端，是由钢板或三角铁焊接制成的。驴头的作用是保证抽油时光杆始终对准井口中心位置。为此，驴头在制作时其原理是以游梁支架轴承为圆心，从圆心到驴头前端长度为半径画圆弧，这样可保证抽油机工作时，头部中心点投影与井眼中心基本重合。

为了修井的需要，驴头必须能让开井口，驴头移开井口的方法有三种：第一种是上翻式，如图 10-8(a)，修井时把驴头翻到游梁上，由于可以用大钩提放，所以方便迅速，其缺点是笨重、不安全；第二种是侧转式驴头，如图 10-8(c)，俗称歪脖子，操作时无需爬上游梁，所以安全可靠，其缺点是不灵活、侧转费力；第三种是可拆卸驴头，如图 10-8(b)，在修井时拆开驴头，用吊车将其吊下，让开井位，多用于重型抽油机。

2. *游梁*

游梁装在支架轴承上，前端安装驴头承受井下载荷，后端连接横梁、连杆、曲柄。其作用是绕支架轴承上下摆动来传递动力，并承受悬点载荷、连杆拉力和支架轴承对游梁的反作用力等。因此，要求游梁必须有足够的强度和刚度。

游梁有如图 10-9 所示的不同结构形式。其中

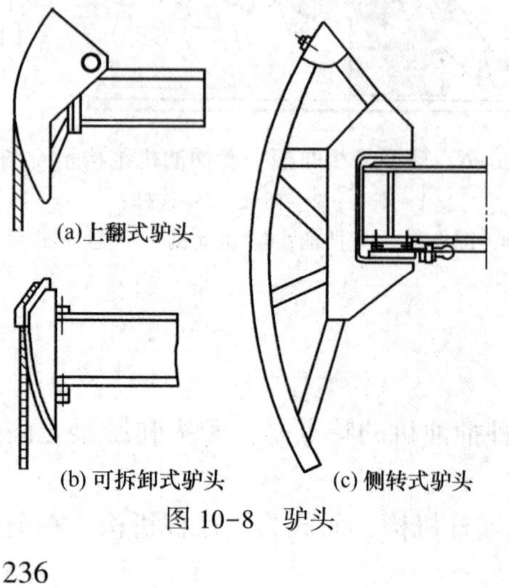

(a)上翻式驴头　(b) 可拆卸式驴头　(c) 侧转式驴头

图 10-8　驴头

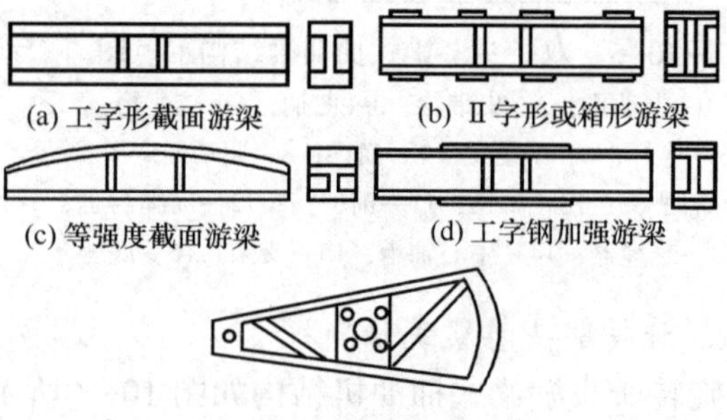

(a) 工字形截面游梁　(b) Ⅱ字形或箱形游梁　(c) 等强度截面游梁　(d) 工字钢加强游梁　(e) 一体型驴头游梁

图 10-9　游梁

图 10-9(a)所示为"工"字形截面游梁，用钢板焊成或直接选用宽翼工字钢，这种游梁结构简单，制造容易，我国轻型或中型抽油机游梁多采用这种截面的游梁。图 10-9(b)所示为双槽钢或用钢板焊成截面为"II"字形或箱形游梁，这种游梁结构复杂，焊接工作量大，但强度和刚度较好，我国中型或重型游梁式抽油机多采用这种截面的游梁。图 10-9(c)所示为等强度截面游梁，用钢板焊成，这种游梁结构材料利用合理，但制造麻烦。图 10-9(d)所示为在工字钢上加两块加强板，断面近似等强度的游梁结构。图 10-9(e)所示为一体型驴头游梁，其优点是质量小，但因驴头固定在游梁上，修井时不方便，所以很少使用。

3. 横梁

横梁是连杆和游梁之间的连接桥梁，连杆经过横梁带动游梁作摇摆运动。一般小型抽油机把连杆制成弯曲的，直接与游梁连接，这样就节省了横梁。横梁的形式一般有三种：一是直形横梁；二是船形横梁；三是翼形横梁。横梁的制造方法有三种：第一种是用型钢直接焊成；第二种是用钢板焊成矩形截面结构；第三种是铸造。横梁截面一般采用等强度结构，以充分发挥材料的性能和减轻横梁的质量。横梁多采用型钢焊接结构，少数采用铸造横梁。

如图 10-10 所示，其中图(a)所示是直形横梁；图(b)所示是船形横梁，其横梁和连杆连接点与横梁和游梁连接点在同一水平线上，增加了连杆和横梁的刚性，并改善了连杆销轴的工作条件；图(c)所示是连杆弯曲与横梁成为一体，直接与游梁连接，结构简单，连接零件少，多用在轻型游梁式抽油机上。

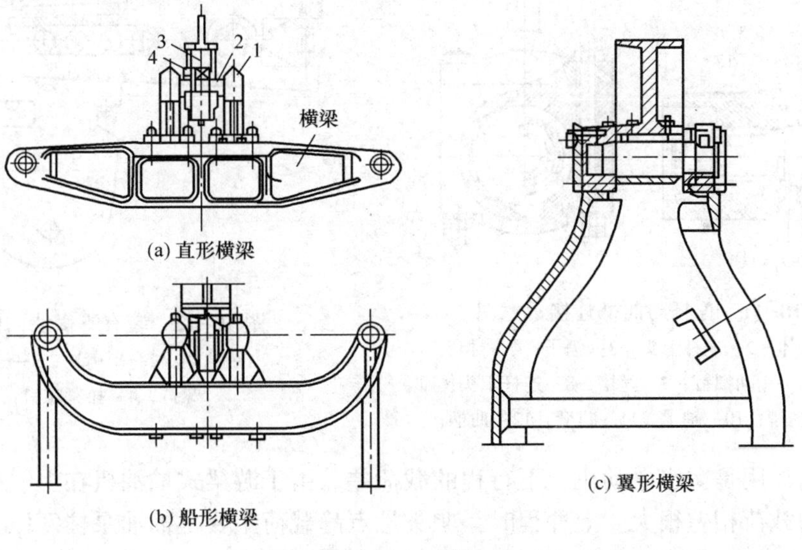

图 10-10　横梁

1—支座；2—心轴；3—轴承座；4—球面轴承

4. 连杆

连杆的作用是连接曲柄和横梁，并以此来传递动力，带动横梁摆动。一般都用无缝钢管制成，也有用工字钢或槽钢制成的。连杆与曲柄连接如图 10-11 所示。在连杆的上部焊有接头，连杆与横梁用销轴铰接，下接头与曲柄连接，曲柄销 9 的一端装在轴承 10 上，另一端固定在曲柄销孔内，用螺帽固紧，并加开口销销住。为了便于拆卸，防止曲柄孔磨损与挤坏，同时也是为了能够得到良好的配合，在曲柄孔和曲柄销之间装有弹性锥形套 11。

5. 曲柄和平衡块

曲柄在游梁式抽油机中的主要作用是将减速箱输出的动力扭矩传递给连杆，其次是安装平衡重。曲柄成对使用，分别装在减速器输出轴的两端。在曲柄上装有根据油井工况所配的平衡块，平衡块可以沿曲柄侧面移动，以调整平衡能力，取得较好的平衡效果。

图 10-12 所示为装有平衡块的曲柄，曲柄的上下端开有 T 形槽，用来安装平衡块，曲柄上开有 4~8 个孔，是调节冲程时用的。为了调节抽油机的平衡扭矩，曲柄上有刻线和数字，用来标明平衡块回转半径或平衡块扭矩大小。曲柄两侧一般铸有齿条，并铣成 T 形槽，当需调整平衡块回转半径时，松开固定螺钉，把带有齿轮的摇把插入平衡块的孔内，使齿轮与齿条啮合，摇动手柄，平衡块在曲柄上移动，同时固定螺钉随之在 T 形槽内滑动，直到预定位置停止，拧紧固定螺钉，装好保险锁块，取下摇把。

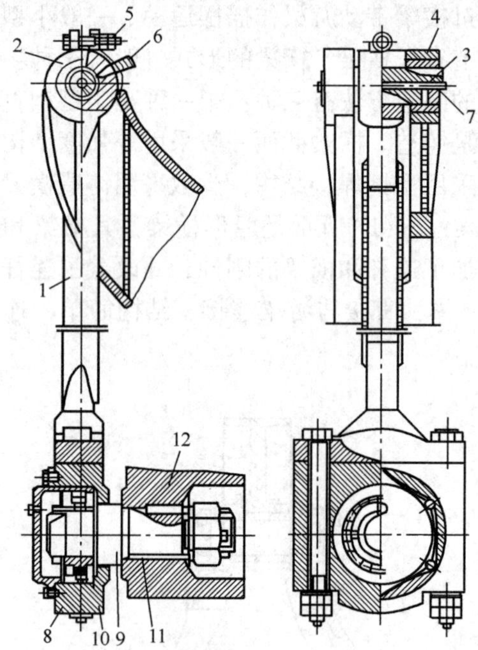

图 10-11　连杆与曲柄连接示意图

1—连杆体；2—连杆上头；3—销子；4—衬套；5—螺钉；6—止动螺钉；7—丝堵；8—连杆上头体部；9—曲柄销；10—轴承；11—衬套；12—曲柄

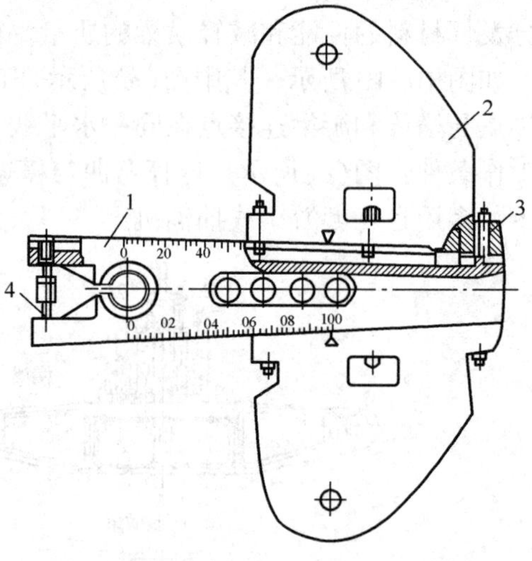

图 10-12　装有平衡块的曲柄

1—曲柄；2—平衡块；3—连接螺钉；4—拉紧螺钉

平衡块的作用是减小电动机上下行程的载荷差。由于游梁式抽油机在上、下冲程中，电动机所承受的载荷相差很大。上冲程时，驴头悬点静载荷主要是抽油泵柱塞以上的液柱重量与抽油杆重量之和，提起这部分重量电动机需要做很大的功；而下冲程时，液柱重量转移到固定阀上，驴头仅承受抽油杆的重量，电动机不仅无需做功，反而由于抽油杆靠自重下落，使电动机处于发电机状态，在上、下冲程中，电动机的负载极不均匀。因此，所有抽油机-抽油泵装置中，都必须采取平衡措施——加平衡块，这样抽油机上行程时平衡块向下运动，帮助电动机做功；下行程时平衡块向上运行，储存能量以便在下行程时释放。

上面分别讲述了游梁、横梁、连杆和曲柄结构部件，由这几个部件构成了游梁-连杆-曲柄机构，其作用是：将电动机的旋转运动转换成驴头的上下往复运动。

6. 刹车装置

游梁式抽油机的刹车装置，分为外抱式和内胀式两种。外抱式刹车存在着制动速度慢、操作不便等缺点，故在新制造的抽油机上采用了内胀式刹车。

内胀式刹车装置如图 10-13 所示，主要由刹瓦、制动盘、刹车支架、拉杆和手把等部件组成。虽然这种刹车具有制动迅速、操作方便等优点，但是由于它无自锁机构，因此有打滑现象发生，在使用时应特别注意。刹车装置的作用是：可以把驴头或曲柄停止在工作需要的任何一个位置，以便于检查、维修、调节平衡、调节冲程和校对防冲距等。

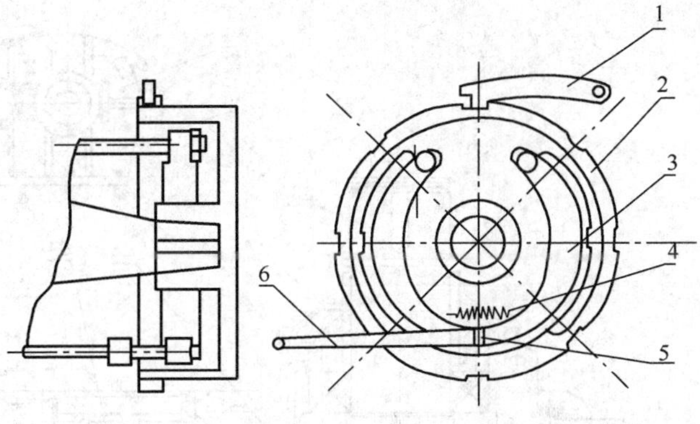

图 10-13　内胀式刹车装置

1—保险挂钩；2—刹车轮；3—刹车蹄；4—弹簧；5—凸轮轴；6—刹车臂

7. 减速箱

减速箱的作用是将电动机的高速转动，通过三轴二级减速转变成曲柄轴的低速转动，同时支承平衡块。游梁式抽油机使用的减速箱，一般分为渐开线齿轮减速箱和圆弧齿轮减速箱两类。老产品采用渐开线齿轮，新产品采用圆弧齿轮。

圆弧齿轮减速箱结构如图 10-14 所示，减速箱的三根轴分别是输入轴、中间轴和输出轴。在输入轴中间有两个传动齿轮，两端还有两个轮：一端是接受电动机动力的皮带轮；另一端是刹车轮。在中间轴上有四个齿轮，输出轴上有两个齿轮，轴两端安装曲柄，轴上有两个键槽，互成 90°，以便当被动轮的齿轮磨损到一定程度的时候，可以把曲柄换到相差 90°的另一键槽上，这样可以使齿轮均匀磨损。此外还要注意输出轴两端的键槽，一定要在一条直线上，否则将造成两个曲柄安装时的剪刀差(即当一个曲柄处于水平位置时，测得另一个曲柄尾端中心位置与水平曲柄尾端中心位置的角度差值)。

减速箱箱盖上装有视孔，借以观察减速箱内齿轮的啮合情况。箱座的下部还装有测油杆，用来观察箱内的机油储量。箱座底部为一倾斜面，在清洗时使污油流得干净。从动轴和主动轴两端的轴承盖处均装有密封圈，消除了过去老式减速箱的漏油现象，同时在结构上也考虑了更换密封圈的方便。

8. 支架

游梁式抽油机一般都采用四腿支架，用角钢焊制而成。在支架的四个脚上焊有小钢板，再用螺丝固定在抽油机的底座上。在支架的上端焊有一块水平的方形钢板，以便安装游梁轴承座，通过游梁轴承、短轴和 U 形螺丝将游梁与支架连接起来。

支架的主要作用是支撑游梁、承受悬重；其次是利用支架作为梯子，以方便维修人员攀登上去对游梁轴承、横梁轴承和驴头等进行维修保养工作。

9. 底座

底座一般都是在两根较大的槽钢之间加角钢焊制而成。通常焊成橇状，所以亦称撬座。其长短、大小根据抽油机的型号决定。使用时，将底座水平安放在水泥砂浆混凝土基础上面，再用基座螺丝紧固在基础之上。其主要作用是：便于安装支架、减速箱、电动机和刹车装置等。

10. 电动机(马达)

抽油机的电动机一般采用感应式三相交流电动机，它是抽油机动力的来源。

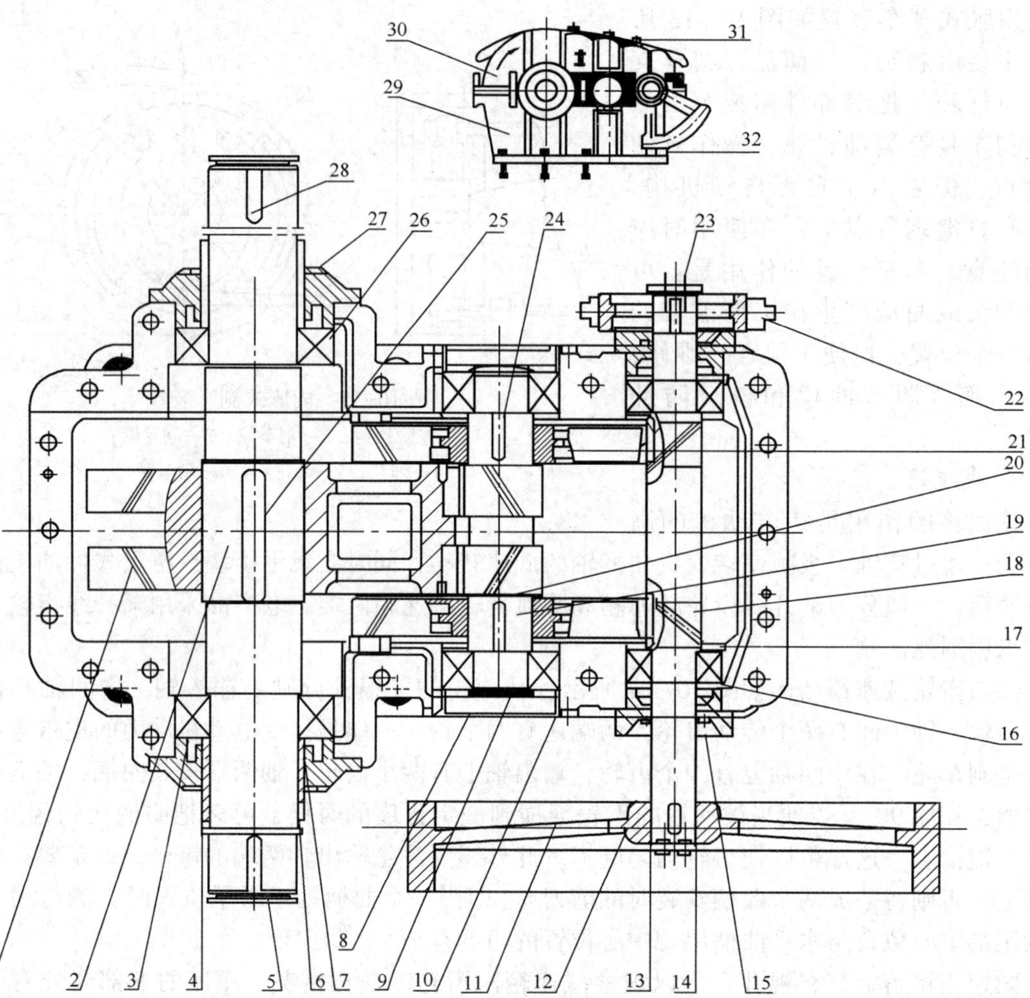

图 10-14　抽油机两级双圆弧面齿轮减速器

1—从动轮；2—从动轴；3，8，15—轴承盖；4—挡油盘；5，9—挡圈；6，12—轴套；7—O 形密封圈；10，16，26—石棉垫；11—皮带轮；14—挡法兰；17—甩油盘；18—主动齿轮；19 一中间轴；20—左旋齿轮；21—右旋齿轮；22—刹车装置；23，24，25—键；27—压板；28—垫；29—箱体；30—箱盖；31—盖板；32—放油塞

10.2.3　游梁式抽油机的基本参数与系列

1. 游梁式抽油机的基本参数

所谓游梁式抽油机的基本参数就是指表明游梁式抽油机的主要性能、基本结构及其主要尺寸的一组参数。游梁式抽油机的基本参数主要有：额定悬点载荷、减速器额定扭矩和光杆最大冲程。

1）额定悬点载荷 W

额定悬点载荷是指游梁式抽油机驴头悬点所能承受的最大载荷，悬点最大载荷取决于抽油杆和油柱的重量，实际上，它表明了在一定的抽油杆和抽油泵泵径组合时的最大下泵深度（或井深）。该参数是设计和使用游梁式抽油机的主要依据之一。在使用游梁式抽油机过程中，必须保证悬点最大载荷不超过额定悬点载荷。

2）减速器额定扭矩 T

减速器额定扭矩是指在游梁式抽油机减速器各零件强度和刚度允许的条件下，减速器输出轴上的扭矩最大允许值。同样，减速器额定扭矩也是游梁式抽油机设计和使用游梁式抽油机的主要依据之一。在使用游梁式抽油机的过程中，必须保证减速器输出轴上的最大静扭矩不超过额定扭矩。最大输出扭矩通常随悬点载荷和冲程长度的增加而增加。

3）光杆最大冲程长度 S_{max}

所谓光杆最大冲程长度是指在游梁式抽油机工作过程中，能够提供给光杆上下往复运动时的最大位移量。它是计算抽油井最大理论产量的重要参数之一，它主要决定抽油机的基本尺寸和质量。

以上三个参数表明了游梁式抽油机的能力特性及其使用范围，并且根据这三个参数可以估算抽油机的大概尺寸和质量；将以上这三个基本参数组合起来，可以划分和确定游梁式抽油机的规格与型号，并据此形成了游梁式抽油机的基本参数系列。

2. 游梁式抽油机的参数系列

我国常规型游梁抽油机已经系列标准化，可以用类别代号、规格代号、其他代号和型号等标注。

1）抽油机类别代号

CYJ——常规型游梁式抽油机；

CYJQ——前置型游梁式抽油机；

CYJY——异相型游梁式抽油机。

2）抽油机规格代号

由额定悬点载荷—光杆最大冲程—减速器额定扭矩的数值顺序排列组成。游梁式抽油机规格代号表示法：

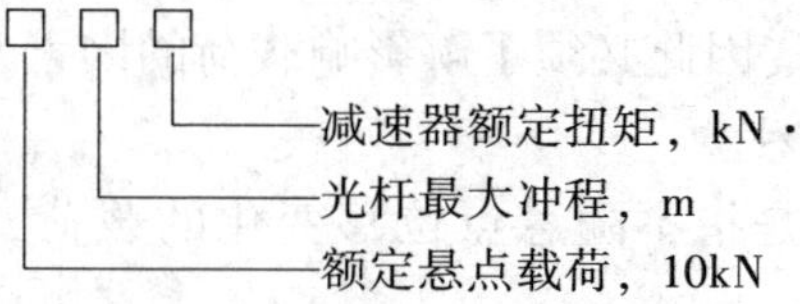

3）其他代号

除类别代号和规格代号外，还有减速器齿形代号和平衡方式代号等。抽油机标准型号标注格式如下：

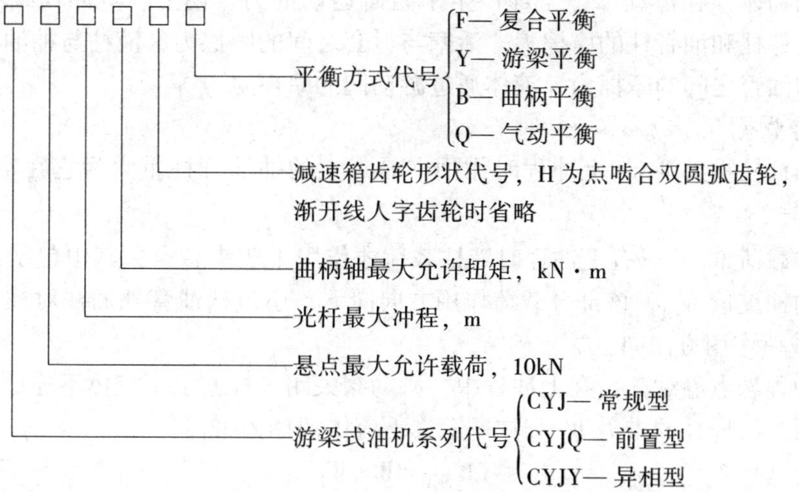

例如：CYJ8-3-37HB——常规型游梁式抽油机，额定悬点载荷为80kN，光杆最大冲程为3m，点啮合双圆弧齿轮啮合传动减速器，减速器额定扭矩为37kN·m，抽油机的平衡方式为曲柄平衡。

我国抽油机和其他石油钻采设备正逐步进入国际市场，因而结合我国的具体情况，呈现了使标准逐渐与国际标准或国际上常用标准靠拢的趋势。具体地说，就是使抽油机的悬点载荷、减速器最大扭矩和光杆最大冲程这三个主要参数，尽可能接近美国的API标准，详细请参见相关资料。

3. 抽油机的分类

（1）按照游梁式抽油机驴头悬点最大允许载荷分类　可分为轻型抽油机（$W_{max}\leqslant 30kN$）、中型抽油机（$30kN<W_{max}\leqslant 100kN$）和重型抽油机（$W_{max}>100kN$）。

（2）按照光杆最大冲程长度分类　可分为短冲程抽油机（$S_{max}\leqslant 1m$）、中等冲程抽油机（$1m<S_{max}\leqslant 3m$）、长冲程抽油机（$3m<S_{max}\leqslant 6m$）和超长冲程抽油机（$S_{max}>6m$）。

（3）按照驴头悬点最大冲程次数分类　可分为低冲次抽油机（$n_{max}\leqslant 6min^{-1}$）、中等冲次抽油机（$6min^{-1}<n_{max}\leqslant 15min^{-1}$）和高冲次抽油机（$n_{max}>15min^{-1}$）。

（4）按照减速箱曲柄轴最大允许扭矩分类　可分为小扭矩抽油机（$T_{max}\leqslant 10kN\cdot m$）、中等扭矩抽油机（$10kN\cdot m<T_{max}\leqslant 30kN\cdot m$）、大扭矩抽油机（$30kN\cdot m<T_{max}\leqslant 60kN\cdot m$）和超大扭矩抽油机（$T_{max}>60kN\cdot m$）。

（5）按抽油机所需最大功率分类　可分为小功率抽油机（$P_{max}\leqslant 5kW$）、中等功率抽油机（$5kW<P_{max}\leqslant 25kW$）、大功率抽油机（$25kW<P_{max}\leqslant 100kW$）和超大功率抽油机（$P_{max}>100kW$）。

10.2.4　游梁式抽油机驴头的悬点载荷

在抽油过程中，抽油机驴头悬点要承受多种载荷，悬点所承受的载荷是选择抽油设备和分析设备工作状况的重要依据。因此必须了解影响载荷的因素及载荷的计算方法。

1. 驴头悬点所承受载荷的种类

（1）静载荷　静载荷一般是指不随悬点位移变化的载荷，包括杆柱载荷 W_r 和液柱载荷 W_l。

（2）动载荷　动载荷是指随悬点位移或速度变化的载荷，包括惯性载荷、振动载荷。

（3）摩擦载荷　抽油井工作时，抽油杆柱在井中及活塞在泵筒中作上下往复直线运动，与其所接触的物体存在滑动摩擦，即产生了阻碍运动的力，使上、下冲程载荷差别变得更大。包括抽油杆柱和油管柱的摩擦力，活塞与衬套之间的摩擦力，液柱与抽油杆柱之间的摩擦力，液柱与油管之间的摩擦力，液体通过游动阀的摩擦阻力等。

2. 悬点静载荷

（1）抽油杆柱重力 W_r　上冲程时作用在悬点上的抽油杆柱重力为它在空气中的重力，作用方向向下。

（2）液柱载荷 W_l　只有上冲程时液柱载荷才作用于驴头悬点，其中包括油管内抽油泵柱塞以上的油柱重量 W_{oil}，该部分载荷作用方向向下，还包括油管外油柱对柱塞下端的压力 W_p，该部分载荷作用方向向上。

（3）上冲程悬点静载荷　在上冲程中，游动阀关闭，柱塞上下流体不连通，产生悬点静载荷的力包括抽油杆柱的重力 W_r 和柱塞上、下流体的压力 W_l。

$$W_{静上}=W_r+W_l \tag{10-1}$$

（4）下冲程悬点静载荷　在下冲程中，由于游动阀打开，而固定阀关闭，柱塞上下液体连通，悬点只承受杆柱在油中的重量 W'_r。

$$W_{静下} = W'_r \quad (10-2)$$

3. 悬点动载荷

动载荷是随悬点位移或速度变化的载荷，包括惯性载荷和振动载荷。

（1）惯性载荷　抽油机运转时，驴头带着抽油杆柱和液柱作变速运动，存在加速度，必然会产生阻碍运动状态改变的惯性力。这个惯性力与产生加速度的力始终是大小相等，方向相反。根据牛顿第二定律，可求出惯性力的大小。

（2）振动载荷　实际上，细长的抽油杆柱和液柱具有较大的弹性和可压缩性。杆柱顶端周期性地上下运动和液柱载荷周期性地作用于其下端使杆柱产生弹性振动，液柱下端周期性地被泵柱塞所推动而使液柱产生振动；当油管柱下端未锚定时，在液柱载荷周期性地作用下，管柱也会产生振动。杆、管、液三组弹性体的振动相互影响，再加上阻尼的作用，使整个系统的振动过程相当复杂。

10.2.5　游梁式抽油机的维护保养

抽油机是24h连续运转的机械，维护保养是保证抽油机长期处于良好的工作状态，使设备可靠运行，增加其使用寿命的重要手段。因此，要定期对抽油机进行维护保养和检修。维护保养的内容如下。

1. 例行保养

例行保养是由采油工每班或每日进行的检查保养，其内容如下：

（1）检查各部位紧固螺钉。

（2）检查减速器、中轴、尾轴、曲柄销应无异常声响，不缺油、不漏油。

（3）保持机身的清洁、无油污。

2. 一级保养

抽油机的一级保养由操作人员按期认真履行。一级保养的内容包括：

（1）去除抽油机外部油污。

（2）检查减速器润滑油液面高度，油高不足时补充加足润滑油。

（3）对减速器、横梁、游梁、连杆等各处轴承加注润滑脂，必要时清洗连杆轴承。

（4）清洗减速器呼吸器，使其始终保持通畅。

（5）检查并紧固各部位固定螺栓。

（6）检查并紧固平衡重固定螺栓。

（7）检查减速器传动齿轮的磨损情况。

（8）检查刹车是否可靠，必要时进行调整。

（9）检查驴头滑轮是否转动灵活。

除了例行保养、一级保养外，抽油机运转4000h，由小队维修班进行二级保养，这里就不再一一介绍了。

10.3　无游梁式抽油机

随着油田注水开发和大量低渗透油田投入开发，使得下泵深度和排量不断增加，加之特种油田井下复杂开采条件的出现（如高黏、重蜡、多砂、多气、水淹和强腐蚀等），采油工艺对有杆抽油设备提出了长冲程、低冲次、大泵、深抽等要求，常规游梁式抽油机-抽油泵装置的缺点日益明显暴露出来(如抽油机质量增大，生产中抽油杆事故增多，抽油泵排量降低)，越来越显得不能适应上述要求，于是便出现了各种形式的无游梁式抽油机。下面介绍三种机械式无游梁抽油机(即链条式抽油机、宽带型滚筒抽油机、曲柄连杆式抽油机)以及液压式无游梁抽油机。

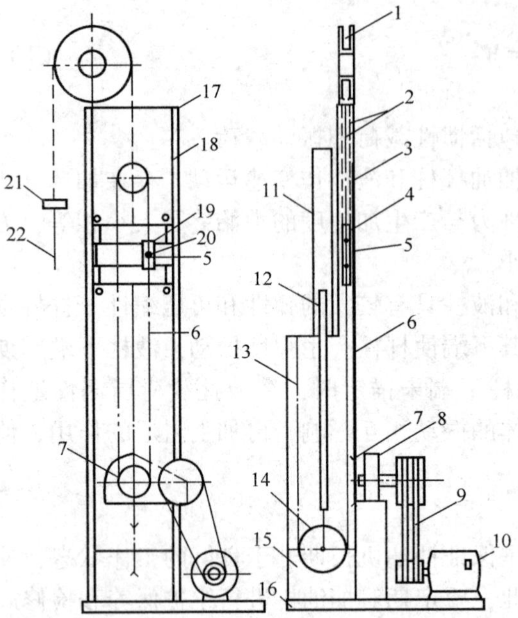

图 10-15　链条式抽油机结构示意图

1—天车滑轮；2—上钢丝绳；3—上链轮；4—往返架；5—特殊链节；6—轨迹链条；7—主动链轮；8—减速箱；9—皮带传动；10—电机；11—平衡气缸；12—平衡柱塞；13—平衡链条；14—平衡链轮；15—油底壳；16—底座；17—机架；18—导轨；19—滑块；20—主轴销；21—悬绳器；22—光杆

10.3.1　链条式抽油机

1. 链条式抽油机的结构

常用的链条式抽油机型号有 LCJ12-5-13HQ 和 LCJ12-6-13HQ，其结构如图 10-15 所示，主要由五大系统组成：

(1) 动力传动系统　由电动机、皮带传动装置和减速箱等组成。

(2) 换向系统　由上下链轮、轨迹链条、往返架等组成。往返架由滑块、滑杠、托架、滚轮等组成。

(3) 平衡系统　由平衡链轮、平衡链条、平衡缸、储能气包和油泵等组成。

(4) 悬挂系统　包括悬绳器、上钢丝绳、天车轮等。

(5) 机架底座系统　包括机架、底座和油底壳等。

2. 链条式抽油机的特点

链条式抽油机的主要特点是冲程长，冲数低，适用于深井和稠油开采，且动载荷小，平衡效果好，比同载荷等级的游梁式抽油机节电约 30%以上，系统效率高，结构紧凑，比游梁式抽油机节约钢材约 60%。

3. 链条式抽油机的工作原理

链条式抽油机的工作原理是：电动机通过减速箱减速后驱动主动链轮，带动主动链轮和从动链轮之间的轨迹链条上下运动。轨迹链条上有一个特殊链节，其上装有主轴销，通过滑套和滑块带动往返架沿机架导轨作垂直运动。当轨迹链条上的特殊链节在链轮上作环形运动时，主轴销带动滑块可沿往返架上的水平滑杠作水平移动，从而实现往返架的换向。绕在天车轮上的钢丝绳一端连在往返架的上端，而另一端与悬绳器相连。这样便将往返架的上、下垂直直线往返运动，通过钢丝绳和悬绳器传给光杆，再经光杆带动抽油杆柱和抽油泵柱塞进行相应的上、下冲程作业。在往返架的下部连有平衡链条，绕过平衡链轮后固定在机架上，平衡链轮与平衡柱塞相连，在往返架的带动下，平衡柱塞上、下往返运动，从而满足链条式抽油机的平衡需要。

10.3.2　宽带型滚筒抽油机

1. 宽带型滚筒抽油机结构

滚筒抽油机有一个特殊滚筒，其内有两个具有弧面的小滚筒，缠绕一根宽皮带拉动平衡重框，再通过悬重宽皮带、天车轮、悬绳器带动光杆上、下往复直线运动。电动机、减速器和滚筒都装在支架下面。该机的机架可以用一个小型电动机通过丝杠拉动，使其前后摆动，以便修井时让开井口和井口对中。图 10-16 所示是它的结构外形图。

2. 宽带型滚筒抽油机工作原理

它的工作原理是：抽油机上冲程时，依靠电动机输出的动力和平衡重释放的能量，悬重宽皮带、悬绳器、光杆带动井下抽油泵柱塞作上冲程运动，从而将油液提升到地面；下冲程时，由于抽油杆柱的重力大于平衡重重力，因而自动下落，电动机处于发电机运行状态。电动机在抽油机的每一次冲程循环中有通电、断电、发电三种工作状态。上、下冲程间的切换和冲程长度的调节由偏心轮机构控制。电动机的正、反转和通电时间由电气控制系统控制，并有手动和自动控制功能。对垂直上、下往复运动的平衡重框设有防坠落机械安全保护装置。在这种形式的抽油机中，宽皮带是技术关键之一，它承受持续拉力，频繁弯曲和伸直，易发生疲劳损坏，所以宽带和宽带专用接头是抽油机的薄弱环节。由于采用了同步转速启动技术，该机的驱动电动机可以选用普通电动机。

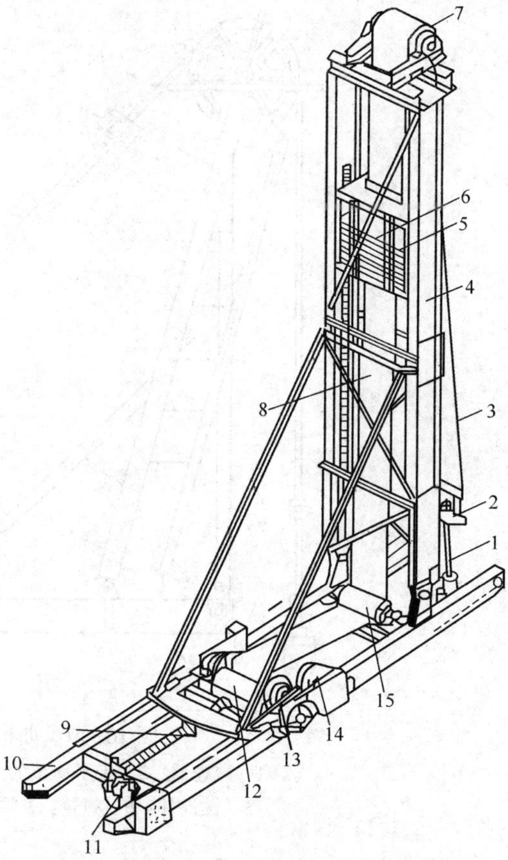

图 10-16　宽带型滚筒式抽油机

1—光杆；2—悬绳器；3—悬重宽皮带；4—支架；5—平衡框；6—平衡重；7—天车轮；8—驱动宽皮带；9—调整丝杠；10—底座；11—小型电动机；12—驱动滚筒；13—减速器；14—主电动机；15—方向滚筒

10.3.3　曲柄连杆式抽油机

1. 曲柄连杆式抽油机的结构

图 10-17 为曲柄连杆式抽油机的结构图，它与游梁式抽油机的主要区别在于取消了游梁与驴头，而由一个滑轮和钢丝绳代替。主要由减速箱、带平衡块的 V 形曲柄、连杆、横梁、柔性传动件（钢丝绳或链条）、绳轮（或链轮）、可调螺杆、支架和底座等组成。

2. 曲柄连杆式抽油机主要特点

（1）采用了 V 形曲柄，能使曲柄向顺时针或逆时针两个方向旋转，适时改变旋转方向可以增加减速箱的使用寿命。

（2）在曲柄上装有丝杆调节装置，可在抽油机承载情况下，无级调节冲程长度。

（3）支架下端由铰链连接，利用可调丝杆能够使支架前后倾斜，便于绳轮与井口对中，便于修井作业。

（4）将此抽油机和游梁式抽油机相比，具有结构简单、尺寸小、质量轻、节省钢材等优点。

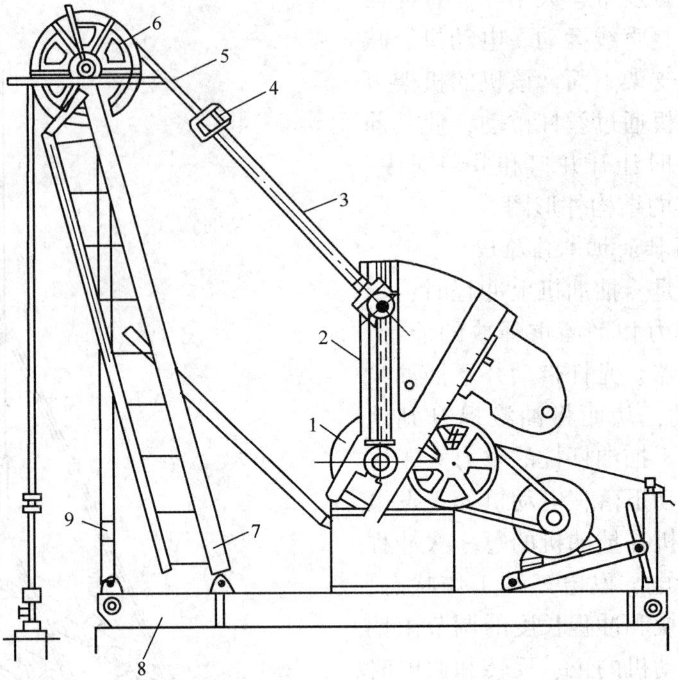

图 10-17　曲柄连杆式抽油机构

1—减速器；2—带平衡重的 V 形曲柄；3—连杆；4—横梁；
5—柔性件；6—绳轮；7—支架；8—底座；9—可调螺杆

3. 曲柄连杆式抽油机的工作原理

曲柄连杆式抽油机的工作原理是：电动机经皮带传动装置和减速器减速后，通过 V 形曲柄、连杆、横梁和柔性件，柔性件绕过绳轮再借助悬绳器与光杆相连，带动抽油杆柱作上、下往复运动，使井下抽油泵交替处于吸入或排出状态。曲柄上有专门的螺杆调节装置，改变连杆与曲柄的固定位置，可以在一定范围内很方便地调节冲程长度，准确、迅速地建立所需的泵排量。抽油机支架下端与底座由铰链连接，调节可调螺杆，可以移动支架位置，使抽油机对中井口或进行修井作业。

10.3.4　液压无游梁抽油机

液压抽油机的原理是利用液压传动方式将发动机的高速旋转运动通过液压执行元件(液压缸或液压马达)转化成抽油机悬点处的垂直直线往复运动，并带动井下抽油泵实现采油作业的一种新型无游梁采油设备。液压抽油机具有无级调节冲程长度、冲次，悬点振动载荷小，控制灵活、方便等优点，可以适应不同的油井状况。

液压抽油机主要由液压驱动系统、平衡系统等组成。液压驱动系统主要用于驱动抽油杆，带动抽油泵作上、下往复运动；平衡系统主要用于控制和调节工作行程换向和抽油杆柱运动的平衡，使电动机的负载均匀，达到节省能源的目的。平衡方式有气动平衡、机械平衡、两井互相平衡和用油管柱平衡等 4 种。常见的是气动平衡方式。

根据液压回路的循环特点，气动平衡式液压抽油机有单循环、双循环和三循环等三种循环方案。下面仅介绍一种典型的液压抽油机——Mape 型滚筒式长冲程液压抽油机，该抽油机的主液压系统是“双向变量液压泵-双向定量液压马达”构成的液压闭式回路，如图 10-18

(a)所示为 Mape 型滚筒式长冲程液压抽油机的总体示意图，图 10-18(b)所示为其传动示意图。目前，该抽油机已形成产品系列，共有四种类型六种规格。

该机利用与滚筒轴相联系的换向滑阀控制进入换向油缸的油液方向和流量，进而操纵高压双向变量液压泵的变量机构，实现变量泵供液方向和供液量大小的改变，从而实现该抽油机的换向。该抽油机的冲程长度和冲程次数可通过调节换向滑阀的两个极限位置和控制进入换向油缸的滑阀流量来实现，调节简单方便。

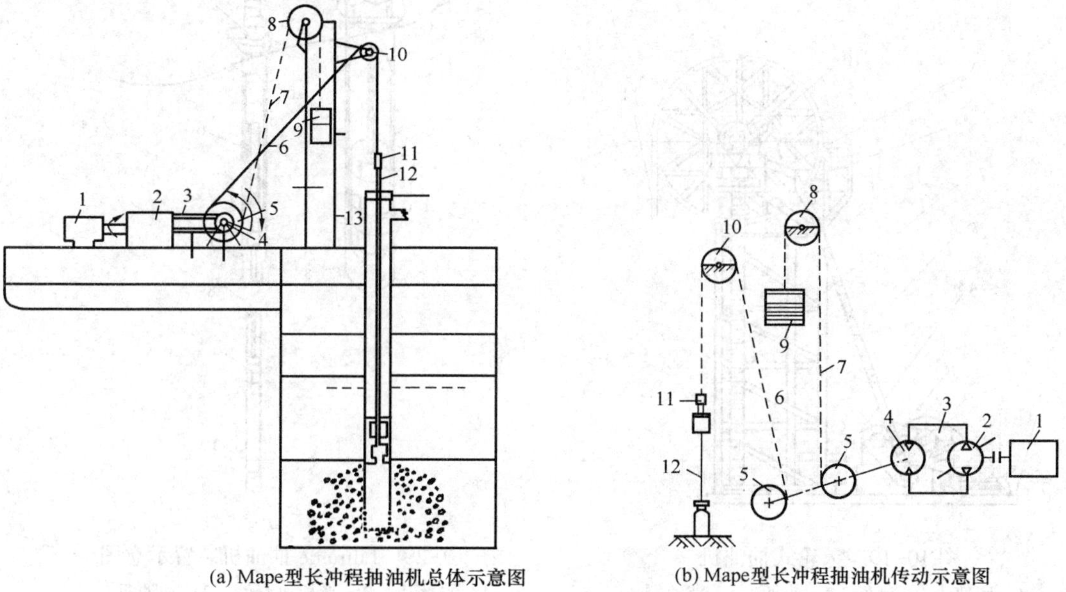

图 10-18　Mape 型长冲程抽油机

1—电动机(定向转动)；2—油泵；3—进、排油管线。4—液压马达；5—滚筒；6—抽油杆柱上下用钢丝绳；7—平衡重上下用钢丝绳；8—平衡重滑轮；9—平衡重；10—抽油杆滑轮；11—悬绳器；12—光杆；13—井架

10.3.5　新型无游梁式抽油机

1. 天轮式抽油机

天轮式抽油机结构如图 10-19 所示，电动机作单向旋转，经皮带轮由减速器带动装在减速器上的曲柄旋转，曲柄经连杆带动摇杆摆动，滚轴与天轮铰接连接，滚轴又卡在摇杆的槽中。摇杆摆动时，将带动天轮实现大摆角摆动，平衡块和抽油杆用悬绳器挂在天轮上，当天轮摆动时，带动抽油杆和平衡块上下运动，达到抽汲油液的目的。这种抽油机的优点是结构简单，平衡效果好，效率高，节电，调平衡简单方便。

2. 柔性件传动抽油机

柔性件传动抽油机是指用钢丝绳或链条传递动力的抽油机。图 10-20 所示为美国 National Supply 公司研制的一种叫做 Liftronic 的抽油装置示意图。它采用一种高强度的链条在一个仿形滚筒上交替地绕上和放下，使抽油杆柱和抽油泵作上、下往复运动。所有运动构件都由防护罩封闭；链条下端与光杆连接，专门设计的光杆密封盒安装在井口的下方，链条另一端的平衡块在靠近油井的平衡块套管中作上、下往复运动。该抽油机装有一个微处理器，用以监控抽油泵的工作情况，确定每次冲程转向时使电机断电的时间，且变换电机旋向，并通过一个“软启动系统”重新通电。

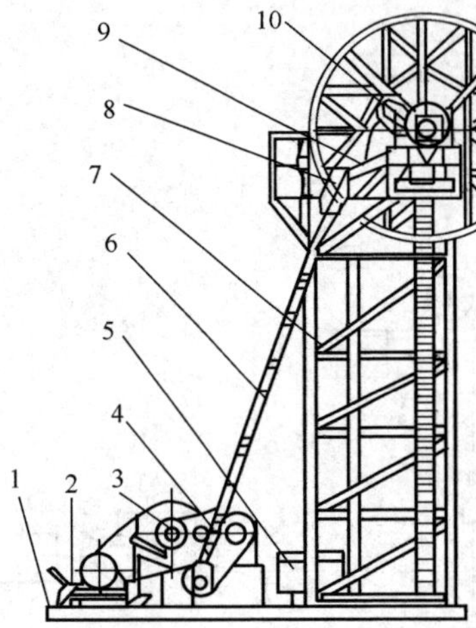

图 10-19　天轮式抽油机

1—底座；2—刹车；3—曲柄；4—减速器；
5—平衡块；6—连杆；7—机架；8—天轮；
9—摇杆；10—滚轴；11—抽油杆

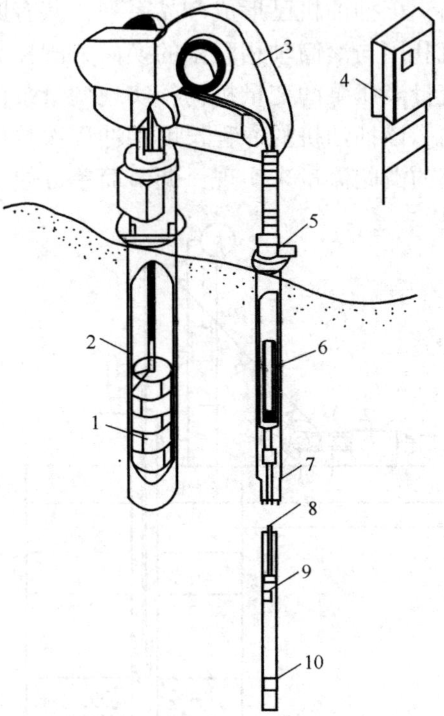

图 10-20　Liftronic 抽油机装置示意图

1—平衡决；2—平衡块套管；3—抽油机；
4—控制板；5—出油管；6—井口密封套；
7—油管；8—抽油杆；9—抽油泵；10—固定阀

3. 液马达驱动抽油机

图 10-21 是电动机双向直接驱动的长冲程抽油机的变型，只是其钢丝绳-抽油杆的运动方向靠变量泵-液马达系统来实现变换，使得上、下行程换向过程的控制变得比较容易。

4. 直线电动机抽油机

20 世纪末 21 世纪初，总结了过去的经验教训，吸取了液压抽油机的特点，我国首先掌握直线电动机大推力的技术关键，研制成功直线电动机抽油机，结构如图 10-22 所示，其悬点载荷最大可达 160kN(暂定 160kN，还可以加大)，电动机推力为 15~30kN(预计可达到 60kN)，最大冲程可达 6m 以上，只要其他工艺设备配套，冲程长度可以赶上美国的 24. 4m，但从采油工艺要求分析不需要这样大的冲程，一般说来 6~8m 的冲程长度就足够了。

这种抽油机最大的特点是改变了过去各种抽油机都是将电能转变为旋转运动，再通过机械方式转变为直线往复运动，机械效率低的弱点。直线电动机抽油机是将电能直接转变为直线往复运动，不但提高了效率，而且能实现抽汲参数无级调整，进而能根据抽油的需要调整悬点运动规律，为抽油智能化创造很好的条件，有效降低了启动载荷，减轻了机型重量，解决了“大马拉小车”问题。在某种意义上说是抽油机结构机理上的一种革命，但是这种抽油机现场使用时间还不长。

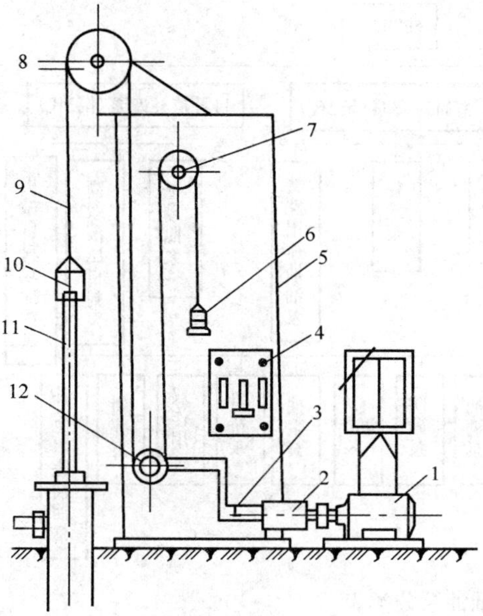

图 10-21　法国埃尔夫·阿奎坦公司液压抽油机结构示意图

1—电动机；2—变量泵；3—油管；4—换向开关；5—机架；6—平衡重；7—平衡重滑轮；8—提升滑轮；9—钢丝绳；10 —悬绳器；11—抽油杆；12—液压马达

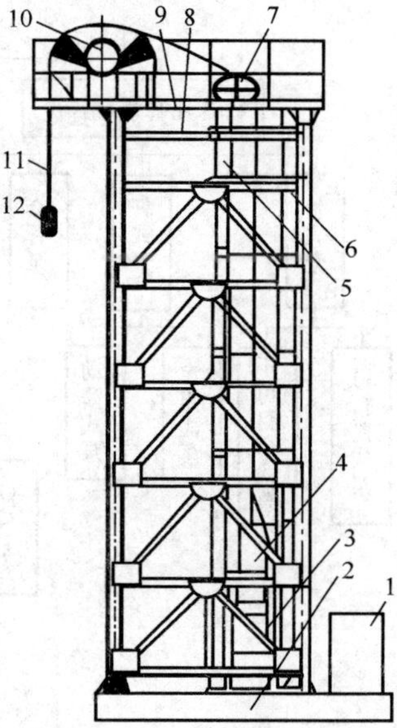

图 10-22　直线电动机抽油机示意图

1—电动机控制箱；2—底座；3—配重箱；4—电动机初级；5—引导架；6—电动机次级；7—小轮；8—支架；9—平台；10—大轮；11—驱动绳；12—悬绳器

10.4　抽油泵

10.4.1　有杆抽油泵的用途及种类

1. 抽油泵的用途

抽油泵是有杆抽油系统的井下关键设备，安装在抽油管柱的下部，沉没在井液中。通过抽油机、抽油杆传递的动力抽汲井内的液体。它所抽汲的液体中常会含有蜡、砂、气、水及腐蚀物质，又因在数百米到上千米的井下工作，泵内压力有时高达 10MPa 以上。为了使抽油泵能适应井下复杂的工作环境和恶劣的条件，对抽油泵的基本要求是：①结构简单、强度高；②工作可靠，使用寿命长；③便于起下，而且其规格类型能满足不同油田的采油工艺需要。

2. 抽油泵的分类

按照抽油泵的发展可以把抽油泵分为第 1 代抽油泵——衬套柱塞泵(也称组合抽油泵)，包括 8 种抽油泵；第 2 代抽油泵——整筒柱塞泵，包括 31 种抽油泵；第 3 代抽油泵——自补偿柱塞泵，包括 3 种抽油泵。抽油泵分类如图 10-23 所示。

第 1 代抽油泵——衬套柱塞泵的主要特点是泵筒内有衬套，柱塞在衬套内作往复运动。第 1 代抽油泵分为管式泵、杆式泵、套管泵和特殊用途抽油泵。下面分别简单介绍管式泵、杆式泵和套管泵。

1）管式泵

管式泵的泵筒与油管直接连接，并与油管具有大致相同的内径。主要由工作筒、衬套、

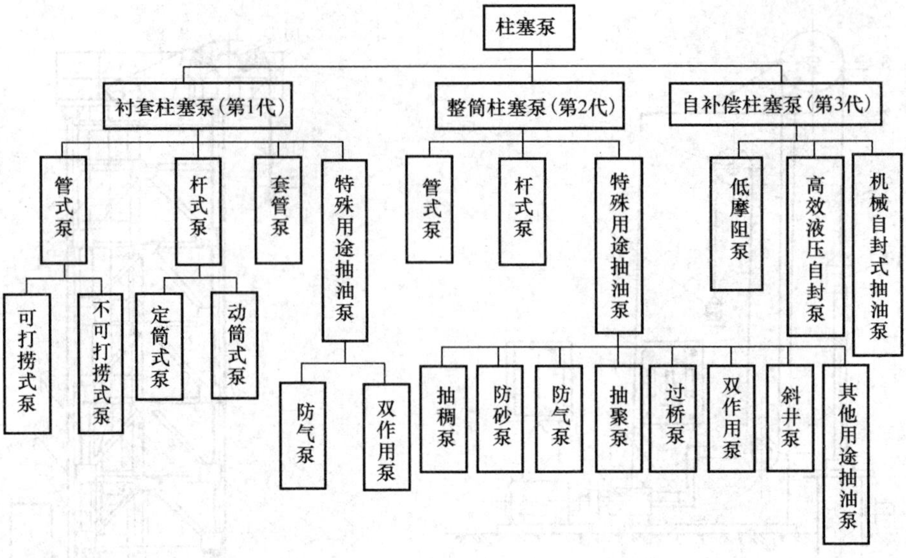

图 10-23　抽油泵分类表

固定阀、活塞、游动阀、压紧节箍组成。工作筒内有衬套，两端用压紧节箍固定衬套。常规管式泵为有衬套泵筒、金属柱塞泵。泵的直径有 38mm、44mm、56mm、70mm、83mm、95mm 等多种规格，新系列有杆抽油泵的基本性能参数列于表 10-1。

表 10-1　新系列有杆抽油泵的基本性能参数

类型	公称直径/mm	柱塞冲程长度/mm	理论流量*/(m^3/d)	与泵连接平式油管/mm	接抽油杆的螺纹尺寸
管式泵	32	600~4000	7~46	50	16mm 抽油杆或接箍螺纹
	38	600~4000	10~65	50	19mm 抽油杆或接箍螺纹
	43	600~4000	13~84	50	19mm 抽油杆或接箍螺纹
	55	600~4000	21~137	62	19mm 抽油杆或接箍螺纹
	70	600~4000	33~222	75	22mm 抽油杆或接箍螺纹
	83	1200~4000	93~311	88	22mm 抽油杆或接箍螺纹
	95	1200~4000	122~408	100	23mm 抽油杆或接箍螺纹
杆式泵	28	1200~4000	11~29	50	16mm 抽油杆或接箍螺纹
	32	1200~4000	14~46	50	16mm 抽油杆或接箍螺纹
	38	1200~4000	20~65	62	19mm 抽油杆或接箍螺纹
	43	1200~4000	25~84	62	19mm 抽油杆或接箍螺纹
	55	1200~4000	41~137	75	19mm 抽油杆或接箍螺纹

* 理论质量按冲次 $n=10\text{min}^{-1}$、充满系数 $\alpha=1$ 计算。

管式泵的优点是可以用较大直径的工作筒和柱塞，可以获得较大的产液量。管式泵的游动阀和柱塞可以安装在一起，通过抽油杆取出。固定阀有固定式和活动式两种。固定式的固定阀安装在油管的底部，检修时，需将油管柱全部从井中提出；这种阀的尺寸可以做得大一些，在低液面和高黏度的油井中，或者工作筒充不满时，效果很好。活动式的固定阀可以在工作筒下入井中之前装在工作筒上，也可以在下入工作筒之后再从地面投下，并用柱塞推动就位，采用摩擦锥等形式固定；检修时，可用连接在柱塞底部的阀打捞器拔出，但检修工作筒时也必须提出全部油管柱，所以管式泵的缺点是检修比较困难。管式泵工作示意图如图

10-24 所示，组合泵筒式管式泵结构图如图 10-25 所示。

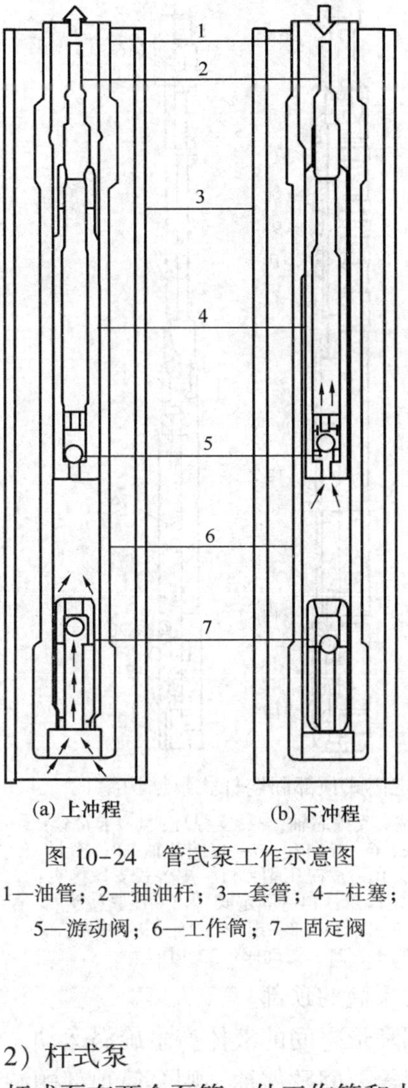

图 10-24　管式泵工作示意图

1—油管；2—抽油杆；3—套管；4—柱塞；5—游动阀；6—工作筒；7—固定阀

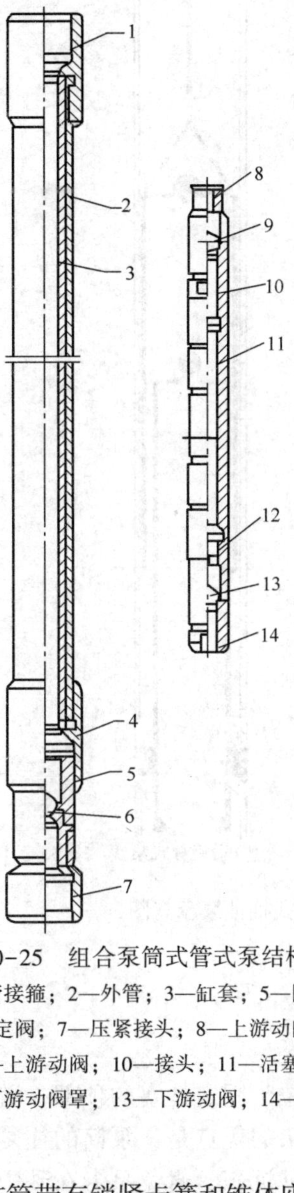

图 10-25　组合泵筒式管式泵结构图

1，4—外管接箍；2—外管；3—缸套；5—固定阀罩；6—固定阀；7—压紧接头；8—上游动阀罩；9—上游动阀；10—接头；11—活塞；12—下游动阀罩；13—下游动阀；14—压帽

2）杆式泵

杆式泵有两个泵筒：外工作筒和内工作筒。外工作筒带有锁紧卡簧和锥体座等，连接在油管下部，随油管先下入井中。内工作筒与柱塞、游动阀及固定阀连成一体，通过抽油杆直接下放到外工作筒内，坐落在锥体座上，由锁紧弹簧卡住，与外工作筒连成一体。这种杆式泵的优点是只要提起抽油杆，就可以提起内工作筒及其内的柱塞和两种阀(游动阀和固定阀)，便于检修。由于内泵筒是通过油管下入井中的，所以其直径必然比管式泵小，产量也相对较低。

杆式泵分定筒式及动筒式两种。

(1) 定筒杆式泵　工作筒固定，而柱塞作往复运动的泵，称为筒杆式泵。如图 10-26(a)所示，其抽油杆与柱塞连接，带动柱塞在工作筒内作往复运动，而内工作筒则是底部固定在外工作筒内(黑色部分)，可以顶部固定(画有剖面线部分)，其结构如图 10-27 所示。

(2) 动筒杆式泵　动筒杆式泵如图 10-26(b)所示，是将柱塞与固定阀装在一起，固定在油管下端的锥座上，而内工作筒与抽油杆相连，并在固定柱塞上作往复运动。动筒杆

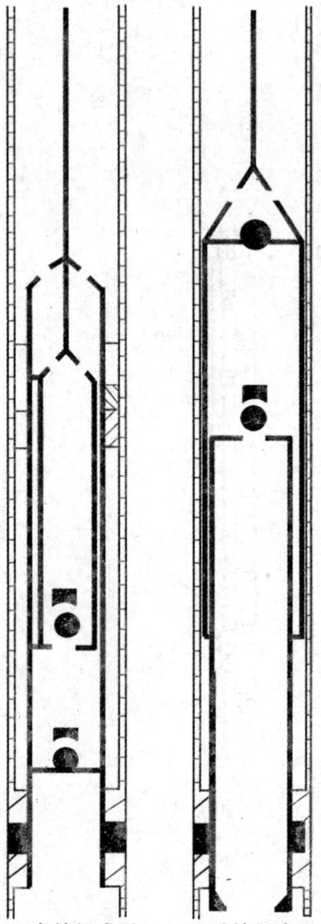

图 10-26　杆式抽油泵示意图

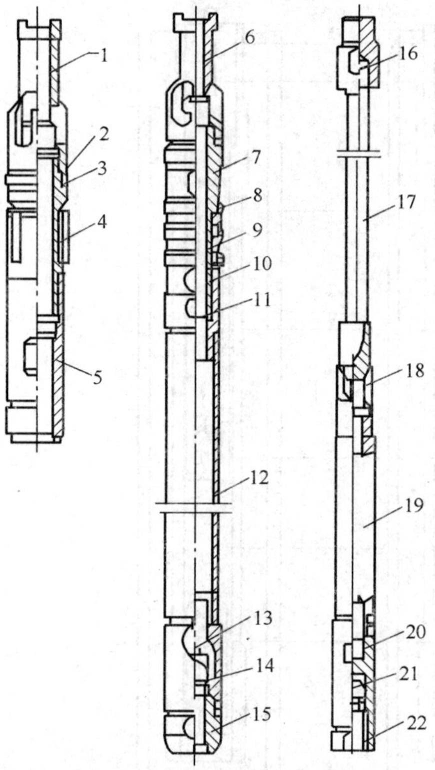

图 10-27　定筒式顶部固定杆式泵结构图

1—导向套；2—机械式支撑芯轴；3—支撑环；4—卡簧套；5—机械式支撑接头；6—导向套；7—皮碗芯轴；8—密封皮碗；9—皮碗支座；10—皮碗压帽；11—皮碗式支撑接头；12—泵筒；13—固定阀罩；14—固定阀；15—压紧接头；16—异径接头；17—阀杆；18—出油接头；19—柱塞；20—游动阀罩；21—游动阀；22—压帽

式泵的固定阀位于固定柱塞的顶部，游动阀则位于游动泵筒的顶部。

动筒杆式泵的优点是：泵筒的往复运动能使其外围环形空间的液体产生旋涡运动，从而阻止泵周围的砂沉积，避免泵卡在砂中；如果抽油装置需要间歇停抽，则泵筒顶部的游动阀就会关闭，可以防止进入泵中的砂沉积在柱塞的顶部和周围。其缺点是：①不宜在偏斜的井眼中工作，因为斜井会导致泵筒和油管间的磨损加剧；②固定阀距井底较远，尺寸较小。

3）套管泵

用套管代替油管出油时所用的抽油泵，都属于套管泵，它实际上是一种较大型的杆式泵，与一般杆式泵的安装及操作方式基本相同。套管泵用抽油杆下入井中，并在泵筒的底部或顶部装有封隔器，以便在泵筒和套管间建立液体密封。套管泵是一种排量大、适用于浅井的抽油泵，特别适用于高产井。抽油泵的主要易损件是柱塞和泵阀。常见的柱塞由金属制造，有各种形状，抽油泵阀也有各种不同的结构。

10.4.2　其他类型的抽油泵

除了上述 3 种基本型抽油泵外，为了满足抽油井复杂开采条件的要求，近年来，出现了一些特殊用途的抽油泵。主要有以下几种：双作用抽油泵、防气抽油泵、稠油抽油泵等。

1. 双作用抽油泵

双作用抽油泵在一个往复冲程中完成两次吸油和两次排油动作，比普通的单作用式抽油泵的理论排量约增加 62.7%。图 10-28 为胜利油田设计制造的双作用式抽油泵，当下冲程时，柱塞下室的体积变小，原油压力升高，这时下部固定阀关闭，柱塞上的游动阀打开，原油就通过分流筒、空心拉杆、出油接头进入油管。当下冲程时，柱塞的下室进行排油过程，与此同时，在柱塞的上室，由于体积增大，压力降低，偏心固定阀打开，而在分流筒中的游动阀关闭，这时原油则由油管和套管的环形空间进入柱塞上室。所以当下冲程时，柱塞的上室进行吸油过程。当上冲程时，正好相反，柱塞下室进行吸油过程，而上室进行排油过程。

现场使用表明，双作用式抽油泵的结构简单，加工方便，比普通抽油泵能较大幅度地提高单井产量。但由于双作用式抽油泵存在下行阻力，易引起抽油杆受阻和断脱事故，不宜于原油黏度过大和严重出砂的油井。

2. 防气抽油泵

有些油井中液体含有大量的溶解气体，对抽油泵效率有明显影响，甚至使抽油泵无法正常工作。因为在任一抽油泵中，固定阀与游动阀间必定存在一段距离，称“防冲距”，其空间称“余隙容积”，冲满油气混合物。当柱塞下行时，泵筒内压力增高，余隙容积内气体受压缩，并溶解于油液中，而柱塞上行时，泵内压力迅速降低，溶解气自油液中分离、膨胀，占据一定空间。含气量较少时，气体膨胀后所占空间不大，对泵效影响不大，但当含气量较大时，膨胀气体可能占据柱塞在泵筒中移动的空间，且压力仍然不低于套管中的沉没压力，使固定阀打不开，抽油泵无法吸入。这时，柱塞只是使气体处于交替的压缩和膨胀状态，抽油泵不工作，产生所谓“气锁”，为此人们专门设计了适合在油气比较大的油井中使用的抽油泵——防气抽油泵。图 10-29 为中空防气抽油泵示意图。

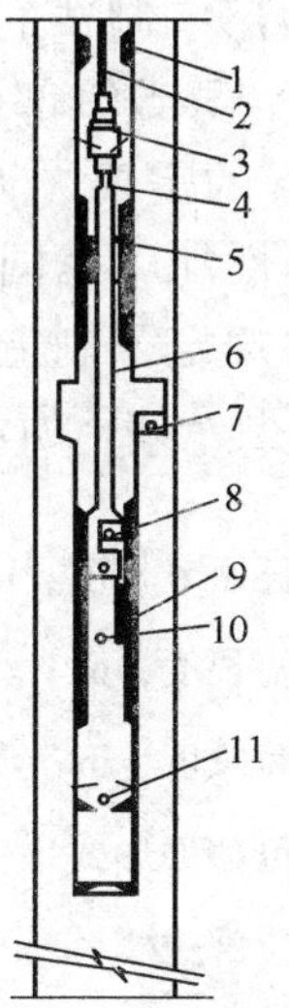

图 10-28　胜利双用抽油泵示意图

1—释放套；2—抽油杆；3—脱接器；4—出油接头；5—密封总成；6—空心连杆；7—偏心进油阀；8—分流筒；9—$\phi70$ 泵筒总成；10—$\phi70$ 柱塞游动阀；11—固定阀

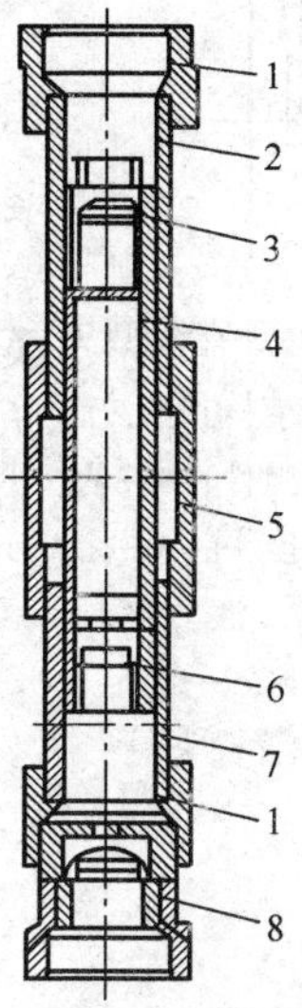

图 10-29　中空防气抽油泵示意图

1—接箍；2—上泵筒；3—上游动阀总成；4—柱塞；5—中空管；6—下游动阀总成；7—下泵筒；8—固定阀总成

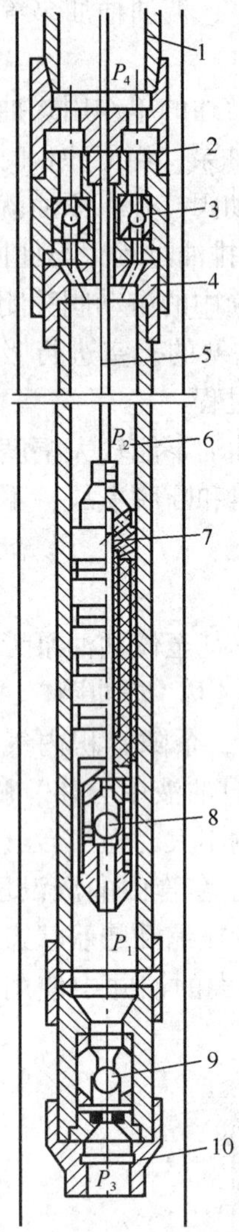

图 10-30　CLB 型流线型稠油抽油泵结构图

1—油管柱；2—密封件；3—承载阀；4—承载阀接头；5—柱塞杆；6—泵筒；7—液力自封式柱塞；8—游动阀；9—固定阀；10—下油管接头

上行程，柱塞上行，固定阀开启进油，上下游动阀关闭排油。柱塞 4 下端离开下泵筒 7 进入中空管 5 时，中下腔室连通，泵内静液中的气体上升；下冲程，柱塞下行，固定阀关闭，游动阀打开出油，柱塞的上端进入中空管时，中空管与油管连通，中空管内的气体上溢，同时中空管被井液充满。这种泵适用于套管不放气，连抽带喷的抽油井，泵径大泵挂深的高汽油比的油井。

3. 稠油抽油泵

高黏性原油流动性差，阻力大，若用常规抽油泵开采，则会经常发生驴头下行速度超前于抽油杆下行速度(即所谓“驴头打架”)及阀球迟开、迟闭现象，并使抽油杆上行程时拉应力增加，下行程时受压，最大应力值和交变应力幅度增加。这些情况，轻则使泵效降低，重则不能正常工作，甚至引起卡泵和抽油杆断脱事故。因此，必须采用合适的稠油抽油泵。稠油抽油泵的种类很多，下面仅介绍流线型稠油抽油泵。

图 10-30 为 CLB 型流线型稠油抽油泵的结构图。该泵的特点是流道为流线型，即进油阀(固定阀)、排油阀(游动阀)及柱塞内的流道均为光滑过渡，无突然收缩和扩大，有利于减少流动阻力和流动损失，提高泵的充满度系数；阀球的升程被控制在球半径的高度内，采用了整体泵筒，液力自封式短柱塞，泵筒上端装有承载阀或环形阀。这种泵可对低于 20° API(美国石油协会，American Petroleum Instiute)的稠油进行开采。

10.4.3　抽油泵的结构形式及表达方法

由于以前我国各个油田和机械厂家制造的有杆抽油泵，其结构、性能、规格和技术参数不一致，导致零部件互换性差，使用、修理不便，满足不了石油工业发展的需要。为了克服上述缺点，增大抽油泵的参数，增强抽油泵的性能，我国已制定出有杆抽油泵的新系列、新标准、新代号，并规定了制造新泵的基本结构形式和基本参数，规定抽油泵的统一型号如下所示：

CYB □ □ □ □ □ □ □ □

- 加长短节长度，mm
- 柱塞长度，m
- 泵筒长度，m
- 定位部件形式
- 定位部位
- 泵筒形式
- 抽油泵形式：R—杆式泵；T—管式泵
- 公称直径，mm
- 抽油泵代号

定位部件形式：C—皮碗式；M—机械式。

定位部位：A—定筒式，顶部定位；B—定筒式，底部定位；C—动筒式，底部定位。

泵筒形式：H—厚壁泵筒；L—组合泵筒；W—薄壁泵筒；S—薄壁泵筒；P—组合泵筒。

其中 S、L 为软密封柱塞泵；H、P、W 为金属柱塞泵。

例如：公称直径为 38mm，泵筒长度为 4.5m 的厚壁筒，定筒式顶部固定，金属柱塞长 1.2m，加长短节长度为 0.6m 的杆式泵标记为：CYB38-RHAM4.5-1.2-0.6。

又如：公称直径为 70mm，泵筒长度为 4.5m 的多节衬套式组合泵，金属柱塞长 1.2m 的管式泵标记为：CYB70-TL4.5-1.2。

10.4.4 抽油泵的选择与使用

1. 抽油泵的选择

泵型的选择见表 10-2。

表 10-2 普通抽油泵的选择

泵挂深度/m	小于 900				900~1500				1500~2100				大于 2100		
并 况	杆式泵			管式泵	杆式泵			管式泵	杆式泵			管式泵	杆式泵		管式泵
	定筒式		动筒式		定筒式		动筒式		定筒式		动筒式		定筒式双固定	动筒式	
	顶部固定	底部固定			顶部固定	底部固定			顶部固定	底部固定					
斜井	A	C	—	A	A	C	—	A	A	C	—	A	A	—	B
高液量	—	—	B	A	B	B	A	A	A	C	A	A	A	B	B
低液面	A	—	—	—	A	B	—	—	A	B	—	—	A	—	—
直井	A	B	B	B	A	A	C	A	B	A	A	A	A	C	B
中含砂	A	—	C	C	A	—	C	C	A	—	B	B	A	—	C
高含砂	A	—	C	C	A	—	C	C	A	—	C	B	A	—	C
盐	A	C	A	B	A	C	A	A	A	A	A	A	A	C	B
H_2S	C	B	B	B	C	A	B	A	—	B	A	A	A	C	B
CO_2	B	B	B	B	B	A	A	A	C	A	A	A	A	C	B
中含砂和中腐蚀	A	C	C	C	A	B	B	B	B	A	A	B	A	—	C
高含砂和高腐蚀	A	—	C	—	A	—	C	B	B	A	A	B	A	—	C
黏度为 20~400mPa·s	A	A	A	A	A	A	A	A	A	A	A	A	A	A	A
黏度大于 400mPa·s	A	A	C	A	A	A	C	A	A	A	—	B	A	—	C

注：A—最佳应用，B—广泛应用；C—时常使用，“—”—不推荐使用。

2. 抽油泵的正确使用

抽油泵是一种配合精度较高的装备，所以应严格按规定使用抽油泵。

1）抽油泵的储存

（1）抽油泵应在干燥专用的库房内存放，严禁长期在室外放置。运输和存放时始终要有护丝保护两端螺纹，以有效地防止异物进入泵内。

（2）要建立抽油泵档案，记录抽油泵服役过程、维修保养记录、检验合格证和跟踪卡。

（3）对带有包装箱的抽油泵，应放在平整的水泥地面上；对没有包装箱的抽油泵，应平排放在有 3 个支点的泵架上，两端悬空不超过 1m。

（4）需要长期存放备用的抽油泵，要涂以 20 号机油防腐。

2）抽油泵的运输

（1）运输抽油泵时应使用抽油泵专用运输车将泵固定在泵架上拉运。

（2）在运输过程中两端必须带好护丝，防止柱塞窜出和异物进入泵内。

（3）短距离人力搬运时，应不少于3人，并沿受力点全长均匀分布。

（4）起吊时应按包装箱上设计的吊装位置起吊，横担起吊。起吊单台泵时应使用长度为泵长一半的横担起吊。

3）抽油泵的下泵操作

（1）下泵时应进行最终检查，以确信护帽、堵头及防护缠扎物全部拆除。

（2）抽油泵是配合较精密的井下设备，下井起吊操作时应加倍小心、谨慎。

（3）对泵筒长度大于5m的抽油泵起吊时，应采用专用吊卡。

（4）下泵中要使用抽油杆扶正器时，其最下面的扶正器应尽可能靠近抽油泵，以保证泵筒与柱塞的对中，从而减少柱塞的偏磨。

（5）当抽抽泵下井接近动液面时，要放慢下井速度。

4）抽油泵的井下工作

（1）抽油泵在井下工作期间，必须进行周期性检查，检查内容包括产液量的变化、井下设备的使用情况等，并把检查结果及时记录在该泵的档案卡上。

（2）抽油泵在井下产液量明显减少或发生其他故障，当采用地面措施仍不见效果时，应将泵及时起出，进行检查分析，并把问题的处理方法及时记录在该泵的档案卡上。

10.4.5 抽油泵的排量

1. 抽油泵工作原理

抽油泵主要由泵筒、柱塞、固定阀和游动阀四部分组成。泵筒即为缸套，其内装有带游动阀的柱塞。柱塞与泵筒形成密封，用于从泵筒内排出液体。固定阀为泵的吸入阀，一般为球座型单流阀，抽油过程中该阀位置固定。游动阀为泵的排出阀，它随柱塞上、下运动。

柱塞上下运动一次为一个冲程，称一个抽汲周期，其间完成泵进液和排液的过程，如图10－31所示。

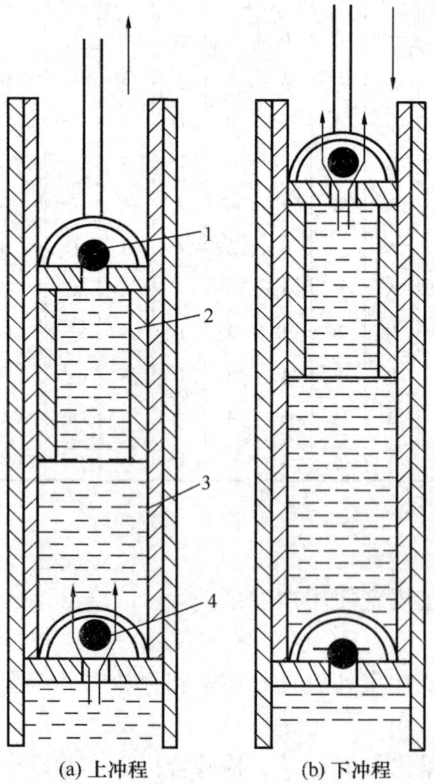

(a) 上冲程　　(b) 下冲程

图10-31　泵的工作原理图

1—游动阀；2—活塞；
3—衬套；4—固定阀

1）上冲程

抽油杆柱带着活塞向上运动，如图10-31(a)所示，活塞上的游动阀受阀自重和管内液柱压力作用而关闭。泵内(活塞下方)由于容积增大而压力降低，固定阀在环形空间液柱压力(沉没压力)与泵内压力之差的作用下被打开。井中原油进泵，同时在井口排出液体。

2）下冲程

抽油杆柱带着活塞向下运动，如图10－31(b)所示，固定阀关闭，活塞挤压泵中液体使泵内压力升高到高于活塞上方压力时，游动阀被顶开，泵中液体排到活塞上方的油管中去。同时由于光杆进入井筒，在井口挤出相当于光杆体积的液体。

光杆从上死点到下死点的距离称为光杆冲程长度，简称光杆冲程或悬点冲程，曲柄转动一周，悬点完成一个上冲程和一个下冲程，活塞上下抽汲一次，称为一个冲次，每分钟的冲次数称为冲数或冲速。

2. 泵的理论排量

假设活塞冲程等于光杆冲程，上冲程吸入泵内的全是液体，并且其体积等于活塞让出容积，而这些液体全部都能排到地面没有漏失，在这种理想条件下，活塞上下一次，向上抽汲的液体体积为：

$$V = f_P s \tag{10-3}$$

式中 f_P——活塞截面积，$f_P = \pi D^2/4$，m^2；

D——泵径，m；

s——光杆冲程，m。

每分钟排量为：

$$V_m = f_P s n \tag{10-4}$$

式中 n——冲数，r/min。

每日体积排量为：

$$Q_t = 1440 f_P s n \tag{10-5}$$

每日质量排量为：

$$Q_m = 1440 f_P s n \rho_1$$

式中 Q_t——泵的体积理论排量，m^3/d；

Q_m——泵的质量理论排量，t/d；

ρ_1——抽汲液体的密度，t/m^3。

10.4.6 抽油泵的常见故障及其检修

1. 抽油泵的常见故障

抽油泵受工作环境所致，免不了会发生各种各样的故障。由于磨损会破坏泵的密封情况，造成泵漏失；出砂或结蜡会卡住游动阀或固定阀，使泵失效，如果出砂严重，活塞有被卡住的可能；井下液体的腐蚀也会破坏泵的密封情况，造成漏失。

2. 抽油泵检修的原因

（1）油井结蜡造成活塞被卡或阀被卡，使抽油泵不能正常工作或将油管堵死。虽然各油田为了防止在油管内结蜡已经采取了很多预防措施，但对一些结蜡较为严重的井，蜡卡、蜡堵的现象时有发生。

（2）砂卡、砂堵造成检修泵。由于油井出砂造成砂卡、砂堵等现象的出现。

（3）抽油杆的脱扣造成检修泵。抽油杆在抽油过程中不停地改变受力方向，加上井内液流的阻力和各种摩擦力的作用，使抽油杆螺纹产生松动，造成脱扣。

（4）抽油杆的断裂造成检修泵。由于抽油杆在抽油过程中，不停地受交变应力的作用产生疲劳或因砂卡、蜡卡造成过载断裂。

（5）泵的磨损漏失量不断增大，造成产液量下降，泵效降低。

（6）由于井斜或产出液黏稠，特别是目前有些油田进入三次采油阶段，注聚合物采出井的采出液黏弹性，对活塞下行阻力较大，使抽油杆在下冲程中发生挠度变形，抽油杆接箍或杆体与油管壁产生摩擦，长期作用将油管磨坏或将接箍、杆体磨断。

（7）油井的动液面发生变化，产量发生变化，为查清原因，需检修泵施工。

(8) 根据油井开发方案的要求，需改变工作制度换泵或需加深、上提泵挂等。

(9) 其他原因：如油管脱扣、泵筒脱扣、衬套乱、大泵脱接器断脱等造成的检修泵施工。

3. 检修泵操作规程

检泵作业施工工序主要有压井(或洗井)、起抽油杆、起泵、探砂面冲砂、组配下泵管柱、下泵、试抽。具体每个工序的内容这里就不再赘述。

4. 检修泵的要求

(1) 要取全、取准下井泵的各种资料，包括：泵型、泵径、泵长、活塞长度、光杆、抽油杆规范、型号、根数、长度、接头规范长度、油管规范、长度、泵入深度及其他附件规范、深度。

(2) 下泵深度要准确，防冲距要合适。

(3) 下井油管螺纹要涂抹密封脂，要求油管无裂缝、无弯曲、螺纹完好，并用内径规逐根通过。

(4) 抽油杆应放在至少具有5个支撑点的架子上，不许落地。严重弯曲或螺纹有损坏的抽油杆不许下井。

(5) 起抽油杆时如果遇卡，不许硬拔。否则，会使抽油杆发生塑性变形，使抽油杆报废。

(6) 对深井泵的起下与拉运过程要特别注意。要防止剧烈振动，以免将泵的衬套松动，造成返工。下井前要仔细检查泵的各个部件，性能良好才能下井。上扣时管钳不能咬在泵筒上。

10.5 抽油杆及辅助抽油装置

在抽油装置中抽油杆是中间部分，起连接抽油机与抽油泵，并把抽油机的动力传递给抽油泵的作用。抽油杆的结构一般为圆柱形的实心钢杆(也有特制的空心抽油杆)，抽油杆及接箍结构如图10-32所示，其两端均有加粗的杆头，在杆头车有螺纹，在螺纹段的末端留有圆滑的台肩，在台肩的下面锻有38~46mm长的长方体方形段，以便于上卸抽油杆接箍，利用抽油杆接箍便可将很多抽油杆单根连接在一起，构成抽油杆柱。此外，还配备有一些配套部件或辅助装置。

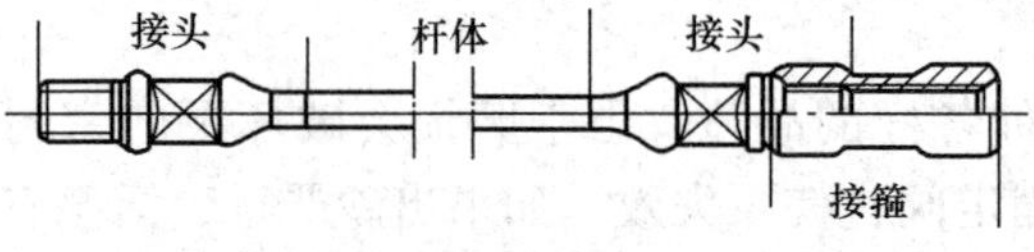

图10-32 抽油杆柱示意图

10.5.1 抽油杆柱

抽油杆柱是抽油装置中的重要组成部分之一，它上连抽油机，下接抽油泵。在有杆泵抽油过程中，抽油杆柱的主要作用是：承受载荷、传递动力，带动抽油泵的活塞作上、下往复运动。它由光杆、抽油杆、抽油杆接箍、加重抽油杆等配套件组合而成。

1. 光杆

光杆是抽油杆柱中最上端的一根抽油杆，其表面光滑，通过井口密封盘根，上端通过悬绳器和绳辫子与抽油机驴头相连。光杆的作用是：除了承受载荷、传递动力之外，还通过光杆紧固器或光杆卡子把抽油杆柱的全部重量悬挂在悬绳器上，并将光杆与井口盘根盒恰当地配合，从而起到密封井口的作用。

光杆分为普通型和一端镦粗型两种，其结构形式如图10-33所示。

2. 抽油杆

抽油杆是两端加粗并车制出螺纹的实心或空心杆，用于连接光杆与抽油泵，并将地面动力传递给抽油泵，是抽油机和抽油泵间承受载荷、传递运动的重要部件。

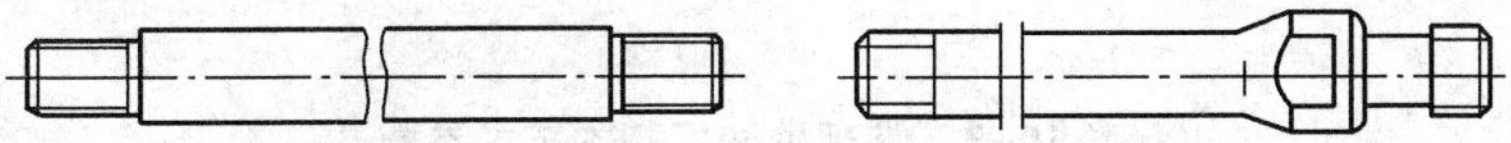

(a) 普通型光标　　(b) 一端镦粗型光杆

图 10-33　光杆结构示意图

抽油杆分为常规抽油杆和特种抽油杆两大类。

1）常规型抽油杆

常规型抽油杆是一种具有圆形断面、两头墩粗的金属杆件，镦粗部分有联结螺纹和卡扣扳手用的方形断面。抽油杆体直径有 13mm、16mm、19mm、22mm、25mm 和 29mm（即 1/2in、5/8in、3/4in、7/8in、1in、1½in）6 种，长度一般为 7.62m 和 8m。为了调节抽油杆柱的长度组合，还配有多种长度的短抽油杆。

图 10-34 为抽油杆结构示意图。

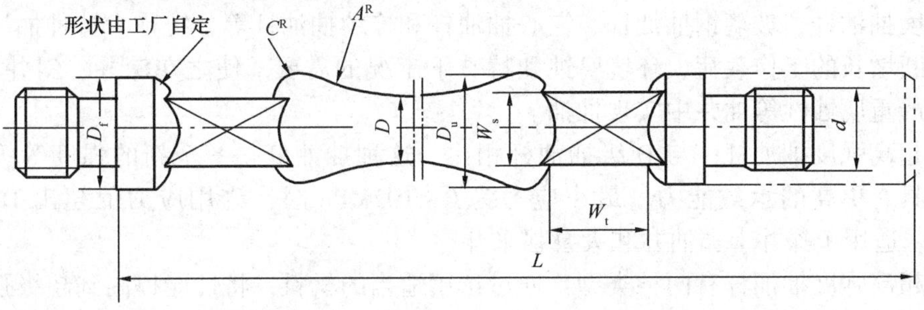

图 10-34　抽油杆结构示意图

按照国标和 API 标准的规定，常规型油杆可分为：

C 级抽油杆：主要用于轻、中负荷的油井抽油，材料为碳钢或锰钢，抗拉强度为 620～794MPa。

D 级抽油杆：主要用于中、重负荷油井抽油，材料为碳钢或合金钢，抗拉强度达 794～965MPa。

K 级抽油杆：主要用于轻、中负荷中等腐蚀或缓蚀油井，尤其是低硫腐蚀油井抽油，材料为镍钼合金钢，抗拉强度为 58～794MPa。

抽油杆一般经过镦锻、整体热处理、外螺纹滚压加工、喷丸强化、油溶性涂料防护等加工过程，以便获得一定的抗疲劳或抗腐蚀疲劳的性能。

我国抽油杆已经标准化，并规定了统一的代号为：

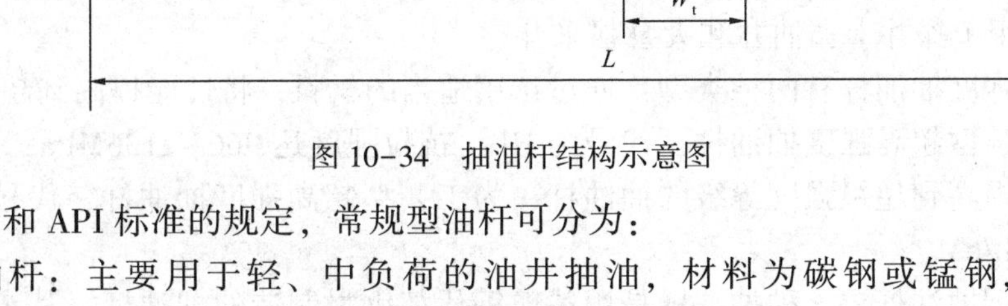

说明：凡在代号中未标注抽油杆的长度者，均是长度为 8m 的标准抽油杆；常用的短抽油杆长度有 1m、1.5m、2.5m、3m 和 4m 等。如直径为 22mm，长度为 8m，用 45 号碳素钢制造，经正火处理的抽油杆，其代号为 CYG22C。再如直径为 25mm，长度为 1.5m，用 45

号碳素钢制造，经正火处理的短抽油杆，其代号为 CYG25/1500C。常规抽油杆基本技术参数见表 10-3。

表 10-3　常规抽油杆基本技术参数

名　称	规　格	级　别	机械性能				长度/m
			σ_b/MPa	σ_s/MPa	δ/%	ψ/%	
钢制抽油杆和短杆	ϕ16 ϕ19 ϕ22 ϕ25 ϕ29 ϕ32 ϕ38	K	620~793	414	13	50	7.62 8.00 9.14 10.00
		C	620~793	414	13	50	
		D	793~965	586	13	50	

2）特种抽油杆

随着石油的开发与发展，除现有常规抽油杆之外，又发展了一些新型抽油杆，其中主要是超高强度抽油杆、玻璃钢抽油杆、空心抽油杆和连续抽油杆等，统称为特种抽油杆。目的是适应不断增长的工作载荷、环境腐蚀和特殊下工况的需要，使之在深井、斜井和定向井、稠油井及严重腐蚀性等油井中实现抽油。

（1）超高强度抽油杆　与 D 级抽油杆相比，这种抽油杆是一个新的强度等级，性能指标更高，具有更高的承载能力，最小应力为 0~102MPa 时，许用应力值超出 D 级抽油杆 35%以上。适用于深井、稠油井和大泵强采井。

我国超高强度抽油杆有两种类型：通过选用适当的材料，将性能提高到超级强度等级的抽油杆，为材料型超高强度抽油杆，代号为 HL，抗拉强度达 966~1136MPa；采用表面淬火工艺，将性能提高到超级强度等级的抽油杆，为工艺型超高强度抽油杆，代号为 HY，抗拉强度达 930~1176MPa。

（2）玻璃钢抽油杆　这种抽油杆是用玻璃钢代替钢材制造的抽油杆，其头部(即连接部分)采用钢锻件；而杆体用玻璃钢纤维无捻粗纱作增强材料，用树脂作机体，以拉挤方法成型；杆接头用 AISI4620 钢加工而成，通过特殊的黏结工艺，用环氧树脂将接头和杆体黏结为一体。玻璃钢抽油杆及其接头的结构如图 10-35 所示。

(a) 玻璃钢抽油杆
1—头部；2—杆体；3—护套

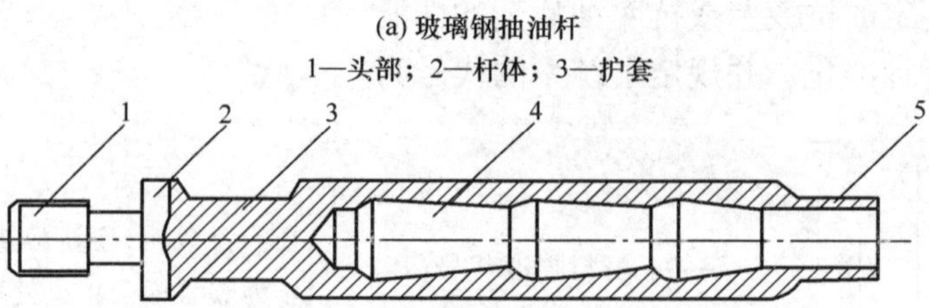

(b) 玻璃钢抽油杆接头
1—外螺纹；2—台肩；3—扳手方颈；4—空腔部分；5—护套

图 10-35　玻璃钢抽油杆及其接头结构示意图

玻璃钢抽油杆主要优点是耐腐蚀，质量轻，适用于含腐蚀性介质严重的抽油井和深井抽油，使用玻璃钢抽油杆可以降低抽油井悬点载荷，减小能耗，增加抽油泵下泵深度，如果在抽油井参数与井下杆柱等相互配合下，可实现抽油泵柱塞抽吸超行程而提高泵效。其缺点是成本高，且抗弯、抗压性能差。

（3）空心抽油杆　为了开采稠油井和结蜡井，开发了空心抽油杆，空心抽油杆用空心圆钢管制成，两端有连接螺纹。下面介绍空心抽油杆的典型结构，如图 11-36 所示。

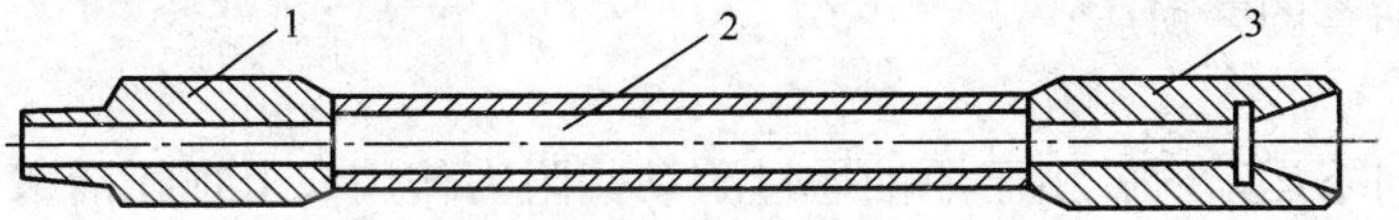

图 10-36　空心抽油杆结构图

1，3—焊接杆头；2—杆体

空心抽油杆的主要特点是：①其内孔可以输油，油液在较高的流速下通过，提高了携带砂粒和机械杂质的能力；②可以降低光杆最大载荷，减少修井次数；③利用内孔向井底注入热油、热水或蒸汽，用以降黏和清蜡等。所以，空心抽油杆特别适用于稠油井、含砂井和需要连续注入介质的抽油井。

此外还有连续抽油杆、柔性抽油杆、电热抽油杆、铝合金抽油杆、喷涂不锈钢抽油杆等。这里就不一一介绍了。

3. 抽油杆接箍

抽油杆接箍两端带有螺纹，可以根据需要将不同直径的抽油杆组合起来，按结构特征分为普通接箍、异径接箍和特种接箍。普通接箍如图 10-37 所示，用于连接等直径的抽油杆。

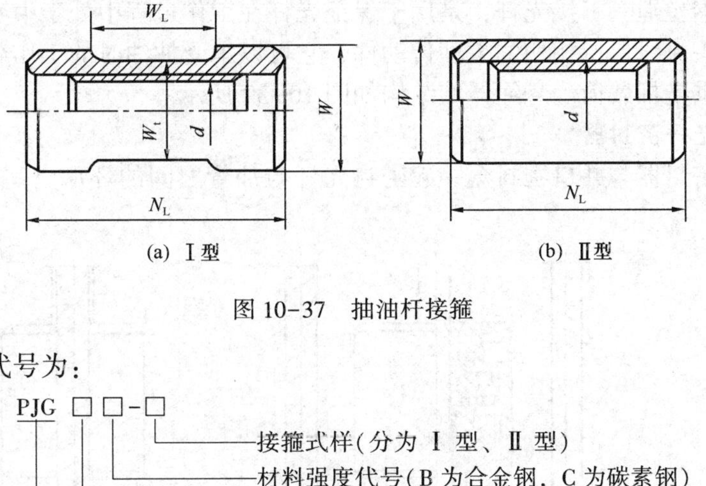

(a) Ⅰ型　　(b) Ⅱ型

图 10-37　抽油杆接箍

普通接箍其代号为：

PJG □□-□

- □ —— 接箍式样(分为 Ⅰ 型、Ⅱ 型)
- □ —— 材料强度代号(B 为合金钢，C 为碳素钢)
- □ —— 所连接的抽油杆直径，mm
- PJG —— 普通接箍代号

Ⅰ型、Ⅱ型接箍的结构尺寸相同，Ⅰ型接箍外表面加工有搭扳手的凹槽，Ⅱ型接箍外形为圆柱形。例如 PJG22C-Ⅰ，表示抽油杆直径 22mm，40 号碳素钢制造、正火处理的普通Ⅰ型接箍。

两端螺纹直径不等的接箍为异径接箍，用于连接直径不同的抽油杆，代号为：

YJG □/□ □-□

- □ —— 接箍式样(分为 Ⅰ 型、Ⅱ 型)
- □ —— 材料强度代号(B 为合金钢，C 为碳素钢)
- □/□ —— 接箍两端连接的抽油杆直径，mm
- YJG —— 异径接箍代号

例如 YJG19/22B-Ⅱ，表示连接直径为 19mm 和 22mm 的抽油杆，用 20CrMo 合金钢制造、经调质处理的Ⅱ型异径接箍。

还有一种特种接箍，称为滚轮接箍。它用于斜井或普通油井中以降低接箍与油管间的摩擦阻力，并减少油管的磨损。

4. 加重杆

抽油杆柱在向下运动时，由于原油通过游动阀阻力作用向上顶托活塞，使与泵连接处的几根抽油杆受到压缩力作用常会发生弯曲，而长时间的弯曲拉直运动会加速这部分抽油杆的疲劳破坏，为改善抽油杆柱的工作状况，延长抽油杆柱的工作寿命，采用在泵以上几十米的杆柱直径加粗，称为加重杆。加重杆的结构如图 10-38 所示，是两端带抽油杆螺纹的实心圆钢杆，一端车有吊卡颈和打捞颈，杆身直径有 $\phi35$、$\phi38$、$\phi51$ 三种，单位为 mm。

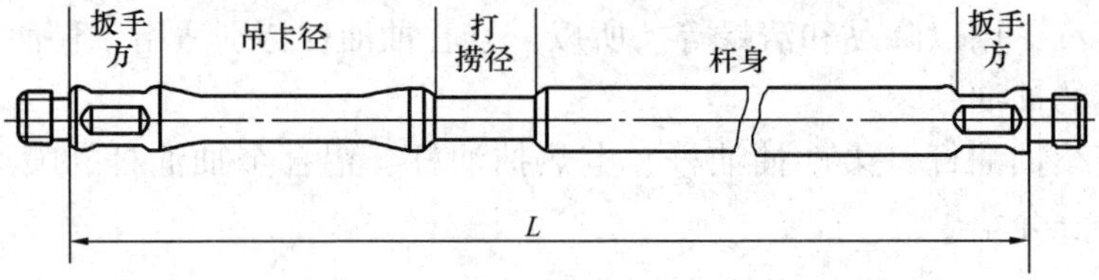

图 10-38　加重杆

10.5.2　抽油机悬绳器

悬绳器上接钢丝绳，下接光杆，是用于保证光杆在工作过程中处于中心位置，使抽油杆的运动始终与驴头弧线保持相切的柔性传动件，它可以承受抽油时的工作载荷，也可为动力仪测示功图时提供光杆载荷。悬绳器的结构如图 10-39 所示。

10.5.3　抽油井光杆密封器

抽油井光杆密封器与井口密封盒一起密封光杆与油管之间的环形空间，防止井口漏油，

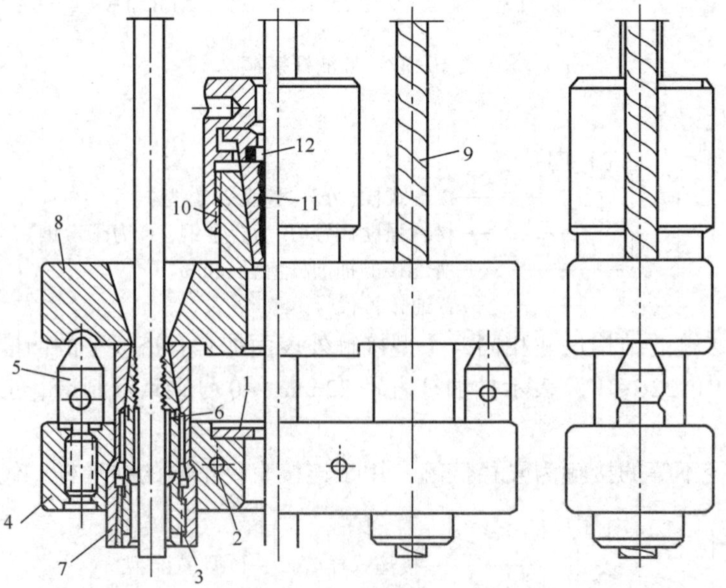

图 10-39　悬绳器结构图

1—垫板；2—销；3—内套管；4—下盘；5—顶丝；6—弹圈；7—钢丝紧固器；8—上盘；9—钢丝绳；10—特制螺帽；11—光杆紧固器；12—弹簧圈

保证光杆能在其中作上、下往复运动。光杆密封器的结构如图 10-40 所示。

10.5.4 抽油井井口装置

抽油井井口装置主要由套管三通、油管三通、盘根盒、套管闸门、生产闸门、连通闸门、回压闸门、试井闸门、放空(取样)闸门、套管压力表、油管压力表等组成。抽油井井口装置的结构如图 10-41 所示。

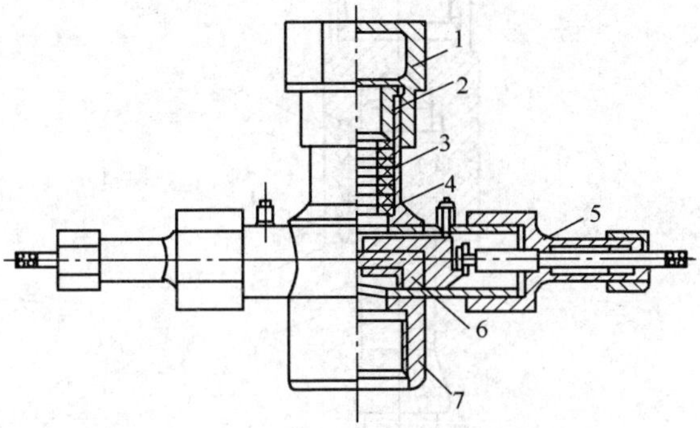

图 10-40 光杆密封装置结构示意图

1—密封盒压帽；2—密封圈压盖；3—胶皮密封圈；4—垫圈；5—胶皮闸门；6—密封胶皮；7—主体

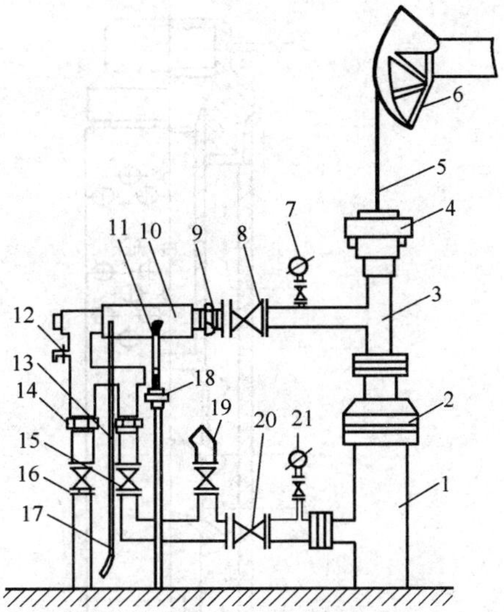

图 10-41 抽油井井口装置示意图

1—套管三通；2—法兰盘；3—油管三通；4—盘根盒；5—光杆；6—驴头；7—油压表；8—生产闸门；9，13，14，18—油壬；10—油嘴套；11—管线(进口)；12—取样闸门；15—连通闸门；16—回压闸门；17—蒸汽管线；19—试井闸门；20—套管闸门；21—套压表

抽油井井口装置的作用如下：

(1) 连接套管、悬挂油管，承受井内生产和作业管柱的载荷。

(2) 密封油、套管环形空间，控制套管气。

(3) 控制油管内的油、气，引导油、气进入出油管线。

(4) 保证洗井、冲砂、酸化、压裂等井下作业的顺利进行。

(5) 录取油压、套压资料。

(6) 取井口油样，测井内液面、压力资料等。

10.5.5 其他抽油辅助设备及工具

1. 气锚

在高气油比有杆抽油泵油井中，常在抽油泵吸入口下部安装气锚，以减少气体对泵效的影响。气锚的种类有多种，这里仅简单介绍螺旋式气锚。

螺旋式气锚结构如图 10-42 所示，它由上接头、下接头、内筒、外筒以及焊接在内筒外壁上的螺旋叶片组成。外筒上段钻有多个进油孔，内筒采用 ϕ73mm 油管制成，悬挂于上接头上。在上接头与轴线呈 30°角的方向，对称钻有排气孔。

2. 防脱器

防脱器用于防止抽油杆在井下工作中脱扣，从而减少检泵作业次数，延长检泵周期，降低作业费用。防脱器的结构如图 10-43 所示，它主要由上体、下体、钢球、槽块、销钉、O

形密封圈等部件组成。其工作原理是：将防脱器装在泵活塞以上第一根抽油杆处或其他易脱扣的部位，也可作为变扣接头接在两级抽油杆的交接处；当驴头带动抽油杆上下运动时，抽油杆柱在上下冲程的交变载荷作用下，以及蜡卡、遇阻条件下，会产生一定的扭矩，迫使抽油杆柱转动；该防脱器能够依靠上下体之间两排钢珠的滚动来消除这一转动，从而起到防止抽油杆脱扣的作用。

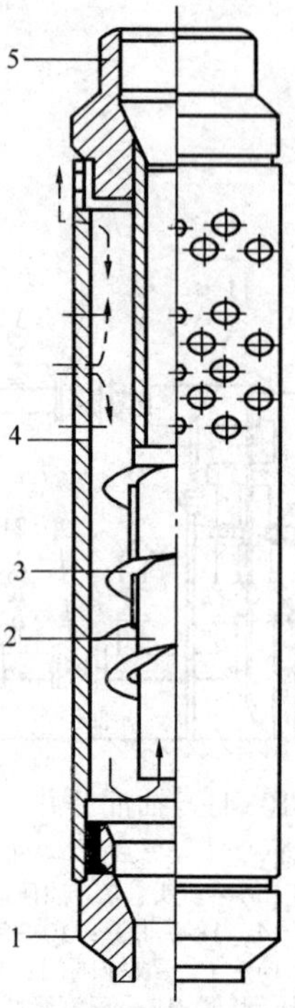

图 10-42　螺旋式气锚结构图

1—外筒；2—螺旋通道；3—螺旋片；4—气孔；5—短节

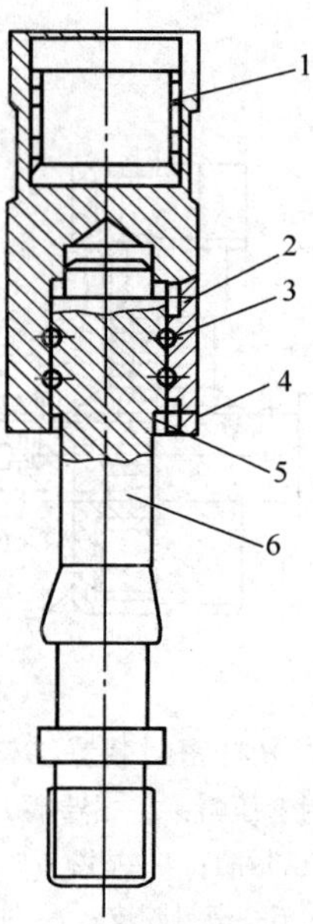

图 10-43　防脱器结构示意图

1—上体；2—槽块；3—ϕ6mm 钢球；4—螺钉；5—O 形环；6—下体

3. 脱接器

脱接器用于抽油泵直径大于泵上油管直径的油井，是抽油杆和抽油泵柱塞在井内脱开和连接的一种工具。

4. 泄油器

泄油器是在油井作业时用来连通油管、套管的通道，将油管内的液体泄入井内，使起出的油管内不带井液，以改善井口操作条件，减少井场污染。

10.6　无杆泵采油设备

无杆泵采油是用电缆或高压液体将地面能量传输到井下，带动井下机组工作，把原油举升至地面的采油方式。它与有杆泵采油的主要区别在于动力传递方式不同。目前，现场应用的无杆泵主要有：水力活塞泵、电动潜油离心泵(简称电潜泵或电泵)、喷射泵(射流泵)和螺杆泵等。

10.6.1　水力活塞泵

水力活塞泵是一种液压传动的往复容积式抽油泵，依靠高压动力液驱动井下液马达作往复运动，并由液马达驱动泵活塞作往复抽油运动，乏动力液与油井产出液一起经由同一通道或经由单独的通道流出井口。水力活塞泵采油是常用的机械采油方式之一。

1. 水力活塞泵装置的组成和分类

1）水力活塞泵装置的组成

水力活塞泵系统主要由三部分组成：地面部分、井下部分和连接地面井下的中间部分。

地面部分由地面动力液罐、三缸高压泵、控制管汇、井口控制阀和井下泵组成，起着供给和处理动力液的作用。

井下部分是该系统的核心部件，由沉没泵、泵筒、固定阀三个部分组成，起着抽油的主要作用。

中间部分包括将动力液从地面部分送到井下机组的中心油管，以及将抽取的原油和工作过的乏动力液一起排出地面的专门通道。

2）水力活塞泵装置的分类

按动力液循环方式可分为闭式循环方式和开式循环方式。所谓开式循环或闭式循环是指在整个采油系统乏动力液是否有自己的独立通道。动力液经地面泵加压使井下泵工作后不与产出液混合，而从特设的乏动力液独立通道排出，再通过地面泵反复循环使用的称为闭式循环。如果没有特设的乏动力液独立通道，乏动力液必须和产出液混合流往地面的称为开式循环。

图 10-44 为开式循环流程采油系统。动力液经地面高压柱塞泵加压后，通过高压控制管汇进入地面油管，通过井口装置进入油井中，经油管内下行，进入井下水力活塞泵，驱动井下机组的液马达带动抽油泵工作，抽出的原油与乏动力液在封隔器以上的油套管环形空间混合并返出地面，混合液经分离器进行油气分离，脱气混合液进入动力油罐沉降净化，部分净化的原油继续进入高压柱塞泵加压后作为动力液，其余部分液体输至集油站。

图 10-45 为闭式循环流程采油系统。动力液经地面高压柱塞泵加压后，通过高压控制

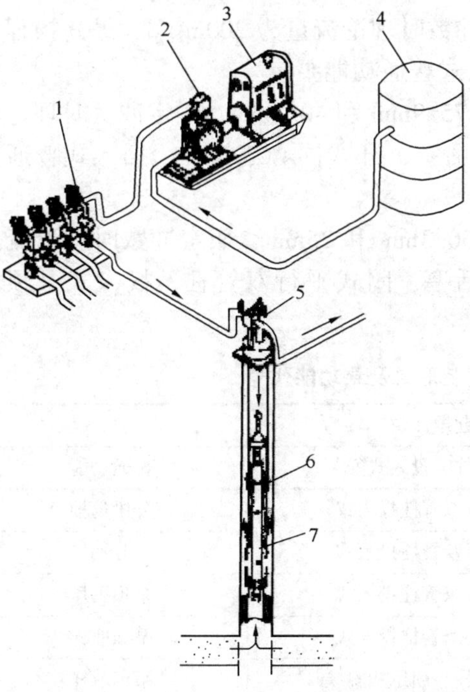

图 10-44　开式水力活塞泵采油系统

1—高压控制管汇；2—地面泵；3—发动机；
4—动力液罐；5—井口装置；
6—井下泵工作筒；7—沉没泵

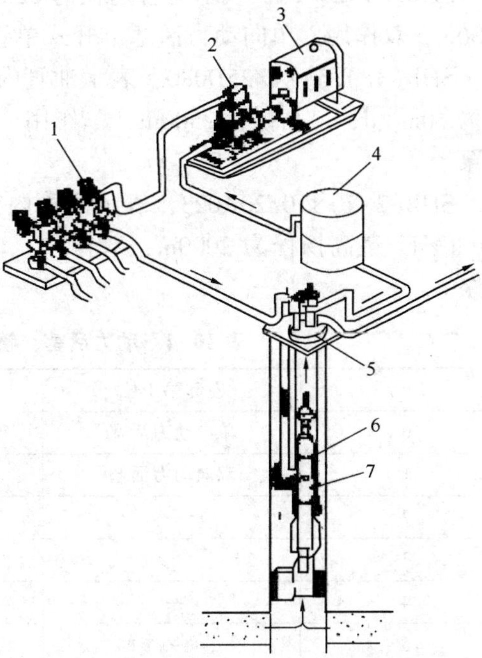

图 10-45　闭式水力活塞泵采油系统

1—高压控制管汇；2—地面泵；3—发动机；
4—动力液罐；5—井口装置；
6—井下泵工作筒；7—沉没泵

管汇进入动力液管线，通过井口装置，流经油管驱动井下泵的液马达带动抽油泵工作，抽出的油从封隔器以上的油套管环形空间返出地面进入集油罐。乏动力液则从平行侧管返出，进入动力液处理罐经少许处理后，又进入地面泵中加压反复使用。

2. 水力活塞泵标准的规定

目前，我国的水力活塞泵的标准已系列化，标准规定的型号表示方法为：

SHB □/□ □ □ □ □ □

- 泵功能代号(见表 10－4)
- 动力液循环方式、井下管柱形式、泵井下安装形式代号
- 动力活塞类型代号
- 泵结构形式代号
- 最高扬程的 1/100，m
- 额定冲次时泵理论流量值的 1/10，m^3/d
- 油管规格，用油管内径(mm) 除以 25.4mm 的商表示，双管柱时在圆括号内写成大直径乘以小直径
- 水力活塞泵代号

动力活塞类型代号：A 为双作用，B 为双泵端、双作用，C 为双动力活塞、双作用，D 为单作用，后四项若为“A000”，则全略去，若为“B000”、“C000”、“D000”则简化为 B、C、D。例如：

SHB2.5×20/20，表示油管内径为 62mm，额定冲数时理论流量为 200m^3/d，最高扬程为 2000m，双作用、单向动力活塞，开式单管柱，投入式普通功能泵。

SHB(3×1.5)×6/25D080，表示油管内径分别为 75.9mm 和 40.3mm，额定冲次时理论流量为 60m^3/d，最高扬程 2500m，单作用、单向动力活塞，开式同心双管柱，插入式普通功能泵。

SHB(2×1)×10/20A023，表示油管内径分别为 50.3mm 和 25mm，额定冲数时理论流量 100m^3/d，最高扬程为 2000m，双作用、单向动力活塞，闭式平行双管柱，投入式泵顶测压泵。

表 10-4　动力活塞、管柱、井下安装形式及泵功能代号

序号	左起第 1 位	左起第 2 位	左起第 3 位
0	单向动力活塞	开式单管柱，投入式安装	普通功能
1	双向动力活塞	开式平行双管柱投入式	分段选抽
2	—	闭式平行双管柱投入式	分抽
3	—	开式同心双管柱投入式	泵顶测压
4	—	闭式同心双管柱投入式	泵顶取样
5	—	开式单管柱、固定式安装	泵尾取样
6	—	开式同心双管柱固定式	其他功能
7	—	闭式同心双管柱固定式	—
8	—	开式同心双管柱插入式	—
9	—	闭式同心双管柱插入式	—

3. 水力活塞泵的结构和工作原理

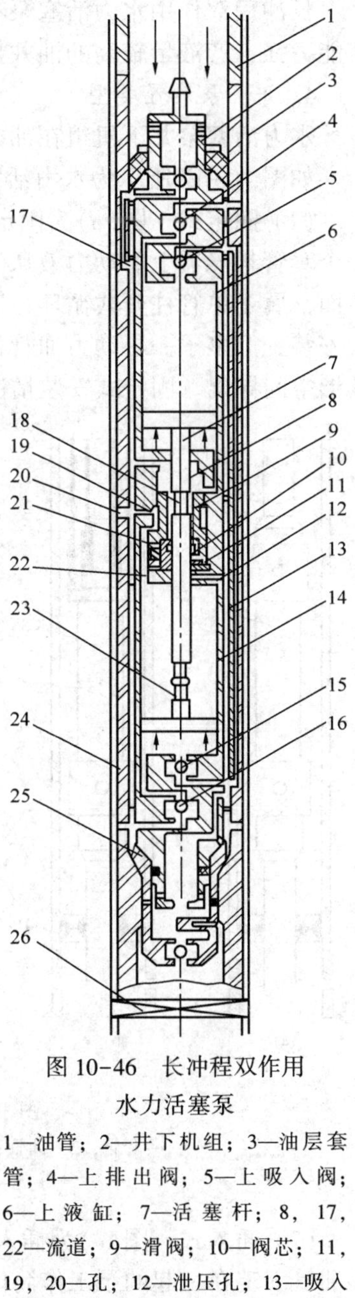

图 10-46　长冲程双作用水力活塞泵

1—油管；2—井下机组；3—油层套管；4—上排出阀；5—上吸入阀；6—上液缸；7—活塞杆；8，17，22—流道；9—滑阀；10—阀芯；11，19，20—孔；12—泄压孔；13—吸入流道；14—下液缸；15—下吸入阀；16—下排出阀；18—上部换向槽；21—滑阀开孔；23—下部换向槽；24—泵工作筒；25—固定阀；26—套管封隔器

水力活塞泵系统的工作原理是高压动力液经动力液管柱注入井中，驱动水力活塞泵上的液马达，使动力液高压势能转变为往复运动的机械能。马达驱动泵，泵将机械能转变为液体的静压，使产出流体采到地面。

由前述可知，按照结构水力活塞泵可分为单作用、双作用、双泵端和双动力活塞等多种形式，每种形式中又包含许多泵型。下面仅介绍长冲程双作用泵的结构原理。

该泵由上液缸、下液缸和主控制滑阀三部分组成。上液缸的下室和下液缸的上室作为液动力机进出动力液，而上液缸的上室和下液缸的下室作为泵吸排原油。为了进行泵的吸入过程和排出过程，在接近泵室处装有吸入阀和排出阀。上、下液缸中的活塞用活塞杆相连，活塞杆的上、下部开有控制槽，用来控制主控制滑阀的运动。其结构如图 10-46 所示。

(1) 上冲程　主控制滑阀位于下止点，这时，高压动力液从中心油管经过流道 17 和 8，进入上液缸的活塞下室，推动活塞组进行上冲程。上液缸活塞上室的原油通过上排出阀 4(这时吸入阀 5 关闭)，排至油管 1 和套管 3 的环形空间。与此同时，套管封隔器以下的原油通过固定阀 25、下吸入阀 15 进入下液缸的活塞下室。下液缸活塞上室中工作过的乏动力液则通过流道 22、孔 19 和 20，排到环形空间，与抽取的原油混合后上升到地面。当活塞组向上运动到接近上止点时，高压动力液通过活塞杆下部的换向槽 23 和孔 11，作用到主控制滑阀的下端。由于主控制滑阀下端的承压面积大于上端的承压面积，在同样压力的高压动力液作用下，下面的总压力必然大于上面的总压力，这样就使主控制滑阀推向上止点，这时就开始进行下冲程。

(2) 下冲程　主控制滑阀位于上止点，这时高压动力液从中心油管，经过流道 17、主控制滑阀和活塞杆间的环形空间、孔 21 及流道 22，进入下液缸活塞的的上室，推动活塞组进行下冲程。下液缸活塞下室中的原油通过下排出阀 16(这时下吸入阀 15 关闭)，排到油管和套管的环形空间。与此同时，上液缸活塞下室中工作过的乏动力液则通过流道 8、主控制滑阀外表面中部的空间、孔 19 及 20，被排至油管和套管环形空间。原油通过吸入流道 13 及上吸入阀 5 进入上液缸活塞的上室。当活塞组向下运动接近下止点时，活塞杆上部的换向槽 18 将孔 11 同泄压孔 12 连通，使主控制滑阀的下端和低压相通。于是，主控制滑阀在上端高压动力液的压力作用下，重新向下运动到下止点。这样，又开始转入活塞组的上冲程。由于活塞组上、下冲程的交替进行，不断地将原油从井底提升到地面。

长冲程双作用水力活塞泵有排量大、受力平衡和运转平稳等优点。该类泵适用于地层供液能力强、产液量较高的油井抽油。

4. 井下泵装置类型

水力活塞泵井下机组在油井中的安装形式有固定式、插入式和投入式三种基本类型。

如图 10-47 所示为水力活塞泵井下机组的六种安装示意图。

（1）固定式　图(a)为固定式，水力活塞泵井下机组随油管柱一起下入井内，并固定在一个套管封隔器上。动力液从油管送入井内，原油和乏动力液从油管和套管的环形空间返回地面，属于单管柱开式循环，所有自由气必须经水力活塞泵井下机组导出。图(b)也是固定式安装，但多了一层动力油管柱，属于同心双管柱闭式循环，自由气全部从油管与套管间的环形空间导出。固定式安装情况下，检泵时要起出全部管柱。

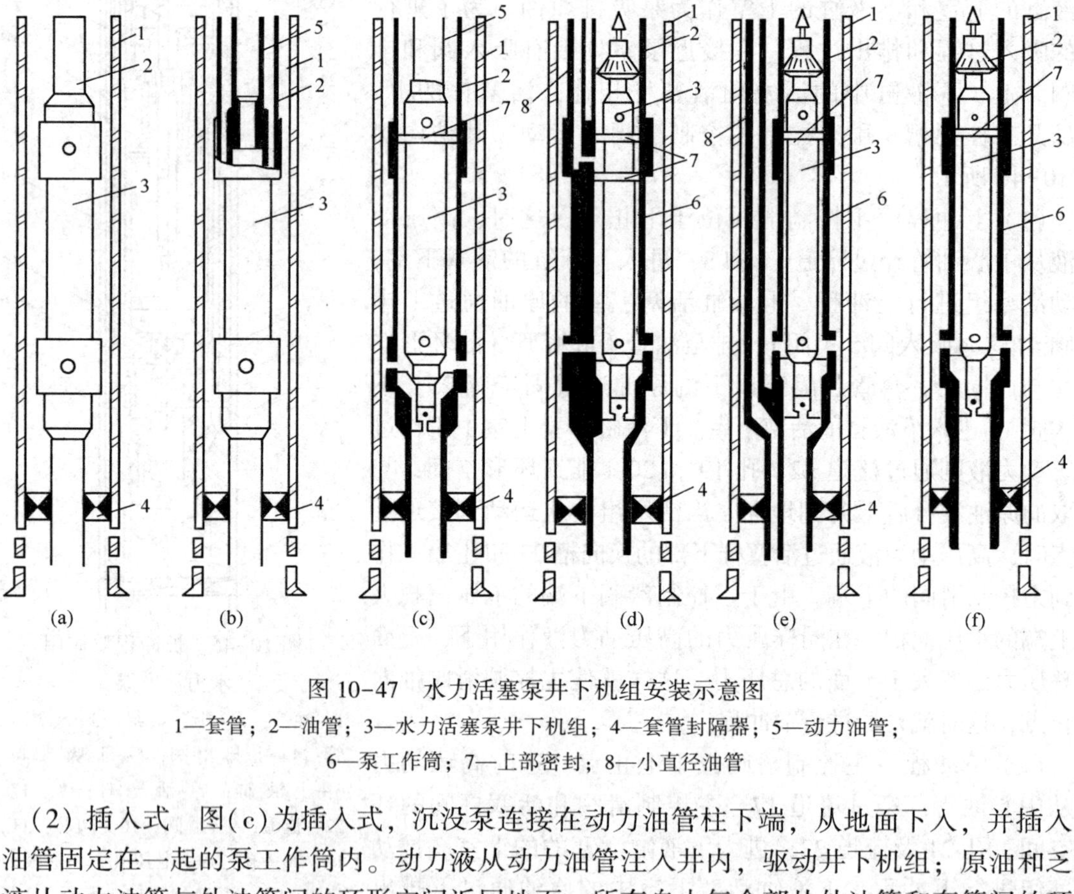

图 10-47　水力活塞泵井下机组安装示意图

1—套管；2—油管；3—水力活塞泵井下机组；4—套管封隔器；5—动力油管；6—泵工作筒；7—上部密封；8—小直径油管

（2）插入式　图(c)为插入式，沉没泵连接在动力油管柱下端，从地面下入，并插入与外油管固定在一起的泵工作筒内。动力液从动力油管注入井内，驱动井下机组；原油和乏动力液从动力油管与外油管间的环形空间返回地面；所有自由气全部从外油管和套管间的环形空间导出。检泵时，只需起出动力油管柱。

（3）投入式　图(d)、(e)、(f)为平行管投入式安装，泵工作筒随同动力油管下入井内，沉没泵从井口投入，可用循环动力液在管柱中起下。其中图(d)为平行双管闭式循环投入式泵，图(e)为平行双管开式循环投入式油气分采泵。水力活塞泵井下机组从大直径油管柱中循环全井底，并在一个固定阀座上形成密封；上部的密封进入油管内壁的一个专用环箍处；动力液从大直径油管柱中进入井下机组的液动机，原油和乏动力液从小直径油管柱中排到地面；自由气从套管中导出。而图(f)为单管柱、开式循环投入式安装方式，只需一条油管柱下到套管封隔器上。动力液从管柱中送入井下机组的液动机，而原油和乏动力液则从套管中排至地面；自由气则由井下机组导出。

我国油田大多采用这种安装方式，即水力活塞泵加封隔器的安装形式，其井下管柱和地面泵站的工艺流程最为简单。

10.6.2 潜油电动离心泵

潜油电动离心泵(简称电潜泵或电泵)是一种在井下工作的多级离心泵，它是用油管把离心泵和潜油电机下入井中，地面电源通过潜油泵专用电缆输入到井下潜油电机，使电机带动多级离心泵旋转产生离心力，从而将井中的原油举升到地面的采油设备。电潜泵是目前各油田应用得较广泛的一种无杆泵抽油设备。

1. 潜油电动离心泵的组成

潜油电动离心泵机组由井下部分、地面部分和联系井下及地面的中间部分三部分组成，图10-48所示为潜油电动离心泵机组示意图。

(1) 井下部分　它是整套机组的主要部分，包括多级潜油离心泵、电机保护器、潜油电

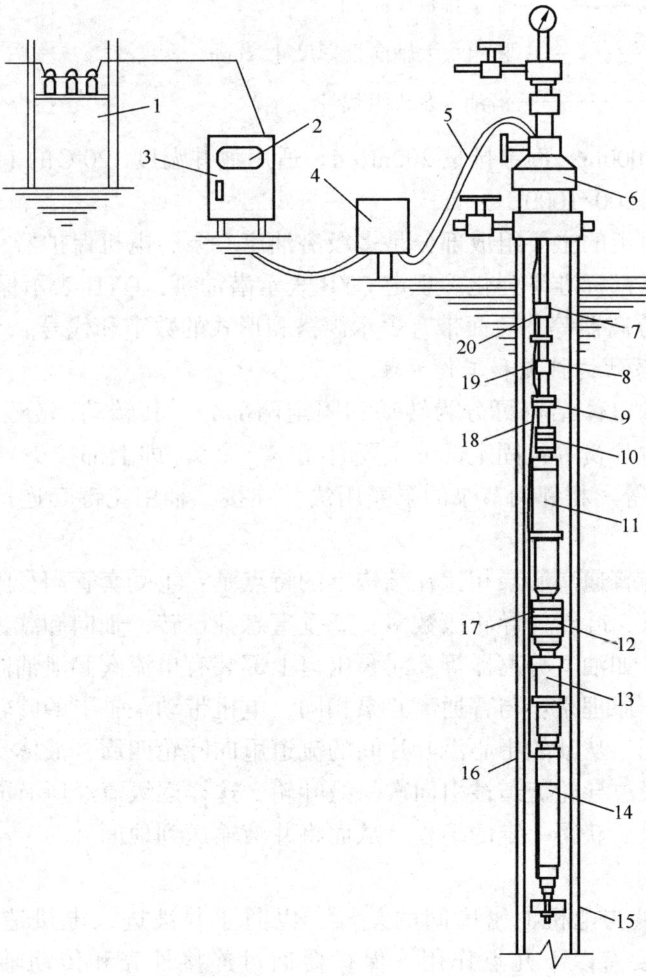

图 10-48　潜油电动离心泵机组示意图

1—变压器组；2—电流表；3—配电盘；4—接线盒；5—地面电缆；6—井口装置；7—溢流阀；8—单流阀；9—油管；10—泵头；11—多级离心泵；12—吸入口；13—保护器；14—电动机；15—扶正器；16—套管；17—电缆护罩；18，20—电缆；19—电缆接头

动机、油气分离器等设备，起着抽油的主要作用。一般布置是多级离心泵在上面，保护器在中间，潜油电动机在下面。

（2）地面部分　它由自动控制台、井口装置、自耦变压器及其辅助设备等组成，起着向井下潜油电动机提供工作所需电能、控制潜油电动机的工作以及运输、操作等作用。

（3）中间部分　它由电缆和油管组成。电缆用来向潜油电动机传送电能，采用的是特殊结构的电缆（有圆电缆和扁电缆两种）；油管用来将井下多级潜油离心泵提升的井液引导到地面。

我国在潜油电泵机组的设计、制造和使用等方面经验比较丰富，产品已经标准系列化，其型号的表示方法为：

QYDB □-□/□ □

- □（第四个）——适用井温代号：D—50℃；A—90℃；E—120℃；F—150℃
- □（第三个）——额定扬程，m
- □（第二个）——额定排量，m^3/d
- □（第一个）——机组最大轴向投影尺寸，mm
- QYDB——潜油电泵机组代号

示例：额定扬程 1000m，额定排量 $200m^3/d$，适用油井温度 120℃的 119mm 潜油电泵机组表示为：QYDB 119-200/1000E。

潜油电动离心泵机组的主要组成部分是多级潜油离心泵、电机保护器、潜油电机、油气分离器等，大部分产品都标准系列化。规定 QYB 表示潜油泵，QYH 表示保护器，YQY 表示潜油电机，QYF 表示分离器等，后面带有表示规格和形式的数字和代号。

2. 多级潜油离心泵结构特点和工作原理

多级潜油离心泵的整体结构可分为转动和固定两部分。其转动部分主要有轴、键、叶轮、垫片、轴套和限位片簧等；固定部分主要有壳体、泵头（即上部接头）、泵座（即下部接头）、导轮和扶正轴承等。相邻两节泵的泵壳用法兰连接，轴用花键套连接。潜油离心泵的结构如图 10-49 所示。

多级潜油离心泵与普通离心泵相比在结构上的特点是：①受套管内径限制，泵外形呈细长状，直径小，长度大，叶轮、导轮级数多；②垂直悬挂运转，轴向卸载，径向扶正；③泵吸入口装有特殊装置，如油气分离器等；④泵出口上部装有单流阀和泄油阀。

多级潜油泵的工作原理是：与普通离心泵相同，电机带动泵轴上的叶轮高速旋转时，叶轮内液体受离心力作用，从叶轮中心沿叶片间的流道甩向叶轮四周，液体受叶片的作用，压力和速度同时增加，经过导轮流道被引向次一级叶轮，这样逐级流经所有的叶轮和导轮，使液体压能逐次增加，最后获得一定的扬程，从而将井液输送到地面。

3. 保护器

保护器是利用井液与电机油密度间的差异，以防止井液进入电机造成短路而烧毁电机的装置。保护器主要有以下几点作用：保护器通过连接外壳和传动轴，把泵和电机连接起来；保护器装有止推轴承，以吸收泵轴的轴向推力；隔离井液与电机油，同时使井筒与电机的压力保持平衡。允许电机运行时温度升高所造成的电机油热膨胀以及停机后电机油的收缩。

普遍使用的保护器包括连通式、沉淀式和胶囊式，它们之间的主要区别在于隔离电机油和井液的方式不同。

1）连通式保护器

连通式保护器结构主要由机械密封、内外整体和轴承等零部件组成，如图 10-50 所示。

其工作原理是给保护器内腔注润滑油，外腔注隔离液。隔离液为相对密度 1.8～2.2 的重油，将井液与润滑油隔离开来。保护器内的机械密封，使井液不能进入电机。电机中的润滑油通过保护器连通孔与井液连通，在重油作用下使电机内压力稍高于井筒与电机环形空间压力，并能及时调整平衡。电机下井运行时，温度不断升高，电机保护器内的润滑油和隔离液受热膨胀，一部分重油进入井筒，这就是保护器的呼出过程。电机停止运行后，温度降低，润滑油和隔离液收缩，井液由连通孔进入保护器，积存于隔离液上方，此即保护器吸入过程。保护器内的机械密封，在内外压力基本平衡的状态下工作。

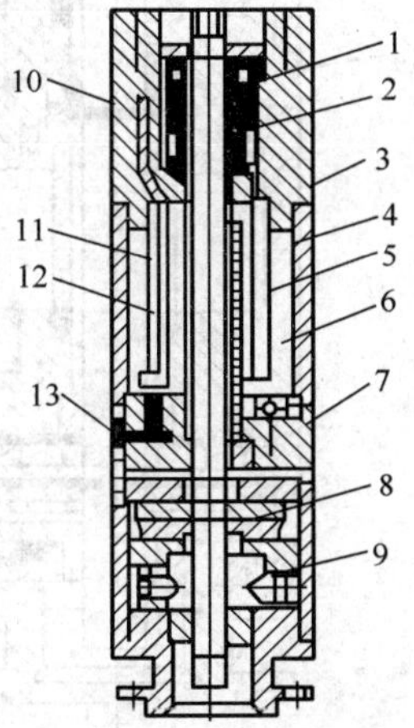

图 10-50　连通式保护器

1—单向机械密封；2—双向机械密封；3—放气阀；4—连通孔；5—回油管；6—连通室；7—注油阀；8—轴承；9—过滤器；10—放气阀；11—隔离套；12—供油管；13—放油阀

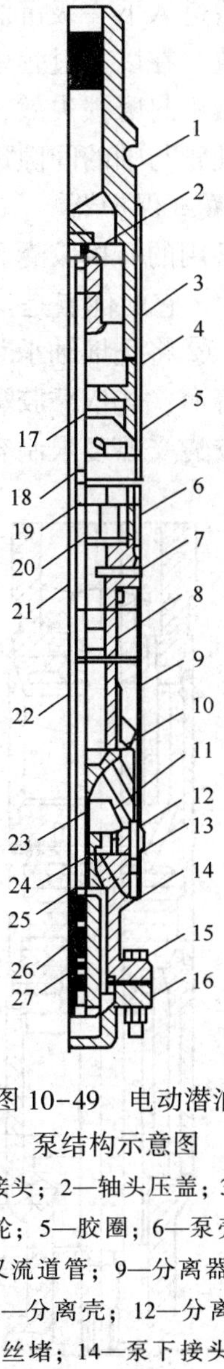

图 10-49　电动潜油泵结构示意图

1—泵出口接头；2—轴头压盖；3—上轴承外套；4—导轮；5—胶圈；6—泵壳；7—放气孔；8—交叉流道管；9—分离器壳体；10—诱导轮；11—分离壳；12—分离器叶轮座；13—半圆头丝堵；14—泵下接头；15—六角螺栓；16—泵护帽；17—上止推垫；18—重止推垫；19—叶轮；20—下止推垫；21—键；22—轴；23—分离器叶轮；24—轴承内套；25—卡簧；26—花键套；27—花键套弹簧

2）沉淀式保护器

沉淀式保护器结构主要由机械密封、沉淀室、补偿管和止推轴承等零部件组成，如图 10-51 所示。

沉淀式保护器内全部注电机润滑油，油的相对密度小于 1。其工作原理是：机组下入油井运行时，电机温度不断升高，电机、保护器中的润滑油受热膨胀，经补偿管上浮进入井筒，这是呼出过程。电机停止运行后，温度降低，润滑油收缩，井液通过补偿管进入沉淀室而沉入底部，此时保护器完成一个呼吸过程。电机继续运行，主要由于与其相近的保护器机械密封相对漏失而导致润滑油不断减少，井液不断进入沉淀室，液面相对不断升高，直到没过连通管后进入下一级沉淀室。当所有沉淀室都充满井液时，井液沿连通管进入电机，此时保护器失效。在以上过程中，机械密封将护轴管与轴间缝隙封住，使井液不能由此下行。若第一级机械密封磨损失效，下一级机械密封还可以起作用；当各级机械密封都失效时，井液则通过护轴管与轴的间隙进入电机，此时保护器也失效。

3）胶囊式保护器

目前常用的有单胶囊和双胶囊两种。这种保护器下部为沉淀室结构，上部为胶囊，如图10-52所示。它的优点是：①用胶囊隔离井液和电机润滑油，只要胶囊不破损，井液就不能进入电机；②将止推轴承装在下部，可防止井液的进入，保证有良好的润滑，延长了止推轴承的使用寿命；③依靠胶囊实现电机润滑油的热胀冷缩呼吸作用，减少润滑油的漏失量。其缺点是：胶囊受温度限制容易老化，从而在呼吸过程中产生破裂。

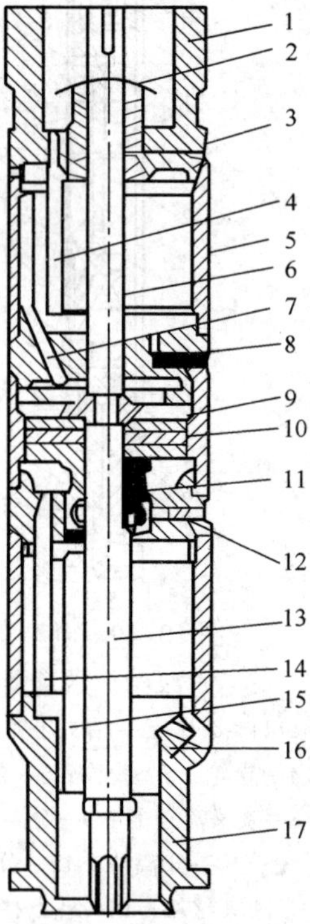

图 10-51 沉淀式保护器

1—上接头总成；2—卡簧；3—放气阀；4—上部补偿管；5—保护器壳体；6—护轴管；7—连通管；8—放油阀；9—止推轴承座；10—止推轴承；11—机械密封；12—放气阀；13—轴；14—下部补偿管；15—底部连通管；16—注油阀；17—下接头

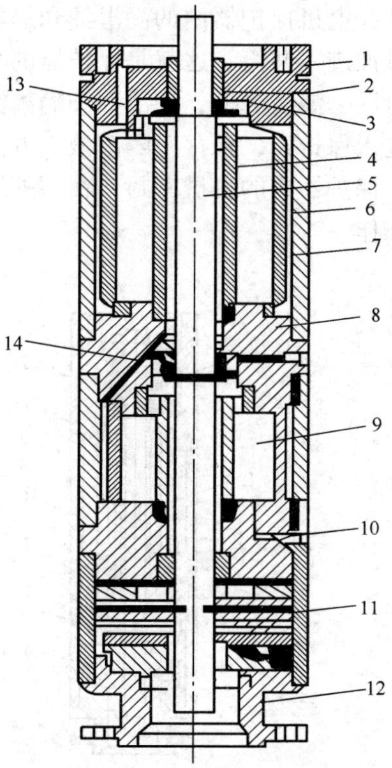

图 10-52 胶囊式保护器

1—上部接头；2—放气阀；3—机械密封；4—护轴管；5—轴；6—胶囊；7—壳体；8—隔离体；9—沉淀室；10—注油阀；11—止推轴承；12—下部接头；13—呼吸孔；14—连通孔

4. 油气分离器

油气分离器安装在泵的液体吸入口处，在混合流体进入多级离心泵之前，先通过分离器，把自由气体分离出来，以防止和减少气体进泵，保护潜油电泵具有良好的工作特性，使多级离心泵能够正常工作。常用的分离器有沉降式分离器和旋转(离心)式分离器两种。

(1) 沉降式油气分离器 沉降式油气分离器是依据重力原理来进行油气分离的。油气混合物从分离器外壳的进液孔进入分离器后，由于液体的相对密度比气体大得多，当液体流速低于气体向上浮动的速度时，气体通过分离器的排气孔进入油套管的环形空间，而液体向下流动通过分离器底部的内腔进液孔进入分离器内腔，并经过底部轮增压产生一个稳定压头，把井液举升到泵的第一级叶轮，从而完成油气分离过程。

（2）离心式气体分离器　离心式气体分离器是利用离心分离原理，使流经分离器叶轮的井液在离心力的作用下，由于液体的密度较大而被甩向叶轮外缘区，并进入多级潜油离心泵的吸入流道，气体则聚集在泵轴附近，经油套管环形空间排出井外。

5. 潜油电动机

潜油电动机用于驱动离心泵转动。井下潜油电动机一般为两极三相鼠笼式感应电机，工作原理与地面电机相同，在60Hz时的转速为3500r/min，目前潜油电动机的功率范围在7.5~1000hp内，根据实际需要，潜油电动机可以采用几级串联达到特定的功率。潜油电动机内充满电机油，用于润滑和导热，运行电机产生的热量由电机油通过电机外壳传给井液，井液将热量带走冷却电机，因此潜油电动机必须安装在井液流过的地方。

10.6.3　其他无杆泵采油设备

1. 螺杆泵

螺杆泵是一种新型机械采油设备。就其驱动方式来讲，可分为地面驱动和井下驱动两类。目前油田常用的是地面驱动井下单螺杆泵采油系统。

（1）单螺杆泵的结构　单螺杆泵主要由地面驱动和井下泵两部分组成。驱动部分由防爆电机、皮带轮、减速箱和光杆密封器组成。井下泵由接头、转子、定子、定位衬套和扶正器等组成。地面驱动系统与井下泵之间通过抽油杆连接。为防止油管与定子脱扣，在尾管下部装有封隔器或油管锚。

（2）单螺杆泵的工作原理　采油单螺杆泵为容积式泵。当地面动力通过泵轴驱动转子在定子里面旋转时，转子与定子啮合，形成一系列被定子与转子之间的接触线所密封的腔室。随着转子的转动，这些腔室由定子的一端运动到另一端，泵入口处不断形成的敞开室，在沉没压力的作用下依次被井液充满，逐渐向泵的排出端移动，将井液排出。

2. 射流泵

水力射流泵(也称喷射泵)是利用射流原理将注入井内的高压动力液的能量传递给井下油层产出液的无杆水力采油设备。射流泵采油系统与水力活塞泵一样，也是由地面(包括动力液供给和产出液收集处理系统)和井下(包括动力液及产出液在井筒内的流动系统和射流泵)两大部分组成。地面部分和井筒流动系统与水力活塞泵开式采油系统相同，动力液在井下与油层产出液混合后返回地面。

3. 轴流涡轮-轴流泵

轴流涡轮-轴流泵装置是一种大排量、高压头和高转速的无杆抽油设备。它的地面部分和水力活塞系统装置的地面部分完全相同。该装置的井下机组由上部的轴流涡轮级和下部轴流泵级所组成。二者共同固定在一根轴上，其间有止推轴承和密封装置。地面提供的高压动力液通过井口阀和中心油管进入井下机组的中间部位，从涡轮级的下方向上流动，推动涡轮级带动离心泵级转动，从而抽出地层液。采出的地层液自下向上流动，之后与乏动力液混合，一起经油套管环形空间排出。

【本章小结】

本章讲述了油田常用的各种机械采油设备，通过对本章的学习，要求学员了解抽油机、抽油泵、抽油杆等设备的种类、型号、结构特点、工作原理、使用及维护等各方面的知识。

学员学习本章后要通过课后复习和查阅相关资料来加以巩固，有条件的可带领学员到采油生产现场实地参观考察或通过实习实训方式来加深对所学知识的理解。

思 考 题

1. 简述游梁式抽油机的结构组成、型号和工作原理。
2. 游梁式抽油机为何要进行平衡？
3. 游梁式抽油机的基本参数有哪些？
4. 游梁式抽油机驴头所承受的悬点载荷有哪几种？
5. 链条式抽油机是怎样实现换向的？
6. 解释管式泵和杆式泵结构上的异同。
7. 简述抽油泵的工作原理。
8. 抽油杆有哪些类型？各有什么特点？
9. 水力活塞泵系统种类有几种？相互之间的区别是什么？
10. 试对多种机械抽油方式的特点和优缺点进行比较。

第 11 章　其他常用钻采工具

【学习目标和要求】

钻采工具的种类繁多，本章仅简单介绍部分常用的钻具、井口工具、井下打捞工具以及井控设备的种类、功用、型号、结构原理、特点以及使用方法等。要求学生熟悉这些设备工具的功用，了解它们的结构原理和特点，学会正确的使用方法。

【重点和难点】

重点是钻采工具的种类、型号、功用、结构及使用；难点是各种工具的结构原理。

11.1　钻具与石油管材

11.1.1　钻具

钻具是方钻杆、钻杆、钻铤、转换接头、钻柱稳定器等几种主要入井工具的总称。在钻井过程中，将方钻杆、钻杆、钻铤等用带螺纹的接头连接起来所组成的入井管串称为钻柱。在采用转盘钻井中，地面动力通过钻柱传递给钻头，带动钻头旋转，并借助钻铤的重量加压破碎岩石，同时携带岩屑和冷却钻头。在采用井下动力钻具钻井中，钻井泵所喷出的高压钻井液流，通过钻柱传递给井下动力钻具，带动钻头旋转，以破碎岩石。由此可见，钻柱是连通地面与地(井)下的枢纽，十分重要，必须管好和用好钻柱。

下面介绍组成钻柱的常用钻具。

1. 方钻杆

方钻杆位于钻柱的最上端，其上部与水龙头相连，下部与钻杆相连，其主要作用是传递扭拒，工作时承受钻柱的重量。

1）方钻杆的结构

方钻杆结构如图 11-1 所示，方钻杆由驱动部分、上部接头和下部接头等组成。上、下部接头与驱动部分采用对焊的方法连接在一起。上部接头是左旋螺纹，下部接头是右旋螺纹，按驱动部分横截面形状分为四方形和六方形，石油矿场用的多为四方形的，方钻杆中心水眼为圆形。

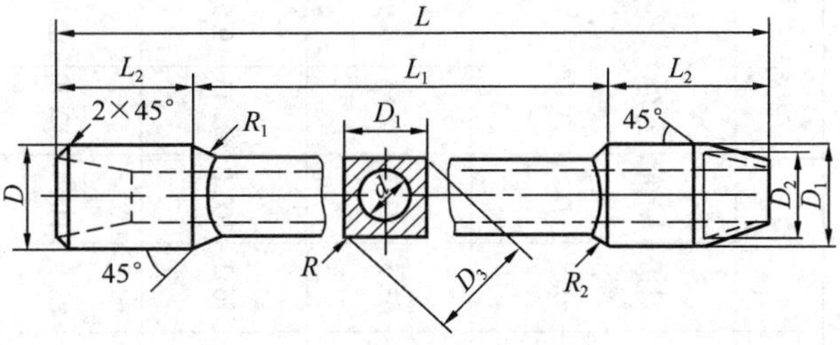

图 11-1　四方方钻杆结构

2）方钻杆规范

方钻杆规范是根据方钻杆驱动部分对边宽度尺寸来划分的，共有 63.5mm、76.2mm、88.9mm、108mm、133.4mm 五种，详见表 11-1，常用的有 88.9mm、133.4mm 两种。

方钻杆多用强度较高的优质合金钢制成，其壁厚约比钻杆大 3 倍，上端螺纹为反扣(左旋)，以免旋转过程中自动卸扣。常用的方钻杆一般长约 13~14.5m，要比钻杆单根长 2~3m。

表 11－1　常用方钻杆规范

规格		驱动部分长度		全长		驱动部分						上端内螺纹接头							下端外螺纹接头				内径 d
		标准 L_D	选用 L_D	标准 L	选用 L	对边宽 D_{FL}	对角宽 D_C	对角宽 D_{CC}	半径 R_C	半径 R_{CC}	偏心孔最小壁厚 t	螺纹规格和类型左旋		外径		长度 L_U	倒角直径		螺纹规格和类型	外径 D_{LH}	长度 L_L	倒角直径 D_F	
												标准	选用	标准 D_C	选用 D_C		标准 D_F	选用 D_F					
63.5	(2½)	11280		12190		63.5	83.3	82.55	7.9	41.3	11.43	(6⅝) REG	(4½) REG	196.9	146.1	406.4	186.1	134.5	NC26 (2⅜IF)	85.7	508	82.9	31.8
76.2	(3)	11280		12190		76.2	100.0	98.43	9.5	49.2	11.43	(6⅝) REG	(4½) REG	196.9	146.1	406.4	186.1	134.5	NC31 (2⅞IF)	104.8	508	100.4	44.5
88.9	(3½)	11280		12190		88.9	115.1	112.70	12.7	56.4	11.43	(6⅝) REG	(4½) REG	196.9	146.1	406.4	186.1	134.5	NC38 (3½IF)	120.7	508	116.3	57.2
108.0	(4¼)	11280	15540	12190	16460	108.0	141.3	139.70	12.7	69.9	12.07	(6⅝) REG	(4½) REG	196.9	146.1	406.1	186.1	134.5	NC46 (4IF)	158.8	508	145.3	71.4
108.0	(4¼)	11280	15540	12190	16460	108.0	141.3	139.70	12.7	69.9	12.07	(6⅝) REG	(4½) REG	196.9	146.1	406.4	186.1	134.5	NC50 (4½IF)	161.9	508	154.0	71.4
133.4	(5¼)	11280	15540	12190	16460	133.4	175.4	171.45	15.9	85.7	15.88	(6⅝) REG		196.9		406.4	186.1		5½FH	177.8	508	170.1	82.6
133.4	(5¼)	11280	15540	12190	16460	133.4	175.4	171.45	15.9	85.7	15.88	(6⅝) REG		196.9		406.4	186.1		NC56	177.8	508	171.1	82.6

2. 钻杆

钻杆是组成钻柱的基本部分，其主要作用是加深井眼、传递扭矩和形成钻井液循环通道。目前我国使用的钻杆大都是按 API 标准生产的对焊式钻杆。

1）钻杆的结构

钻杆由管体及钻杆接头两部分组成，其结构如图 11-2 所示。

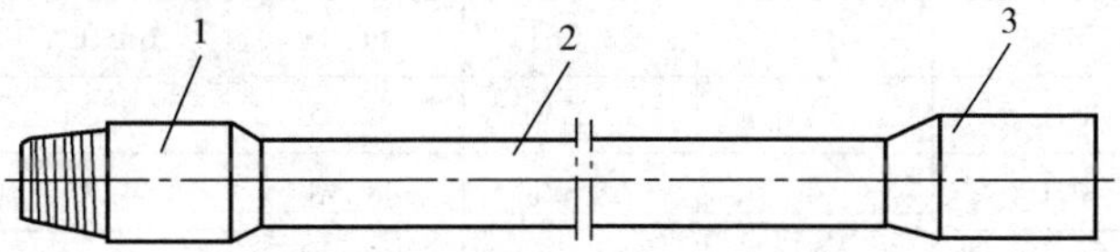

图 11-2　钻杆的结构示意图

1—外螺纹接头；2—管体；3—内螺纹接头

2）钻杆的分类

现用钻杆的管体与接头是采用对焊方法连接在一起的，为了增大接头连接处的强度，管体两端对焊部分是加厚的，加厚形式有内加厚、外加厚及内外加厚三种，见图 11-3。加厚过渡段一般长 20~60mm，最长 120~130mm。

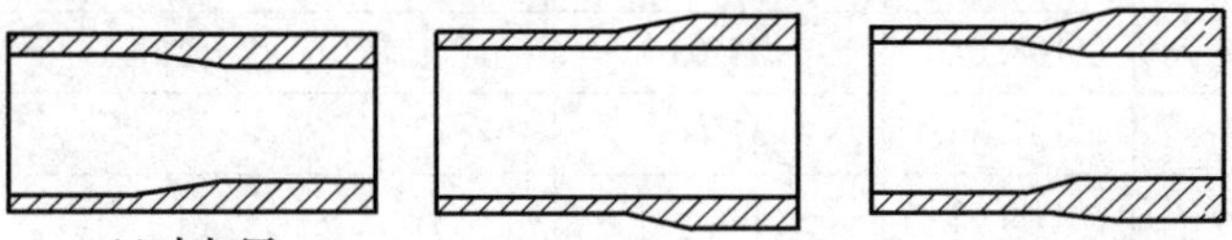

图 11-3　钻杆端部加厚结构示意图

（1）内加厚是缩小管体两端的内径以增加管壁厚度。这种钻杆外径是一致的，接头外径也不太大，在井内旋转时，接头与井壁接触较少，磨损也就少。但因其内加厚部分内径较管体内径小，增加了流体循环时的流动阻力。

（2）外加厚钻杆的内径是一致的，但管体两端外径加大，以增加其管壁厚度。这种钻杆接头的外径比同尺寸钻杆接头的外径大，在井内旋转时，增加了接头与井壁的接触摩擦，易磨损，但因其内径与管体内径一致，循环流体流动阻力较小。

（3）内外加厚钻杆是将管体两端的内径缩小，外径加大，以增加管壁厚度。这种结构综合了以上两种结构的特点。较大尺寸的钻杆一般采用这种结构。

3）钻杆的钢级与强度

钻杆的钢级由钻杆钢材的最小屈服强度决定。API Spec 5D 标准（2009 年）规定钻杆的钢级有 E、95（X）、105（G）、135（S）级这几种，其中 X、G、S 级为高强度钻杆。钻杆的钢级越高，管材的屈服强度越大，钻杆的各种强度（抗拉、抗扭、抗外挤等）也就越大。

在钻柱设计中要依据钻柱所受荷载进行强度校核。

4）钻杆规范

钻杆规范按其外径分类，共有 ϕ60.3mm、ϕ73mm、ϕ88.9mm、ϕ101.6mm、ϕ114.3mm、ϕ127mm、ϕ139.7mm 七种。目前常用的有 ϕ73mm、ϕ88.9mm 和 ϕ127mm 三种，钻杆规范见表 11-2。

表 11-2　钻　杆　规　范

外　径		每米质量/(kg/m)	壁厚/mm	内径/mm	管体截面积/cm^2	备　注
mm	in					
60.3	2⅜	9.892	7.11	46.10	11.89	
73	2⅞	15.475	9.19	54.64	18.44	常用，外加厚
88.9	3½	14.133	6.45	76.00	16.71	
88.9	3½	19.788	9.35	70.21	23.36	常用，外加厚

续表

外 径		每米质量/(kg/m)	壁厚/mm	内径/mm	管体截面积/cm^2	备 注
mm	in					
88.9	3½	23.061	11.41	66.09	27.77	
101.6	4	17.630	6.65	88.29	19.85	
101.6	4	20.828	8.38	84.84	24.55	
114.3	4½	20.460	6.88	100.53	23.23	
114.3	4½	24.698	8.56	97.18	28.43	
114.3	4½	26.933	9.47	95.35	31.20	
114.3	4½	29.756	10.92	92.46	35.47	
127	5	24.2	7.52	111.96	28.22	
127	5	29.011	9.19	108.61	34.03	常用，内外加厚
139.7	5½	32.583	9.17	121.36	37.60	
139.7	5½	36.754	10.54	118.62	42.77	

3. 钻铤

钻铤是组成钻柱下部结构的主要部件，其管壁较厚、质量大、刚性强，主要作用是给钻头施加钻压及防止井斜。

1）钻铤的结构

钻铤的结构如图 11-4 所示。钻铤是由厚壁合金钢管制成，壁厚一般为 38~52mm，相当于钻杆壁厚的 4~6 倍，因而其单位长度质量大、刚性大。

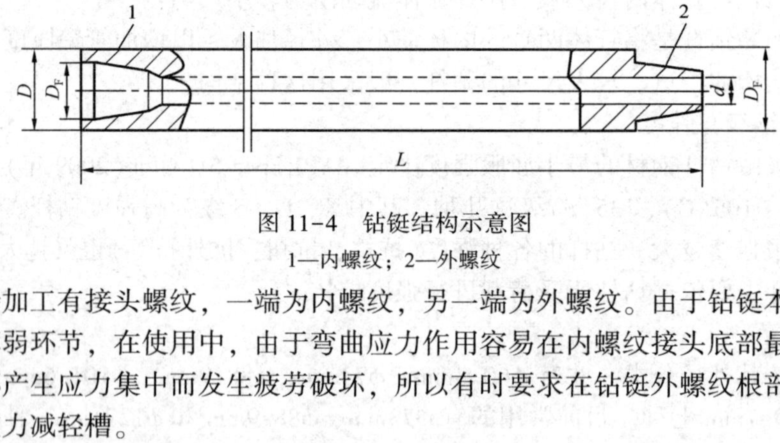

图 11-4 钻铤结构示意图

1—内螺纹；2—外螺纹

钻铤两端加工有接头螺纹，一端为内螺纹，另一端为外螺纹。由于钻铤本体刚性大，其螺纹部位为薄弱环节，在使用中，由于弯曲应力作用容易在内螺纹接头底部最末啮合处及外螺纹接头根部产生应力集中而发生疲劳破坏，所以有时要求在钻铤外螺纹根部、内螺纹接头的底部加工应力减轻槽。

2）钻铤的种类与规范

钻铤种类有圆钻铤、方钻铤、螺旋钻铤、偏重钻铤。最常用的是圆钻铤和螺旋钻铤。

螺旋钻铤上有浅而宽的螺旋槽，可减少其与井壁接触面积的 40%~50%，而其重力只减少 7%~10%，接触面积小，可减少发生压差卡钻的可能性。

偏重钻铤就是在普通钻铤上的一侧钻一排盲孔，造成一边重一边轻。当钻具旋转时就产生一个朝向重边的离心力，且转速越高，离心力越大。钻具每钻一圈就产生一次钟摆力和离心力的重合，对井壁形成较大的冲击纠斜力，使井斜角减小。用这种偏重钻铤可以组成钟摆钻具进行纠斜。

钻铤的通称尺寸指外径，钻铤的连接螺纹(外螺纹、内螺纹)是在钻铤两端管体上直接车制的，不另加接头。钻铤有许多种规格，API 标准钻铤规范可查阅相关资料。

4. 钻杆接头

钻杆接头是钻杆的组成部分，焊接在钻杆管体的两端。接头上车有螺纹(粗扣)，用以连接各单根钻杆。在钻井过程中，接头处要经常拆卸，接头表面受大钳咬合力作用，所以钻杆接头壁较厚。接头外径大于管体外径，并用强度更高的合金钢制造。API 对钻杆接头的类型作了统一的规定，形成了石油工业普遍采用的 API 钻杆接头。

根据接头内径和钻杆本体内径间的关系，接头分为内平、贯眼、正规和数字四种类型。

(1) 内平接头　主要用于外加厚钻杆，其特点是钻杆内径与管体加厚处内径、接头内径相等，钻井液流动阻力小，有利于提高钻头水功率。但接头外径较大，易磨损。

(2) 贯眼接头　其内径和钻杆内加厚部分内径相等，且小于管身内径；钻井液流过时阻力比内平式大，但外径小。

(3) 正规接头　其内径小于钻杆内加厚部分内径，加厚部分内径又小于管身内径；钻井液流过时阻力最大，但强度比前二者都高。正规接头常用于小直径钻杆和反扣钻杆以及钻头、打捞工具等。

(4) 数字接头　为了改进旋转台肩式接头螺纹连接的性能，API 采用了数字型接头系列，将逐步取代原标准中的内平和贯眼型接头。

5. 钻头

钻头是破碎岩石的主要工具。钻头的质量、钻头与岩性以及与钻井工艺是否适应，直接影响钻井速度、钻井质量和钻井成本。

目前，石油钻井中使用的钻头分为刮刀钻头、牙轮钻头和金刚石钻头。其中牙轮钻头使用较多，而刮刀钻头使用量最小。根据其钻出的井眼内径的大小，现已形成统一的钻头尺寸系列。常见钻头尺寸有 26in、20in、$17\frac{1}{2}$in、$14\frac{3}{4}$in、$12\frac{1}{2}$in、$10\frac{5}{8}$in、$9\frac{1}{2}$in、$8\frac{1}{2}$in、$7\frac{7}{8}$in、$6\frac{1}{2}$in、6in 及 $4\frac{3}{4}$in(1in = 25.4mm)等。

1) 刮刀钻头

刮刀钻头是旋转钻井中最早使用的一种钻头，其特点是结构简单、制造方便、适用于在松软至软的泥岩、泥质砂岩、页岩等塑性和塑脆性地层中钻进，不适用于硬地层或软硬交错地层。

(1) 刮刀钻头的结构　刮刀钻头结构如图 11-5 所示，可分为四部分：上钻头体、下钻头体、刀翼、喷嘴。

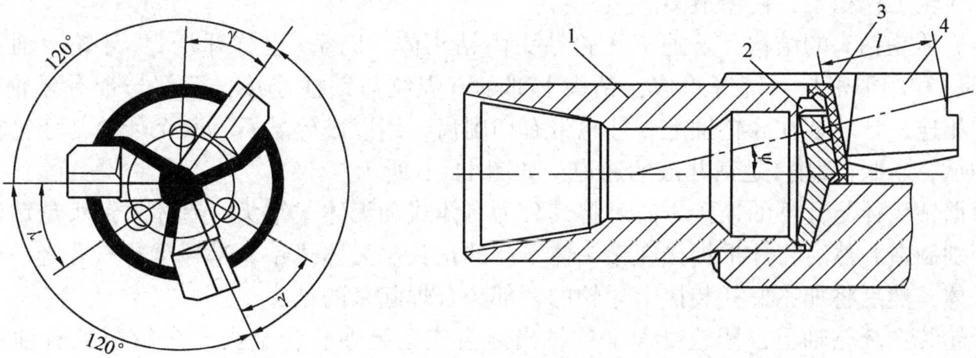

图 11-5　刮刀钻头结构

1—上钻头体；2—喷嘴；3—下钻头体；4—刀翼

上钻头体位于钻头上部，车有螺纹用以连接钻柱，侧面刨出了装焊刀片的槽，一般用合金钢制成。下钻头体位于钻头体的下部，与上钻头体焊接在一起，内开三个水眼孔，用来安装喷嘴，用合金钢制造。刀翼是刮刀钻头直接与岩石接触、破碎岩石的工作刃，也称刮刀片。通常，刮刀钻头以其刀翼数量命名，如三刀翼的称作三刮刀钻头，两刀翼的称作两刮刀钻头或鱼尾刮刀钻头。刀翼焊在上钻头体上，目前常用的是三刮刀钻头。为提高刀片的耐磨性，在其表面镶焊硬质合金或人造金刚石聚晶。

(2) 刮刀钻头的工作原理　刮刀钻头主要以切削、剪切和刮挤的方式破碎地层。在钻遇塑性岩石时，主要靠切削作用；在钻遇弹塑性岩石时，靠碰撞、压碎及小剪切、大剪切这三个过程反复进行破碎岩石；在钻遇较硬的岩石时，刀翼不是整个切削地层，而是靠刀翼磨损后，由出露的硬质点形成不规则的梳齿来破碎岩石。

(3) 刮刀钻头的规格　刮刀钻头规格见表 11-3。

表 11-3　刮刀钻头规格

通称尺寸/in	钻头直径/mm	螺　纹	推荐钻井参数		备　注
			钻压/kN	转速/(r/min)	
7¾	203±1 200±1 198±1	4¼FH	120~160	100~200	配合(190+1.5)mm 的牙轮钻头使用
8½	222±1 220±1 218±1	4¼FH	140~180	100~200	配合(215+1.5)mm 的牙轮钻头使用
9¾	250±1 248±1 264±1	5⅙FH	140~180	100~200	配合(244+1.5)mm 的牙轮钻头使用

2) 牙轮钻头

牙轮钻头是使用得最广泛的一种钻头。牙轮钻头工作时切削齿交替接触井底，破岩扭矩小；切削齿与井底接触面积小，比压高，易于吃入地层；工作刃(切削齿)总长度大，因而相对减少了磨损。牙轮钻头能够适应从软到坚硬的多种地层。

牙轮钻头钻头体上装有几个能灵活转动的牙轮，有单牙轮、双牙轮、三牙轮和多牙轮之分。三牙轮工作稳定，使用最多。

(1) 牙轮钻头的结构　普通三牙轮钻头由钻头体、巴掌(也称牙爪)、牙轮、轴承、水眼(喷嘴)和润滑密封系统等组成，钻头上部车有螺纹与钻柱连接，下部与带有牙轮轴的 3 个巴掌相连，牙轮装在牙轮轴上，牙轮带有切削齿，用以破碎岩石，每个牙轮与牙轮轴之间装有轴承，水眼(喷嘴)是钻井液的通道，如图 11-6 所示。

根据钻头体与牙爪的连接方式可将其分为有体式和无体式钻头。有体式钻头是钻头体和牙爪分别制造，然后将牙爪焊接在钻头体下侧的钻头。无体式钻头是牙爪与三分之一钻头体做成一体，然后将加工好并装接上牙轮的三部分合焊起来的钻头。

牙轮装在牙轮轴上，牙轮锥面上或铣出牙齿或镶装硬质合金齿，牙轮内腔有轴承跑道台肩。牙齿是钻头破岩的主要元件，要求其破岩效率高和工作寿命长。为此，牙齿既要耐磨，又要有足够的强度，还要有合理的几何外形。目前，国内外生产的牙轮钻头按牙齿材料不同分为铣齿(又称钢齿)和镶齿(又称硬质合金齿)两大类。

牙轮钻头所用轴承有滚动和滑动两类，滑动轴承径向尺寸小。轴承需采用密封，防止泥浆和砂屑进入轴承腔内。现在普遍应用的一种新型钻头是具有镶硬质合金、轴承密封、滑动轴承和喷射孔眼的“四合一”钻头。

(2) 牙轮钻头工作原理　牙轮钻头在井底工作时，牙轮既绕钻头轴线公转，又绕自身轴线自转，而且在井底还有滑动。因此，牙轮钻头破碎岩石的方式是冲击、压挤、剪切等的联合作用。牙轮钻头既能钻软地层，又能钻硬地层。可根据地层特征、岩性硬度级别选择不同的牙轮钻头。

3) 金刚石钻头

用金刚石材料作为切削刃的钻头统称为金刚石钻头。金刚石钻头品种逐渐增加，由适用于坚硬地层发展到了适用于从软到硬的各类地层。根据不同的切削齿材料制造的钻头分别称为天然金刚石钻头、PDC 钻头及 TSP 钻头(或巴拉斯钻头)。天然金刚石钻头用天然生成的金刚石颗粒作为切削刃，PDC 钻头和 TSP 钻头是用人造金刚石作为切削刃。

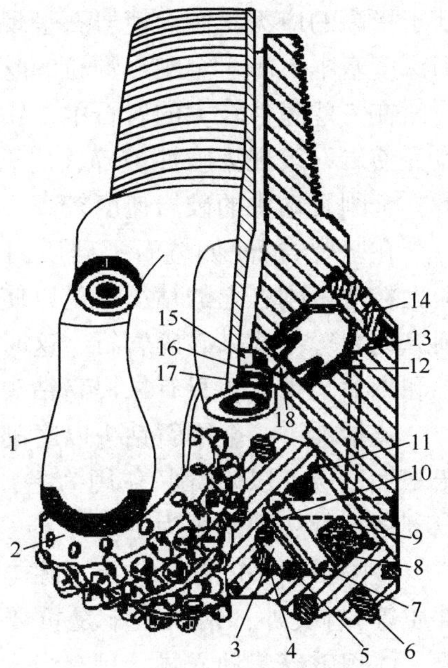

图 11-6　三牙轮钻头(镶齿密封滑动轴承喷射式)

1—牙爪；2—牙轮；3—牙轮轴；4—止推块；5—衬套；6—镶齿；7—滚珠；8—银锰合金；9—耐磨合金；10—第二密封；11—密封圈；12—压力补偿膜；13—护膜杯；14—压盖；15—喷嘴；16—喷嘴密封圈；17—喷嘴卡簧；18—传压孔

(1) 金刚石钻头的结构　金刚石钻头由钢体、胎体、水力结构(包括水眼或喷嘴、水槽亦称流道、排屑槽)、保径、切削刃(齿)5 部分组成，见图 11-7。

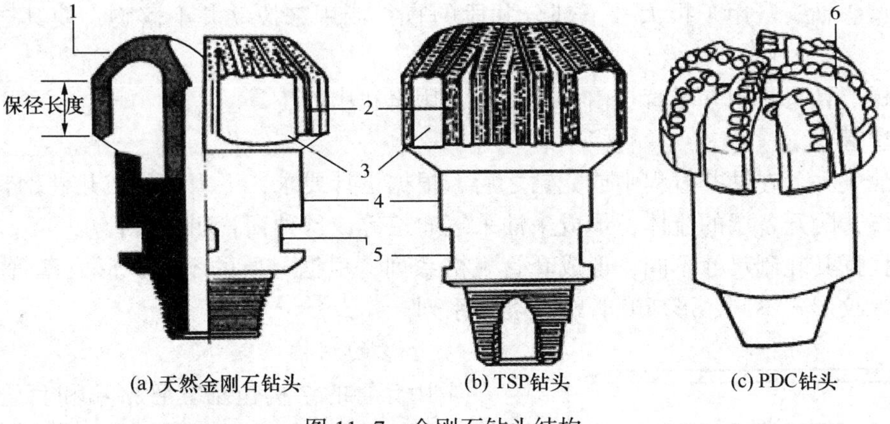

图 11-7　金刚石钻头结构

1—冠部；2—保径拉槽；3—排屑槽；4—钻体头；5—卸扣槽；6—刮刀翼

(2) 金刚石钻头的工作原理　天然金刚石钻头由于岩石性能及工作条件的复杂性，国内外对其破岩机理存在不同的观点，如研磨、剪切、压碎、犁削、切削等，至今没有统一结论，但可以归纳出以下要点：

天然金刚石钻头在钻进某些硬地层时，在钻压作用下压入岩石，使与金刚石接触的岩石处于极高的应力状态而使岩石呈现塑性。单粒金刚石吃入地层，在扭矩作用下切削破岩，切削深度基本上等于金刚石颗粒的吃入深度。

在一些脆性较大的岩石中，钻头上的金刚石颗粒在钻压和扭矩的同时作用下，所产生的应力使岩石表现为脆性破碎，岩石破碎的体积远大于金刚石吃入与旋转体积，在这种情况下，金刚石钻头的破岩速度较高。

在坚硬岩石(如燧石、硅质白云岩、硅质石灰岩等)中，由于金刚石本身强度的限制，较大粒度金刚石上的钻压不足以使岩石内部产生塑性变形，而是依靠金刚石的棱角实现微切削、刻划等方式来破碎岩石。这时分离出来的岩屑基本上是粒度很细的粉末，钻头的工作效率和寿命均很低，只有靠提高钻头转速来增加钻进速度。

概括地讲，金刚石钻头以磨削(研磨)方式破碎岩石，类似于砂轮磨削金属的过程。对于塑性地层，以“犁削”作用为主；对于脆性地层，以压碎、剪切作用为主；对于坚硬地层，以刻划、微切削作用为主。

金刚石钻头的破岩效果，除与岩性以及影响岩性的外界因素(如压力、温度、地层流体性质等)有关外，钻压大小是重要的影响因素。金刚石钻头破岩时具有表层破碎、疲劳破碎、体积破碎三种方式。只有当金刚石颗粒具有足够的比压吃入地层岩石，使岩石发生体积破碎时，才能取得理想的破岩效果。

4）特殊钻头

特殊钻头用于特殊钻井情况，共有5种。

(1) 取芯钻头　为了钻井取芯而专门设计的钻头。根据取芯钻头破碎岩石的原理不同，可分为多种，最普通的是单筒式取芯钻头，钻头中间是空心的，钻头外圆有牙齿。

(2) 矛形钻头　主要用于钻水泥塞；打捞时，用来钻碎井下铁块或将铁块挤入井壁；在换小尺寸钻头之前用它打开导眼，起找中和领眼作用。

(3) 菱形钻头　它的侧边和底边都有刀刃，工作面都加焊硬质合金，主要用途是下套管前或钻进过程中遇泥饼太厚时用于划眼钻进。

(4) 偏心钻头　用于扩大井下部分井段的直径或用来拨动井下落物，使其居中，以便打捞。

(5) 梯形钻头　当井眼直径由大变小时，用来找中的工具。

11.1.2 套管

一口油气井，在钻井过程中或完钻之后，根据设计要求，下入一柱或几柱钢管，用以防止井壁坍塌，隔开各层的流体，形成采油采气通道等，这种钢管叫做套管。

套管根据其轧制尺寸不同，形成套管规格系列；根据材质的不同，形成套管钢级系列；根据连接螺纹形式不同，形成套管螺纹类型系列。

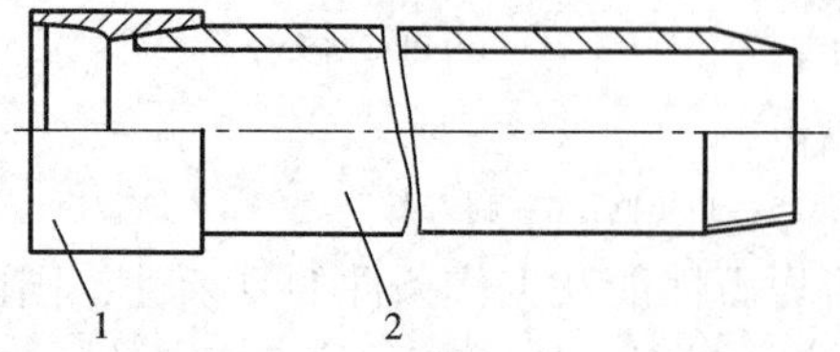

图 11-8　常用套管结构示意图

1—接箍；2—管体

1. 套管的结构

常用套管的结构包括套管接箍和套管管体两部分，如图 11-8 所示。

(1) 套管接箍　套管接箍就是两端加工有内螺纹，用以连接套管管体形成套管柱的圆筒短节。套管接箍以螺纹连接的形式装配在套管管体的一端，形成套管的内螺纹端。

套管接箍按类型分为标准接箍、特别间隙接箍、组合接箍、异径接箍、特殊倒角接箍、带密封圈的接箍等。

（2）套管管体　套管管体是套管结构的主体，是一种具有特定尺寸及性能要求的钢管。套管管体采用热轧无缝钢管经热处理后两端加工螺纹而成。

2. 套管的规格和钢级

（1）套管的规格　套管根据其轧制的尺寸不同，形成套管规格系列。所谓套管规格是指套骨管体外径的设计尺寸。套管的规格以套管管体外径的毫米数来表示，见表 11-4。

表 11-4　常见套管尺寸表

套管尺寸/in	套管尺寸/mm	套管尺寸/in	套管尺寸/mm
4½	114.3	9⅝	244.5
5	127.0	10¾	273.1
5½	139.7	11¾	298.5
6⅝	168.3	13⅜	339.7
7	177.8	16	406.4
7⅝	193.7	18⅝	473.1
8⅝	219.1	20	508.0

API 标准规定的各种套管的壁厚范围在 5.21～16.31mm。小直径的套管壁厚小一些，大直径套管的壁厚大一些。除标准的钢级和壁厚之外，也有非标准的钢级和壁厚。

（2）套管钢级　套管材料为高合金钢，含 C、Mn、Mo、Cr、Ni、Cu、P、S、Si。套管根据其轧制材质成分的不同，形成套管的钢级系列，如 H-40、J-55、K-55、C-75、N-80、L-80、C-95、P-105、P-110、C-125 等。字母表示含不同化学成分的分类代号，数字表示管材的最小屈服极限。

3. 套管在井下的承载情况

套管在下井、固井、完井(射孔)过程中，承受复杂载荷。

（1）外挤压力　地层对套管施加的静水压由套管外泥浆和水泥浆液柱压力，地层中的油、气、水压力及地层侧压力所组成。生产套管受外挤力最危险的情况是在油井生产的后期，此时油层压力枯竭，套管内压下降，易发生危险情况。一般设计生产套管外挤压力时，认为套管内部全部掏空，套管外按泥浆密度计算外挤压力。

（2）内压力　井口打开时，内压力等于管内液柱或气柱压力；井口关闭时，内压力等于井口压力与管内液柱或气柱压力之和。井喷时和压裂时套管承受较大内压。注水和注热蒸汽套管长期承受内压。

（3）拉力　载荷套管拉力载荷主要为套管的自重。拉力载荷随深度的分布状况主要决定于套管单位长度重量的变化。此外，套管在井中还受到泥浆浮力、注水泥流动阻力产生的附加轴向力、下套管遇卡上提时产生的轴向力以及下套管时刹车产生的动载等多种因素的影响。

（4）击震载荷　完井时，射孔产生击震载荷。

（5）其他载荷　热采井套管承受热应力，以及长期承受腐蚀应力的考验。

11.2 井口及井下工具

11.2.1 井口工具

在钻进接单根、起下钻、下套管等作业中，上卸扣要用到一些工具，如吊钳、吊环、吊卡、卡瓦、方补心等，统称井口工具。

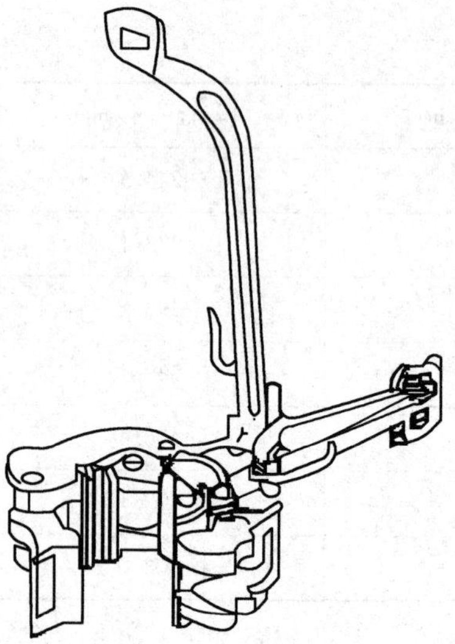

图 11-9 吊钳

1. 吊钳

吊钳又名大钳，是起下作业中上卸钻杆、钻具和钻头的专用工具。吊钳分为外钳和内锥，工作时一般均成对使用，相互协作，用直径 18.5mm 钢丝绳固定在井架二层台滑车上，分别悬吊于转盘的两侧。不同规格的吊钳适用于不同规范的钻杆扣。吊钳的结构如图 11-9 所示，由相互活动连接的钢铸件制成的大活动瓣、小活动瓣、把柄、自动弹簧销和安全制动器所构成。弹簧可以使弹簧销自动关闭。为了可靠地咬住钻杆、接箍或接头，小活动瓣上镶装高硬度的长方形牙块。小活动瓣上镶装的牙板块的规格是：长 120mm，宽 30mm，为三角形，牙线是斜形。

钻井吊钳已标准化，用统一的型号表示，如 Q $\frac{3\frac{3}{8}}{75}$，Q 为产品名称代号，是“钳”字汉语拼音的第一个字母，分子上的数字为扣合范围（in），分母上的数字为额定扭矩(kN · m)。

2. 吊环

吊环是挂在大钩两侧，用以承挂吊卡以便进行起下钻杆和油套管的专用工具。它是用 35CrMn 钢或不低于 45 号优质碳素钢经锻造后正火处理而成的，按其形态分单臂吊环与双臂吊环，适用于深井和超深井作业，如图 11-10 所示。

吊环结构形式和基本参数已标准化，有统一的型号表示方法，如 DH350、SH150，第一

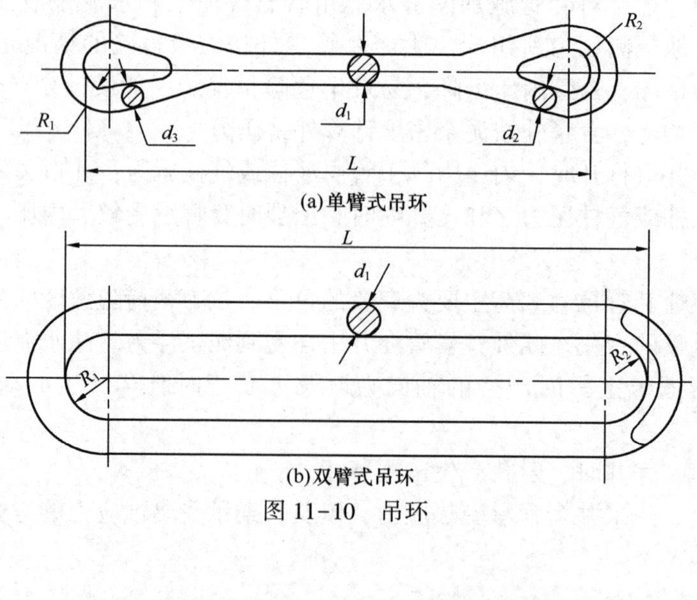

图 11-10 吊环

个字母 D 为单臂型，S 为双臂型，第二个字母 H 是“环”字汉语拼音第一个字母，数字表示一副吊环的额定载荷×10kN(1tf)。

吊环的额定载荷系列，DH 型有DH50、DH75、DH150、DH250、DH350、DH500；SH 型有 SH30、SH50、SH75、SH150。

3. 吊卡

吊卡是扣在钻杆接头、套管或油管接箍下面，用以悬挂、提升和下放钻杆、套管或油管的工具。吊卡悬挂在游车大钩两侧吊环的下面，起下作业时卡在管柱接箍下面的本体上。按其使用的管柱和用途不同，有油管吊卡、套管吊卡、钻杆吊卡、抽油杆吊卡、双管吊卡、加压吊卡等。

吊卡基本参数也已标准化，型号用统一的代号表示，型号表示方法为：

□□□□/□

- 额定载荷代号
- 管径规格形式代号
- 结构特征代号：直角台阶省略，Z— 锥形台阶
- 产品代号 D
- 形式代号：C 表示侧开式，D 表示对开式，B 表示闭锁环式

吊卡额定载荷系列：

(1) 钻杆吊卡　1500(150)、2000(200)、2500(250)、3500(350)kN(tf)。

(2) 油管吊卡　400(40)、750(75)、1250(125)kN(tf)。

(3) 套管吊卡　1250(125)、1500(150)、2000(200)、2500(250)、3500(350)、4500(450)kN(tf)。

目前钻修井施工中常用的吊卡有月牙式和羊角式两种。

月牙式吊卡主要由壳体、凹槽、活页销、手柄、弹簧和弹簧底垫等组成。其特点是轻便、灵活，适用于油管柱或较浅井的钻杆柱的起下作业，如图 11-11 所示。

羊角式吊卡是仿造美国牛角吊卡生产的井口工具，具有使用方便、安全可靠、承受负荷大等特点。羊角式吊卡的出厂产品名为 DDK 型对开式双保险吊卡，结构如图 11-12 所示。

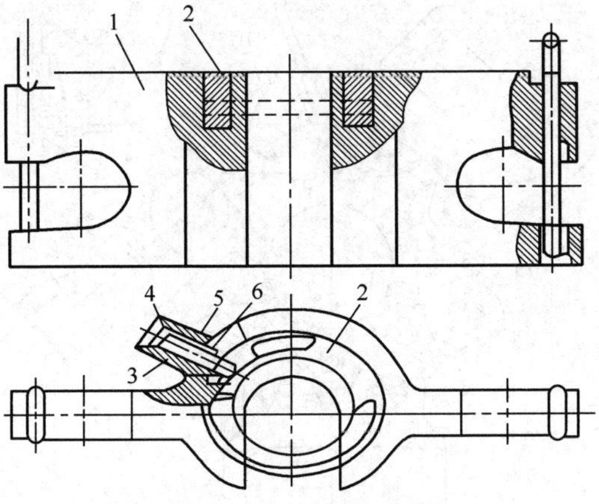

图 11-11　月牙式吊卡

1—壳体；2—凹槽；3—活页销；4—手柄；5—弹簧；6—弹簧底垫

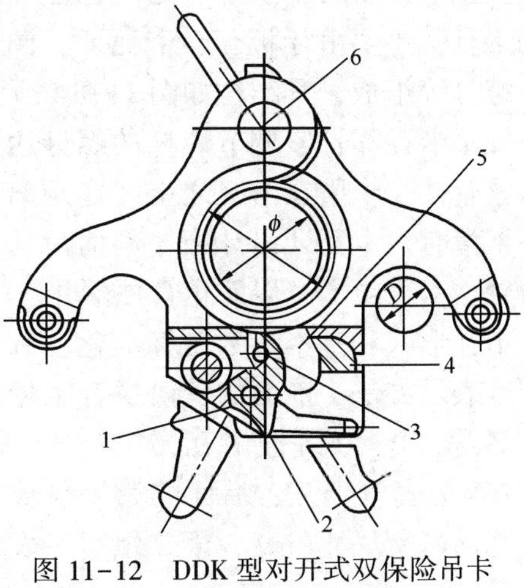

图 11-12　DDK 型对开式双保险吊卡

1—销板；2—短销；3—锁销；4—锁孔；5—右体锁舌；6—轴销

4. 卡瓦

卡瓦是在井下作业起下钻时将钻杆、钻铤或油管等管柱卡紧在井口法兰盘上或转盘台上的专用工具，它能减轻工人的劳动强度，提高起下速度。根据动力来源将卡瓦分为手动卡瓦和动力卡瓦两大类。

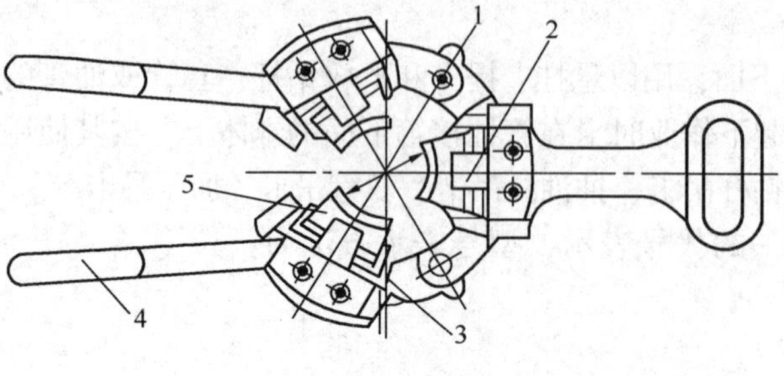

图 11-13 三片式钻杆卡瓦

1—铰链销钉；2—压板；3—衬套；4—卡瓦手把；5—卡瓦牙

1）手动卡瓦

手动卡瓦就是利用人力完成卡紧或松开管柱的工作。常用的手动卡瓦有三片式卡瓦、四片式卡瓦和卡盘式卡瓦三种。

（1）三片式卡瓦　三片式卡瓦主要由卡瓦体、卡瓦把和卡瓦牙组成，其结构见图 11-13。

三片式卡瓦是一种在转盘上使用的卡瓦，可用来起下钻杆。当管柱下行时，合上卡瓦，使管柱和卡瓦牙接触，并随管柱下行，在方瓦内锥度和卡瓦体锥的配合下，卡瓦将管柱卡紧在转盘中；当上提管柱时，依靠卡瓦牙与管柱的摩擦力上抬卡瓦，提出转盘方瓦后分开卡瓦，使其与管柱脱离，立在转台上。

在使用时，可根据不同规格的管柱更换不同尺寸的衬板和卡瓦牙，使之相互紧密配套。在下钻时，要防止吊卡压在卡瓦上，以免压坏卡瓦牙，使其掉入井中造成卡钻事故。

（2）四片式卡瓦　四片式卡瓦有两种，一种是在井口法兰盘上起下油管时使用的；另一种是在转盘中使用的，其原理与三片式卡瓦相同。

（3）卡盘式卡瓦　卡盘式卡瓦是一种在井口法兰盘上安装的卡瓦工具，适用于起下油管。

2）动力卡瓦

动力卡瓦是指利用空气或液压油通过工作缸及连杆机构推动卡瓦上提下放、卡紧或松开管柱的一种井口专用设备。

安全卡瓦就属于动力卡瓦，它是用于卡紧并防止没有台肩的管柱(如钻铤)从卡瓦中滑脱的工具，主要由牙板套、卡瓦牙、调节丝杆、螺母等组成，其结构如图 11-14 所示。

安全卡瓦靠拧紧调节螺杆的螺母达到初步卡紧管柱，卡紧在卡瓦之上一定距离，当管柱下滑时，卡瓦牙沿牙板套斜面滑动，从而将管柱卡得更紧，以防止管柱落井。

卡瓦形式和基本参数已标准化，有统一的型号表示方法。前面的汉语拼音字母表示产品名称，W 为钻杆卡瓦，WT 为钻铤卡瓦，WG 为套管卡瓦；后面的第一组数字表示卡瓦的名义尺寸(in)，第二组数字表示额定载荷 kN (tf)。

例如：WT $\frac{5\frac{1}{2}}{750}$，为 $5\frac{1}{2}$ in、额定载荷

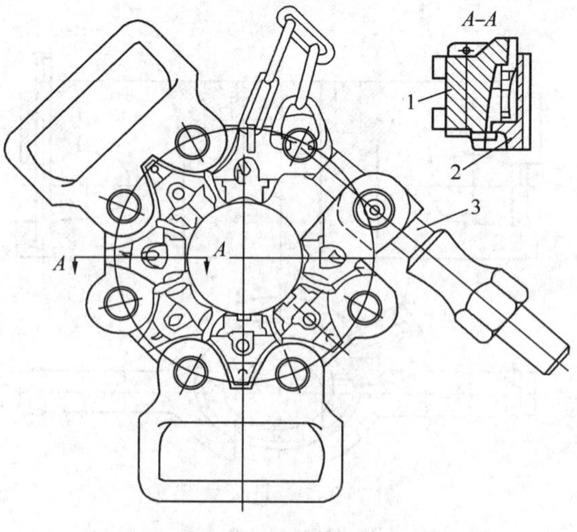

图 11-14 安全卡瓦

1—牙板套；2—卡瓦牙；3—调节丝杆

750kN 的钻铤卡瓦。

5. 滚子方补心

滚子方补心是石油钻井作业时的常用工具，通过与转盘方瓦配合驱动方钻杆。对于四方和六方不同尺寸的方钻杆，可以通过更换不同规格的滚子与之配合。在油井钻进过程中，转盘旋转通过方补心带动方钻杆转动，方钻杆又带动整个钻柱、钻头转动而破岩钻进。由于钻头的钻进，方钻杆不断向下移动，造成方钻杆与方补心的磨损。为了减少方钻杆在钻进过程中的摩擦阻力，延长方钻杆使用寿命，故研制、生产了滚子方补心。

滚子方补心主要由上盖、下座、轴、滚轮、紧固螺栓、加油杯等组成，其结构如图 11-15 所示。滚子方补心内装有 4 只滚轮，滚轮内装有滚针轴承，滚轮有轴紧固在上盖和下座之间，滚轮两端有密封体，防止钻井液渗入。为了防止密封体转动，密封体上装有一止动销子。滚轮轴由 4 根 M38 螺栓固定，其顶部用 4 根内六角螺栓将其与螺帽固定在一起，以防松动。

4 个滚子分别与方钻杆的 4 个面接触，用于带动方钻杆转动，使滑动摩擦变为滚动摩擦，延长了方钻杆使用寿命。滚子用轴承固定在滚子方补心的壳体上。目前油田钻井队普遍使用滚子方补心。

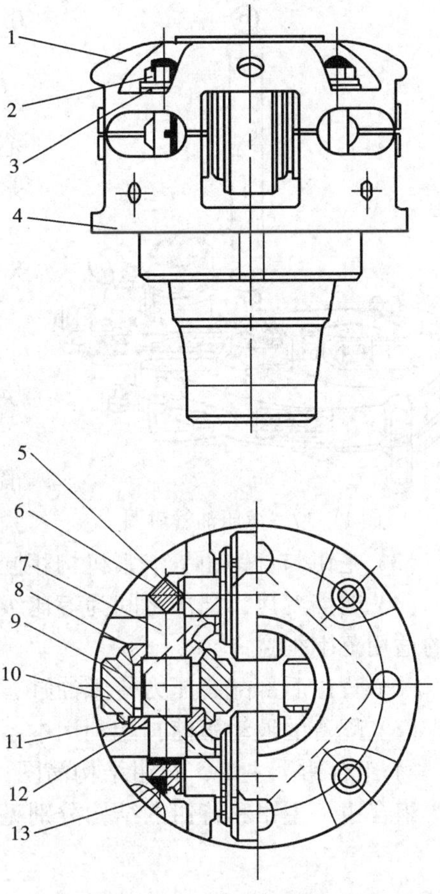

图 11-15 滚子方补心结构

1—上盖；2—螺母；3—垫圈；4—下座；5—销子；6—螺栓；7—轴；8—密封体；9—滚针轴承；10—滚轮；11—外 O 形圈；12—内 O 形圈；13—螺栓

11.2.2 井口机械化设备

1. 方钻杆旋扣器

方钻杆旋扣器接在方钻杆和水龙头之间，用电机驱动旋转，取代了通常接单根过程中的旋绳器、拉猫头等手工操作，可大大减轻钻井工人的劳动强度，提高接单根速度。

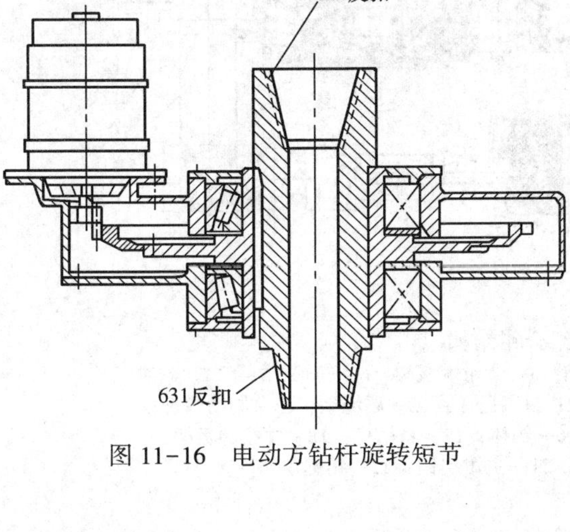

图 11-16 电动方钻杆旋转短节

图 11-16 是大庆型钻机最先采用的电动方钻杆旋转短节。

2. 液压油管钳

液压油管钳是靠液压系统进行控制和传递动力的上卸油管扣的专用工具，如图11-17所示。它的动力由液压马达提供，具有操作平稳、效率高、安全可靠、适用性强等特点。

油管钳井口吊装时，其吊装钢丝绳一端通过滑轮固定在井架上，另一端拴在油管钳悬浮筒耳环上。滑轮固定位置离地面不得小于 10m。油管钳悬吊高度以背钳能卡住井口油管接箍为准。如油管钳吊装高度误差大于

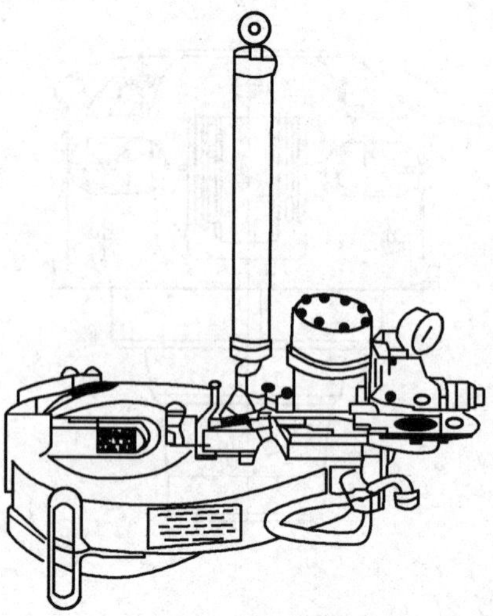

图 11-17　液压油管钳图

0.5mm 时，可以拧动浮筒调节。

3. 修井液压动力钳

修井液压动力钳是在油井修井作业中用来上卸一定范围内油管、小钻杆及小套管螺纹的工具。它以背钳抱紧螺纹两端的连接油管等，通过液压动力驱动主钳，使主钳、背钳发生相对转动，以上卸螺纹。下面以 XYQ12A 型液压动力钳为例来讲述。

1）XYQ12A 型液压动力钳的主要特点

（1）钳头采用内曲面滚子爬坡式卡紧机构。所有牙块受压均等，卡紧可靠。

（2）主钳与液压背钳配套形成组合钳，分体与组合很方便。操纵主钳上的手动换向阀，背钳即自动同步夹紧、同步松开管柱，动作灵活可靠。

（3）主钳与背钳钳头卡紧机构相同，卡同尺寸管径的钳牙及牙座、主钳背钳通用。

（4）四挡变速，挡次之间为等比级差，加之系统压力和流量可调，使动力钳的扭矩及转速的适用范围很宽。

（5）背钳后部配有压力传感油缸，能直接与扭矩测示仪相匹配。

（6）配备的液动吊筒，能利用本系统压力，随时调整动力钳悬吊高度。

2）组合钳、主钳、背钳结构简图

组合钳、主钳和背钳的结构分别见图 11-18、图 11-19、图 11-20。

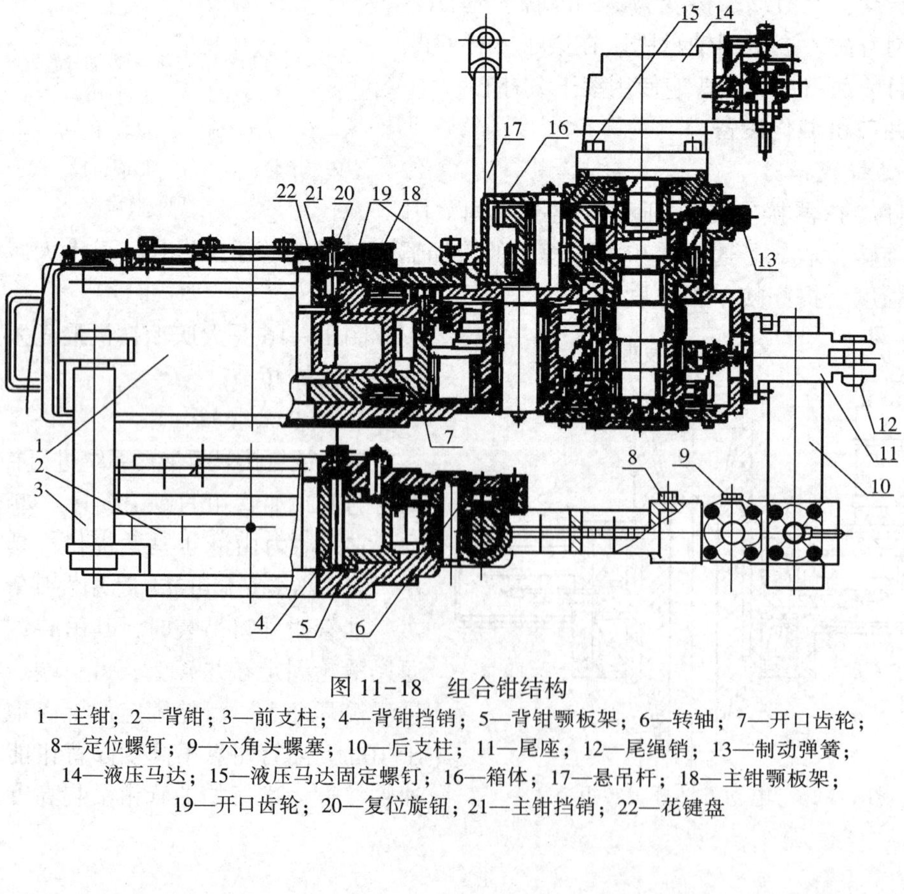

图 11-18　组合钳结构

1—主钳；2—背钳；3—前支柱；4—背钳挡销；5—背钳颚板架；6—转轴；7—开口齿轮；8—定位螺钉；9—六角头螺塞；10—后支柱；11—尾座；12—尾绳销；13—制动弹簧；14—液压马达；15—液压马达固定螺钉；16—箱体；17—悬吊杆；18—主钳颚板架；19—开口齿轮；20—复位旋钮；21—主钳挡销；22—花键盘

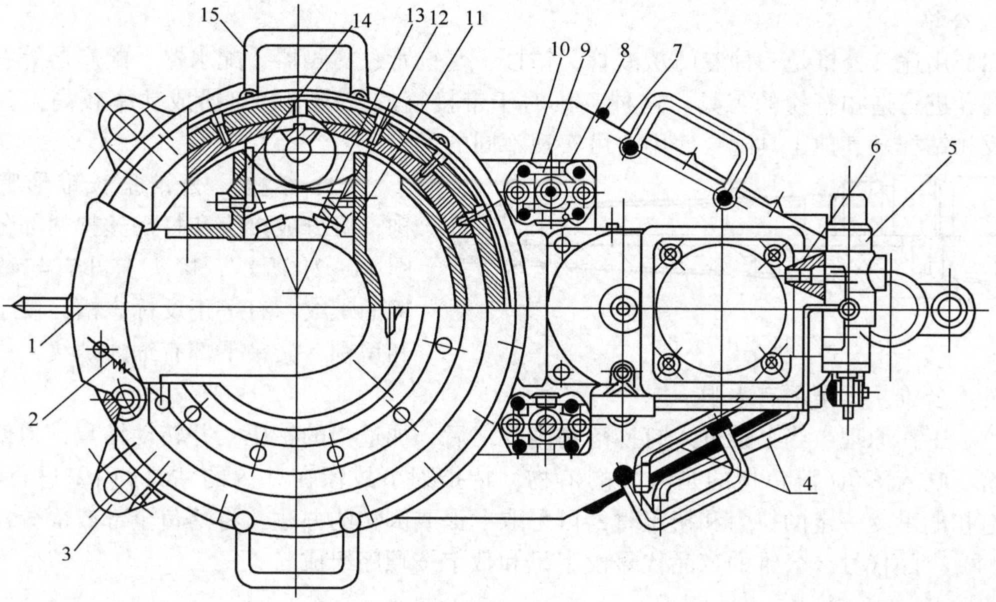

图 11-19　主钳结构

1—安全门；2—拉簧；3—前支座；4—换挡手柄；5—H 形手动换向阀；6—过渡连接板；7—悬吊座；8—悬吊销轴；9—顶丝；10—牙座；11—螺钉挡销；12—牙块；13—颚板；14—限位螺钉；15—手把

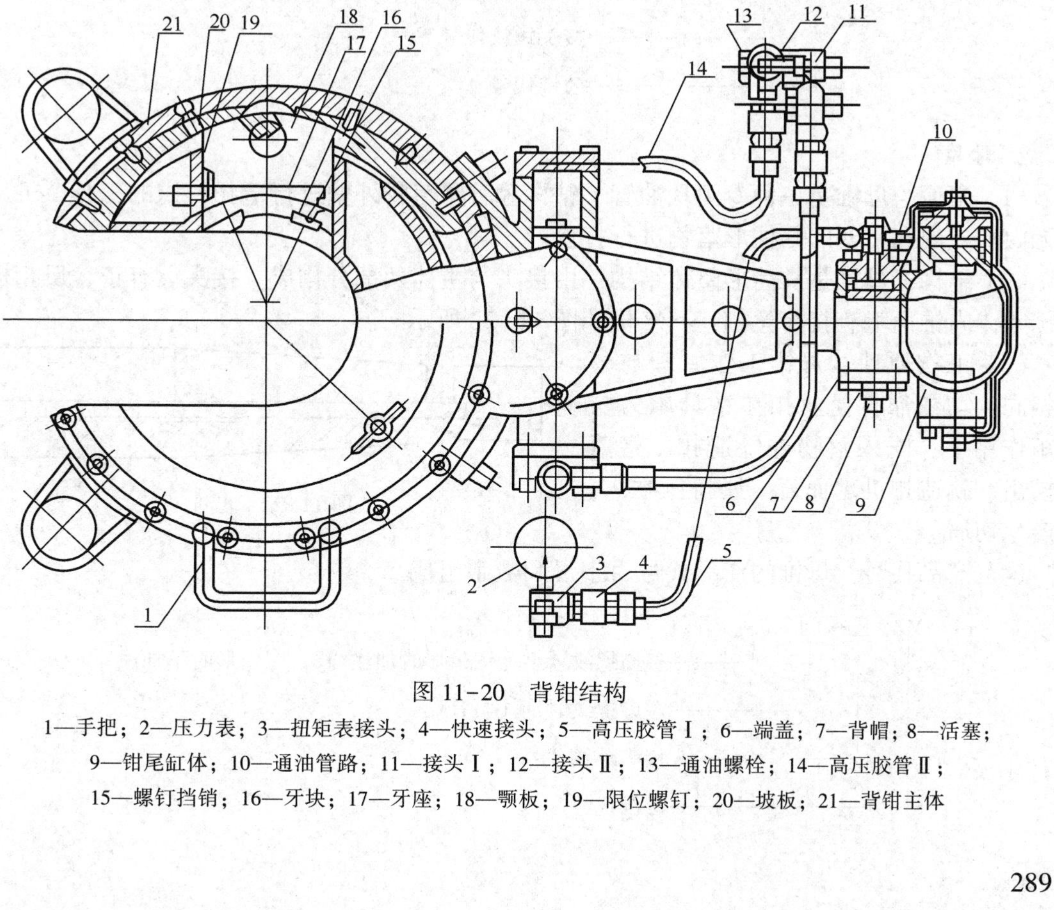

图 11-20　背钳结构

1—手把；2—压力表；3—扭矩表接头；4—快速接头；5—高压胶管Ⅰ；6—端盖；7—背帽；8—活塞；9—钳尾缸体；10—通油管路；11—接头Ⅰ；12—接头Ⅱ；13—通油螺栓；14—高压胶管Ⅱ；15—螺钉挡销；16—牙块；17—牙座；18—颚板；19—限位螺钉；20—坡板；21—背钳主体

11.2.3 井下打捞工具

1. 公锥

(1) 用途　公锥是一种专门从油管、钻杆、套铣管、封隔器、配水器、配产器等有孔落物的内孔进行造扣打捞的工具。这种工具对于带接箍的管类落物打捞成功率较高，公锥与正、反扣钻杆及其他工具配合使用，可实现不同的打捞工艺。

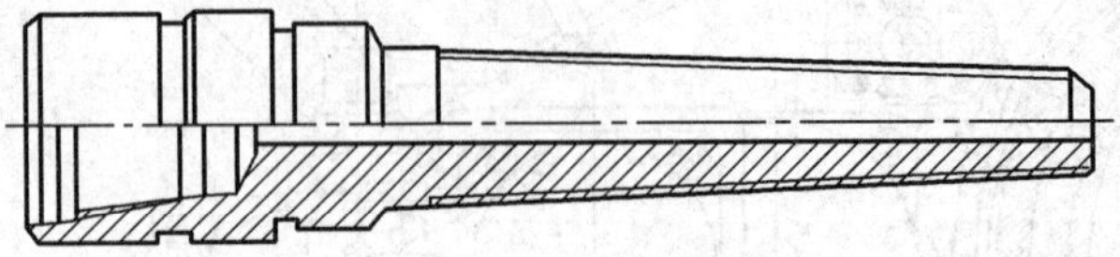

图 11-21　公锥

(2) 结构　公锥是长锥形整体结构，可分成接头和打捞丝扣两部分，如图 11-21 所示。接头上部有与钻杆连接的螺纹，有一正反标志槽，便于归类和识别，接头下部有细牙螺纹，用以连接引鞋。公锥从上至下有水眼。

(3) 工作原理　当公锥进入打捞落物内腔之后，加适当的钻压，并转动钻具，迫使打捞丝扣挤压吃入落鱼(落鱼指的是井下的落物，特指因事故留在井内的钻具)内壁进行造扣，当所造扣能承受一定的拉力和扭矩时，可采取上提或倒扣的办法，将落鱼全部或部分捞出。

(4) 产品代号　公锥的产品代号由字母和数字按顺序组成。

GZ－□－□－**C** △

- △：打捞螺纹牙型为三角形时加注“△”
- C：不带切削槽时加注“C”
- 第二个□：左旋螺纹时加注“LH”
- 第一个□：接头螺纹代号
- GZ：公锥代号

2. 母锥

(1) 用途　母锥是一种专门从油管、钻杆等管状落物外壁进行造扣打捞的工具，可用于对无内孔或内孔堵塞的圆柱形落物进行打捞。

(2) 结构　母锥是长筒形整体结构，由接头与主体两部分构成。接头上有正、反扣标志槽，本体内锥面上有打捞丝扣，其结构如图 11-22 所示。

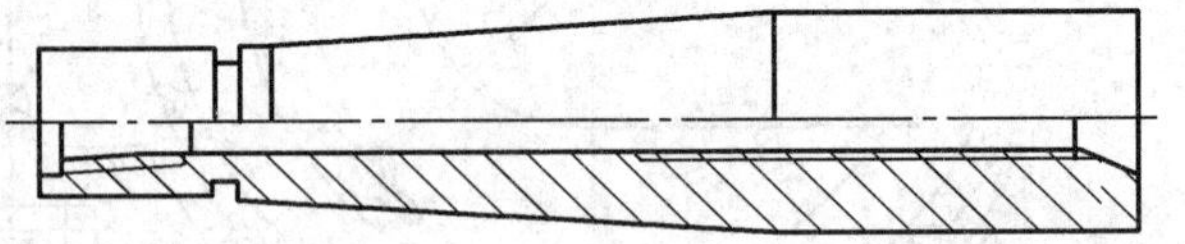

图 11-22　母锥

(3) 工作原理　母锥工作原理与公锥相同，均依靠打捞丝扣在钻具压力与扭矩作用下，吃入落物外壁造扣，将落物捞出。就造扣机理而言，属挤压吃入，不产生切屑。

(4) 产品代号　母锥的产品代号由字母和数字组成。

MZ－□－□－(J)

- (J)：打捞螺纹牙型为锯齿形时加注“J”，三角形时不加注
- 第二个□：左旋螺纹时加注“LH”
- 第一个□：接头螺纹代号
- MZ：母锥代号

3. 打捞矛

打捞矛是用于打捞管类落物的工具，属内捞工具，有滑块式打捞矛、可退式打捞矛、接箍打捞矛、倒扣打捞矛等。

打捞矛的产品代号(型号编制)为：

□□LM-□□×□

- 被打捞管柱公称外径，mm，配多套卡瓦的打捞矛无标记
- 打捞矛接头最大外径，mm
- 使用特征代号：可退式为T，不可退式无标记
- “捞矛”汉语拼音第一个字母
- 用途分类代号：倒扣式为D，非倒扣式无标记
- 打捞元件代号：螺纹对扣式为W，卡瓦式无标记

示例：WLM-56×25 表示接头最大外径为 56mm、打捞公称外径为 25mm 的抽油杆接箍的螺纹对扣式打捞矛；DLM-T220×219 表示接头最大外径为 220mm、打捞公称外径为 219mm 管柱的可退式倒扣打捞矛；LM-T156×127 表示接头最大外径为 156mm、打捞公称外径为 127mm 管柱的可退式打捞矛。

1）滑块式打捞矛

（1）用途　滑块式打捞矛是内捞工具，它可以打捞钻杆、油管、套铣管、衬管、封隔器、配水器、配产器等有内孔的落物，又可对遇卡落物进行倒扣作业或配合其他工具使用(如震击器、倒扣器等)。

（2）结构　滑块式打捞矛由上接头、矛杆、滑块、锁块及螺钉等组成，如图 11-23 所示。

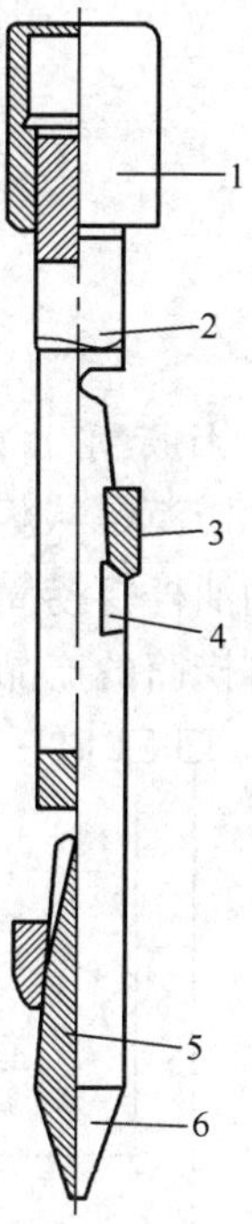

图 11-23　双滑块卡瓦打捞矛

1—上接头；2—矛杆；3—卡瓦；4—锁块；5—螺钉；6—引鞋

（3）工作原理　当矛杆与滑块进入鱼腔之后，滑块依靠自身重量向下滑动，与斜面产生相对位移。滑块齿面与矛杆中心线距离增加，使其打捞尺寸逐渐加大，直至与鱼腔内壁接触为止。上提矛杆时，斜面向上运动产生的径向分力迫使滑块咬入落物内壁抓住落物。

2）可退式打捞矛

（1）用途　可退式打捞矛用于油气田修井过程中打捞钻杆、油管、套管及圆柱形空心状落物。它既可抓捞自由状态下的管柱，也可抓捞遇卡管柱，还可按其不同的作业要求与安全接头、上击器、加速器、管子割刀等组合使用。

（2）结构　可退式打捞矛由芯轴、圆卡瓦、释放环及引鞋组成，如图 11-24 所示。

（3）工作原理　打捞自由状态下，圆卡瓦外径略大于落物内径。当工具进入负腔时，圆卡瓦被压缩，产生一定的外胀力，使卡瓦贴紧落物内壁。随芯轴上行和提拉力的逐渐增加，芯轴、卡瓦上的锯齿螺纹互相吻合，卡瓦产生径向力，使其咬住落鱼实现打捞。

退出时，一旦落鱼卡死无法捞出，需退出捞矛时，只要给芯轴一定的下击力，就能使圆卡瓦与芯轴的内外锯形螺纹脱开(此下击

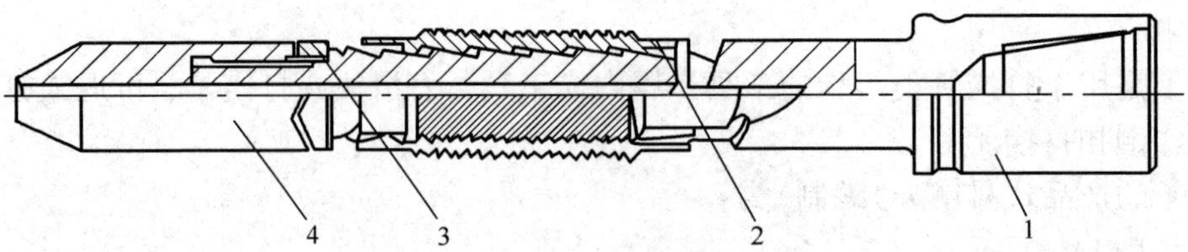

图 11-24　可退式打捞矛

1—芯轴；2—圆卡瓦；3—释放环；4—引鞋

力可由钻柱本身重量或使用下击器来实现)，再正转钻具2~3圈(深井可多转几圈)，圆卡瓦与芯轴产生相对位移，促使圆卡瓦沿芯轴锯齿形螺纹向下运动，直至圆卡瓦与释放环上端面接触为止(此时卡瓦与芯轴处于完全吻合位置)，上提钻具，即可退出落鱼。

3) 抽油杆接箍打捞矛

(1) 用途　抽油杆接箍打捞矛主要用来打捞落鱼上部有抽油杆接箍的各种抽油杆柱。打捞过程中，打捞头靠弹簧的胀力将其压入到落鱼上部的抽油杆接箍中实现对扣，然后借芯轴弹胀开打捞头，咬紧接箍，实现打捞。

(2) 结构　抽油杆接箍打捞矛是由上接头、螺母、垫圈、芯轴、弹簧、打捞头(捞矛加接引鞋)等件构成，如图 11-25 所示。

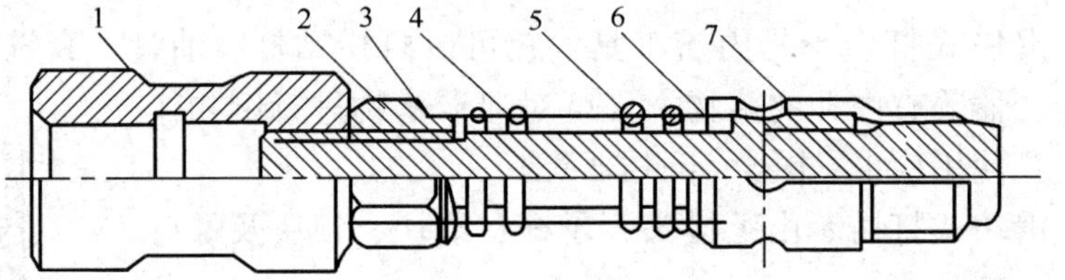

图 11-25　抽油杆接箍打捞矛结构

1—上接头；2—螺母；3，6—垫圈；4—芯轴；5—弹簧；7—打捞头

4. 打捞筒

打捞筒是从落物外部进行打捞的工具，包括卡瓦打捞筒、可退式打捞筒、短鱼顶打捞筒、抽油杆打捞筒、测井仪器打捞筒、强磁打捞筒等。

打捞筒的产品代号(型号编制)为：

□ □ LT - □ □ × □

- □ (×后)——被打捞管柱公称外径，mm，配多套卡瓦的打捞筒略
- □ (-后第二个)——打捞筒最大外径，mm
- □ (-后第一个)——使用特征代号，可退式略
- LT——“捞筒”汉语拼音第一个字母
- □ (第二个)——用途分类代号：倒扣式为 D，非倒扣式略
- □ (第一个)——打捞对象代号：潜油电泵打捞筒为 B，弯鱼头捞筒为 W，抽油杆打捞筒为 C(打捞油杆接箍为 G)，其他略

示例：CLT-92×25 表示最大外径为 92mm、用于打捞公称外径为 25mm 的抽油杆打捞筒；GLT-105×60 表示最大外径为 105mm、打捞公称外径为 60mm 的抽油杆接箍打捞筒；GLT-T105×60 表示最大外径为 105mm、打捞公称外径为 60mm 管柱的可退式倒扣打捞筒。

1）卡瓦打捞筒

（1）用途　卡瓦打捞筒是从落鱼外壁进行打捞的不可退式工具，可用于打捞油管、钻杆、抽油杆、加重杆、长铅锤、下井工具中心管等，还可对遇卡管柱施加扭矩进行倒扣。

（2）结构　卡瓦打捞筒由上接头、筒体、弹簧、卡瓦座、卡瓦等组成，如图11－26所示。

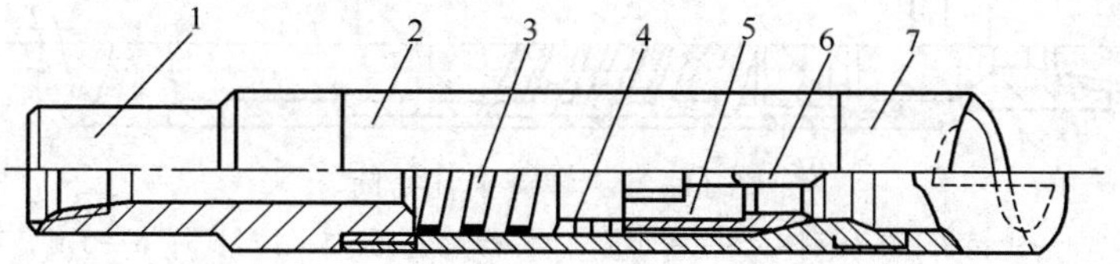

图 11-26　卡瓦捞筒

1—上接头；2—筒体；3—弹簧；4—卡瓦座；5—卡瓦；6—键；7—下接头

（3）工作原理　当引鞋引入落鱼后，下放钻具，落鱼将卡瓦上推，压缩弹簧，卡瓦脱开锥孔上行并逐渐胀开，落鱼进入卡瓦。此时卡瓦在弹簧力作用下被压下，将鱼顶抱住，并给鱼顶以初夹紧力。上提钻具，在初夹紧力作用下，筒体上行，卡瓦与筒体内的外锥面贴合，产生径向夹紧力，将落鱼卡住，即可捞出。

对于不同直径的落鱼，只要在筒体许可的情况下更换不同的卡瓦，即可打捞不同尺寸的落鱼。

2）可退式打捞筒

（1）用途　可退式打捞筒是从落鱼外部进行打捞的一种工具，可打捞不同尺寸的油管、钻杆和套管等顶部为圆柱形的落鱼。在打捞作业中，可退式打捞筒可与安全接头、下击器、上击器、加速器等组合使用。

（2）结构　可退式打捞筒有以下两种结构：

① 篮式卡瓦打捞筒的结构　篮式卡瓦打捞筒由上接头、筒体总成、篮式卡瓦、铣控环、内密封圈、O形胶圈、引鞋等组成，如图11－27所示。篮式卡瓦内表面车有锯齿形螺纹，并经热处理硬度达到58～62HRC，外表面车有与筒体相一致的左旋锥面螺纹。在同一筒体内，更换不同规格或不同类型的篮式卡瓦或螺纹卡瓦，便可打捞不同规格的管类、杆类落物。

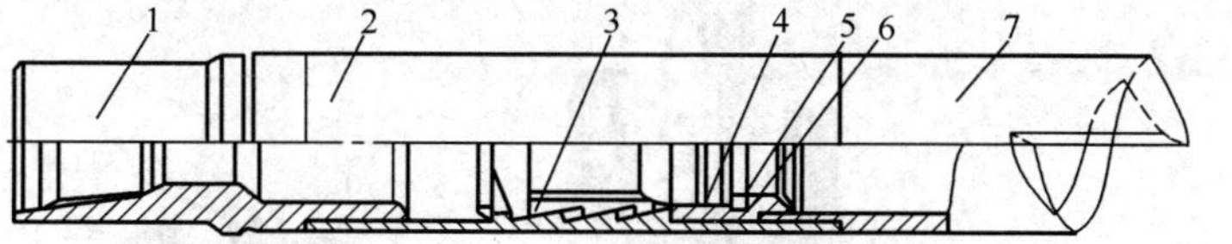

图 11-27　篮式卡瓦打捞筒

1—上接头；2—筒体总成；3—篮式卡瓦；4—铣控环；
5—内密封圈；6—O形胶圈；7—引鞋

② 螺旋卡瓦打捞筒的结构　螺旋卡瓦打捞筒由上接头、筒体、螺旋卡瓦、控制环、密封圈、引鞋等组成，如图11－28所示。其中控制环只起定位卡瓦作用。螺旋卡瓦较篮式卡瓦薄，因此，在同一筒体内装螺旋卡瓦时，其打捞范围比篮式卡瓦打捞筒大。

（3）特点　可退式打捞筒的主要特点是：①卡瓦与被捞落鱼接触面积大，打捞成功率高，不易损坏鱼顶；②在打捞提不动时，可顺利退出工具；③篮式卡瓦捞筒下部装有铣控环，可对轻度破损的鱼顶进行修整、打捞；④抓获落物后，仍可循环洗井。

(4) 工作原理　在打捞过程中，当工具遇落物鱼顶时，落物经引鞋引入到卡瓦，卡瓦外锥面与筒体内锥面脱开，卡瓦被迫胀开，落物进入卡瓦中。上提钻柱，卡瓦外螺旋锯齿形锥面与筒体内相应的齿面有相对位移，使卡瓦收缩咬落物，实现打捞。

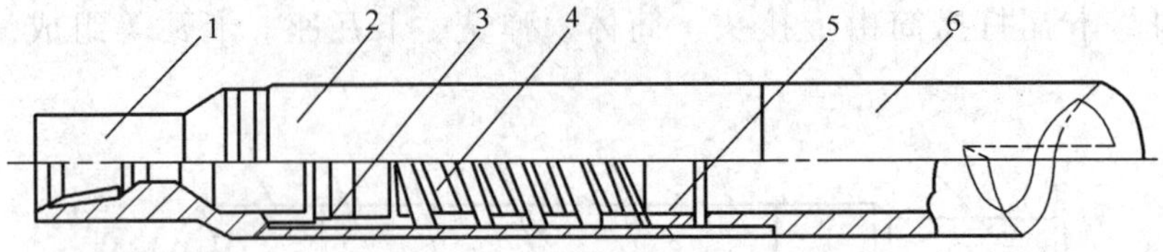

图 11-28　螺旋卡瓦捞筒

1—上接头；2—筒体；3—密封圈；4—螺旋卡瓦；5—控制环；6—引鞋

11.3　井控设备

11.3.1　井控设备的用途和组成

1. 井控设备的用途

井控设备是为了实施油气井压力控制技术的一套专用设备，它有以下几个方面的用途：

(1) 预防井喷，保持井筒内泥浆液柱压力维持相对平衡，防止井喷条件的形成。

(2) 及时发现溢流，监测油气井，发现井喷预兆，采取控制措施。

(3) 快速控制井喷、溢流和井涌，若发生井喷能迅速关井、压井，并对油气井重新建立压力控制。

(4) 处理其他诸如灭火抢险等复杂情况。

井控设备是对油气井实施压力控制，对事故进行预防、监测、控制、处理的关键手段，是实现安全钻井的可靠保证，是钻井设备中必不可少的系统装备。

2. 井控设备的组成

井控设备主要由井口防喷器组、液压控制装置、节流与压井管汇、泥浆气体分离器等设备组成，如图 11-29 所示。这里重点介绍井口防喷器组。

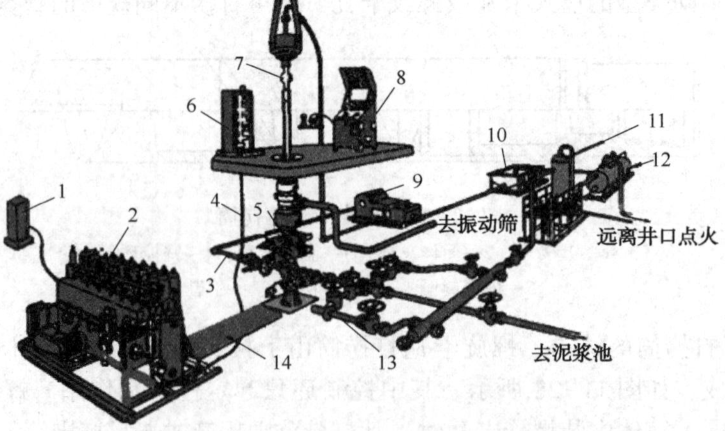

图 11-29　井控设备概况示意图

1—辅助遥控装置；2—蓄能器装置；3—压井管汇；4—气管束；5—井口防喷器组；6—司钻控制台；7—方钻杆上旋塞；8—节流管汇控制箱；9—钻井泵；10—泥浆罐；11—钻井液气体分离器；12—真空除气器；13—节流管汇；14—排管架

11.3.2 防喷器

1. 防喷器的分类和用途

防喷器是石油钻探过程中打开高压油气层，确保安全生产的重要设备。防喷器根据其职能的不同，可分为闸板防喷器、旋转防喷器和环型防喷器(万能防喷器)。

在钻井过程中，如果突然遇到高压油气层，可以用双闸板或环形防喷器进行封井，防止井喷事故；当钻具全部取出井后，可以用环形或者全封闸板放喷器进行封井；将环形防喷器与双闸板防喷器配合使用，可以实现边喷边钻作业。

单闸板和双闸板防喷器是一般钻井中最常使用的一种。为了确保钻井安全，在钻井作业(特别是深钻探井)中往往把几种类型防喷器组合在一起使用组成防喷器组，如图 11-30 所示。防喷器组包括旋转防喷器、万能防喷器、双闸板防喷器以及钻井四通等。

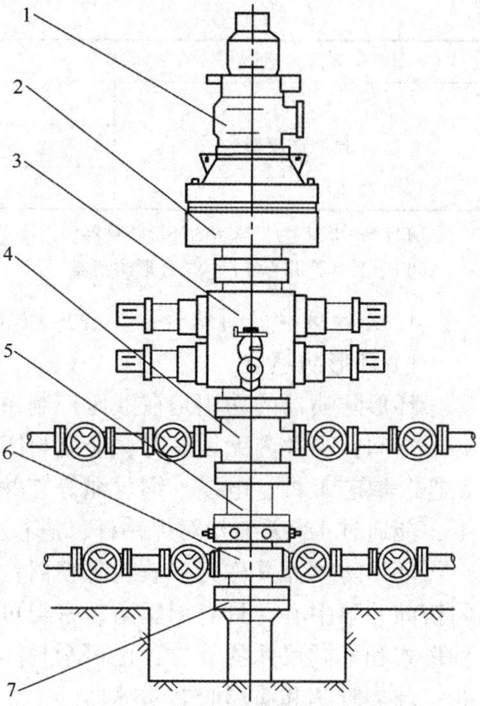

图 11-30　液压防喷器总装示意图

1—旋转防喷器；2—万能防喷器；3—双闸板防喷器；4—四通；5—双法兰短节；6—特殊四通；7—底法兰

2. 钻井液对防喷器的要求

钻井工艺对防喷器一般有以下通用要求：

(1) 操作方便。钻井防喷器的闸板或万能防喷器的胶芯的开启、关闭，全采用液压操作、气压或液压控制。开、关一次不得多于 8s，动作迅速而准确。在一般情况下，可以在钻台上控制；一旦发生井喷，钻台不能靠近时，应能在远离井口 40m 左右的远程控制台上进行控制。

(2) 安全可靠，耐压能力较高。防喷器除可用气液控制外，同时必须备有手动锁紧装置，保证在密封情况下不会自行打开。试验压力应为工作压力的 2 倍(35MPa 以下)或 1.5 倍(35MPa 及以上)，以保证在工做时的安全可靠性。

(3) 维修简单方便，拆装闸板或胶芯比较容易，易损件较少。结构紧凑，强度要高。

3. 防喷器代号及型号表示方法

防喷器型号的表示方法如下：

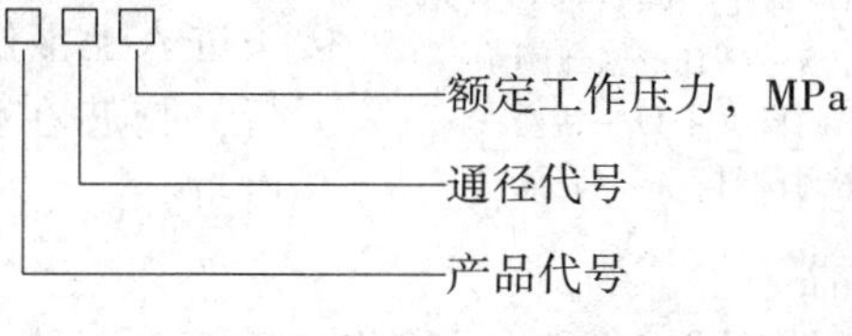

防喷器代号由防喷器名称主要汉字汉语拼音的第一个字母组成，见表 11-5。

表 11-5　防喷器代号

类　型	名　称	代　号
环形防喷器	单环形防喷器	FH① 或 FHZ②
	双环形防喷器	2 FH① 或 2FHZ②

续表

类　型	名　称	代　号
闸板防喷器	单闸板防喷器	FZ
	双闸板防喷器	2FZ
	三闸板防喷器	3FZ

①FH 表示胶芯为半球状的环形防喷器。

②FHZ 表示胶芯为锥台状的环形防喷器。

4. 各种防喷器的结构、工作原理和特点

1）环形防喷器

环形防喷器的功用是在液压控制系统配套使用下，当井内有钻具时，能封闭不同尺寸的环形空间；当井内无钻具时，能全封闭井口。在进行取芯、测井作业时发生井喷，能封闭方钻杆、取芯工具、电缆、钢丝绳等与井筒形成的环形空间。在减压调压阀和缓冲储能器配合下，能通过 18°无细扣对焊钻杆，进行强行起下钻作业。

环形防喷器又称为多效能防喷器，主要与闸板防喷器配套使用，封井时，环形胶芯被均匀挤向井眼中心，具有承压高、密封可靠、操作方便、开关迅速等优点。特别适用于密封各种形式和不同尺寸的管柱，也可全封闭井口。按胶芯结构形状分，环形防喷器可分为锥形胶芯、球形胶芯和筒形胶芯防喷器。

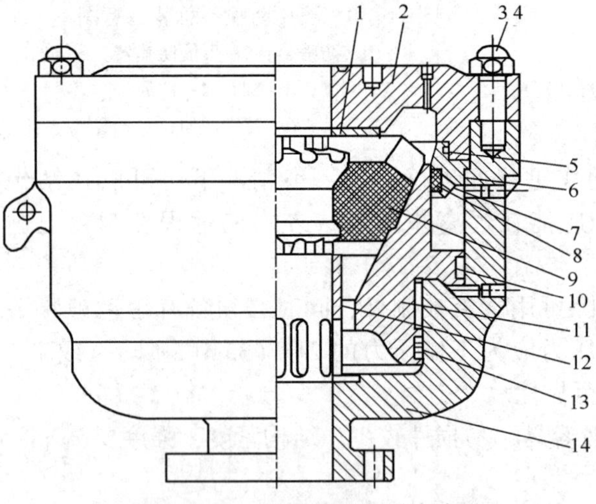

图 11-31　锥形胶芯环形防喷器

1—耐磨板；2—顶盖；3—螺母；4—螺栓；5—O 形密封圈Ⅰ；6—O 形密封圈Ⅱ；7—防尘圈；8—双 U 形密封圈Ⅰ；9—锥形胶芯；10—双 U 形密封圈Ⅱ；11—活塞；12—支撑筒；13—双 U 形密封圈Ⅲ；14—壳体

（1）锥形胶芯环形防喷器

① 结构　锥形胶芯防喷器主要由壳体、承托胶芯的支持筒、活塞、胶芯、顶盖、防尘圈、螺栓、盖板、吊环、挡圈、上接头及下接头组成。锥形胶芯防喷器结构如图 11-31 所示。

② 工作原理　在使用时是靠液压操作的，液压系统的压力油通过壳体上的下接头进入液缸，推动活塞向上移动，由于活塞锥面的推动而挤压胶芯，胶芯顶面有顶盖限制，使胶芯径向收缩紧抱管柱，或当井内无管柱时完全将空间封死。当需要打开时，操纵液压系统，使压力油从上面的接头进入上液缸，同时下液缸回油，活塞下行，胶芯在弹性作用下逐渐恢复原形，井口打开。

（2）球形胶芯环形防喷器

① 结构　球形胶芯防喷器主要由顶盖、胶芯、活塞、壳体、接合环及密封圈组成。球形胶芯防喷器结构如图 11-32 所示。

② 工作原理　球形胶芯环形防喷器关井动作时，下油腔（关井油腔）里的压力液推动活塞迅速向上移动，胶芯被迫沿顶盖球面内腔，自下而上、自外缘向中心挤压、收拢、变形，从而实现封井。开井动作时，上油腔（开井油腔）里的压力油推动活塞向下移动，胶芯所受挤压力消失，在橡胶弹力作用下迅速恢复原状，井口打开。

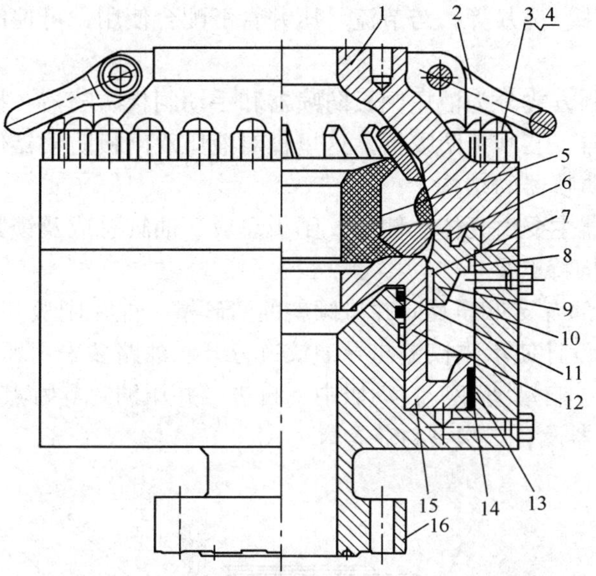

图 11-32　球形胶芯环形防喷器

1—顶盖；2—吊环；3—螺母；4—螺栓；5—球形胶芯；6—O 形密封圈Ⅰ，7—U 形密封圈Ⅰ；8—O 形密封圈Ⅱ；9，12，13—耐磨圈；10—防尘圈；11—U 形密封圈Ⅱ；14—U 形密封圈Ⅲ；15—活塞；16—壳体

(3) 筒形胶芯环形防喷器

筒形胶芯环形防喷器主要由上壳体、胶芯、密封圈、护圈、下壳体等组成。壳体与胶筒之间为高压油，用胶筒封油管柱等，只有一个油口。采用三位四通换向阀进出油。筒形胶芯环形防喷器的结构如图 11-33 所示。

筒形胶芯环型防喷器结构简单、体积小、质量轻、油压要求高。适用于刮蜡、冲砂、封小油管、封电缆等低压带压作业。

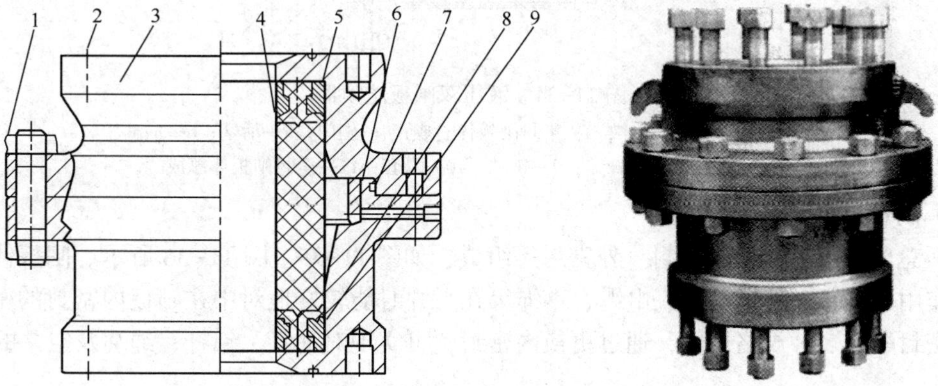

图 11-33　筒形胶芯环形防喷器结构

1—Mi30×3 螺母；2—M30×3×190 双头螺栓；3—上壳体；4—胶芯；5—孔用密封圈；6—护圈；7—O 形密封圈；8—下壳体；9—胶芯骨架

2）闸板防喷器

闸板防喷器是井控装置的关键部分，主要用途是在修井、试油、维护作业等过程中控制井口压力，有效地防止井喷事故发生，实现安全施工。具体可完成以下作业：当井内有管柱时，配上相应规格闸板能封闭套管与油管柱间的环形空间；当井内无管柱时，配上全封闸板可全封闭井筒；在封井情况下，通过与四通旁侧出口相连的压井、节流管汇进行井筒内液体

循环、节流放喷、压井、洗井等；与节流、压井管汇配合使用，可控制井底压力，实现近平衡修井。

闸板防喷器按控制方式分为液压闸板防喷器和手动闸板防喷器，按闸板数量分为单闸板防喷器、双闸板防喷器、三闸板防喷器。这里仅对液压双闸板防喷器作简单介绍。

（1）液压双闸板防喷器的结构

液压双闸板防喷器主要由壳体、侧门、闸板总成、油缸总成及锁紧装置五部分组成，如图 11-34 所示。其结构特点是：

① 壳体闸板室底部有支承筋及向井口倾斜的清砂槽，能在闸板开关时自动清除泥砂。

② 三铰链的结构设计使承重铰链与导油铰链分开。油路多采用埋藏式结构。

③ 闸板具有浮动、自动清砂、自动居中、自进、井压助封等特点。

④ 部分闸板防喷器设有二次密封装置。

⑤ 设有锁紧装置。

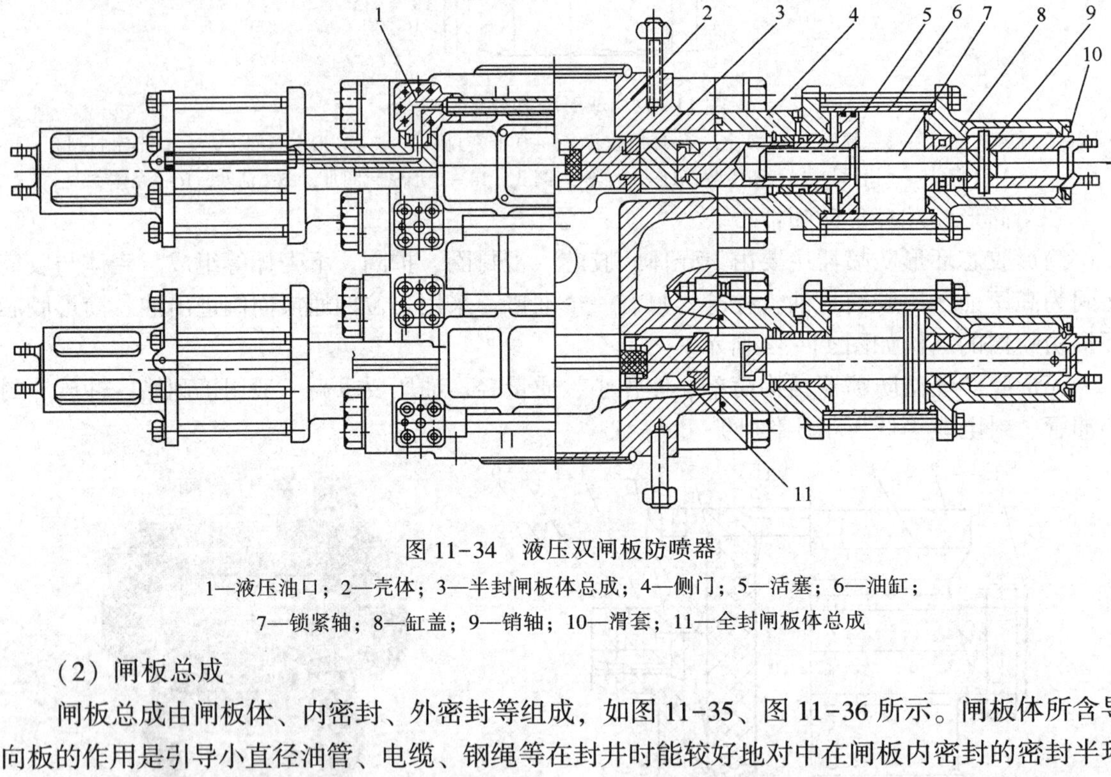

图 11-34　液压双闸板防喷器

1—液压油口；2—壳体；3—半封闸板体总成；4—侧门；5—活塞；6—油缸；7—锁紧轴；8—缸盖；9—销轴；10—滑套；11—全封闸板体总成

（2）闸板总成

闸板总成由闸板体、内密封、外密封等组成，如图 11-35、图 11-36 所示。闸板体所含导向板的作用是引导小直径油管、电缆、钢绳等在封井时能较好地对中在闸板内密封的密封半环内。内密封配有多种规格尺寸，通过更换内密封，可实现对油管、钻杆、绳缆及空井的封闭。

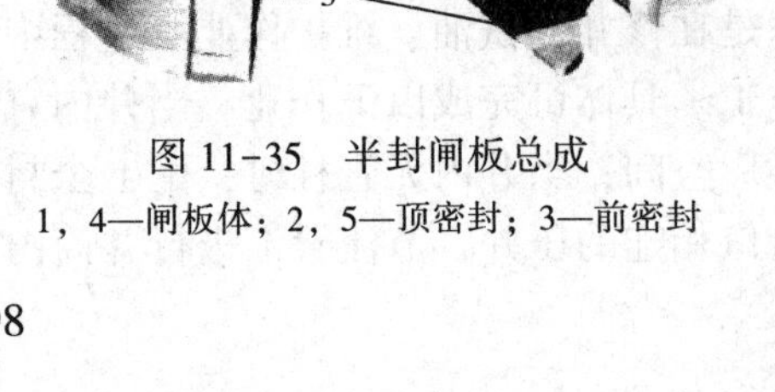

图 11-35　半封闸板总成

1，4—闸板体；2，5—顶密封；3—前密封

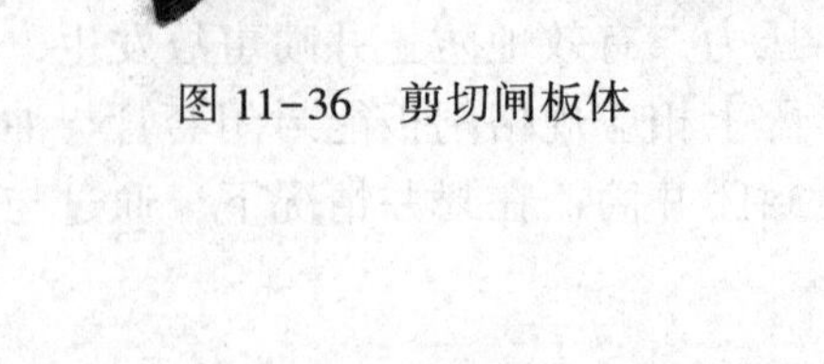

图 11-36　剪切闸板体

闸板胶芯为橡胶制品，其显著特点是在外力作用下弹性变形大，能均匀地紧贴在密封表面上，阻止漏失，去掉外力可以复原。闸板前密封和顶密封胶芯的结构如图 11-37 所示。胶芯闸板的密封原理是利用橡胶芯子受挤压后变形，紧紧抱住管柱或绳缆来实现的。

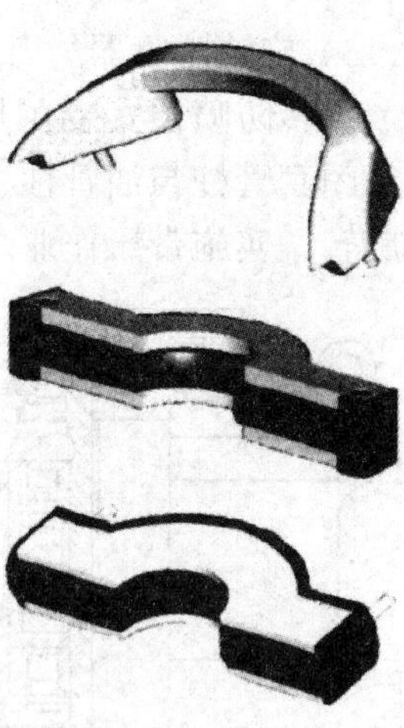

图 11-37 闸板前密封和顶密封胶芯

防喷器要实现封井，需要有四处密封同时起作用才不会漏失，即闸板内密封与管柱之间、闸板外密封与壳体之间、壳体与端面之间、端盖与拉杆之间的密封。

(3) 活塞杆的二次密封装置

闸板防喷器的侧门内腔与活塞杆之间装有密封装置以密封环形空间，保证防喷器正常工作。该密封装置的密封圈分为两组，一组封闭井口高压液体，一组封闭液控高压油。密封圈具有方向性，只有正确安装才起密封作用。两组密封圈的安装方向相反，这一点在井场维修时务必注意。这种密封手段是活塞杆的一次密封装置。一次密封装置的密封圈还是很耐用的，但在石油现场条件下防喷器长期使用，疏于检修，密封圈严重磨损后也可能导致一次密封装置失效。如果在封井工况下密封圈损坏，尤其是封闭井内液体的密封圈损坏，将给封井工况造成威胁。活塞杆的二次密封装置就是当一次密封装置失效时用以紧急补救其密封而设置的。

(4) 自动清砂，自动对中

闸板室底部有两条向井眼倾斜的清砂槽，当闸板开关动作时，遗留在闸板室底部的泥砂，被闸板排入清砂槽滑落井内。闸板防喷器的这种自动清砂作用防止了闸板的堵塞，减少了闸板的运动阻力与磨损。

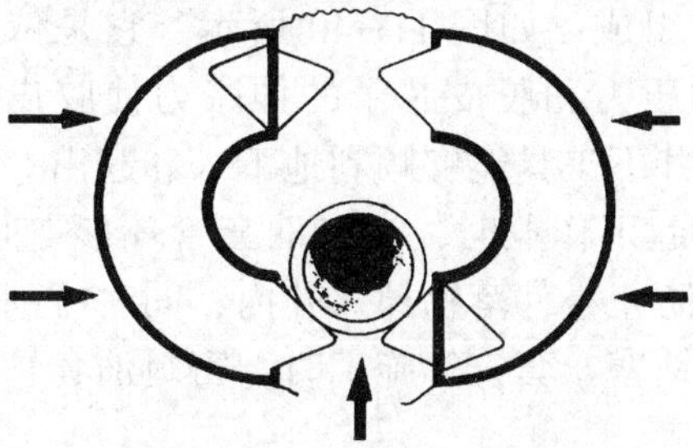

图 11-38 闸板自动对中示意图

在井内有钻具的情况下使用闸板防喷器关井时，由于钻具通常并不处于井眼正中心，常偏于一方，因此钻具有可能被闸板卡住而无法实现封井。为解决井内管子的对中问题，闸板压块的前方制有突出的导向块与相应的凹槽。当闸板向井眼中心运动时，导向块可迫使偏心管子移向井眼中心，顺利实现封井(见图 11-38)。关井后，导向块进入另一压块的凹槽内。

(5) 锁紧装置

锁紧装置有两个作用：一是当液控失灵时，可手动关闭闸板；二是防喷器液压关井后，采用机械方法将闸板固定住，然后将液控压力油的高压卸掉，以免长期关井憋漏液压油管并防止误操作事故。

闸板锁紧装置分为闸板手动锁紧装置和液动锁紧装置(也叫自动锁紧装置)两种。

① 手动锁紧装置　手动锁紧装置是通过旋转手轮来关闭和锁紧闸板的。其功用：一是长期封井时，在液压关闭闸板后，将闸板锁定在关闭位置，此时可泄掉液压；二是控制系统无油压时，可用来手动关闭井口。手动锁紧装置只能关闭闸板而不能打开闸板，若要打开已经被手动锁紧的闸板，必须先将手动锁紧装置复位解锁，再通过液压操作打开闸板。

② 液压(自动)锁紧装置　闸板防喷器的自动锁紧装置仍然是一种机械锁紧机构，只不过闸板锁紧与解锁动作都是利用液压来完成的，因此这种机构常被称为液动锁紧装置。

3）旋转防喷器

旋转防喷器安装在井口防喷器组的上端，即拆掉防溢管换装旋转防喷器。旋转防喷器可以封闭套管柱与油管柱、小钻杆等形成的环形空间，并在限定的井口压力条件下允许作业管柱旋转，实施带压作业。

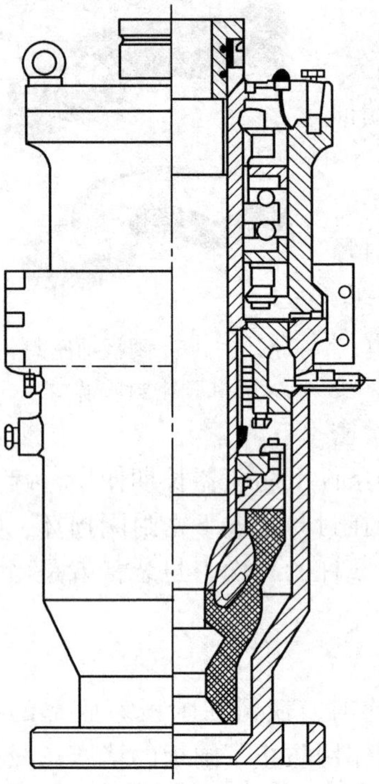

图 11-39　FSI2-5 型旋转防喷器

下面以 FSI2-5 型旋转防喷器为例，说明旋转防喷器的结构组成和工作原理。

（1）FSI2-5 型旋转防喷器结构　FSI2-5 型旋转防喷器主要由外壳与旋转总成两部分组成，如图 11-39 所示。旋转总成由自封头（密封胶芯）、人字密封圈、承压轴承等组成。

（2）FSI2-5 型旋转防喷器工作原理　旋转防喷器是依靠密封胶芯自身的收缩、扩张特性，密封作业管柱与套管的环形空间，并借助于井压提高密封效果。同时利用承压轴承承担井内管柱负荷并保证旋转灵活。

5. 修井井口控制设备

对于压力较低、常规作业井经常使用手动开关的井口控制器，主要有自封封井器、半封封井器和全封封井器。

1）自封封井器

自封封井器是在不压井起下作业时自行密封油套管环形空间的井口密封工具。

（1）结构和工作原理　自封封井器由壳体、压盖、压环、密封圈及胶皮芯子组成，如图 11-40 所示。它是依靠井内油套管环形空间的压力和胶皮芯子的伸张力使胶皮芯子扩张，起到密封油套管环形空间的作用，并使管柱和井下工具能够顺利地下入和起出。

（2）自封封井器在井下作业中的作用　①在不压井起下作业时，密封油套管环形空间，承受环空上顶的一定压力；②起下作业时，扶正油管，防止小件落物掉入井内，同时可刮掉油管外的油污，保持施工清洁；③在冲砂、冲洗鱼顶、钻塞、套铣等施工时，密封油套管环形空间，避免浪费洗井液，减少井场环境污染。

2）半封封井器

半封封井器是靠关闭闸板来密封油套管环形空间的井口密封工具。其外形如图 11-41 所示。

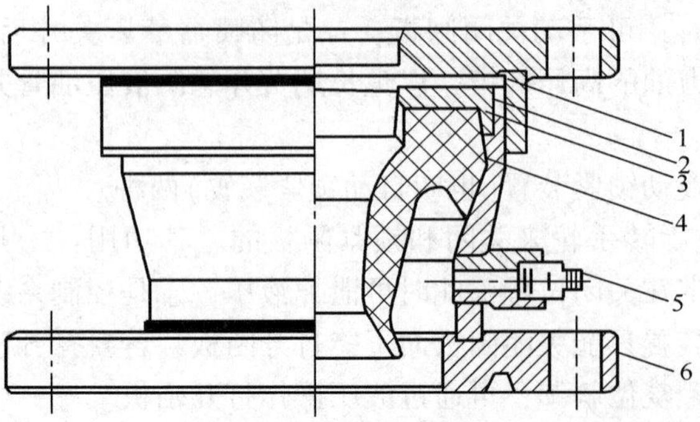

图 11-40　自封封井器

1—压盖；2—压环；3—密封圈；4—胶皮芯子；5—堵头；6—壳体

图 11-41　半封封井器

半封封井器由壳体、半封芯子总成、丝杠等组成，如图 11-42 所示。它是靠装在半封总成上的两个半圆孔的胶皮芯子为密封元件的，转动丝杠，便可带动半封芯子总成里外运动，从而达到开关的目的。

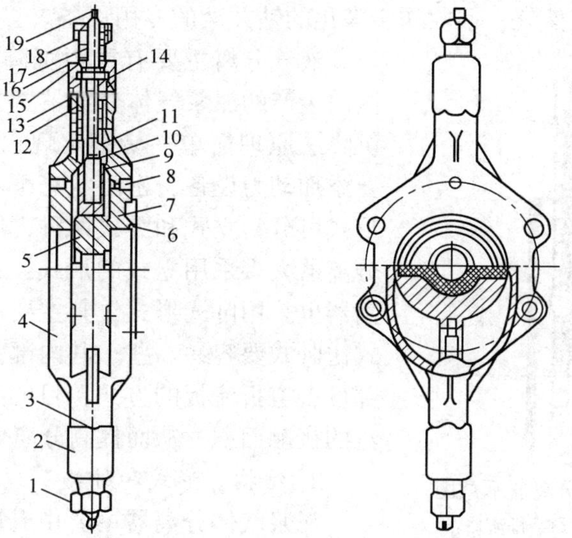

图 11-42　半封封井器结构示意图

1—压帽；2—轴承外壳；3—止动螺钉；4—壳体；5—半封芯子总成；6—压圈；7—U 形密封圈；8—螺钉；9—接头；10—倒键；11—螺钉；12—密封圈；13—垫片；14—止推轴承；15—下垫圈；16—人字密封圈；17—中垫圈；18—密封圈压帽；19—丝杠

3）全封封井器

全封封井器是用于井内无油管时封闭井口的专用工具，其外形如图 11-43 所示。

全封封井器由壳体、闸板、丝杠等组成，如图 11-44 所示。它的外形和工作原理与半封封井器基本相同，不同之处是闸板没有半圆孔，两块闸板关紧可以密封井口。转动丝杠，可以开井或关井。

图 11-43　全封封井器

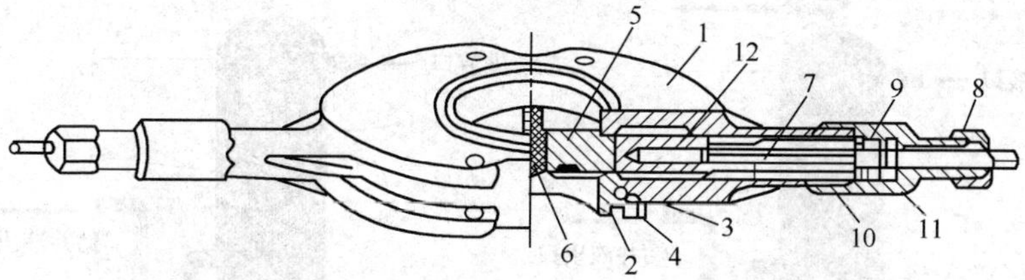

图 11-44　全封封井器结构示意图

1—壳体；2—压盖；3—U 形密封圈；4—固定螺钉；5—芯子壳体；6—胶皮芯子；7—丝杠；8—压帽；9—止推轴承；10—O 形密封圈；11—丝杠壳体；12—芯子接头

11.3.3 泥浆气体分离器

1. 功用

泥浆气体分离器是在钻井过程中对来自节流管汇中的气侵钻井液进行净化处理，除去混入钻井液中的空气与天然气，回收初步净化的钻井液的专用设备。

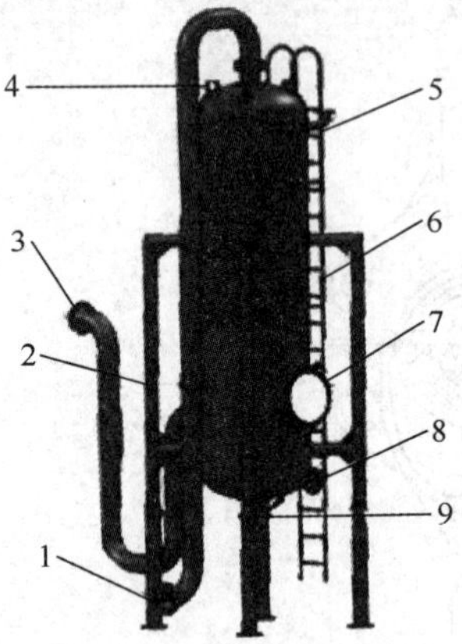

图 11-45 泥浆气体分离器示意图

1—排气口；2—支腿；3—排液口；4—起吊环；5—接安全阀；6—梯子；7—人孔；8—进液口；9—排污口

液气分离主要有重力沉降法和离心分离法两种，国内生产的泥浆气体分离器都采用重力沉降法。重力沉降法原理简单，易于实现；离心分离法结构复杂，要添加动力设备，密闭状态下不易实现。按照放置的形式可分为立式和卧式两种，国内外钻井中泥浆气体分离器大多采用立式的形式，只有在四相泥浆气体分离器上采用卧式形式，其主要原因是解决沉砂总是立式比卧式要容易一些。其内部结构大多采用在容器内部设多道折流板的方式，目的是增加液流的行程和液流的接触面积，从而提高分离效率。

2. 结构、形式和种类

泥浆气体分离器主要由升降底座、运输支架、分离器总成、进/出口管线、液位控制机构、压力表、安全阀等构成(见图 11-45)。

3. 工作原理

图 11-46 为泥浆气体分离器的工作运行示意图。当井内发生溢流时，地层中不断有气体进入井筒，从井内返出的带压含气钻井液经节流管汇，由节流管汇的节流闸阀控制流量后流出，经分离器的进液管进入分离器总成内上部，根据离心、减压、膨胀等原理，使游离态

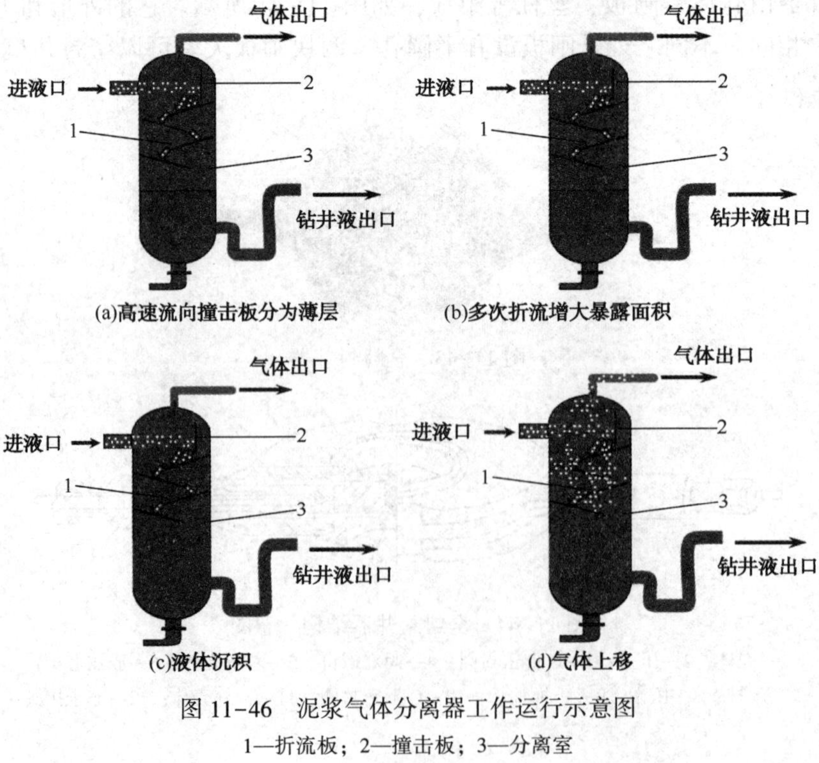

图 11-46 泥浆气体分离器工作运行示意图

1—折流板；2—撞击板；3—分离室

气体从钻井液中分离出来。经初次分离后的钻井液由上向下流经多层折流板，并在折流板上分离成薄层，使气体暴露在钻井液表面，气泡破裂，钻井液体和气体得到分离，分离出的气体从分离器顶部经排气管排往至放喷火头点火燃烧，除气后的钻井液经排液管排出分离器进入钻井液循环系统。

安装在泥浆气体分离器中部的出液管，要有一定的高度，从而保证分离器内维持一定的液位，防止气体从液管排出。当分离器内的液位达到一定高度时，分离器内液体才自动向外流出，实现连续处理带压钻井液，使钻井液的气、液得到分离。

【本章小结】

常用钻采工具的种类很多，本章只讲述了一部分常用的钻具、井口工具、井下打捞工具、防喷器和泥浆气体分离器等。通过对本章的学习，要求学员掌握这些工具的结构原理、功用、特点、使用及维护方法，并通过课后复习和查阅相关资料来进一步丰富相关知识，最好能通过观察或拆卸实物以加深对所学知识的理解。

思考题

1. 试述主要钻井工具的种类、作用和结构特点。
2. 方钻杆、钻杆的公称尺寸各指的是什么？
3. 钻杆接头的种类有哪些？为什么要使用配合接头？
4. 石油钻井用的钻头一般有哪几种？目前油田常用的钻头是哪一种？
5. 套管在井下承受哪些载荷？
6. 钻井和采油的井口工具包括哪些？试述其作用及结构特点。
7. 试述井下打捞工具的种类及功用。
8. 试述防喷器的作用。
9. 防喷器有些类型？其结构与工作原理有什么异同点？
10. 简述泥浆气体分离器的结构和工作原理。

参 考 文 献

1. 孙松尧. 钻井机械. 北京：石油工业出版社，2006. 8
2. 李子俊. 采油机械. 北京：石油工业出版社，2006. 8
3. 李继志. 石油钻采机械概论. 第 2 版. 东营：中国石油大学出版社，2012. 8
4. 于云奇. 采油工程. 北京：石油工业出版社，2006. 8
5. 陈涛平，吴晓东. 石油工程概论. 北京：石油工业出版社，2006. 11
6. 孙庆群. 石油生产及钻采机械概论. 北京：中国石化出版社，2011. 7
7. 任晓娟. 石油工业概论. 北京：中国石化出版社，2007. 8
8. 孙庆群. 机械工程综合实训. 北京：机械工业出版社，2006. 8
9. 孙庆群. 石油钻采设备. 北京：中国石化出版社，2016. 3
10. 何耀春，张红静. 石油工业概论. 第 2 版. 北京：石油工业出版社，2015. 6
11. 崔树清. 钻井地质. 天津：天津大学出版社，2008. 1
12. 赵留运. 石油钻井司钻. 东营：中国石油大学出出版社，2007. 5
13. 韩修廷. 有杆泵采油原理及应用. 北京：石油工业出版社，2007. 3
14. 周金葵，李效新. 钻井工程. 北京：石油工业出版社，2007. 1
15. 崔凯华，苗崇良. 井下作业设备. 北京：石油工业出版社，2007. 5
16. 中国石油和石化工程研究会组织. 亢峻星执笔. 海洋石油勘探. 北京：中国石化出版社，2006. 4
17. 王建学，万建仓，沈慧. 钻井工程. 北京：石油工业出版社，2008. 4
18. 吉效科. 油田设备技术与管理. 北京：中国石化出版社，2009. 1